中島楽章著

明代郷村の紛争と秩序

――徽州文書を史料として――

汲古叢書36

汲古書院

目次

凡例

（1）本書では、徽州文書は原文に句読点を附して引用し、文書以外の史料は原則として書き下し文によって引用した。

（2）徽州文書には正字のほか、しばしば略字・異体字・俗字・誤字・当て字などが混用されているが、本書では原則としてすべて当用漢字によって録字した。ただし必要に応じて、たとえば辨・辦など当用漢字以外の字体を用いた場合もあり、听（聴）・啚（図）・帋（紙）など、特に頻用される異体字のみ原字を用いている。当用漢字に含まれない字はできるだけ正字に従った。また文書資料集などにおいて簡体字により活字化された徽州文書も、すべて当用漢字に直して引用した。

（3）徽州文書にはかなり読みにくいくずし字で記されていたり、影印状態が不鮮明なため判読が難しい場合もあり、特に固有名詞などは比定が困難なことも多い。本書では破損や影印不鮮明のため判読不能な字は□によって示し、正字が比定できないくずし字などは□?によって示した。また比定した漢字に疑問が残る場合は、当該漢字の右辺に?を附している。

（4）明らかな誤字については（　）内に訂正し、十分に確実ではない場合はその右辺に?を附した。明らかな脱字は［　］内に補い、十分に確実ではない場合はその右辺に?を附した。

（5）文書の引用に際し、原文書における一行の字数や改行位置などは特に考慮しなかった。ただし文書内容にかかわる空格や抬頭がある場合は、空格は字数にかかわらず一字空けとし、抬頭は行の途中で改行して示した。また割注は［　］内に入れて引用した。

（6）文書末尾の年月日や署名部分の配置は、可能な場合はある程度まで原文書のスタイルに倣ったが、多くの場合は適宜に並べ直している。また署名者の花押は（押）として記し、親筆の花押でなく写しである場合は〈押〉として示した。花押の代わりに○や×が記されている場合はそのまま記した。

（7）主要な徽州文書資料集については、以下の略称を用いている。

①王鈺欣・周紹泉主編『徽州千年契約文書』第一編（宋・元・明編）…………『契約文書』

②王鈺欣・周紹泉主編『徽州千年契約文書』第二編（清・民国編）…………『契約文書』二編

③安徽省博物館編『明清徽州社会経済資料叢編』第一輯…………『資料叢編』一輯

④中国社会科学院歴史研究所徽州文契整理組編『明清徽州社会経済資料叢編』第二輯…………『資料叢編』二輯

⑤張伝璽主編『中国歴代契約会編考釈』上・下巻…………『会編考釈』

（8）研究論文を註記する際、雑誌などに発表された論文が単行本に再録されている場合は、初出論文の発表年と再録書の書誌を記した。タイトルが初出時と再録時で異なる場合は再録時に従い、頁数も再録書によって示した。

9 徽州府とその周辺

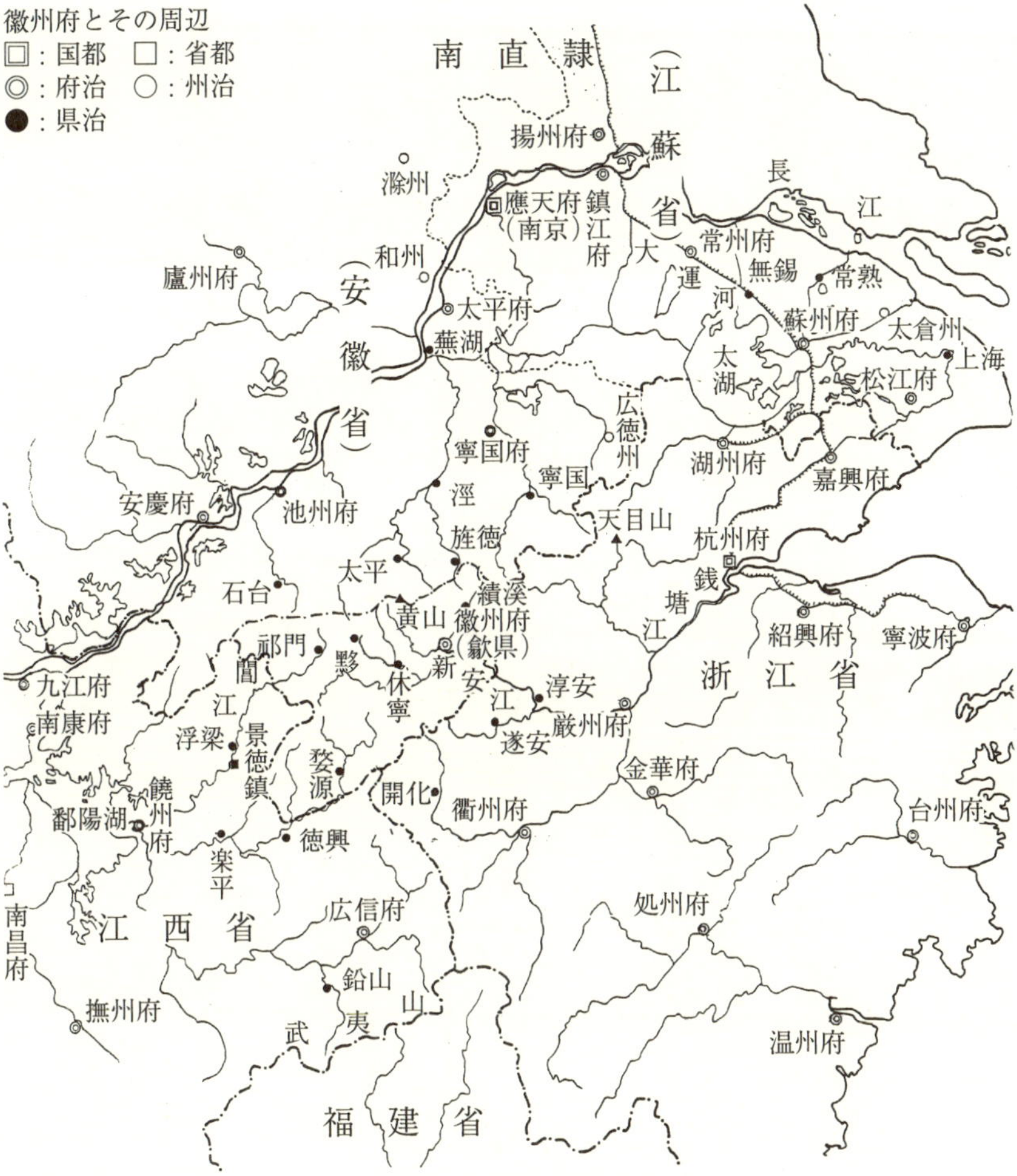
□：国都　□：省都
◎：府治　○：州治
●：県治
南直隷
（江蘇省）
（安徽省）
揚州府
滁州
應天府（南京）
鎮江府
和州
廬州府
太平府
蕪湖
長江
常州府
大運河
無錫
常熟
蘇州府
太倉州
上海
太湖
松江府
広徳州
寧国府
湖州府
嘉興府
安慶府
池州府
涇
寧国
天目山
旌徳
杭州府
太平
石台
黄山
績溪
徽州府（歙県）
銭塘江
紹興府
寧波府
祁門
黟
休寧
新安江
淳安
浙江省
九江府
南康府
閶江
浮梁
景徳鎮
遂安
厳州府
婺源
開化
金華府
鄱陽湖
饒州府
衢州府
台州府
徳興
楽平
南昌府
江西省
広信府
処州府
鉛山
武夷山
撫州府
温州府
福建省

績 溪 県
黄山
績溪県城
江氏
江村
黄氏
譚渡
（歙県城）
徽州府城
呉氏
溪南
岩寺
深渡
新
安
江
休寧県城
万安
▲石嶺
篁墩
渭橋
林塘
范氏
屯
溪
歙 県
至
杭
州
率
水
率東
程氏
休 寧 県
浙 江 省
遂 安 県
□：府城 ◎ 県城 ○ 主要な鎮
●：本書に登場する有力宗族の居住地
▲：茗洲など龍江系呉氏の居住地

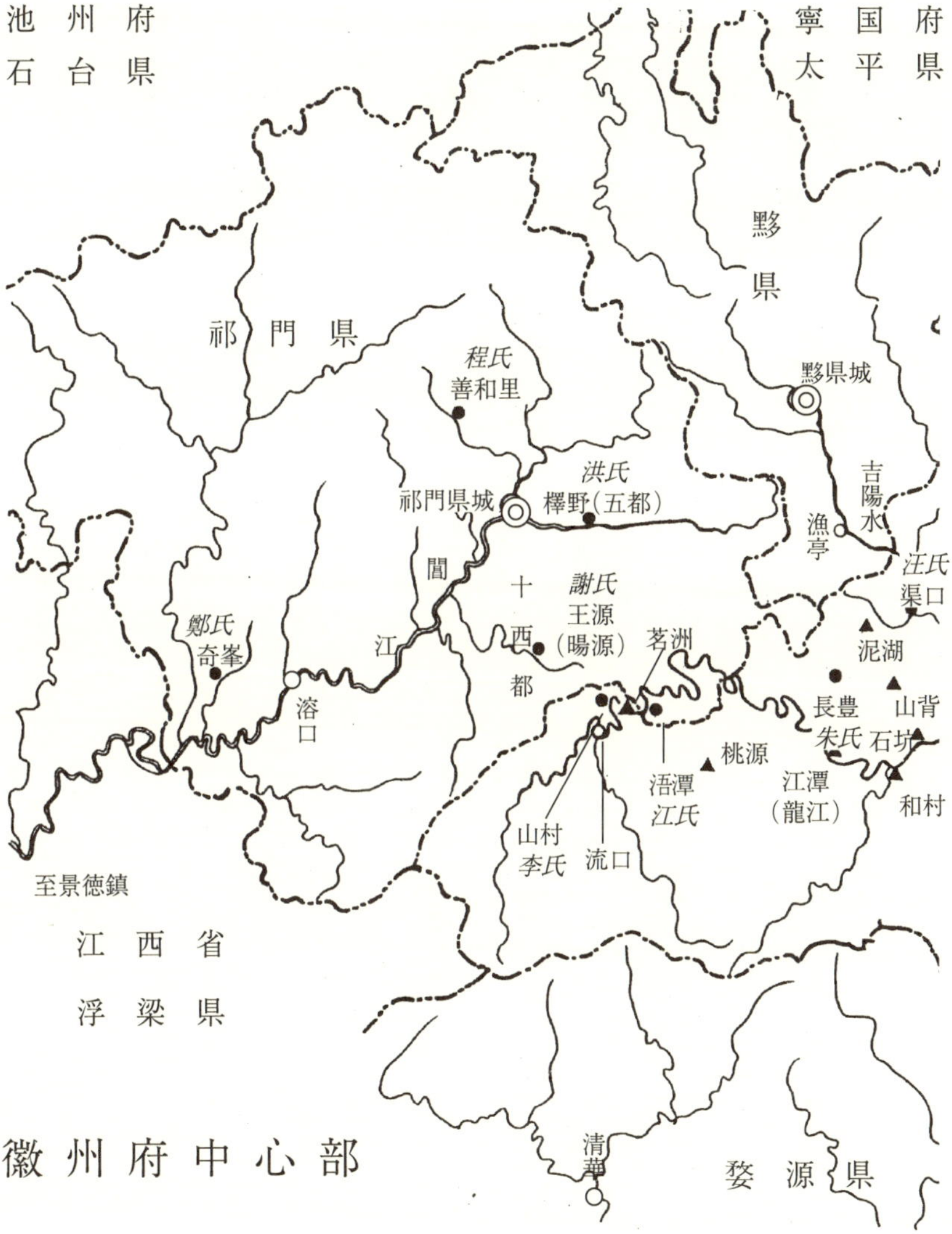
池州府
石台県
寧国府
太平県
黟県
祁門県
程氏
善和里
黟県城
吉陽水
洪氏
櫸野（五都）
祁門県城
漁亭
汪氏
渠口
閶江
十西都
謝氏
王源
（暘源）
茗洲
鄭氏
奇峯
溶口
泥湖
長豊
山背
朱氏
石坑
桃源
浯潭
江氏
江潭
（龍江）
和村
山村
李氏
流口
至景徳鎮
江西省
浮梁県
清華
婺源県

徽州府中心部

明代郷村の紛争と秩序——徽州文書を史料として——

第一章　徽州文書研究の展開

はじめに

明清時代の社会経済史研究は、清水泰次氏や梁方仲氏などによる先駆的な業績以来、膨大な文献史料の博捜を通じて進められてきた。各種の文献史料のなかでも、とくに明代から民国にいたるまで多量に残された、県志や府志などの地方志がもっとも重要な史料となり、さらに実録や会典などの中央レヴェルの基本資料、地方政治の実態を示す官箴や公牘などの政書類、士大夫層の手になる文集や筆記などの史料がひろく検討され、実証的な研究が積み重ねられてきた。戦後の日本では、これらの史料群によって、商品生産や手工業、賦役制度や郷村統治、地主―佃戸関係や共同体論などに関する精緻な検討が進み、七十年代にいたってこれらの諸問題を包括的にとらえる枠組みとしての郷紳論へと展開してゆく(1)。

周知のように、八十年代以降日本における明清史研究の枠組みは大きく変化し、封建制論や共同体論などに縛られない社会経済史研究が進展してゆく。経済史研究では商品流通や市場構造、経済変動や財政システムなどに関して活発な検討が行われ、社会史研究においては、一定の地域における秩序の生成や社会的結合の特質などに焦点をおいた、いわゆる「地域社会論」が主流となってゆく。[2]

上田信氏や山田賢氏に代表されるこのような社会史的研究の多くは、方法的に文化人類学や地理学の影響を受けるとともに、史料的には地方志以上に族譜を中心的な史料とした。地方志などの文献史料は、賦役制度や郷村統治などに関する豊富な記事を含むとはいえ、こうした制度運用の実態面や、郷村社会において展開したさまざまな社会関係については、必ずしも十分な情報を提供するものではない。八十年代以降の明清社会史研究は、従来の社会経済史ではほとんど利用されてこなかった族譜史料を活用することによって、それまでほとんど看過されてきた同族結合の重要性に光を当て、地域内における開発の展開や秩序生成のプロセスを描き出すことに成功したのである。八十年代以降の社会史的研究によって、明清期の郷村社会のイメージははるかに豊かで具体的なものになったといえよう。[3]

このように八十年代以降の「地域社会論」的な諸研究では、有力宗族の移住や統合の過程、地域開発の展開、社会秩序の生成などのテーマについて新鮮なアプローチが試みられてきた。ただし族譜という史料の性質上、地縁や職縁、政治や文化、信仰や娯楽などを通じて形成されていた、同族関係以外のさまざまな人的結合はややもすれば見過ごされがちであった。また実際には多数存在したであろう中小同族の形態や、有力同族内部での階層分化などに対する検討も、概して手薄である。また現実の郷村社会を論じるうえでは避けて通れない、土地所有や租佃関係などのファクターも捨象されがちであり、賦役制度や郷村統治と宗族組織との関わりも、片山剛氏の研究を除いてほとんど検討されていない。九十年代以降の明清社会史研究では、こうした問題点を意識して、国家や地方政府と民間社会との中間的な領域において展開された公益活動や秩序維持、民衆文化や民間信仰、郷村の社会結合や共同性の特質などについての検討が進められつつあり、研究領域と史料収集の両面で、新たな視野と方法が模索されているといえよう。[4]

第一節　明清契約文書研究の進展

こうした研究課題に対して、きわめて有用な素材を提供するものとして注目されているのが、地方檔案や訴訟記録、そして契約文書などの史料である。近年はヨーロッパ史や日本史においても、具体的な紛争・裁判事例や、同時代人の犯罪や訴訟に対する心性や言説の分析による、紛争社会史的な研究が活発化しており、最近では中国史でも、唐澤靖彦・青木敦・太田出氏によって注目すべき論考が発表されている。(5) この種の紛争・裁判史料は、地方志や族譜には現れにくい、エリート層や有力同族以外の広範な社会層や、同族結合にとどまらない多様な人的結合、生産活動や徴税、治安や秩序維持のシステムなどについて豊富な情報を提供し、基層社会の実態を多方面から照らし出すことができるのである。

すでに八十年代から、滋賀秀三氏による判語史料を活用した清代の裁判制度研究や、寺田浩明氏の基層社会における慣行や秩序形成に関する諸研究は、方法論的に明清社会史研究にも大きな影響を与えてきた。(6) またアメリカにおいても、フィリップ・ホアン氏らによって精力的に訴訟檔案の研究が進められ、地方官の裁判における法源の問題や、官の裁判と民間調停の関係などをめぐって、滋賀・寺田氏らとのあいだに活発な議論が交わされつつある。ホアン氏の議論もまた、明清期の国家と民間社会との関係をもっとも主要な論点としており、国家と社会とのあいだに「公的領域」の形成を認める欧米の明清・近代史研究者の見解に対し、国家や地方官府の力と民間社会の力がこもごも作用する「第三領域」を設定する点に特徴がある。(7)

上述のような諸研究は、むろん中央・地方の檔案や判語その他の裁判史料を主要史料として活用しているが、これらの法制史料は社会経済史研究にとって大きな意義を持つものといえる。実録から地方志にいたる官製の文献史料が、必ずしも制度の運用面や基層社会の実態について十分な情報を含まず、士大夫層の手になる文集や筆記などは一般民衆の生活世界に関しては間接的な記述が多く、族譜史料も同族関係以外のさまざまな社会結合を伝えることが乏しいのに対し、各種の裁判記録は官の手にはなるとはいえ、往々にして多様な民衆の生活や社会関係に関わるヴィヴィットな素材を提供し、また制度史的史料や地方志などに定められた諸制度の基層社会における実態面についても、しばしば有用な記事を含むのである。

さらに九十年代以降には、日本でも上述のような法制史料に加え、徽州文書を中心とするさまざまな文書史料が、明清期の法制史・社会経済史研究の新たな素材として注目を集めている。むろん契約文書の研究自体は近年に始まったものではなく、清代後期から民国期の文書を中心に、すでに百年近い蓄積がある。明清契約文書の研究史については、すでに岸本美緒氏が包括的で詳細な整理を加えており[8]、ここではおもに岸本氏の研究によって簡単に振り返っておこう。

日本における清代契約文書の研究は、台湾統治の必要から生まれた『台湾私法』や、これに続く『満洲旧慣調査報告書』にはじまり、日中戦争期には『中国農村慣行調査』を始めとする、旧満洲や華北を中心とした農村の実態調査に伴い、調査の参加者らによって文書研究が進められ、戦前から戦後にかけてその成果が多くの著作や論文として公表された。また中華民国の成立以降、『民商事習慣調査報告録』を始めとして、中国人の手によっても多くの農村社会や土地制度の実態調査が進められ、清代以来の契約文書に関わる多数の成果が生み出された。さらに明清史研究の史料として最初に契約文書に注目したのは傅衣凌氏であった。氏は日中戦争のさなかに福建永安県で明清期の契約文書百余点を発見し、租佃関係を中心に検討を加えたのである。

一九四九年の中華人民共和国の成立とそれに続く土地改革にともない、全国で膨大な量の土地文書が焼却・廃棄された。この時期の土地文書は現実に進行する土地分配のなかで、旧社会の地主支配の象徴とみなされ、とうてい学術研究の対象となるものではなかった。とはいえ土地改革が一段落した五十年代後半から六十年代にかけては、後述のように徽州文書の収集が始められ、また福建でも若干の契約文書の収集が行われている。(9)

一方戦後の日本では、戦前に農村調査に従事した研究者による文書研究の成果が逐次発表されるとともに、国内に所蔵される文書史料の整理や研究も進められていった。特に清末江南の租桟にかかわる租簿などの史料については、村松祐次氏をはじめとして川勝守・夏井春喜氏らによって詳細な研究が加えられ、江南などの魚鱗冊についても、おもに鶴見尚弘氏によって精緻な分析がなされた。(10)このほか今堀誠二や渡辺幸三が個人的に収集した文書を紹介・検討し、仁井田陞や今堀誠二により日用類書に収められた契約書式や族譜所収の文書の研究も行われた。また二千点近くにのぼる東洋文化研究所所蔵の清代契約文書については、東京大学の若手研究者によって整理・研究が行われ、八三年にその目録と解説が刊行されている。

一九六六年に文化大革命が始まると、ふたたび各地で大量の文書史料が焼却・廃棄され、当然ながら明清契約文書の収集や研究も完全にストップした。文革が終了した七十年代末にいたって、ようやく文書研究が再開され、八十年代にいたって本格化することになる。八十年代以降の研究の中心もやはり徽州と福建の契約文書であった。徽州文書研究については後述するが、福建においても、傅衣凌・楊国楨氏を中心とする厦門大学の研究者グループや、福建師範大学の唐文基氏らによって、総計一万件近くの文書が収集され、多くの研究や何冊かの資料集が刊行されている。(11)

このほかにも八十年代からは中国各地で文書史料の収集と研究が進められていった。すでに研究論文や資料集によって紹介された代表的なものを挙げれば、河北獲鹿県の戸籍文書・山西丁村の土地文書・山東曲阜の孔府檔案・甘粛清河州の土地文書・江南デルタの各種文書・遂安県などの浙江山間部の文書・浙江蘭渓県の魚鱗図冊・広東珠江デルタの土地文書・四川省自貢の塩業文書などがある。[12] 特に台湾においては、早くから歴史学者のほか法学者や民俗学者によって、先住民族関係を含めて清代文書の収集や研究が行われ、多くの研究論文や資料集が公刊されている。[13] また順天府の宝坻檔案・四川省の巴県檔案・台湾の淡新檔案などの、地方官府の檔案資料の整理と公刊が進み、中国・台湾のほかアメリカや日本の研究者によって多くの研究が発表されていることは言うまでもないであろう。

八十年代以降の中国での文書研究の活発化は、日本の明清史研究者にも文書史料への注目をうながした。その中心は何といっても徽州文書であるが、このほかにも福建の土地文書・北京の水売買文書・蘇州の地方行政文書・香港地区の各種文書・台湾や貴州などの少数民族関係文書など、国内外に所蔵される文書の研究が進められており、[14] 宝坻・巴県・淡新・太湖庁などの地方檔案研究も本格化している。[15] 中国では現在もなお全国各地で文書史料の収集・整理や、地方檔案のマイクロフィルム化や出版が進められ、地方の檔案館もしだいに内外の研究者に門を開きつつあるので、今後とくに清代・近代史研究においては、文書・檔案研究がより活性化してゆくことは疑いない。

とはいえこれらの地域の契約文書は大部分が清代後期から民国期のものであり、数量的にも限りがある。一万点近くを数える福建の文書でも、明代の文書は少数であり、内容的にも土地文書が大部分を占める。地方官府の檔案は数量も多く内容的にも多様であるが、早くても乾隆期、大部分は清末のものであって、清代前期以前の資料はきわめて乏しい。これに対し数量の多さ、内容の多様さ、宋元・明清から民国にいたる年代の幅広さ、族譜などの関連資料の豊富さなどにおいて、徽州文書の持つ研究価値はとりわけ高いといえるだろう。

第二節　徽州の地域史――地域開発と商業活動――

近年の中国史研究では、たとえば「敦煌学」と同じように、「徽州学」（徽学）がひとつの研究領域として認められつつある。むろん「徽州学」は徽州文書研究に限られるものではなく、もう一つの大きな柱として徽州商人研究があり、このほか族譜を用いた宗族研究、徽州の地域史一般の研究、思想や文化学術の研究など、その研究範囲はきわめて広い。徽州学全般については、すでに臼井佐知子「徽州文書と徽州研究」（森正夫等編『明清時代史の基本問題』汲古書院、一九九七年）において、包括的な研究史整理と展望がなされているが、本節では徽州文書を史料として用いる前提として、まず徽州における地域開発の進展と宗族形成や商業活動の展開を中心に、宋代以前から清末にいたる徽州の地域史を概観しておくことにしたい[16]。

明清時代の徽州府は、歙県・休寧県・祁門県・黟県（以上は現在の安徽省黄山市にあたる）・績渓県（現在は安徽省宣城地区に属する）・婺源県（現在は江西省上饒地区に属する）の六県からなる。全体としてはスキナーのいう「長江下流大地域」の周辺に位置する山間地であるが、祁門県と婺源県は、鄱陽湖水系の閶江と楽安江の最上流部に位置し、「長江中流大地域」に属する。他の四県はいずれも浙江の山間部を経て、銭塘江として杭州湾に注ぐ新安江水系の上流部に位置する。休寧県の東部から歙県にかけては新安江に沿って徽州盆地がひろく開け、その周辺には新安江の多くの支流によって大小さまざまの河谷盆地が形成され、周囲には黄山を始めとする山々が連なっている。

この地域に中央政府によって郡県が設置されたのは秦漢時代であるが、実際には大部分は「山越」と称される越族系の人々の居住地であって、漢民族の進出はごく限られたものであった。漢民族の大規模な移住は、西晋の滅亡にともない中原から南下した人々に始まるとされ、さらに黄巣の乱などの唐末の混乱期にも、多数の移住民が戦乱を避けて徽州に流入した。こうした移住民は自衛のためもあって、一般に共通の人物を始祖と認める同族集団をつくって集住し、農地や山林の開発を進めていった。徽州には「塢」と称される地名が随所に見られるが、こうした「塢」地形は多く山地と盆地とのあいだの扇状地の上部に見られ、集団の自衛が容易であるとともに水利開発にも好適であったため、初期の定住地として選ばれることが多かった。

このような地域開発がもっとも本格的に進展したのが宋代である。一般に宋代における農業開発の先進地は、江南などのデルタ部よりも、むしろ天目山・会稽山などの山地周辺の扇状地や河谷盆地であったとされるが、徽州盆地の地理環境もやはりこの時期の集約的農業に適合的であった。唐末から宋代にかけて、徽州では土豪的な有力同族を中心に、周辺山地からの河流を「碣」・「壩」・「堰」などの施設を設けて利用し、これに「坡」・「塘」などの、ため池灌漑を併用することによって水利体系を整備し、水田を中心とする集約的な農業開発が進められたのである。さらに周辺の山地では、杉や松などの木材、墨・紙・漆などの加工品、茶をはじめとする山林産品などの商品生産が行われ、新安江を下って両浙方面へ、また鄱陽水系を下って江西方面へと搬出された。

こうして南宋期には、徽州盆地における山村型の地域開発はほぼ完成に近づき、しだいに人口の過剰と耕地の不足が顕在化してくる。明代にかけては人口圧の増大をうけ、地域内では徽州盆地周辺の山間地・河谷地にまでしだいに開発が進められ、また隣接する浙東や江西の盆地部への人口流出も見られた。外地での商業活動もこのころからしだいに活発になってゆく。またとくに後発の移住者などは、すでに条件のよい土地や資源を先住者に押さえられているため十分な生産基盤を確保できず、いきおい多分に隷属的な条件で、先住の有力同族のもとで田地や山林の耕作に従事せざるを得なかった。人口飽和と土地などの資源の不足が、宋代から民国期にいたるまで、佃僕制が存続した主要な要因であったと思われる。

元末には紅巾軍が徽州一帯に侵入し、一時は混乱状態が続くが、やがて南京を根拠とする朱元璋が徽州を制圧する。朱元璋は徽州や浙東において魚鱗冊の編造など郷村制度の整備を進め、これが明朝成立後の郷村統治体系の原型となってゆく。明代前期には徽州における人口移動や農業開発はおおむね一段落し、人口と耕地とのバランスも比較的保たれていたため、農業生産はおおむね安定した状況にあったようである。この時期にも徽州出身者による商業活動は行われていたが、一般にはなお各種の山林産品の交易を中心とする地方的商人集団のひとつに過ぎなかった。

明代中期ごろから徽州における人口圧はふたたび増大へと転じ、人々は活路を求めて全国的な商業活動を展開してゆく。徽州商人が明清期を代表する商人集団として発展したのは、明代中期に塩の専売法である開中法が改革されたのが契機とされる。これ以降徽州商人は中央・地方政府と密接に結びついて、揚州を拠点とする塩業を中心に、江南デルタから長江一帯、さらに華北・華南にいたる商業流通をリードした。徽州商人は客商として揚州・蘇州・杭州・漢口などの大商業都市から、県城や市鎮にいたる商業地にあまねく進出し、同族や同郷のネットワークを通じて全国的な商品流通や手工業生産を動かしたのである。また歙県出身の王直のように、徽州商人のなかには海商として日本や東南アジアとの貿易活動に乗り出すものもあった。

徽州商人の母胎となったのも、多くは宋元時代以来の有力宗族であった。商業資本はしばしば同族を通じて準備され、特に山林経営の収益が資本源となる場合が多かった。同時に徽州商人は商業活動の利潤によってふたたび故郷において土地や山林を購入し、また族産の設置や宗祠の建設、族譜の編纂などを通じて宗族の基盤を強化し、族人の科挙受験を支援して官僚を生み出した。また徽州出身者のなかには江南などの移住地に本籍を移すものも多く、移住地において科挙に合格したものも少なくない。こうした移住者も一般に徽州の同族に対し密接な関係を持ち続けたという。

明末清初には徽州は奴僕叛乱や抗清活動の舞台となり、社会は一時混乱するがほどなく安定に向かう。徽州商人は清朝政府とも密接な関係を維持し、清代前期にも繁栄をつづけ、乾隆年間にかけての全国的な好景気もあって、徽州には商業活動による膨大な富が流入した。しかしその後官塩販売の利潤の低下などによって徽州商人の繁栄にもしだいにかげりが見え始める。とりわけアヘン戦争後に上海が開港され、長江下流域の商業的な中心が蘇州や杭州から上海に移ると、上海の商業流通を握った寧波商人の勢力が増大し、徽州商人の活動はしだいに衰えていった。さらに太平天国の乱に際しては、徽州も戦闘の舞台となって膨大な人的・物的な損失をうけ、その後も外部からの富の流入が減少をつづけたために、徽州社会も停滞期に入ってゆく。

とはいえ清末から民国期にかけても、徽州では在地の有力宗族が一貫して安定した勢力を保ちつづけた。宗族のメンバーや宗族組織は、各戸が保有する田地や山林、宗族やその支派（房）が保有する族産、宗族の統御下にある佃僕、宗族祭祀や社・会などの民間結社、里甲・保甲などの郷村組織などに関する文書を大切に保存していた。こうした文書は地主や宗族などの土地所有や佃僕の使役その他の諸権利を保証するうえで不可欠であり、くわえて徽州は伝統的に訴訟が盛んな「健訟」の地であったために、土地や佃僕等々をめぐる訴訟や紛争に際しての証拠として、各種の文書を長期間にわたって保存する必要があったのである。現存する徽州文書の大部分は、このような有力宗族やその成員によって保存されてきたのである。

第三節　徽州文書の収集と整理

（1）徽州文書の収集

このように徽州においては、民国期にいたるまで明清以来の膨大な文書が保存されてきた。一九四九年に人民共和国が成立し、まもなく土地改革が進められると、周知のように多くの地方では土地文書は「封建的土地所有」の象徴として焼却され、歴史資料として体系的に保存されることは稀であった。しかし幸いにも、特に古い時代の文書を豊富に残していた徽州では、五十年代半ばから文書一般が「文物」と見なされ、組織的に収集が行われるようになる。現在各地の機関が所蔵する徽州文書の主要部分は、一九五〇年代から六十年代前半にかけて、大きく分けて次の三つの経路で収集されたものである。

第一に、人民共和国の成立後、民国期の檔案資料とともに旧政権の地方政府から直接接収された文書がある。この種の文書はおもに安徽省檔案館、および黄山市所属の各県などの檔案館に所蔵されたようである。安徽省檔案館は現在明清期の徽州文書を総計六、一五一件所蔵しているが、その大多数は五十年代に旧地方政権から接収したものであるという。[17] また休寧県では、民国三十二（一九四三）年にいたるまで、明末以来の魚鱗図冊を地税徴収の根拠として用いていたが、人民共和国の成立後、県城の鐘鼓楼から、順治四（一六四七）年から民国期にいたる全県の魚鱗図冊が完全な形で発見され、一括して休寧県檔案館に保存されている。[18]

第二に、土地改革にともなって公的機関により集められた文書がある。徽州では一九五二年から土地改革が始まり、地主の土地や余剰財産が没収・分配されていったが、これにともなって地主や宗族からは多くの契約文書が没収され、地域によってはまとめて焼却されることもあった。とくに安徽省から江西省に移管された婺源県では大量の文書が焼却されたといわれ、このため現存する徽州文書のうち婺源県の文書はきわめて少ない。ただし幸いにも、当時徽州の土地改革に参加した華東宣伝部のある指導者は、没収した文書のなかに年代の古い歴史資料が多いことを知ってこれを保存するように提議した。現在安徽省博物館および図書館に所蔵される徽州文書の一部は、このとき封存された文書を引き継いだものであるという[19]。

また『文物参考資料』一九五四年十二期によれば、安徽省博物館は同年五月から七月にかけて、徽州を中心とする安徽省南部に「蕪湖・徽州両専区調査徴集工作小組」を派遣して、古籍の調査や文物の収集にあたらせた。この際工作小組は屯渓の故紙店が古書や紙張を買い入れて製紙原料としているのに対して、古書籍を製紙原料としたり、古書などを無断で外地に売りに出すことを禁じる通達を伝えた。あわせて小組は屯渓において各種の古書とともに、監生執照や会試硃巻などの文書史料を収集している[20]。さらに江西省に属する婺源県でも、文物の保護収集工作が行われ、一九五七年末までに三万冊以上の線装古書を保存し、廃紙のなかからも文物を接収したという[21]。一九六〇年にも、江西省文物管理委員会が婺源県で多数の官私文書・魚鱗冊・古籍などを収集した[22]。こうした活動にともない少なからぬ文書が収集・保存されたものと思われる

第三の、そしてもっとも重要な文書史料の収集は、一九五六年以降、屯渓の古籍書店によって進められたものである。その由来と経過については、すでに劉重日・周紹泉・臼井佐知子氏らにより詳しい紹介がなされている[23]。これによれば、徽州の土地改革は一九五四年に完了したが、なお地主や宗族のもとにはかなりの文書や古書が残されていた。しかしこうした文書もしばしば無用の長物、さらには地主身分であったことを示す厄介物とみなされ、少なからぬ古

文書が反故紙として古物商に売却されていった。

当時屯渓の中心部の老大橋の付近には、百人あまりの古書商や古物商がいて、徽州の各地から買い集めた古書や文書、その他の古物を売買していた。彼らは価値のありそうな古書は上海や杭州から来た古籍商などに売り、その他の文書などは、すでに触れたように製紙原料として製紙場に売り払ったり、雨傘や爆竹の材料、山林産品の包装紙などとして転売してしまった。たとえば現存する歙県の文書のうち、県西部にくらべて県東部の文書はきわめて少ないが、これは当時歙県の東部に隣接する浙江省遂安県の農村部に、「土紙坊」とよばれる多くの製紙場があり、大量の文書が製紙原料として売却されたためであるという（周紹泉氏の教示による）。

一九五五年、上海の古籍商であった韓世保は、徽州に古書の買い付けに来てこうした状況を知り、当時文化部の副部長であった鄭振鐸に話した。愛書家として知られる鄭振鐸は、貴重な古文書が日々失われつつあることを憂い、安徽省の党委員会の書記であった曾希聖に対し、人員を派遣してこれらの文書を収集・保存することを提議した。これをうけて曾希聖の指示により安徽省文化局が人員を徽州に派遣して実状を調査したうえ、翌五六年九月に徽州の中心地である屯渓の新華書店に専門の古籍書店（のち文物書店となる）を設け、古文書や古籍などを買い入れることになった。

当時屯渓古籍書店で文書収集の責任者であった余庭光氏によれば、文書の買い付けの方法は大きく二通りであった。一つには多くの仲買人を集めて彼らに資金を与え、徽州各地で古書や古文書を買い付けさせ、それを古籍書店がやや高値で買い上げるというものであった。もう一つは古籍書店がみずから人員を派遣して古文書や古書を買い入れるもので、たとえば祁門県では廃品倉庫からいちどに数万件の文書を買い入れ、歙県の製紙工場からは廃紙のなかから一斤あたり一角で文書を買い上げたという。一九五七年十月十七日の『人民日報』には、余庭光氏により「徽州発現宋元時代的契約」という一文が発表され、祁門や休寧での徽州文書収集がはじめて報告された。ついで余庭光氏は『文物参考資料』一九五八年四期にも、「歙県発現明代洪武魚鱗図冊」・「徽州地区収集到万余件珍奇資料」という報告を寄せている。

かくして屯渓古籍書店は五六年から九年間にわたって文書を買い集め、余庭光氏によればその総数は十万件以上にのぼるという。古籍書店は買い集めた文書を大ざっぱに時代別、種類別に分類し、たとえば明代の官契（官印のある契紙）であれば一枚五角、抄契簿などの簿冊であれば一冊二元以上などと価格をつけて、目録を全国各地の機関に送って文書を売りに出した。

六十年代にかけてこれらの文書は、逐次的に北京の中国社会科学院歴史研究所・同経済研究所・中国歴史博物館、合肥の安徽省博物館・同図書館、北京の中国書店、上海の古籍書店、および各地の大学などに売却されていった。このほかに屯渓古籍書店の手を介さず、直接に北京の中国書店などに売りに出された文書もあったという。また北京の中国書店などは、購入した文書をさらに他の機関に転売し、こうして中国各地の機関に徽州文書が所蔵されることになった。しかし屯渓古籍書店は買い集めた文書をあまり体系的に分類せず、逐次売りに出したために、同一系統の文書があちこちの機関に分散することになり、現在でも文書の体系的な調査を難しくしている。

一九六六年に文化大革命が始まると、むろん徽州文書の収集や整理作業もストップし、そればかりかふたたび文書史料がまとめて焼却されることもあった。たとえば江西師範大学には、文革以前にある学者によって収集された一万件以上の婺源県の文書が保存されていたが、文革期に学生たちによってすべて焼却されてしまったという（周紹泉氏の教示による）。このほかにも婺源県では、文革以前に収集された文書のほとんどが焼却されたといわれる。徽州の農村部に残された文書のなかにも、この当時に失われたものが少なくなかったであろう。

（2）徽州文書の収蔵状況

上述のように、一九五〇年代から屯渓古籍書店を中心に収集された徽州文書は、全国各地の機関に逐次売却されていった。文革が終了した七十年代末からは、一部の機関によってふたたび徽州文書収集が再開され、現在も続行中である。この結果、全国各地の大学・研究所・図書館・博物館・檔案館などが分散して徽州文書を収蔵することになり、同一の家・宗族・村落の文書が、異なった機関に収蔵されていることも多い。しかし現時点では、統一的な所蔵目録の作成は困難であり、各地の機関における収蔵状況を包括的に紹介した文献もない。ただし中国や日本・アメリカの研究者によって、さまざまな機関における徽州文書の収蔵状況を紹介した文献も発表されており、ここでは筆者が現地で文書調査を行った際の知見と、各種の参考文献の記載を総合して、中国における徽州文書の収蔵状況をごく概括的に整理しておくことにしたい(24)。

（a）北京市

北京市の代表的な研究所・大学・図書館・博物館の多くは、五十年代末から屯渓古籍書店を通じて購入した文書を中心に、徽州文書のまとまったコレクションを有している。特に中国社会科学院歴史研究所（以下歴史研究所と略称）は総数一万四千件以上の文書を収蔵し、体系的な整理・分類を経てほぼ完全な目録も作成され、名実ともに徽州文書研究の中心といえよう。中国社会科学院経済研究所（以下経済研究所と略称）も、清代の土地文書を中心に、一万件前後の徽州文書を保有していると推定される。また北京大学図書館や国家図書館（旧北京図書館）も、それぞれ数千件の明清徽州の土地文書や魚鱗冊を収蔵しているといわれ、中国歴史博物館にも徽州を中心に三千～五千件ほどの土地文書や黄冊・魚鱗冊などが保存されているという。中国第一歴史檔案館も、人民大学から移管された明代徽州の訴訟文書などを収蔵している。このほか北京師範大学も相当数の徽州文書を収蔵しているとみられ、文化部文物管理局・中国社会科学院地理研究所・中国書店・清華大学も徽州文書を有するというが、いずれも具体的な状況はほとんど不明である。

（b）合肥市

安徽省の省都である合肥市にも、省レヴェルの公的機関に、さまざまなルートによって収集された多数の徽州文書が収められている。まず安徽省博物館は、土地改革時に接収した文書のほか、五十年代に直接収買したり、屯渓古籍書店から買い上げるなどして、多くの徽州文書を収集し、早くから研究が進められてきた。また安徽省図書館も各種の徽州文書を有するが、特に清代徽州の多様な訴訟案巻は史料価値が高い。安徽省檔案館も、総計六、一五一件にのぼる徽州の歴史檔案を収蔵しており、その大部分は旧政権から接収した歴代官府の檔案である。さらに近年では、安徽大学に設立された徽学研究中心が、新たに徽州の農村から一万数千件の文書を集め、現在も収集を続行中であるという。このほか蕪湖市の安徽師範大学の図書館も約二百件の徽州文書を有し、同大学の歴史系も徽州の商業文書などを所蔵している。

（c）黄山市

明清期の徽州府の主要部分を占める黄山市、および市下の各県の公的機関も多くの徽州文書を保有している。特に黄山市博物館は、最近の調査により、全国の機関のなかでも最多の三万件以上の徽州文書を収蔵していることが判明した。ただし膨大な文書はなお整理の過程にあり、現時点では未公開である。[25] また前述のように、休寧県檔案館は清初から民国にいたる賦役文書をほぼ完全に保存しており、その総計は四、一五八巻を数え、魚鱗図冊だけでも一、一四六巻、総計四万張におよぶ。さらに歙県檔案館も一、三九一件の歴史檔案を有し、黟県・績渓県・祁門県・屯渓区の檔案館も、数量の多寡はあれ歴史檔案を収蔵している。このほかに黄山市下各県の博物館・図書館・地方志辦公室などの機関や、現在は江西省に属する婺源県の諸機関も文書史料を有していると思われるが、詳細は不明である。

（d）南京市・天津市

北京と安徽省以外では、南京や天津の大学・図書館・博物館が、徽州文書のまとまったコレクションを有している。なかでも南京大学歴史系資料室は、総計四、四五三件の徽州文書を収蔵し、特に里甲制関係文書や、訴訟案巻・商業帳簿・「会」組織の簿冊などは史料価値が高い。また南京博物館も約三千件の文書史料を有し、その多くは徽州のものであると思われるが、現時点ではほとんど未公開である。天津市では、天津市図書館が約二百六十張の元・明・清期の徽州文書を収蔵しているのをはじめ、天津歴史博物館も百余件の安徽省（大部分徽州であろう）の文書史料を保有し、南開大学図書館にも元・明・清期の徽州文書が収められている。[26]

（e）その他

上記のほかにも、中国各地の諸機関が徽州文書を収蔵していることが報告されており、中国国外にも若干のコレクションがある。特に浙江省博物館は一万件以上の文書史料を擁しているといわれ、その約半分は遂安県など浙江諸県の文書、残り半分が徽州文書であると思われるが（周紹泉氏の教示による）、現時点ではまったく非公開である。これに対し上海図書館は徽州や江南などの帳簿史料を百数十件ほど収蔵しており、研究者が自由に閲覧できる。このほかに山東省図書館は南宋から明末にいたる三十一張の文書を保有し、厦門大学歴史系資料室にも徽州の「社・会」組織に関する文書があり、広州の華南研究資料中心も最近若干の徽州文書を購入した。[27] また、中山大学・広州市図書館・四川省図書館・南充師範学院などにも若干の徽州文書があるといわれる。なお中国国外における徽州文書のコレクションはごく限られているが、ハーバード・燕京図書館が、明代歙県出身の徽州商人が受領した、総計九百二十四件の書簡や名刺類を有していることが注目される[28]。

現時点で筆者が把握した限りでは、各地の機関における徽州文書の収蔵状況は以上の通りである。このほかにも中国国内には、なお徽州文書を蔵している機関があると思われるが、その全貌を知ることは困難であり、研究者による調査の積み重ねを待つしかない。さらに徽州の民間にはなお相当な量の文書史料が残されていると思われ、屯渓などでは骨董店などで文書類が売られていることも珍しくない。このため現在でも北京や合肥、黄山市などのいくつもの機関が、文書の収集活動を続けている。

それでは徽州文書の総数はいったいどれくらいになるのであろうか。当初は徽州文書の総量はおおざっぱに十万件以上と見積もられてきた。これはかつて屯渓古籍書店が購入し、各地の機関に売却した文書が約十万件あまりであったとの、余庭光氏の証言に基づいている[29]。しかし近年の調査の進展により、総量は十万件よりもはるかに大きいことが明らかになってきた。厳桂夫氏によれば、安徽省下の各級の檔案館が所蔵する徽州歴史檔案の総計は九万件以上にのぼるという（ただしこの中には族譜なども含まれ、魚鱗冊は一張を一件と数えている）[30]。これらの歴史檔案は、旧地方政府から接収したものを中心に、屯渓古籍書店とは別の経路で収集されたものである。また約三万件にのぼる黄山市博物館の徽州文書も、屯渓古籍書店を経ず独自に集められた。

周紹泉氏はこれらのデータを総合して、現在各地の図書館・博物館・檔案館・大学・研究所などに所蔵されている徽州文書の総数は、散件文書であれば一張を、簿冊や案巻であれば一冊・一巻を一件として数えて、少なくとも二十万件は下らないと推測している[31]。これ以外にも徽州の農村にはなお相当量の文書が保存されていると思われるが、その数量については、現時点ではまったく予想の手段がない。今後とも収集・調査活動の展開につれて、徽州文書の総数は上方修正されてゆくと思われる。

（3）徽州文書の整理と資料集の出版

一九七七年に文革が終了すると、徽州文書の整理や研究も徐々に再開され、八十年代には徽州文書の整理作業が本格的に始まることになった[32]。まず一九八三年には、中国社会科学院歴史研究所に「徽州文契整理組」が組織され、歴史研究所の徽州文書の整理が開始されている。さらにこの年、歴史研究所や安徽省博物館などが協議して、それぞれの機関が収蔵する徽州文書を整理し、資料集を編集・出版することになった。

これをうけて一九八八年には、まず安徽省博物館編『明清徽州社会経済資料叢編』第一輯（以下『資料叢編』一輯と略称する）が、中国社会科学出版社から出版された。同書は安徽省博物館所蔵の八百八十八件、徽州地区博物館（現黄山市博物館）所蔵の六十二件、計九百五十件の徽州文書を、標点を付して横組み簡体字で刊行したものである。うち明代の文書が約三百九十件、清代の文書が約五百六十件にのぼる。内容的には田地山塘・房屋などの売契が多いが、このほかに売田皮契・典当契・租佃文約・找価契・佃僕関係文書・売身契・貸借文書・各種の合同文書なども含まれている。

さらに一九九〇年には、中国社会科学院歴史研究所徽州文契整理組編『明清徽州社会経済資料叢編』第二輯（以下『資料叢編』二輯と略称する）が、やはり中国社会科学出版社から出版された[33]。同書は歴史研究所の徽州文書のなかから、宋元時代の文書十二件、明代の文書六百八十五件、計六百九十七件を、やはり横組み簡体字で標点を付して刊行したものであり、年代の早い文書を多数収めている点に特徴がある。内容的にはすべてが田地山塘・房屋などの売契であり、とくに売山契が多くを占めている。

翌九一年には、歴史研究所にあらためて「徽州文書課題組」（のち徽学研究中心となる）が組織され、さらに総合的な大型資料集の編集が進められていった。かくして一九九二年、王鈺欣・周紹泉主編『徽州千年契約文書』全四十巻が、花山出版社から出版された[34]。同書は歴史研究所の徽州文書のなかから、散件文書（一枚ないし数枚で一件をなす文書）三千二百余点、簿冊文書（綴じられて冊子となった文書）百二十二冊、魚鱗冊十六部をえらび、原資料から直接撮影し影印出版したものである。全体は第一編宋・元・明編（以下『契約文書』と略称する）全二十巻、第二編清・民国編（以下『契約文書』二編と略称する）全二十巻、の二部に分かれ、第一編には南宋の淳祐二（一二四二）年から明末にいたる散件文書千八百余点、簿冊文書四十三冊、魚鱗冊十三部が、第二編には南明の弘光元（一六四五）年から民国年間にいたる散件文書千四百余点、簿冊文書七十九冊、魚鱗冊三部を収めている[35]。それぞれの文書は表題と整理番号を付され、年代を追って配列されている。

本書の特徴は収録件数の多さ、年代の幅広さに加え、きわめて多種多様な文書を収録していることにある。各種の土地売買文書が多いのはもちろんであるが、そのほかにも租佃・典当・找価・借貸・人身売買・佃僕制・税役・戸籍・商業・宗族・祭祀・訴訟・行政・科挙など、非常に幅広い内容にわたっている。これによって、はじめて国内外の研究者が多様な文書史料を利用できるようになったのであり、本書の出版は特に海外における徽州文書研究の活発化を一気に促すことになった。

このように徽州文書の整理と出版作業は、歴史研究所を中心に推進されていったが、九十年代のはじめまでは、他の所蔵機関での整理作業はなかなか進まなかった。一つには五十年代以降に各機関が文書を購入してから、ほどなく文化大革命が始まったため、文書整理が完全に中断し、その後の整理作業にも大きな影響を及ぼしたためもある。また機関によっては所蔵する文書を「禁区」のように封鎖し、外部者への公開を拒絶しているところもあり、特に博物館などでは文書をもっぱら文物として扱うため、研究者の閲覧が容易でないことが多い。なによりも多くの機関では、膨大な文書を補修・整理・分類するだけの知識と経験を持ったスタッフが不足し、設備や費用も不十分であった。[36]

しかし九十年代の後半からは、各地の所蔵機関でもしだいに徽州文書の整理が進み、資料集や目録が刊行されつつある。まず一九九五年には、西周時代の金文から、民国期の文書にいたる計一、四〇二件の契約史料を、標点と注釈を付して縦組み簡体字で活字化した、張伝璽主編『中国歴代契約会編考釈』上・下巻（以下『会編考釈』と略称）が、北京大学出版社から刊行された。同書に収録する南宋・元・明代の契約文書の大部分は、北京大学図書館を中心に、安徽省博物館・北京図書館・中国歴史博物館・天津市図書館などが収蔵する徽州文書であり、清代の契約文書には上記の機関が収蔵する徽州文書に加え、より多くの地域の文書が含まれる。文書の内容も多様性に富み、特に南宋・元代の徽州文書には、これまで未紹介のものがかなり含まれていることが注目される。[37] また章有義『明清及近代農業史論集』（中国農業出版社、一九九七年）所収の、「清代徽州地主分家書置産簿選輯」（二九九～四八四頁）は、経済研究所などの徽州文書のなかから、計四十八件の分家書、および四種の置産簿に含まれる各種文書を彙輯し、横組み簡体字により活字化したものであり、特に多様な分家文書の史料価値は高い。

さらに最近の資料集として、中国第一歴史檔案館が収蔵する明代檔案三千件強と、遼寧省檔案館が収蔵する遼東都司檔案など九百件強の全文を影印した、『中国明朝檔案総匯』全百一冊（広西師範大学出版社、二〇〇一年）が刊行された。このうち第一歴史檔案館所蔵の檔案は、明末の兵部・礼部・内閣などの中央政府檔案が中心であるが、このほかにかつて人民大学から移管された、明初以来の徽州文書も含まれている。特に第一冊に所収する万暦年間までの檔案の大多数は徽州文書であり、なかでも十五世紀前半以降の多様な訴訟文書は、明代前・中期の訴訟制度研究のうえで

きわめて重要な史料である。(38)

九十年代後半からは、徽州文書の所蔵目録も編纂・出版されはじめた。まず一九九六年、徽州文書を所蔵する安徽省内の檔案館が協力して、厳桂夫主編『徽州歴史檔案総目提要』が黄山書社から出版された。同書は安徽省檔案館をはじめ、黄山市・歙県・休寧県・黟県・祁門県・屯渓区・績渓県の各檔案館、および南京大学歴史系資料室が収蔵する、「徽州歴史檔案」(民間文書・官文書のほか、族譜や各種の文物を含む)の総目録である。本書の刊行によって、従来ほとんど未紹介であった多量の文書群や魚鱗冊の収蔵状況が明らかになった。また冒頭の「徽州歴史檔案総論」も、徽州文書の類別や収集過程・収蔵機関などを総述しており有用である。

さらに二〇〇〇年にいたり、中国社会科学院歴史研究所収蔵編纂『徽州文書類目』が、黄山書社から出版された。同書は歴史研究所が収蔵する、総計一四、一三七件の徽州文書の完全な分類目録である。全体は土地関係与財産文書・賦役文書・商業文書・宗族文書・官府文書・教育与科挙文書・会社文書・社会関係文書・其他文書の九類に分けられ、各類の文書はさらに総計百十七の目、百二十八の子目に分類されている。これまで体系的な徽州文書の分類法は未確立であったが、今後は本書における分類がひとつの基準となろう。数量的にはやはり「土地関係与財産文書」がもっとも多く、全七〇九頁のうち五二九頁を占め、賦役文書がこれに次ぐが、これまで比較的研究が手薄であった、商業や宗族・教育や科挙、民間結社や民衆信仰などに関する文書も系統的に整理されている。今後は他の機関が収蔵する徽州文書についても、共通する分類法によって網羅的な目録が作成され、文書研究全体が体系化されてゆくことを期待したい。

第四節　徽州文書の研究史

中国各地の研究機関で徽州文書の収集と整理が進むのと並行して、主としてそれぞれの機関に所属する研究者によって、文書研究も進められていった。ただし徽州文書研究が本格的に進展したのは、中国では文革終了後の二十数年、中国以外では九十年代以降の十数年に過ぎない。とはいえこの二十数年に中国や日本などで発表された徽州文書研究はすでに相当数にのぼり、ここでは個々の論文を網羅的に紹介することは難しい。さいわい中国における徽州文書研究については、『中国史研究動態』誌上に、陳柯雲「徽州文書契約研究概観」（一九八七年五期）、阿風「徽州文書研究十年回顧」（一九九八年二期）、同「一九九八、一九九九年徽学研究的最新進展」（二〇〇〇年七期）といった一連の研究史整理が掲載され、主要な論考が網羅的に紹介・論評されている。また中国や日本における徽州学研究全般についても、臼井前掲「徽州文書と徽州研究」、阿風「八十年代以来徽州社会経済史研究回顧」（『中国史学』八巻、一九九八）、鈴木博之「『徽学』研究の現状と課題」（『集刊東洋学』八三号、二〇〇〇年）などの研究史整理があり、徽州文書・宗族・徽州商人などに関する主要論文を紹介している[39]。個別論文については上記の諸文献を参照していただきたい。以下本節では、一九六〇年以降の中国内外における徽州文書研究の流れを時系列に沿って整理し、研究者ごとに代表的な論文を数編ずつ註記することにしたい。

（1）中国における研究

（a）一九六〇年代～七十年代前半

前述のように、一九五〇年代末から屯渓古籍書店により徽州文書の収集が進められたが、この文書を利用した研究論文を最初に発表したのは、すでに福建契約文書研究の実績を持つ傅衣凌氏（厦門大学）であった。氏は一九六〇年、『文物参考資料』に「明代徽州庄僕文約輯存」を発表し、中国社会科学院歴史研究所や、文化部文物局所蔵の、明代の佃僕関係文書を図版入りで紹介・検討したのである。(40)

ついで翌六一年には、韋慶遠氏（人民大学）が明代の黄冊制度に関する専著の中で、明代徽州の戸籍文書数件を図版付きで紹介した。(41) さらに六三年には李文治・魏金玉氏（経済研究所）が、明清期の土地所有関係や佃農身分に関する論文において、経済研究所所蔵の徽州文書を利用している。(42) しかし六十年代までの徽州文書研究はほぼ上述の数編に限られ、六六年には文化大革命が始まり、一切の学術的な歴史研究は途絶し、徽州文書研究も全くの空白期が続くことになる。この時期にはむしろ台湾の方豪氏が、一九七一年から七三年まで、国共内戦期に購入した徽州文書の紹介を継続的に発表していることが注目される。(43)

（b）七十年代末～八十年代前半

七十年代の中国で最初に徽州文書研究に着手したのは、経済研究所の章有義氏である。氏はすでに文革末期の一九七四年、太平天国期の徽州文書に関する研究を『文物』誌上に発表し、(44) 七七年に文革が終了すると、精力的に経済研究所蔵の租簿や置産簿などの検討を進め、八十年代にかけて多数の事例研究を発表した。氏の一連の研究は、『明清徽州土地関係研究』（中国社会科学出版社、一九八四年）・『近代徽州租佃関係案例研究』（中国社会科学出版社、一九八八年）に収録されている。

章有義氏についで、七十年代末から徽州文書研究に着手したのが、葉顕恩氏（中山大学歴史系、現在は広東省社会科学院歴史研究所）である。氏は明清徽州の佃僕制から研究を開始し、ついで徽州商人などにも研究領域を広げた。一九六五・七九年には、祁門と休寧の農村で佃僕制に関するフィールドワークも行っている。葉顕恩氏の徽州研究は、一九八三年に『明清徽州農村社会与佃僕制』（安徽人民出版社）としてまとめられた。同書は徽州の歴史地理・土地所有関係・徽州商人・宗族組織・文化風俗・佃僕制などにわたる包括的な著作であり、現在に至るまで徽州学研究のもっとも基本的な文献となっている。

八十年代にはいると、魏金玉氏（経済研究所）が、明代の佃僕制に関する論考を発表し、劉重日氏（歴史研究所）も、佃僕制などをめぐる数編の専論を著した。[45] 八三年には劉重日氏を中心として、歴史研究所に「徽州文契整理組」が設立され、徽州文書の整理に当たることになる。[46] さらに一九八三年ごろから、安徽省博物館の劉和恵・彭超の両氏が、同博物館が収蔵する徽州文書を用いた研究を精力的に進めていった。劉和恵氏の研究は佃僕制・田面田底権・元代文書の考証など多方面にわたり、[47] 彭超氏も佃僕制・田面田底権・軍戸制などについて多くの論文を発表した。[48] 前述の『資料叢編』第一輯の編集を主導したのも、劉・彭の両氏であった。このほか傅衣凌氏にも、明代の徽州文書における通貨使用を分析した論考がある。[49]

（c）八十年代後半～九十年代前半

八十年代の半ばころから、「徽州学」が明清史研究の新領域として認められるとともに、各地に研究グループが編成され、研究態勢の組織化も図られていった。まず一九八五年、地元の研究者によって徽州地区（現黄山市）徽州学研究会が結成され、機関誌『徽学通訊』・『徽学』などを刊行し、徽州からの移住者が多かった杭州などには分会もある。[50]また『江淮論壇』や『徽州社会科学』などの雑誌も多くの徽州学研究を掲載した。のち一九九四年には黄山高等専科学校にも「徽州文化研究所」が設立され、機関誌『徽州文化研究通訊』を発行している。

さらに歴史研究所では、「徽州文契整理組」に所属する周紹泉・欒成顕・陳柯雲・張雪慧氏によって、一九八七年以降『中国史研究』などに次々と研究成果が発表され、九〇年には「整理組」編による『資料叢編』第二輯が刊行された。翌九一年には、「整理組」は「徽州文書課題組」に改組され、九三年には「課題組」と歴史研究所図書館の協力により、『契約文書』が編纂・出版された。[51]さらに九四年には「課題組」のメンバーに阿風氏を加えて、「徽州学研究中心」が成立し、中国における徽州学・徽州文書研究の中心としての役割を果たすことになる。

また蕪湖の安徽師範大学歴史系でも、張海鵬・王廷元氏を中心に「徽商研究中心」が発足し、徽州商人研究を担うことになった。つづいて八九年には、合肥の安徽大学歴史系に「徽州宗族研究課題組」が組織され（のち「徽州学研究所」と改称）、趙華富・卞利氏らを中心に、宗族や社会史研究を担当した。[52]こうして九十年代までには、北京・合肥・蕪湖・黄山市に徽州学研究の拠点が組織され、それぞれが文書研究・徽州商人・宗族などの主たる研究課題を分担し、相互に交流・連絡する体制ができあがったのである。

八十年代後半からの徽州文書研究は、主として歴史研究所の研究者によって推進されていった。まず「徽州学研究中心」の主任である周紹泉氏は、八七年から土地売買・族産・田地の畝産量など、土地制度を中心に研究を進め、徽州文書の収蔵や分類に関する論考も多い。[53]九三年には明代徽州の詳細な族産管理規定である『竇山公家議』（黄山書社）を校訂・出版している。また欒成顕氏は、元末に朱元璋が編造した魚鱗冊を発見・紹介したのをはじめ、明代の黄冊と魚鱗冊に関する精緻な研究を次々と発表するとともに、戸籍文書や土地契約によって明初の地主経営の実態を描き出した。[54]

さらに陳柯雲氏は、山林経営の分析から始めて、郷約・宗族など社会史的な分野に研究を進め、九五年には雍正帝による賤民解放令の実施状況を、佃僕身分をめぐる訴訟案件により検討した大作を発表したが[55]、惜しくも翌九六年、急病により逝去された。また張雪慧氏も、山林経営や土地売買などを中心に文書研究を進めている[56]。このほか歴史研究所の長老である陳高華・王毓銓氏にも、徽州文書により元・明期の土地取引制度を論じた研究がある[57]。

歴史研究所以外では、劉淼氏（『江淮論壇』編輯部、現蘇州大学）が、八六年以降、徽州文書により地主制・土地取引・族産経営・「会」組織などに関する研究を精力的に進めた[58]。氏は海外の徽州学研究を集めた『徽州社会経済史訳文集』（黄山書社、一九八八年）の編訳者でもある。このほか鄭力民氏（『江淮論壇』編輯部）も、徽州における土地典当について検討し[59]、楊国楨氏（厦門大学）の『明清土地契約文書研究』（人民出版社、一九八八年）にも、徽州の山林経営を論じた一章があり、李文治・江太新氏（経済研究所）も、徽州文書によって地租形態や畝産量を分析している[60]。

（d）九十年代後半以降の研究

九十年代の後半から、徽州文書研究の中心は、土地制度や地主制から、社会史・文化史・法制史・商業史などの領域へ広がりつつある。まず周紹泉氏は佃僕の家系の復原・里長や糧長・訴訟をめぐる社会関係など、社会史・法制史を中心に多彩な文書研究を展開している[61]。欒成顕氏は一連の戸籍文書研究を集成して、大著『明代黄冊研究』（中国社会科学出版社、一九九八年）を刊行するとともに、里甲制や戸籍制度に関する精緻な論考を発表した[62]。また歴史研究所の新進研究者である阿風氏も、土地契約上の「主盟」の役割や、婦女の財産権問題など、これまで手薄であった家族法や女性史をめぐる研究を進めている[63]。

さらに張海鵬主編『徽商研究』（安徽人民出版社、一九九五年）の第十章「徽商箇案研究」では、周紹泉・張海鵬・江怡桐氏が、商業文書や帳簿・書簡などを活用して徽州商人の経営実態を描き出した。また封越健氏（経済研究所）も、徽州文書を活用して清代商業資本の来源を検討し、周暁光氏（安徽師範大学）も清代徽州の塩商の商業帳簿を分析した。[64]社会史的な文書研究としては、王日根氏（厦門大学）による、明清徽州の族産や社・会組織に関する論考が、[65]法制史的な分野では、卞利氏（安徽大学）による明代民事紛争の研究がある。[66]

さらに九十年代末からは、書簡や各種の手書き史料を活用した研究が、徽州学研究の新たな領域を開きつつある。まず陳智超氏（歴史研究所）は、ハーバード・燕京図書館所蔵の、万暦期の徽州商人が受領した七百件以上の書簡の研究を進めており、まもなく一書として刊行される予定である。[67]さらに最近では、王振忠氏（復旦大学）が、徽州の農村に残された多数の手書き史料を収集し、一連の注目すべき論文を発表している。民間宗教の儀礼書、民間医書や習俗史料、徽州商人が残した商業書・路程書・商業書簡などを紹介・検討した王氏の研究は、徽州学に限らず、明清期の社会生活や民衆文化研究に新たな史料的可能性を開くものといえよう。[68]

以上に紹介した研究は、あくまで徽州文書に関する論文にとどまり、徽州商人や宗族、徽州文化などに関する論考は、むしろ文書研究以上に多い。代表的な著書のみを挙げると、徽州商人については、王振忠『明清徽商与淮揚社会変遷』（生活・読書・新知三聯書店、一九九六年）、張海鵬・王廷元『徽商発展史』（黄山書社、一九九七年）があり、徽州社会や宗族については、唐力行『明清以来徽州区域社会経済研究』（安徽大学出版社、一九九九年）、趙華富『両駅集』（黄山書社、一九九九年）がある。また論集としては江淮論壇編輯部編『徽商研究論文集』（安徽人民出版社、一九八五年）、史料集としては張海鵬・王廷元主編『明清徽商資料選編』（黄山書社、一九八五年）・『明清徽商資料続編』（黄山書社、一九九七年）が編纂されている。このほか徽州の建築や美術に関する図録類もきわめて多く、徽州文化や民俗誌・郷土史についても、地元黄山市を中心に多種多様な書籍が出版されているが、特に季家宏主編『黄山旅游文化大辞典』（中国科学技術出版社、一九九四年）は包括的で有用であろう。また高寿仙『徽州文化』（遼寧教育出版社、一九九三年）は、章有義・葉顕恩氏らの業績に基づき、徽州の社会文化を総述した有益な概説書であり、黄山市の研究者による姚邦藻主編『徽州学概論』（中国社会科学出版社、二〇〇〇年）も、徽州文化や民俗誌に関する記述が豊富である。

なお徽州学関係の雑誌論文には、国外では入手が難しいものも多かったが、一九九六年にいたり、徽州学研究論文を集成した、安徽大学図書館編『徽学研究論著集成彙編』（全十四冊）が刊行された。『彙編』は九五年までに中国で発表された徽州学関係の論文六百編以上をリストアップし、うち計四百八編をコピーして製本したものであり、巻頭には本編に未収録の文献も含めた論文目録が掲げられている。全体は「総論」一冊・「徽商」四冊・「農村社会与土地制度」四冊・「文化芸術」四冊・「其它」一冊からなり、コピー状態は必ずしも鮮明ではないが、きわめて有用な文献である。

こうして徽州学が内外の注目を集めるにともない、九十年代から徽州研究をテーマとする学会も定期的に開かれるようになる。まず一九九〇年に安徽師範大学において「徽州社会経済史学術討論会」が開かれたのに始まり、九三年には黄山市で「全国徽学学術討論会」が開催された。翌九四年には「首届国際徽学学術討論会」が、翌九五年にも「'95国際徽学学術討論会」が、いずれも海外の研究者の参加を得て黄山市屯渓で開かれている。その後は隔年で徽州学の国際学界が開かれることになり、「'98国際徽学研討会」が績渓県で、「2000年国際徽学研討会」が安徽大学で開催された。[69] こうした学会での報告の多くは、『徽学研究論文集』（黄山市社会科学界聯合会、一九九四年）、『首届国際徽学学術討論会文集』（黄山書社、一九九六年）、『'95国際徽学学術討論会論文集』（安徽大学出版社、一九九七年）、『'98国際徽学学術討論会論文集』（安徽大学出版社、二〇〇〇年）などの論文集として刊行されている。

なお一九九九年には、「安徽大学徽学研究中心」が成立し、徽州の宗族・文書・商業・文化などを総合的に研究することになった。現在徽学研究中心では徽州学文献の総合目録の編纂、碑文や建築の調査、文書史料の収集などのプロジェクトを進めており、徽州研究情報のコンピューター化も計画しているという。また機関誌として『徽学』、ニューズレターとして『徽学研究通訊』を発行し、『徽州研究叢書』の刊行も開始された。さらに安徽省の研究事業として、徽州学全般を包括する『徽州文化全書』（全二十二巻）の編纂も進められている。今後は歴史研究所と安徽大学を中心として、徽州学研究のネットワークが広がってゆくことを期待したい。近年では中国国外の徽州学研究者も、国際学会への参加や、中国の研究機関への留学や訪問、資料収集などを通じて、中国の研究者と密接に交流を続けている。また周紹泉氏や欒成顕氏などは長期間日本に滞在して研究活動を行い、日本の明清史研究に大きな影響を与えており、今後もこうした相互交流は活発化してゆくであろう。

（2）日本における研究

日本においても、すでに一九四〇・五十年代から明清期の徽州に関するいくつかの論文が発表されている。宗族や族譜については、牧野巽氏や多賀秋五郎氏の研究があり[70]、とくに藤井宏氏の徽州商人（新安商人）に関する包括的な論考は、中国語にも翻訳され、中国における徽商研究にも大きな影響を与えた[71]。

日本で最初に徽州文書研究を手がけたのは仁井田陞氏であり、氏は一九六一年、傅衣凌・韋慶遠氏が紹介した文書を用いて、明末徽州の庄僕（佃僕）制に検討を加えた[72]。しかし当時はもとより日本の研究者が原文書に接するすべはなく、文革による中国での研究の途絶もあって、七十年代までは徽州文書を利用した日本人の研究はごく少ない[73]。ただし文書以外の徽州研究には、六十・七十年代にも、重田徳氏による徽州商人研究、斯波義信氏による宋代徽州の開発史などの重要な論文があり、多賀秋五郎氏による徽州を含めた族譜の網羅的調査や、明清徽州の農村演劇とその社会的背景について論じた田仲一成氏の研究は、文書研究のうえでも参考価値が高い[74]。

文革終了後、中国で徽州文書研究が活発化するとともに、八十年代には日本でもふたたび徽州文書研究が発表されはじめる。まず一九八四年、小山正明氏は傅衣凌・章有義・葉顕恩氏らの業績に基づき、明清徽州の奴婢・庄僕制を考察した[75]。ついで八八年には、鶴見尚弘氏が中国歴史博物館で発見した永楽年間の戸籍文書に検討を加えた[76]。この論文が徽州文書の原件を利用した日本人による最初の研究であろう。しかし八十年代には、日本人研究者による徽州文書調査の機会はごく限られ、概して地主制や土地制度に対する関心が後退しつつあったこともあって、中国における徽州の地主制・土地制度研究も、葉顕恩氏の著作を除いて[77]、日本の明清史研究にはあまり影響を与えなかった。また宗族研究の盛行や、商業流通や市場圏研究の活発化にも関わらず、この時期には徽州の宗族や徽州商人に関する研究も乏しい。

しかし八八年以降、徽州文書資料集がつぎつぎと公刊されたこともあり、九十年代にはいると、徽州学・徽州文書研究はにわかに活発化する。まず九〇年には、渋谷裕子氏が南京大学歴史系資料室所蔵の「会簿」を用いて、祭祀組織たる「会」の運営形態を詳細に分析した[78]。渋谷氏はその後も社会史的な文書研究を進め、最近では休寧県の山村でのフィールドワークにより、碑刻や民間伝承も活用して、棚民や山林経営をめぐる社会関係を活写している[79]。また八十年代末から徽州の宗族・村落研究に着手した鈴木博之氏も、やはり九〇年に、文書史料により清代の族産経営を分析した論考を発表し、最近では家産分割文書に検討を加えた[80]。

さらに一九九二年に刊行された『契約文書』は、日本における徽州文書研究の進展を一段と促すことになった。まず翌九三年、大田由紀夫氏は『契約文書』所収の元末・明前期の土地契約文書により、貨幣使用の変遷を定量的に分析した[81]。また九四年以降、筆者も本書の基礎となる、徽州郷村社会における紛争処理についての一連の研究を発表している。さらに徽州商人研究を中心に日本における徽州学をリードしてきた臼井佐知子氏も、九五年から明清徽州の家産分割・承継文書・文書の管理保存・寄進文書などに関する研究を進めており[82]、岸本美緒氏も、明清契約文書一般について総述するとともに、周紹泉氏や欒成顕氏による文書研究を翻訳紹介した[83]。なお東京大学東洋文化研究所では、九三年以降ほぼ毎月「契約文書研究会」が開かれ、岸本氏や臼井氏を中心に、徽州文書をはじめとする契約文書などに関する研究発表が行われている。

このほか山本英史氏は、黟県の一宗族に関する契約文書を族譜と対照して考察し[84]、高橋芳郎氏も明代休寧県の訴訟案巻を詳細に検討した[85]。熊遠報氏は清代婺源県の訴訟案巻により、県社会における中心―周辺の対立構図を解明し[86]、明清期の地方行政に関する伍躍氏の専著においても、多くの徽州文書が活用されている[87]。さらに上田信氏による、風水・宗族・郷約・棚民などをめぐる社会的・生態的文脈から、山林の経営・保全システムを論じた研究も重要である[88]。日本での徽州文書研究が本格化したのはこの十年あまりであるが、すでに祭祀組織や寄進、郷村組織や地方行政、家産分割や継承、訴訟や紛争処理など、社会史的・法制史的領域を中心に注目すべき論考が発表され、最近では山林や棚民など環境・生態史にも検討が進みつつある。徽州商人・宗族・建築・言語文化などの研究も含め、日本の明清地域史研究のなかでも、徽州学はもっとも活気のある領域となりつつあるといえよう。

（3）欧米・台湾・韓国における研究

欧米においては主として社会史的な関心から、明清期の徽州に関する研究が行われているが[89]、ここではそのうち徽州文書に関する論考を紹介しよう。欧米における徽州学の開拓者は、ライデン大学のハリエット・T・ズレンドルファー氏であり、宗族と商業問題を中心に徽州の地域社会史を論じた氏の専著には、葉顕恩・章有義氏らの徽州文書研究が随所で参照されている[90]。さらにアメリカ議会図書館のM・C・ウィエン（中国名は居蜜）氏も、八十年代初頭から南京大学などで徽州文書を調査し、租佃文書・佃僕文書などを紹介・検討した論考を発表している[91]。

さらにケンブリッジ大学のジョセフ・P・マクデモット氏も、八十年代前半、国際基督教大学在任時に中国で徽州文書を調査し、最近では明末の郷約や民間宗教儀礼を通じて、帝権の郷村への文化的浸透を論じた大作を発表した[92]。このほかエドガー・ウィックバーグ氏も、徽州文書による定量分析の有効性を指摘し[93]、フランスでも、ミシェル・カルチエ氏が徽州学の誕生について紹介している[94]。全体としては史料読解の難しさもあって、欧米では徽州文書研究の意義は十分に認識されながらも、本格的な文書研究の数はまだ少ない。しかし最近では、一九九九年十二月にアメリカ第二国家文書館において、安徽省檔案館・メリーランド大学との共催で、One Day Conference on Chinese Archives: "Huizhou Historical Archives and Culture" が開催され、二〇〇一年十一月にもメリーランド大学で、"Huizhou Historical Archives Conference" が開かれるなど、アメリカの研究者も徽州文書に関心を向けはじめている。

また台湾では、前述のように七十年代に方豪氏がみずから所有する徽州文書を紹介し、八十年代初頭には、台湾出身でウィスコンシン大学の経済学教授であった趙岡氏が、徽州文書の定量分析により、明清期の地価や租佃制度について検討を加えた[95]。その後は台湾文書の調査・研究が活発に展開されたのに対し、徽州文書研究は乏しかったが、最近では女性の経済活動を契約文書により分析した陳瑛珣氏の専著において、多くの徽州文書が活用されている[96]。

一方最近の韓国では、宗族問題を中心に徽州の社会史を研究する朴元熇教授を中心に、高麗大学の若手研究者が徽州研究に着手しつつある。特に権仁溶氏は、多くの賦役文書や訴訟案件により明清期の丈量や里甲制の実態を検討し、高麗大学から博士号を得ており[97]、洪性鳩氏も徽州の郷約などの研究を進めている。九十年代から欧米や台湾・韓国でも、宮中檔・地方檔案や各地の契約文書を用いた、清・民国期の社会史・法制史・文化史などの研究が活発化しつつあり、これと関連して今後の徽州文書研究の展開も期待されよう。

第五節　徽州文書研究の領域・意義・課題

（1）　徽州文書の分類と研究領域

徽州文書は数量が豊富で種類も多様であり、関連資料も多いために、そのカヴァーする研究範囲もきわめて広い。既述のように、徽州文書の総数は各地の機関に収蔵されるものだけでも二十万件以上にのぼると推定されており、時代的にも南宋から民国末までの七百三十年あまりにおよぶ。内容的にはやはり土地文書がもっとも多く、賦役文書・商業文書がこれに次ぐが、このほかにも行政文書・訴訟文書・教育科挙文書・団体文書など、多種多様な文書が残されている。ここでは周紹泉（岸本美緒訳）「徽州文書の分類」（『史潮』新三二号、一九九三年）、および前掲『徽州文書類目』における分類を基準として、若干のアレンジを加え、徽州文書の分類と研究領域を大きく八項目に分けて概述することにしたい。

なおここでいう徽州文書とは、原則として徽州地域に残された、あるいは徽州出身者が書き残した手書きの史料全般を指す。形状的には一枚一枚の「散件」もあれば、冊子状に綴じられた「簿冊」もあり、内容的には狭義の契約文書のほか、訴訟・行政文書や、各種の帳簿類・覚書・雑記帳・日記・書簡なども含む。ただし刊本をそのまま書き写した抄本は文書に含めない。他方で訴訟案巻などの原文書を印刷に付した刊本は、内容に着目して文書と見なすことにする。また族譜は刊本・抄本ともに、ひとまず文書とは数えないが、その中にはしばしば各種の文書史料が引用されており、この種の編纂文献に引用された文書も、広義の徽州文書に含むことにしたい。

（a）　土地制度

徽州文書のなかでもっとも多くを占めるのはむろん土地（房屋を含む）契約文書であり、当然ながら文書史料による土地制度史研究も早くから進展した。土地制度に関わる文書としては、まず膨大な土地売買・典当文書がある。こうした文書は官印が押された「赤契」と、官印のない「白契」に分けられるが、官印を受けるためには地方衙門で「契税」を支払い、「契尾」などの税契証書を受ける必要があった。典当文書は売買文書と比べて白契が多い。このほかに土地文書としては、土地の境界を取り決める「清白合同」、土地を交換する「対換文約」、土地の相続や授与に当たって立てる「批契」、売価の足し前を払う際の「找価契約」、土地の買い戻しに際して交わされる「退契」、官府が土地開墾者に発給した「墾荒帖文」などがある。土地契約に比べ動産に関する文書は少なく、耕牛取引文書や、各種の借貸文書が主である。

（b）地主制・租佃関係

地主制や租佃関係は、いうまでもなく中国における明清史研究の主要なテーマとされ、八十年代以降、徽州文書は刑科題本などともに、もっとも体系的な史料群として注目され、早くから事例研究や定量分析が進められてきた。上述の土地制度に関わる文書は、同時に地主制や租佃関係研究の主要史料でもある。また単件の租佃文書のほか、地主や宗族が所有する田地や山林に関わる契約を抄録して彙集した「抄契簿」（謄契簿・置産簿）、租佃文書をまとめて抄録した「租簿」（租底簿）などは、特定の地主や宗族の土地所有や売買についての定量的データを提供する。田皮・田骨の売買や典当など田面田底慣行に関する文書も多い。また徽州における山林経営の重要性を反映して、山林租佃契、山林伐採契約、「力分」（山林租佃者の成材後の取り分）の売買・典当契約なども豊富である。

（c）佃僕・奴僕制

明清期の佃僕制は、徽州に特徴的な身分関係であり、関連資料も多いので、もっとも早く研究が進んだ分野であり、近年では社会史的な研究も進められている。佃僕や奴僕に関する文書としては、身売りの際に立てる「売身契」・主家への服属や応役を規定した「投主服役文約」、佃僕・奴僕が主家に対し過犯を謝罪して立てた「伏罪甘罰文約」などがあり、租佃文書、とくに山林租佃約のなかにも佃僕が立てたものが多い。また明清期の訴訟案巻や裁判文書にも、主僕間の激しい紛争を伝えるものがあり、抄契簿や租簿にも関連史料が多い。族譜や族規家法、祠規・祠志・墓志などにもしばしば佃僕管理規定などが含まれている。

（d）賦役制度・郷村統治

賦役文書は土地文書に次いで数量が多く、なかでも清代の魚鱗図冊は膨大な量におよぶ。魚鱗図冊は里内にある各田土のデータを列記した「分装冊」と、里内の田土すべてを一枚の図にまとめた「総図」に分けられ、分装冊を簡略化した「田土号簿」もある。魚鱗冊中のある一戸の所有田土をまとめた「帰戸冊」や、その編纂の根拠となる「帰戸票」も多い。戸籍文書としては、明代の賦役黄冊が代表的であり、その大部分は里に保存された「黄冊底籍」を書き写した抄件である。また明初の「戸帖」や、黄冊編造時に各戸が提出した「親供冊」も残っている。さらに明末以降の賦役改革にともない、黄冊にかわる徴税の根拠となる「実徴冊」も編造され、一条鞭法や編審の施行に際しては、各戸に「条編由票」や「審定戸由」が給付された。このほか「易知由単」や「税票」・「執照」などの納税通知書・領収書、納税名義変更のため交わされた「推単」なども多く、明代の里甲制・軍戸制関係文書や、「門牌」などの保甲制関係文書といった、郷村統治をめぐる史料も少なくない。里甲や同族内で税役負担の分担を議定した「承役文書」も重要である。

（e）徽州商人

商業文書には、商業資本調達や合夥経営のための各種の商業合同や商業契約などがあるが、特に商業帳簿や商人の日用収支簿はきわめて多く、徽州商人の経営実態を詳細に分析することができる。さらに最近では、商売の必要上記したマニュアルや覚え書き、路程記や商業入門書、商人が交わした書簡、客商の旅行日記、商人家族の分家書など、多種多様な手書き史料が紹介されつつある。従来の徽商研究は族譜や文集に残された商人の伝記、地方志・筆記・白話小説などに記された徽州商人の活動、刊本の商業書や路程書などを中心に進められてきたが、これらの商業関係文書により、より日常的な徽州商人の経営や活動を精緻かつ具体的に分析することが可能になった。

（f）宗族・家族制度

宗族研究の中心史料は、なんといっても膨大な族譜である。族譜にはしばしば宗族規約や祭祀規定、宗祠・墳墓・族産の管理規定などを収めるが、これらが独立した帳簿として、あるいは刊刻されて残されていることも多い。たとえば宗祠における祭祀規約・族産管理・収支状況などを記した「宗祠簿」・「祭祀簿」・「清明会簿」や、墳墓の所在や拝礼・管理規定を記した「墓志」などがある。このほか宗族が族産の保全や族人統制を合議した宗族合同や宗族文約、宗族内の房組織の収支帳などもあり、訴訟文書にも宗族に関わるものが多い。また個別の家に関わる文書としては、特に分家書（鬮書・分単など）が多量に残されており、家計簿や収支帳といった家レヴェルの帳簿類も豊富である。このほか承継文書や入贅文書、婚約や義兄弟の契りを交わす際の「庚帖」や「蘭譜」、冠婚葬祭に関する帳簿類なども ある。そもそも徽州文書の大部分は、宗族や家族によって作成・保管されてきたものであるから、ほとんどの文書が宗族・家族の活動や資産経営と関係するといっても過言ではない。

（g）訴訟・紛争・地方行政

訴訟や紛争に関する文書は、大きく官府が人民に発給、ないし人民が官府に提出した訴訟文書と、訴訟や紛争解決の過程で当事者が立てた民間文書とに分けられる。官に提出した訴訟文書には、「告状」・「訴状」・「稟状」などの告訴状や申立書があり、官から給付された文書には、「帖文」・「牌」・「票」などの指令書や令状、訴訟終了後に後日の証拠として当事者に発給する「執照」、やはり訴訟終了後に一件文書を抄録して給付する「抄招給帖」などがある。民間文書は、紛争・訴訟の決着時に両当事者が交わす「和息合同」・「息訟合同」などの「合同」類と、当事者の一方が他方に渡す「戒約」・「甘罰約」などの「約」類に大別される。このほかにも一件文書を抄録ないし刊刻した訴訟案巻が多数残されており、その多くは「抄招給帖」に基づくものであろう。また行政文書としては、地方官が発給した告示や禁約、行政上の指令書や申告書、任命状や保証状、官庁間文書、地方官の書簡、行政事業に関する収支簿冊などがある。

（h）社会史・生活史

社会史に関する文書としては、特に「会」などの民間結社に関する文書が注目されてきた。明清期の徽州では宗族や村落の祭祀・庶民金融・商業・公益事業などを目的とする、各種の「会」組織が活発に結成され、「会」組織の設立趣意書・運営規約・収支決算などを記した帳簿類（会簿）や、「会」への参加権（会股）の売買・典当契約など多様な史料が残っている。また郷村の住民が村内の諸問題を合議して立てた合同や禁約（いわゆる郷規民約）など、郷村の社会的諸関係をめぐる文書も重要である。さらに最近では、王振忠氏などによって、書簡・日記・雑記帳・文書文例集など、郷村の日常的な社会生活をめぐる多様な手書き史料が紹介されつつあり、社会史・生活史的な文書研究は今後いっそうの進展が期待されよう。

（ｉ）　教育・民間信仰・民衆文化

教育・宗教・文化史関係の文書も、研究の展開が期待される分野である。まず教育史関係では、特に書院や文会、族学や私塾の運営に関する規約や収支簿が、文人結社や民間教育の実態を示す史料として注目される。このほか科挙の試験問題や答案、監生の学位を捐納した証書（執照）、清末・民国期の小学校に関する史料なども残っている。宗教史に関しては、寺廟の建設や運営に関する帳簿類や寄進文書、同族祭祀や迎神賽会に関する帳簿類、民衆宗教の儀礼書などの多彩な史料があり、さらに風水・占術・呪術・葬儀など、広義の民間信仰をめぐる史料も多い。さらに文化史関係では、地方文人の書簡・手稿類のほか、特に冠婚葬祭・歳時習俗・建築・地方演劇・民間医療など、ひろく民衆文化をめぐる手書き史料がきわめて豊富である。

総じて中国の徽州文書研究は、地主制・土地制度を中心に進められたが、八十年代末ごろから、宗族や家族・商業史・法制史・社会史・文化史などの分野にも領域を広げていった。一方で日本の明清史研究においても、「地域社会」を考察するうえで、郷村統治や賦役制度などを視野に入れ、宗族など民間からする秩序形成の動きと、地方官治や郷村組織の側からする社会統合の動きとを包括的にとらえる必要が認識されつつあり、民衆の日常的世界や民間信仰・民衆文化への関心も高まっている。この意味で中国の徽州学研究と日本や韓国、欧米などの研究者のあいだに、問題意識を共有しうる状況が形づくられつつあるといえよう。

（2）徽州文書研究の意義

上述のように、徽州文書は数量が膨大で、カヴァーする時代も長く、内容もきわめて多様である。二十世紀の初頭以来、殷周の甲骨・金文、戦国・秦漢の簡牘、隋唐の敦煌・トルファン文書、および明末・清代の故宮檔案などが相次いで発見・紹介され、日本史・西洋史にくらべ原文書がきわめて乏しかった中国史における貴重な一次史料として、百年近い研究史と膨大な論考の蓄積を擁してきた。これに対し徽州文書研究が本格化したのはこの二十年あまりに過ぎない。しかし最近、包括的な中国史研究マニュアルを編纂したエンデュミオン・ウィルキンソン氏は、一次的史料に基づく中国史学の研究領域として、①甲骨学・②簡牘学・③敦煌学・④徽州学・⑤明清檔案学の五分野を挙げ、これらの一次史料は、儒教的歴史著述者・公式の歴史編纂者・現代の理論家などを介さずに、中国史の新しい見方を構築し、他の歴史記録には現れにくい、諸制度の実態とその地方的なディテールを解明しうる意義を持つと評価している(98)。八十年代に登場した徽州学は、二十世紀初頭から発展した諸分野とならんで、一次史料による中国史研究の代表的領域として認められたといえよう。

日本の中世史・近世史研究が、豊富かつ多様な地方文書をもっとも根本的な史料群としてきたのに対し、従来の明清史研究では、少数の例外的な史料を除いて、もっぱら編纂文献を社会経済史・法制史の素材としてきた。もちろん清末や民国期の華北農村社会に関しては、同時代的に多くの契約文書研究が行われ、清末の租桟関係文書や江南の魚鱗冊についても精緻な研究の蓄積がある。

しかし日本史における文書研究が、土地制度史のみならず、社会史・経済史・法制史・文化史・民俗史など、およそ歴史学のほとんどの領域をカヴァーし、また時代的にも古代中世から近現代にまでいたる、一千年近い広がりを持っているのに対し、これまでの中国近世・近代史における文書史料は、地主制・土地制度に関しては一定のまとまった情報を提供するものの、それ以外の領域に関する素材は少なく、時代的にも大多数が清末から民国にかけての近百五十年あまりに集中していた。近年徽州文書が多くの中国史研究者の注目を集めているのは、まさにこの史料群が、数量面でも、内容の豊富さでも、時代的な広がりについても、まさに上述のような限界を打ち破り、徽州という一地域に関しては、日本史研究と同レベルの、あるいはそれ以上の史料面での研究可能性を有していることにある。

歴史研究所の周紹泉氏は、徽州文書の史料的な特点として、数量の多さ・種類の多さ・関連する研究領域の広さ・カヴァーする時代の長さを挙げ、またその学術上の史料価値の高さとして、啓発性・連続性・具体性・真実性・典型性があると述べている。[99] すなわち文書史料は編纂史料では往々にして見逃されがちな、あるいは明確にしがたい歴史事象に対して注意を喚起し、その認識を可能にする（啓発性）。かつ明清期を通じて豊富な史料が断続なく残されているので、一つのテーマに関して数百年にわたる変容と展開を明らかにしうる（連続性）。また徽州文書には、文人士大夫による観察記録や論述には現れにくい農民生活などの具体的な実態が示されており（具体性）、かつ加工整理を経ていない原始史料であるために、歴史記録としておおむね人為的な潤色を免れている（真実性）。さらには族譜や文書史料などを用いた事例研究によって、たとえば縉紳（郷紳）地主、庶民地主、商人地主といった諸類型について、単なる概念形態ではない典型像を実証的に論ずることができる（典型性）。

ただし同時に、徽州文書は家族・同族・村落レヴェルの歴史事象については詳細かつ具体的な素材を提供するものの、その外部世界・全体世界との関わり、マクロヒストリーへの位置づけについては、もとより編纂文献の助けを借りざるを得ない。しかしこうした側面についても、徽州文書は関連する諸史料の豊富さにより、他地域の文書に比べきわめて恵まれた条件にある。

まず徽州には膨大な族譜史料が残されており、各地の機関が収蔵するもののほか、民間にもなお少なからぬ族譜が保存されているという。特に現存する明代の族譜は、おそらく半数以上が徽州のものであろう。多賀秋五郎氏によれば、日本やアメリカ・台湾に収蔵されている明代の族譜の過半数は徽州のものであり(100)、また山西省社会科学院家譜資料研究中心編『中国家譜目録』には、計六十部の明代の族譜を著録するが、やはり半数以上が徽州に属する。(101)さらに元代の『新安大族志』、明代の『新安名族志』・『新安休寧名族志』など、有力宗族の沿革と移住の過程を集成した文献もあり、また江蘇や浙江の族譜のなかにも、徽州からの移住者によるものが少なくない。

また地方志についても、徽州府には南宋の淳熙『新安志』に始まり、明代にも二種の府志と、黟県を除く五県の県志が残されており、清代の府・県志や郷鎮志も多い。また程敏政『篁墩文集』・同編『新安文献志』・汪道昆『太函集』などの文集や、趙吉士『寄園寄所寄』などの筆記類も、徽州の宗族や商業に関する豊富な内容を含んでいる。明末の歙知県傅巖の『歙紀』、清代の休寧知県廖騰煃の『海陽紀略』、同じく万世寧の『自訟編』、清末の徽州知府劉汝驥の『陶甓公牘』などの判語・公牘も史料価値が高く、明末の『絲絹全書』・『休寧県賦役官解条議全書』など、賦役や地方行政に関する重要史料もある。また明末を中心に盛んに出版された商業書や路程書のなかにも、徽州出身者の編集によるものが多く(102)、江南地方などの地方志や文集・筆記、塩法志、碑刻、徴信録、白話小説なども、徽商や徽州社会について多くの記事を含む。さらに徽州では、医書・算術書・風水書・占術書・民間宗教書・商業書・路程書・書簡や文書の文例集・地方劇の台本などの多種多様なテキストが、多くは抄本として多量に残されており、社会史・文化史研究に豊富な史料を提供している。

徽州学研究の大きなメリットは、徽州文書を中心に、族譜をはじめとする文献史料、さらには建築などの非文献史料などが長期にわたり大量に保存され、社会経済史や制度史に加え、文学・思想・宗教学・民俗学・言語学・書誌学・美術・科学技術・医学・建築学などの広範な領域にわたり、民衆文化や日常生活を含めた一つの地方社会の全体像を復原しうることにあろう。こうした特性はたとえば敦煌学とも共通するが、敦煌文書の大部分が仏典であるのに対し、徽州文書は社会経済・制度・文化のほとんど全領域にわたって、はるかに多面的で詳細な史料を提供し、テーマによっては定量的な分析も可能なのである。

（3） 徽州文書研究の課題と展望

徽州文書・徽州学研究が、上述のような幅広い可能性を持ち、今後の明清史研究に対し、土地制度や地主制のみならず、経済史・商業史・法制史・社会史・民衆文化などに、新たな展望を開きうる史料群であることは疑いない。とはいえ現時点では、徽州文書研究にともなう課題や問題点もなお多いのである。

最大の問題点は、文書の整理・収蔵状況にある。前述のように近年各地の機関における徽州文書資料集や目録の刊行が進み、中国内外の研究者が相当数の文書を容易に利用できるようになった。とはいえ、資料集に収録された文書はなお全体のごく一部分であり、所蔵文書の目録が完備し、海外の研究者も自由に文書を閲覧できる機関も限られている。さらに人員や費用の不足から、多くの文書を擁しながらも整理が進んでいない機関も多く、外部の研究者の利用をまったく許さない場合もある。

そのうえ屯渓古籍書店による文書の収集と売却が必ずしも体系的になされなかったために、同じ系統の文書がしばしば全国各地の機関に分かれて収蔵されている。同一の宗族・家族に関する文書がいくつもの機関にばらばらに保存されていることは珍しくなく、たとえば祁門県十西都の謝氏をめぐる文書などは、筆者が訪れたほぼすべての機関に収蔵されているといって過言ではない。さらには同一の訴訟案件や土地売買に関する文書が、別々の機関に蔵されていることも稀ではない。しかも収蔵機関どうしの横の連絡があまり良くないため、文書の系統的な検討を困難にしている。

このため従来の研究では、徽州文書の収蔵機関に属する研究者が、当該機関の文書だけを使って研究を進めることが多く、文書研究全体が十分に体系化しにくい傾向があった。しかし近年では歴史研究所や安徽大学を中心に、黄山市の諸機関、南京大学などの研究者のあいだに徐々にネットワークが作られつつあり、『徽州歴史檔案総目提要』や、『徽州文書類目』などの文書目録も刊行されている。今後はコンピューターを導入した各機関の文書目録のデータベース化や、将来的にはできるだけ多くの機関を網羅した、全国的なユニオン・カタログの編纂が期待されよう。

徽州文書研究のもう一つの大きな問題点として、研究者の層の薄さがある。現在徽州学の研究者の数はかなり多いが、徽商や徽州文化に比べ、徽州文書を専門とする研究者は少なく、中国内外で十名前後に過ぎない。徽州学の「専家」以外の研究者も徽州文書により重要な論考を公表しているが、徽州文書という史料群の膨大さに対し、研究者の数は戦国・秦漢の出土史料や、敦煌・トルファン文書の研究者と比べれば著しく少ない。さらに徽州文書研究はなお生成期にあることもあって、日本史や西洋史では確立している史料批判や古文書学も未確立である。さらに唐澤靖彦氏が清末の訴訟檔案に対して試みている言説分析やテキスト論は[103]、徽州文書研究にも有効かつ必要であろう。

また明清期の地方社会研究のなかで、徽州地域がもっとも恵まれた史料的条件を持つことは疑いないが、それを単なる一地域の事例研究に止めず、関連する地域や分野の研究成果を取り入れ、比較考察を行うことも必要であろう。徽州文書や族譜などに示された社会経済的・文化的状況は、おそらく浙東や江西・福建などの華中山間盆地とは共通性が高いであろうが、江南などのデルタ部や湖広などの洪積平原の状況はかなり異なった相貌を見せるであろうし、華北平原などの地方社会は著しく異なる様相を示すこともあろう。

明代から清代前期にかけては、徽州に匹敵するような史料群を提供する地域はなく、同レヴェルでの比較検討は容易ではない。しかし清代後期以降には、徽州以外にも豊富な文書史料や族譜が残されている地方は多く、文書研究の蓄積が厚い福建・台湾をはじめ、華北・旧満洲・江南・広東・西南地域などの研究成果は、徽州学研究にも有用である。また契約文書とならぶ一次史料群である、清朝の中央・地方檔案研究の成果も重要である。さらに実録・地方志・文集・筆記・公牘・判語などのさまざまな編纂史料を併せ用いるとともに、こうした文献史料に基づく明清・近代史研究の成果を十分に利用し、文書研究とその他の文献研究の成果とを、絶えずフィードバックさせてゆく必要がある。また膨大な文書史料を定量的・統計的に処理するために、経済学の手法は有効であろうし、コンピューターによるデータベース化は大きな威力を発揮しよう。

くわえて清末から民国期にかけて盛んに行われた農村慣行調査や土地制度調査は、徽州文書研究にとってきわめて価値が高い。また文化人類学者による村落・宗族研究も参照しうるし、徽州において文書史料と族譜などの文献が豊富な村落についてフィールドワークを行えば、従来の調査にない成果が期待できよう。また将来的な展望として、徽州文書をより広い通時的・共時的文脈のなかで論じることも可能であろう。具体的には、秦漢の出土史料、敦煌やトルファンなどの西域文書などとの通時的検討、日本・朝鮮・ヴェトナムなどの近世東アジアの文書との共時的比較考察などが考えられる。総じて徽州学研究の特徴は、文書を中心とした豊富な史料群により、明清期を通じた一地域の歴史的全体像を描き出しうることにあり、これを中心として中国史の通時的文脈、あるいは中国から東アジアに及ぶ共時的文脈のなかでの比較考察も可能となるのである。

小　結

第一章では徽州の地域史、徽州文書の収集・整理の過程、収蔵状況、研究史、研究の意義・範囲・課題などについてできるだけ詳しく叙述してきた。そこでも述べたように、徽州文書は八十年代以降の明清史研究における「史料革命」のなかでも、中央・地方檔案とならび、とくに明代から清代前期については、他に類を見ない重要な史料群であるといえよう。

こうした明清史「史料革命」について、斯波義信氏はつぎのように述べている。

中国史とくに明清史の史料学は、一九八〇年代から一変して、俄然としてかなり理想に近い状況になった。なかんずく戦前・戦中期に若干の先人だけがアクセスしてきたようなローカル・ヒストリー史料が目前に公開されてきた。……たぶん最大に受益する分野は社会史だろう。極端にいえば、新出史料にベースを置くことで既成の社会史の語り口を全面的に検証し直して、その再認識やら再発見やら大きな修正を施すことが可能になってきている(104)。

本研究の主題も、明代の徽州文書という、同時代としてはもっとも豊富かつ多彩な「ローカル・ヒストリー史料」の検討を通じて、郷村社会における紛争処理と秩序形成という問題をめぐる、既成の研究による一般的認識を再検証することにある。

中国伝統社会の紛争処理については、戦前から大部分の日常的な紛争は宗族や村落、同業団体などの自律的な諸団体のレヴェルで解決され、官府に訴えられることは稀であったとのイメージが抱かれていた。戦後の明清社会史・法制史研究でもこうした通念はおおむね受け継がれ、郷村社会に国家支配や地方官治に対し自律性を有する「村落共同体」の存在を認める論拠の一つとされてきた。

こうした通念に初めて体系的な批判を加えたのは中村茂夫氏である。氏は一九七九年の論考で、滋賀秀三氏の清代地方裁判の研究を踏まえ、判語などの史料により、清代の地方官がきわめて多くの「戸婚田土」などの民事的訴訟を処理していたことを示し、従来の「民間処理説」が根拠にかけることを指摘した(105)。また岸本美緒氏も一九八六年の論考において、日記史料により「国家の裁判」も「民間の調停」も、当時の地方社会の人々にとっていずれもきわめて身近であり、盛んに行われていたと論じている(106)。

さらに八十年代から地方檔案が公開され、清代後期の豊富な訴訟案巻が利用できるようになったことにより、地方裁判の研究はいっそう進展した。まず滋賀秀三氏は八七年、淡新檔案による所見として、当時の訴訟処理の過程で、国家の裁判と民間の調停は、同時進行的・相互補完的に働いていたことを示し、中国の社会秩序はこのような官民の相互補完作用によって成り立っていたと論じた(107)。

ついで九十年代にはいると、アメリカでも地方檔案研究が活発化し、法制史・社会史の両面で檔案史料を用いた研究が次々と発表されている。なかでもフィリップ・ホアン（黄宗智）氏は、淡新・巴県・順天府檔案に含まれる清後期の訴訟文書を定量的に分析し、清代の民事的訴訟処理に関する専著を著した(108)。氏は清代地方官の「聴訟」に調停的性格を認め、民間調停と地方官の裁判とのあいだの連続性を重視する滋賀秀三説に対し、地方官の判決は律例を根拠とする「積極的原理」により、当事者の一方の主張を支持するものであり、民間調停とははっきりと性格を異にすると主張する。かつホアン氏は、清代の訴訟の多くは、官の裁判と民間調停とが差役や郷保などを介して相互に作用する、「第三の領域」において解決されていたと論じる。

こうした清代の訴訟処理システムの研究は、単に法制史の分野だけではなく、清代における社会秩序のあり方を示すものとして注目されている。かつての「民間処理説」が、「村落共同体」論の有力な論拠であったのに対し、郷村社会に自律的な「法共同体」の存在を認めず、訴訟処理の過程での官民の相互作用を重視する近年の清代訴訟制度研究は、「村落共同体」を認めず、流動的な社会関係のなかでの地域の有力者・名望家を中心とする秩序形成を論ずる、八十年代以降の「地域社会論」[109]と軌を一にする。

一方ホアン氏は訴訟処理における官民の相互作用という事実理解では滋賀氏を踏襲しているが、その位置づけは異なる。氏は明末以降の中国社会に、地方エリートを中心に形づくられる「公的領域」や、これに基づく「市民社会」の萌芽を認めるアメリカの明清社会史家の見解を批判し、当時の社会に存在したのは「公的領域」ではなく、官と民の力が双方から作用する「第三の領域」であったと主張する。そして当時の訴訟の多くは、官の差役や在地の郷保などの作用を介して、こうした「第三の領域」において解決されていたと論じるのである[110]。

このように滋賀氏とホアン氏とのあいだには、民間調停と地方官の裁判に連続的な同質性を認めるか、両者を異質なものととらえ、その中間に「第三の領域」を想定するか、という点で大きな相違がある[111]。ただしこうした民間調停と官の裁判との関係を包括的に論じるためには、地方官府の檔案には史料的な限界があろう。地方檔案は官に訴えられた訴訟については、法廷での審理のプロセスだけではなく、提訴後の関係者の拘引、実地検証、在地での和解調停などの動きを含めた豊富な情報を提供する。しかし官への提訴を待たず在地で解決された（恐らくはより多くの）紛争事例は、地方檔案にはほとんど残されていないのである。

他方で明代法制史研究においては、まとまった地方檔案がまったく存在せず、判語などの史料も清代に比べ少ないことから、地方レヴェルの訴訟処理の実態に関する研究はごく乏しい。明代の審判制度については、楊雪峯氏の専著があり[112]、法制史料のみならず小説の類までひろく活用したきわめて有用な研究であるが、明代の法制を完全に現代法の枠組みで理解し、また明一代の時代的変遷をほぼ捨象しているうらみがあり、実際の訴訟事例に基づいた叙述もすくない。また明代の司法制度については、早くから里甲制のもとで戸婚・田土などの紛争処理を任とした、「老人」（日本では里老人と称される）制度が注目されてきた。しかし次章で述べるように、老人制の研究はもっぱらその成立過程や、法源である『教民榜文』の検討が中心であり、その実態面については、断片的な史料から明代中期までにはほぼ形骸化したとみなすに止まっていた。総じて明代の郷村社会における紛争処理の実態や、その官の裁判との関わりは、従来の研究ではほとんど不明確であった。

上述のような問題を考察するうえで、徽州文書はきわめて有効な史料群といえよう。徽州文書のなかには、明清期を通じて多種多様な裁判文書や訴訟案巻が残されており、明初以来の地方裁判の実態とその変遷を検討することが可能である。くわえて官に提訴されず郷村で解決された紛争についても、その経過を示す文約や合同などの文書が多数残されており、民間調停と地方官の裁判とを包摂する紛争処理システムの全体像を、明清期を通じて明らかにすることが可能なのである。本書の目的も、明代徽州の文約・合同などの民間文書と各種の訴訟文書を中心とし、族譜や地方志・文集などの関連資料をも用いて、明代を通じての郷村における紛争処理の実態とその変遷を明らかにし、さらにその背景をなす社会変動や宗族結合の展開、徽州特有の佃僕制などの諸問題を論じ、当時の郷村社会における紛争解決と秩序形成のあり方を描き出すことにある。

本書は一九九九年一月、早稲田大学に提出した博士学位論文『明代郷村社会の紛争処理――徽州文書を主たる史料として――』を原型としているが、その後発表した第七章を追加し、さらに全体にわたって大幅な増補・改訂を加えた。また第一・八章以外はいずれもすでに学術誌に発表した論文に基づいており、その対応関係は以下の通りである。

第一章　書き下ろし
第二章「徽州の地域名望家と明代の老人制」（『東方学』九〇輯、一九九五年）
第三章「明代前半期、里甲制下の紛争処理――徽州文書を史料として――」（『東洋学報』七六巻三・四号、一九九五年）
第四章「明代中期、徽州府下における『値亭老人』について」（『史観』一三二冊、一九九四年）
第五章「明代徽州の一宗族をめぐる紛争と同族統合」（『社会経済史学』六二巻四号、一九九六年）
第六章「明代後期、徽州郷村社会の紛争処理」（『史学雑誌』一〇七編九号、一九九八年）
第七章「明末徽州の佃僕制と紛争」（『東洋史研究』五八巻三号、一九九九年）
第八章　書き下ろし

各章のうち、特に第二章では全体の半分以上を、第四章でも半分近くを新たに書き下ろしており、第三章にも論文発表後に収集した多くの文書史料を増補している。第五・六・七章の論旨はおおむね初出論文と変更はないが、必要に応じて若干の新史料や文献を加えた。なお本書には収録しなかったが、「明代中期の老人制と郷村裁判」（『史滴』一五号、一九九四年）は、主として『皇明条法事類纂』によって明代中期における老人制の国法上の位置づけを論じたものであり、一連の研究の出発点となった論考である。また「明代の訴訟制度と老人制――越訴問題と懲罰権をめぐって――」（『中国――社会と文化』一五号、二〇〇〇年）も、『教民榜文』に規定された老人制を宋元以来の訴訟問題の流れの上に位置づけることを試みた研究であり、あわせて参照していただければ幸いである。

註

（1）　郷紳論にいたる戦後の明清史研究を整理した同時代的論考として、森正夫「日本の明清時代史研究における郷紳論について」（一）・（二）・（三）（『歴史評論』三〇八・三一二・三一四号、一九七五・七六年）があり、近年では、檀上寛「明清郷紳論」（初出一九九三年、『明朝専制支配の史的構造』汲古書院、一九九五年所収）が有益である。

（2）　八十年代以降のいわゆる「地域社会論」について論じた文献は多いが、近年のものとして、『歴史評論』五八〇号（一九九八年）は、「中国『地域社会論』の現状と課題」という特集を組んでおり、山本進「明清時代の地方統治」、三木聰「明清時代の地域社会と法秩序」、井上徹「宋元以降における宗族の意義」、山田賢「中国明清時代史研究における『地域社会論』の現状と課題」の四論考を載せる。また同誌の五八一号にも、伊藤正彦「中国史の『地域社会論』」を収める。著者のあいだに大きな見解の相違はあるものの、いずれも現段階における「地域社会論」を把握する上で有益である。

（3）　八十年代以降の明清社会史研究の成果をまとめた代表的な論考として、岸本美緒「明清期の社会組織と社会変容」（社会経済史学会編『社会経済史学の課題と展望』有斐閣、一九九二年）、馬淵昌也「最近の日本における明清時代を対象とする『社会史』的研究について」（『中国史学』六巻、一九九六年）を参照。

（4）　こうした諸課題について、註（2）前掲の諸論考は、それぞれ異なった立場から現状整理と問題提起を行っている。また『明清時代史の基本問題』（汲古書院、一九九七年）冒頭の森正夫「総説」も参照。なお最近の濱島敦俊『総管信仰――近世江南農村社会と民間信仰――』（研文出版、二〇〇一年）は、文献史料と民間伝承により、民間信仰を基軸に農村社会の共同性を探求した論著であり、近年の明清地方社会研究を代表する成果といえよう。

（5）　唐澤靖彦「清代における訴状とその作成者」（『中国――社会と文化』一三号、一九九八年）、青木敦「健訟の地域的イメージ――11～13世紀江西社会の法文化と人口移動をめぐって――」（『社会経済史学』六五巻三号、一九九九年）、太田出「清中期江南デルタ市鎮をめぐる犯罪と治安」（『法制史研究』五〇、二〇〇一年）など。

（6）三木前掲「明清時代の地域社会と法秩序」を参照。

（7）『中国――社会と文化』一三号（一九九八年）の小特集「後期帝政中国における法・社会・文化」には、F・C・ホアン（唐澤靖彦訳）「『中国における法廷裁判と民間調停：清代の公定表現と実践』序論」、滋賀秀三「清代の民事裁判について」、寺田浩明「清代聴訟に見える『逆説』的現象の理解について」などの論説が収められ、各氏の見解と立場が明確に示されている。

（8）岸本美緒「明清契約文書」（滋賀秀三編『中国法制史――基本資料の研究』東京大学出版会、一九九三年）。同論文所収の「文献目録」には、主要な文書資料集と研究文献が紹介されており、以下本項で紹介する研究業績のうち、特に註記しないものについては、この「文献目録」を参照されたい。

（9）楊国楨「中国学術界対明清契約文書的捜集和整理」（『中国近代史研究』五集、一九八七年）七七頁。

（10）九十年代初頭までの日本における租簿・魚鱗冊研究については、夏井春喜「東京大学東洋文化研究所蔵『徐永安桟』関係簿冊について」（一）（『北海道教育大学紀要』第一部B、三六巻一号、一九八七年）三四・三五頁註（4）、および同「日本現存の租桟関係簿冊及び魚鱗冊（目録及び分類）」（『史流』三三号、一九九三年）七〇頁に所掲の論文目録を参照。

（11）代表的な業績として楊国楨『明清土地契約文書研究』（人民出版社、一九八八年）がある。また文書資料集として、楊国楨「清代閩北土地文書選編」（『中国社会経済史研究』一九八二年一・二・三期）、同『閩南契約文書綜録』（『中国社会経済史研究』一九九〇年増刊号）、福建師範大学歴史系編『明清福建契約文書選輯』（人民出版社、一九九七年）などが公刊されている。

（12）岸本前掲「明清契約文書」の「文献目録」には、中国各地の文書について、資料集と主要な研究論文が列挙されている。

（13）近年台湾ではいくつもの文書資料集が刊行され、文書史料を利用した多くの論考が発表されているが、もっとも包括的な専著として、陳秋坤『台湾古書契』（立虹出版社、一九九七年）を参照。

（14）近年発表された主要な論考をあげておく。福建について、鶴見尚弘「福建師範大学所蔵の明代契約文書」（『横浜国立大学人文紀要』第一類［哲学社会科学］四二号、一九九六年）。北京について、熊遠報「清代民国時期における北京の水売買業と

『水道路』」(『社会経済史学』六六巻二号、二〇〇〇年)。蘇州について、黨武彦「清朝における地方文書行政システム――仁井田陞博士旧蔵清末蘇州府昭文県文書を中心として――」(『専修法学論集』七二号、一九九八年)。香港について、松原健太郎「契約・法・慣習――伝統中国における土地取引の一側面――」(『支配の地域史』山川出版社、二〇〇〇年)。貴州について、武内房司「清代清水江流域の木材交易と在地少数民族商人」(『学習院史学』三五号、一九九七年)。なお東京外国語大学アジア・アフリカ言語文化研究所のホームページでは、「浅井文庫：台湾原住民土地契約文書集成データベース」として、浅井恵倫らの収集した台湾文書の画像と解題が公開されている(http://irc.aa.tufs.ac.jp/Asai/)。

(15) 最新の成果は、『東洋史研究』五八巻三号(一九九九年)の「明清檔案特集」や、夫馬進編『中国明清地方档案の研究』(科研費研究成果報告書、二〇〇〇年)などに収められている。

(16) 徽州の地域史全般については、葉顕恩『明清徽州農村社会与佃僕制』(安徽人民出版社、一九八三年)が基本的文献であり、欧米の研究としては、Harriet T.Zurndorfer, *Change and Continuity in Chinese Local History: the Development of Hui-chou Prefecture, 800 to 1800*, E.J.Brill, 1988 も価値が高い。このほか徽州の地域開発については、斯波義信「宋代の徽州」(初出一九七二年、『宋代江南経済史研究』汲古書院、一九八八年所収)、小松恵子「宋代以降の徽州地域発達と宗族社会」(『史学研究』二〇一号、一九九三年)などの論考がある。徽州商人についての研究は膨大であるが、藤井宏「新安商人の研究」(一)~(四)(『東洋学報』三六巻一~四期、一九五三・五四年)が代表的であり、最近では臼井佐知子「徽州商人とそのネットワーク」(『中国――社会と文化』六号、一九九一年)などがある。中国の論著では、張海鵬・王廷元主編『徽商研究』(安徽人民出版社、一九九五年)が包括的である。以下の叙述はおおむね以上の研究に基づいている。

(17) 厳桂夫主編『徽州歴史檔案総目提要』(黄山書社、一九九六年)四三頁。

(18) 同上書三五・四七・五二頁。

(19) 劉重日(姜鎮慶訳)「徽州文書の収蔵・整理と研究の現状について」(『東洋学報』七〇巻三・四号、一九八九年)一三八頁。

(20) 「安徽省博物館在皖南進行歴史文物的調査、徴集工作」(『文物参考資料』一九五四年一二期)。

（21）賀華・金邦杰「婺源県県委重視、文化館帯頭進行文物保護工作」（『文物参考資料』一九五八年六期）。

（22）王咨臣「江西文管会在婺源収集了很多図書資料」（『文物参考資料』一九六〇年四期）

（23）劉重日前掲「徽州文書の収蔵・整理と研究の現状について」、周紹泉「徽州文書的由来・収蔵・整理」（『明代史研究』二〇号、一九九二年）、臼井佐知子「徽州文書と徽学研究」（『史潮』新三二号、一九九三年）、同前掲「徽州文書と徽州研究」。

（24）徽州文書の収蔵状況を概括的に紹介した文献として、劉重日前掲「徽州文書の収蔵・整理と研究の現状について」一四〇頁、周紹泉前掲「徽州文書的由来・収蔵・整理」三八頁、臼井前掲「徽州文書と徽学研究」八八～八九頁がある。また安徽省各地の檔案館における徽州文書の収蔵状況は、厳桂夫前掲『徽州歴史檔案総目提要』四七～五六頁に詳しい。このほか Frederic Wakeman, Jr., ed., *Ming and Qing Historical Studies in the People's Republic of China*, Center for Chinese Studies, Instutute of East Asian Studies, University of California, 1980 は、一九七八年にアメリカの研究者が中国各地の機関を訪問して史料調査を行った際の記録であり、pp.39-43, pp.63-71 には、北京図書館・中国歴史博物館・南京博物館・南京大学歴史系・上海図書館の収蔵する文書史料について有用な記事を含む。Albert Feuerwerker, ed., *Chinese Social and Economic History from the Song to 1900*, Center for Chinese Studies, the University of Michigan, 1982, p.26, pp.47-49 も、上記の機関における文書の収蔵状況に論及する。さらに Joseph P. McDermott, "The Huichou Sources－A Key to the Social and Economic History of Late Imperial China"（『アジア文化研究』一五号、一九八五年）pp.51-54 も、安徽省図書館・南京大学歴史系・中国社会科学院歴史研究所・同経済研究所などにおける徽州文書の収蔵状況を紹介している。上記以外の参考文献は、そのつど註記して示した。

（25）『徽州社会科学』誌に一九九九年第四期から連載されている、倪清華「黄山市博物館蔵徽州文書提要」は、黄山市博物館の徽州文書の一部を逐次紹介している。

（26）劉尚恒・李国慶「天津館蔵珍本徽学文献叙録」（『首届国際徽学学術討論会文集』黄山書社、一九九六年）、傅同欽「清代安徽地区庄僕文約簡介」（『南開学報』一九八〇年一期）、馮爾康『清史史料学』（台湾商務印書館、一九九五年）第十一章第一節「契據文書史料」。

(27) 周紹泉「徽州文書与徽学」(『歴史研究』二〇〇〇年一期)五三頁、王日根「明清徽州会社経済挙隅」(『中国経済史研究』一九九〇年四期)、「徽求解読一張地契」(『華南研究資料中心通訊』一〇期、一九九八年)。

(28) 「《美国哈佛大学哈佛燕京図書館蔵明代徽州方氏親友手札七百通考釈》導言」(『中国史研究』二〇〇〇年三期)。

(29) 周紹泉前掲「徽州文書的由来・収蔵・整理」三八頁。

(30) 厳桂夫前掲『徽州歴史檔案総目提要』三六頁。

(31) 周紹泉前掲「徽州文書与徽学」五四頁。

(32) 七十年代末から九十年代初頭にかけての徽州文書の整理や資料集出版の経過については、註(24)前掲の劉重日・周紹泉・臼井佐知子氏の論考に概述されている。

(33) 本書については、『東洋学報』七二巻三・四号(一九九一年)に、山根幸夫氏の書評がある。

(34) 本書についても、『東洋学報』七六巻一・二号(一九九四年)に、鶴見尚弘氏の書評がある。

(35) 『契約文書』所収の簿冊文書の数については、目次には明代四十四冊、清代七十五冊、計百十九冊を掲げるが、前註所掲の鶴見尚弘氏の書評によれば(七二頁)、実際には、明代が四十三冊、清代が七十九冊で計百二十二冊になるという。

(36) 劉重日前掲「徽州文書の収蔵・整理と研究の現状について」一四一頁、臼井前掲「徽州文書と徽学研究」八九頁。

(37) ただし同書には文書の県名や年号、録字や注釈などにまま誤りがあるため、注意を要するとのことであった。一例として、同書上冊五六一〜五六二頁に「元統二年祁門馮子永等売山地紅契」として収める文書は、登場人物の姓名や行政区画から見て、元朝の「元統」二年ではなく、百余年後の明朝「正統」二年の文書であろうという。

(38) なお筆者はすでに、一九九七年に中国第一歴史檔案館で史料調査を行った際、多数の明代徽州の訴訟文書が収蔵されていることに気付き、翌一九九八年、国際徽学研討会に提出した論文「明前期徽州的民事訴訟箇案研究」において、その紹介と検討を行っている。その後出版された童光政『明代民事判牘研究』(広西師範大学出版社、一九九九年)にも、第一歴史檔案館所蔵の明代徽州の訴訟文書が利用されている。

(39) このほかにも徽州文書・徽州学の研究史を整理・紹介した文献として、曹天生「本世紀以来国内徽学研究概述」(『中国人民大学学報』一九九五年一期)、阿風「歴史研究所 〝徽州学〟研究綜述」(『徽学研究論文集』(黄山市社会科学界聯合会、一九九四年))などがある。

(40) 傅衣凌「明代徽州庄僕文約輯存――明代徽州庄僕制度之側面的研究――」(『文物参考資料』一九六〇年二期)。

(41) 韋慶遠『明代黄冊制度』(中華書局、一九六一年)。

(42) 李文治「論清代前期的土地占有関係」・魏金玉「明清時代佃農的農奴地位」(いずれも『歴史研究』一九六三年五期)。

(43) 方豪氏の所蔵する徽州文書は、『食貨』復刊一巻三期から三巻一期(一九七一~一九七三年)にかけて、「戦乱中所得資料簡略整理報告」(一)~(十一)という連載として紹介され、のち『方豪六十至六十四自選待定稿』(著者刊、一九七四年)に収録された。

(44) 章有義「太平天国失敗後地主階級反攻倒算的一個実例――駁斥林彪、陳伯達〝両和〟〝互譲〟的謬論――」(『文物』一九七四年四期)。

(45) 魏金玉「明代皖南的佃僕」(『中国社会科学院経済研究所集刊』三集、中国社会科学出版社、一九八一年)、劉重日・曹貴林「明代徽州庄僕制研究」(『明史研究論叢』一輯、一九八二年)、劉重日「火佃新探」(『歴史研究』一九八二年二期)など。

(46) 阿風前掲「歴史研究所 〝徽州学〟研究綜述」二八九頁。

(47) 劉和恵「明代徽州佃僕制考察」(『安徽史学』一九八四年一期)、「清代徽州田面権考察――兼論田面権的性質」(『安徽史学』一九八四年五期)・「元代徽州地契」(『元史及北方民族史研究集刊』南京大学学報専刊、一九八四年八期)など。

(48) 彭超「試探庄僕、佃僕和火佃的区別」(『中国史研究』一九八四年一期)、「論徽州永佃権和〝一田二主〟」(『安徽史学』一九八五年四期)、「従両份檔案材料看明代徽州的軍戸」(『明史研究論叢』五輯、江蘇人民出版社、一九九一年)など。

(49) 傅衣凌「明代前期徽州土地売買契約中的通貨」(『社会科学戦線』一九八〇年三期)、

(50)　臼井前掲「徽州文書と徽学研究」九〇頁、「徽州文書と徽州研究」五一一頁。
(51)　阿風前掲「歴史研究所〝徽州学〟研究綜述」二八九～九〇頁。
(52)　臼井前掲「徽州文書と徽州研究」五一〇～一一頁。
(53)　周紹泉「田宅交易中的契尾試探」(『中国史研究』一九八七年一期)、「試論明代徽州土地売買的発展趨勢――兼論徽商与徽州土地売買的関係――」(『明代史研究』一八号、一九九〇年)、「明清徽州祁門善和程氏仁山門族産研究」(『譜牒学研究』第二輯、文化芸術出版社、一九九一年)など。
(54)　欒成顕「明初地主制経済之一考察――兼叙明初的戸帖与黄冊制度――」(『東洋学報』六八巻一・二号、一九八七年)、同(鶴見尚弘訳)「朱元璋によって攢造せられた龍鳳期魚鱗冊について」(『東洋学報』七〇巻一・二号、一九八九年)、「明初地主積累兼并土地途径初探――以謝能静戸為例」(『中国史研究』一九九〇年三期)など。
(55)　陳柯雲「明清徽州山林経営中〝力分〟問題」(『中国史研究』一九八七年一期)、「略論明清徽州的郷約」(『中国史研究』一九九〇年四期)、「明清徽州宗族対郷村統治的加強」(『中国史研究』一九九五年三期)、「雍正五年開豁世僕諭旨在徽州的実施――以乾隆三十年休寧汪、胡互控案為中心」(『清史論叢』一九九五年)など。
(56)　張雪慧「徽州歴史上林木経営初探」(『中国史研究』一九八七年一期)、「明清徽州地区的土地売買及相関問題」(『中国古代社会経済史諸問題』福建人民出版社、一九九〇年)など。
(57)　陳高華「元代土地典売的過程和文契」(『中国史研究』一九八八年四期)、王毓銓「明朝田地赤契与賦役黄冊」(『中国経済史研究』一九九一年一期)。
(58)　劉淼「略論明代徽州的土地占有形態」(『中国社会経済史研究』一九八六年二期)、「清代徽州祠産土地関係――以徽州歙県棠樾鮑氏、唐模許氏為中心」(『中国経済史研究』一九九一年一期)、「清代徽州的〝会〟与〝会祭〟――以祁門善和里程氏為中心」(『江淮論壇』一九九五年四期)など。
(59)　鄭力民「明清徽州土地典当蠡測」(『中国史研究』一九九一年三期)。

(60) 李文治『明清時代封建土地関係的鬆解』（中国社会科学出版社、一九九三年）、江太新・蘇金玉「論清代徽州地区的畝産」（『中国経済史研究』一九九三年三期）など。

(61) 周紹泉「明後期祁門胡姓農民家族生活状況剖析」（『東方学報』六七冊、一九九五年）、「徽州文書所見明末清初的糧長、里長和老人」（『中国史研究』一九九八年一期）など。

(62) 欒成顕（岸本美緒訳）「明末清初庶民地主の一考察——朱学源戸を中心に——」（『東洋学報』七八巻一号、一九九六年）、「中国封建社会諸子均分制述論」（『中国史学』八巻、一九九八年）など。

(63) 阿風「徽州文書中"主盟"的性質」（『明史研究』六輯、一九九九年）、「明清時期徽州婦女在土地売買中的権利与地位」（『歴史研究』二〇〇〇年一期）など。

(64) 封越健「論清代商人資本的来源」（『中国経済史研究』一九九七年二期）、周暁光「徽州塩商箇案研究：《二房貲産清簿》剖析」（『中国史研究』二〇〇一年一期）。

(65) 王日根「明清徽州会社経済挙隅」（『中国経済史研究』一九九五年三期）、「明清庶民地主家族延続発展的内在機制」（『中国社会経済史研究』一九九七年二期）。

(66) 卞利「明代徽州的民事糾紛与民事訴訟」（『歴史研究』二〇〇〇年一期）。

(67) 陳智超前掲「《美国哈佛大学哈佛燕京図書館蔵明代徽州方氏親友手札七百通考釈》導言」。

(68) 王振忠「抄本《三十六串》介紹——清末徽州的一份民間宗教科儀書」（『華南研究資料中心通訊』一四期、一九九九年）、「徽州文書所見種痘及相関習俗」（『民俗研究』二〇〇〇年一期）、「抄本《便蒙習論》——徽州民間商業書的一份新史料」（『浙江社会科学』二〇〇〇年二期）など。

(69) 以上の徽州学学会の参加報告記として、李琳琦「徽州社会経済史学術討論会綜述」（『安徽師大学報』一九九一年一期）、陳柯雲「中国徽学学術討論会述評」（『中国史研究動態』一九九四年三期）、曹天生「徽学研究的新動向——"首届国際徽学学術討論会"綜述」（『中国史研究動態』一九九五年六期）、劉淼「徽州学：面向世界的伝統中国区域社会研究——"国際徽学学術討論会"論題述要」（『江淮論壇』一九九六年一期）、中島楽章「'98国際徽学研討会」（『東方学』九八輯、一九九九年）、阿風「'98国際徽学研討会綜述」（『中国史研究動態』一九九九年一期）、陳聯「2000年国際徽学研討会綜述」（『中国史研究動態』二〇〇一年三期）がある。

（70）牧野巽「明代における同族の社祭記録の一例――休寧茗洲呉氏家記社会記について――」（初出一九四一年、『近世中国宗族研究』日光書院、一九四九年［のち『牧野巽著作集』第三巻、お茶の水書房、一九八〇年として復刊］所収）、多賀秋五郎「新安名族志について」（『中央大学文学部紀要』六期［史学科二］、一九五六年）など。

（71）藤井宏前掲「新安商人の研究」（一）～（四）。中国語訳は傅衣凌・黄煥宗訳「新安商人的研究」（初出一九五八・五九年、前掲『徽商研究論文集』所収）。

（72）仁井田陞「明末徽州の庄僕制――とくに労役婚について――」（初出一九六一年、『中国法制史研究』奴隷農奴法・家族村落法、東京大学出版会、一九六二年所収）。

（73）徽州文書を利用した六・七十年代の研究として、山根幸夫『明代徭役制度の研究』（東京女子大学学会、一九六六年）では、韋慶遠氏が紹介した徽州の黄冊関係文書が検討され、小山正明「明代の大土地所有と奴僕」（初出一九七四年、『明清社会経済史研究』東京大学出版会、一九九二年所収）にも、若干の佃僕関係文書が紹介されている。

（74）重田徳「清代徽州商人の一面」（初出一九六八年、『清代社会経済史研究』岩波書店、一九七五年所収）、斯波義信前掲「宋代の徽州」、多賀秋五郎『中国宗譜の研究』（日本学術振興会、一九八一年）、田仲一成「十五・六世紀を中心とする中国地方劇の変質について」（一）・（二）（『東洋文化研究所紀要』六〇・六三冊、一九七三・七四年）。

（75）小山正明「文書史料からみた明・清時代徽州府下の奴婢・庄僕制」（初出一九八四年、前掲『明清社会経済史研究』所収）。

（76）鶴見尚弘「明代永楽年間、戸籍関係残簡について――中国歴史博物館蔵の徽州文書――」（『榎博士頌寿記念東洋史論叢』汲古書院、一九八八年）。鶴見氏はこれに先立ち、一九八二年に江南や徽州などの魚鱗冊調査を行い（「魚鱗冊を訪ねて――中国研修の旅――」『近代中国研究彙報』六号、一九八四年）、のち「中国歴史博物館蔵　万暦九年丈量の徽州府魚鱗冊一種」

（『和田博徳教授古稀記念　明清時代の法と社会』汲古書院、一九九三年）において、万暦年間の歙県の魚鱗冊に詳細な検討を加えている。

(77)　葉顕恩『明清徽州農村社会与佃僕制』については、『東洋史研究』四三巻三号、一九八四年に岡野昌子氏の書評が、『近代中国』一六号、一九八四年に戸塚（渋谷）裕子氏の書評がある。

(78)　渋谷裕子「明清時代、徽州農村社会における祭祀組織について――『祝聖会簿』の紹介――」（一）・（二）（『史学』五九巻一号、二・三号、一九九〇年）、「徽州文書にみられる『会』組織について」（『史学』六七巻一号、一九九七年）など。

(79)　渋谷裕子「清代徽州休寧県における棚民像」（『伝統中国の地域像』慶應義塾大学出版会、二〇〇〇年）。

(80)　鈴木博之「清代における族産の展開――歙県の許蔭祠をめぐって――」（『山形大学史学論集』一〇号、一九九〇年）、「徽州の『家』と相続慣行――瑞村胡氏をめぐって――」（『山形大学史学論集』一九号、一九九九年）など。鈴木氏には「清代徽州府の宗族と村落――歙県の江村――」（『史学雑誌』一〇一編四号）など、族譜や地方志による宗族研究も多い。

(81)　大田由紀夫「元末明初期における徽州府下の貨幣動向」（『史林』七六巻四号、一九九三年）。

(82)　臼井佐知子「徽州における家産分割」（『近代中国』二五号、一九九五年）、「徽州文書からみた『承継』について」（『東洋史研究』五五巻三号、一九九六年）、「中国明清時代における文書の管理と保存」（『歴史学研究』七〇三号、一九九七年）、「文書からみた中国明清時代における『寄進』」（『歴史学研究』七三七号、二〇〇〇年）など。

(83)　岸本前掲「明清契約文書」。翻訳としては、周紹泉前掲「徽州文書の分類」、欒成顕前掲「明末清初庶民地主の一考察」がある。

(84)　山本英史「明清黟県西遞胡氏契約文書の検討」（『史学』六五巻三号、一九九六年）。

(85)　高橋芳郎「明代徽州府休寧県の一争訟――『著存文巻集』の紹介――」（『北海道大学文学部紀要』四六巻二号、一九九八年）

(86)　熊遠報「清代徽州地方における地域紛争の構図――乾隆期婺源県西関壩訴訟を中心として――」（『東洋学報』一九九九年）。

熊氏には徽州の訴訟文書の来源を検討した、「抄招給帖と批発――明清徽州民間訴訟文書の由来と性格――」（『明代史研究』二八号、二〇〇〇年）もある。

（87）伍躍『明清時代の徭役制度と地方行政』（大阪経済法科大学出版部、二〇〇〇年）。

（88）上田信「山林および宗族と郷約　華中山間部の事例から」（木村靖二・上田信編、地域の世界史一〇『人と人の地域史』山川出版社、一九九七年）。

（89）欧米の主要な徽州学研究全般については、臼井前掲「徽州文書と徽州研究」五一五頁を参照。

（90）Harriet T. Zurndorfer, *Change and Continuity in Chinese Local History*. 同書の巻末には、経済研究所・歴史研究所・南京大学歴史系所蔵の徽州文書の一部の目録を附している。

（91）居蜜（黄啓臣訳）「明清時期徽州的宗法制度与土地占有制――兼評葉顕恩《明清徽州農村社会与佃僕制》」（『江淮論壇』一九八四年六期、一九八五年一期）、「明清徽州地区租佃文書介紹」（『漢学研究通訊』四巻一期、一九八五年）、Mi Chu Wien, "The Tenant / Servants of Hui-chou," in Kwang-ching Liu, ed., *Orthodoxy in Late Imperial China*, University of California Press, 1990. なお Valerie Hansen, *Negotiating Daily Life in Traditional China: How Ordinary People Used Contracts 600-1400*, Yale University Press, 1995 にも、宋元時代の徽州文書が紹介されている。

（92）Joseph P. McDermott, "The Huichou Sources," "Emperor, Elites, and Commoners: The Community Pact Ritual of the Late Ming," in Joseph P. McDermott, ed., *State and Court Ritual in China*, Cambridge University Press, 1999.

（93）Edgar Wickberg, "Qing (Ch'ing) Land Tenure in South China 1944~1912"（『中国近代史研究』四集、一九八四年）。

（94）Michel Cartier, "Naissance de la Huizhoulogie," *Revue bibliographique de sinologie*, Ⅷ, 1990.

（95）趙岡「明清地籍研究」（『中央研究院近代史研究所集刊』九、一九八〇年）、趙岡・陳鐘毅「明清的地価」（『大陸雑誌』六〇巻五号、一九八〇年）、同「明清時期的租佃制度」（『大陸雑誌』六一巻一期、一九八〇年）、Chao Kang, "New Date on Land Ownership Patterns in Ming-Ch'ing China－A Research Note," *Journal of Asian Studies*, Vol. 40, no.4, 1981, *Man and Land in Chinese History: An Economic Analisis*, Stanford University Press, 1986.

(96) 陳瑛珣『明清契約文書中的婦女経済活動』（台明文化出版社、二〇〇一年）。

(97) 権仁溶『明末清初徽州의里甲制에관한研究』（高麗大学校博士学位論文、二〇〇〇年）。また中国語で発表された論考として、「従祁門県"謝氏紛争"看明末徽州的土地丈量与里甲制」（『歴史研究』二〇〇〇年一期）がある。

(98) Endymion Wilkinson, *Chinese History: A Manual, Revised and Enlarged*, Harvard University Asia Center, 2000, p.488.

(99) 周紹泉前掲「徽州文書与徽学」五～七頁。

(100) 多賀秋五郎前掲『中国宗譜の研究』第三章第二節「現存明代譜とその成立過程に関する考察」。

(101) 山根幸夫（書評）「山西省社会科学院家譜資料研究中心編『中国家譜目録』」（『東洋学報』七五巻三・四号、一九九四年）、二〇四～〇七頁。

(102) 臼井前掲「徽州文書と徽州研究」、五二四～二六頁。

(103) 唐澤靖彦「話すことと書くことのはざまで——清代裁判文書における供述書のテクスト性——」（『中国——社会と文化』一〇号、一九九五年）、「清代告訴状のナラティヴ：歴史学におけるテキスト分析」（『中国——社会と文化』一六号、二〇〇一年）。文書史料もしばしば代書人などによって、多くは一定のナラティヴに従って作成されたのであり、特に訴訟文書などはフィクション的要素も含まれがちである。こうしたテキスト論的な分析は、今後の明清文書研究の課題であろう。

(104) 斯波義信（書評）「夫馬進著『中国善会善堂史研究』」（『東洋史研究』五七巻二号）、一四二頁。

(105) 中村茂夫「伝統中国法＝雛形説に対する一試論」（『法政理論』［新潟大学］一二巻一号、一九七九年）、第二節「民間処理説とその疑点」。

(106) 岸本美緒「『歴年記』に見る清初地方社会の生活」（初出一九八六年、『明清交替と江南社会――17世紀中国の秩序問題――』東京大学出版会、一九九九年所収）。

(107) 滋賀秀三「清代州県衙門における訴訟をめぐる若干の所感――淡新檔案を史料として――」（『法制史研究』三七、一九八七年）。

(108) Philip C.C.Huang, *Civil Justice in China: Representation and Practice in the Qing*, Stanford University Press, 1996.

(109) 三木前掲「明清時代の地域社会と法秩序」、伊藤前掲「中国史研究の『地域社会論』」。

(110) Philip C.C.Huang, "Public Sphere / Civil Society in China?: The Third Realm between State and Society," *Modern China*, Vol.12, no.2, 1993.

(111) 清代地方官の裁判が実質的には法に基づく権利保護であったとするホアン氏の議論を批判的に検討した論考として、寺田浩明「清代民事司法論における『裁判』と『調停』――フィリップ・ホアン氏の近業に寄せて――」（『中国史学』五巻、一九九五年）、滋賀秀三「清代の民事裁判について」（『中国――社会と文化』一三号、一九九八年）などを参照。

(112) 楊雪峯『明代的審判制度』（黎明文化事業股份有限公司、一九七八年）。

第二章　宋元・明初の徽州郷村社会と老人制の成立

はじめに

明代の老人制[1]は、洪武十四（一三八一）年の里甲制の全国的施行以後に設けられたと思われ、洪武二十一（一三八八）年にいたって廃止された「耆宿」制を前身とする。耆宿制の廃止後も、老人制は洪武二十年代を通じてしだいに整備され、特に二十七（一三九四）年には、郷村で生起する戸婚・田土・闘殴などの訴訟を直接に地方官に訴え出ることを禁じ、在地の老人に『教民榜』を給し、里長などとこれらの訴訟を処断することとした。そして洪武三十一（一三九八）年三月にいたり、老人制による紛争処理を中心として、従来の郷村統治政策を集大成した『教民榜文』をあらたに頒行し、老人制は最終的な完成をみたのである。

『教民榜文』と老人制は、以前から郷村において自生的に行われてきた、在地の有力者・名望家による紛争処理と、国家の訴訟処理システムとを制度的に結びつけた「（中国の）歴史上殆んど唯一の例外的現象[2]」と評価され、早くから明代史家による研究が進められてきた。およそ明代郷村における紛争処理や秩序形成を論じる場合、まずはこの老人制の成立と、その社会的背景について考察する必要があろう。本章ではまず老人制の研究史を概述したうえで、宋元時代以来の徽州の地域史的文脈の中で、老人制成立の歴史的背景と、明代前期の老人の社会的性格について検討を加えたい。

第一節　明代老人制の研究史

『教民榜文』に規定された老人制は、明朝の郷村制度研究の最も重要な史料の一つとして戦前から注目され、多くの研究がなされてきた。はじめて本格的に老人制を論じたのは、明清郷村制度史全体の開拓者でもあった松本善海氏である。松本氏は『教民榜文』によって老人制の制度的内容を論述するとともに、実録の記事から老人制は施行後半世紀も経たず十五世紀前半の宣徳年間には廃弛し、明代後期にはこれに代わり郷約・保甲制が行われたと論じ、洪武年間における老人制の成立過程にも検討を加えた(3)。氏の研究はそれ以後の老人制研究の基礎となり、日本では一般に用いられる「里老人」という呼称も氏の論考に由来する。松本氏とほぼ同時に、社会学者として中国伝統社会の研究を進めた清水盛光氏も、中国郷村社会に関する著書において、『教民榜文』や地方志などを活用して老人制について叙述している(4)。

戦後にはまず小畑龍雄氏が、松本氏の研究を踏まえて老人制の研究を進めた。氏は『御製大誥』などを利用して耆宿制の制定から老人制の成立までの過程を論じ、また申明亭における老人による教化や紛争処理についても考察した(5)。また栗林宣夫氏もやはり『教民榜文』のほか多くの地方志などを利用して老人制について論じ、特に明代後期における老人制の衰退と郷約・保甲制の興起について詳しい(6)。両氏の研究は老人制に関する多くの新史料を提供しているが、全体的な論旨はおおむね松本氏の見解を踏襲している。一方で細野浩二氏は、『教民榜文』の解釈について先行研究を批判して、老人は各里に一名でなく複数であり、洪武三十一年以前の老人は里ではなく郷ごとに置かれていたなどとする新説を提示した。(7) その後八十年代以降は、前迫勝昭氏が洪武年間の耆宿制について再検討を試みたのを除き(8)、老人制に関する専論はしばらく現れていない。また明代法制史研究自体の手薄さもあって、中国法制史家による老人制についての専論はなく、奥村郁三氏が伝統中国の裁判制度における官僚制と自治の関わりをめぐって、老人制を論じていることが注目されるに過ぎない(9)。

全体として従来の老人制研究では、老人制の成立過程や『教民榜文』の制度的内容については、多くの論者によって検討が加えられたものの、なお定論を見ない点も多い。特に老人制の実態面については、実録や地方志などの断片的な記事から、明代中期にはすでに衰退し、形骸化に向かったとされているに過ぎず、実証的な研究はほとんどなされていない。また老人制は主として明朝の郷村統治策という観点から論じられ、その社会的基盤や郷村の社会構造との関連についての論考は乏しく、法制史的見地からする訴訟処理制度上の位置づけについてもほとんど論じられてこなかった。

こうした状況に対し、九十年代に入って新たなアプローチを試みたのが三木聰氏である。氏はまず老人制の成立過程に関する諸説を検討して松本善海氏の説を再確認し、また老人による紛争処理の場である申明亭が実際には里でなく都ごとに置かれていたことを確認した。そして滋賀秀三氏などの法制史家の業績を参照して、老人制下の紛争処理の実態について検討し、戸婚田土などの訴訟を老人・里甲を経ず官に訴えることを禁じた『教民榜文』の原則は当初から空文化し、老人制は旧来からの民間の調停によって換骨奪胎されていったと結論したのである(10)。三木氏の研究は、法制史研究の成果を吸収して老人制を明代の訴訟処理システムのなかに位置付け、かつその実態を『教民榜文』における制度的当為と峻別して検討した画期的な業績であった。特に老人制による紛争処理を、単なる明朝の郷村統治策としてではなく、伝統的な郷村における民間調停との関わりで論じた点は重要である。ただし三木氏は老人制の実態に関して多くの新史料を紹介しているものの、史料源はやはり地方志と実録を中心とし、法制史料には及んでおらず、また実録などの史料解釈に疑問が残る点も残されている。

これに対し筆者は論文「明代中期の老人制と郷村裁判」[11]において、『皇明条法事類纂』を主な史料として、明代中期の老人制の法的位置付けを再検討するとともに、その実態についても初歩的な考察を加えた。これによれば、明代中期には戸婚田土などの訴訟を里長・老人を経ず官に提訴することを禁じた『教民榜文』の原則は、明代中期まで国法上維持されており、老人による紛争処理は、民間調停などと併存しつつ、郷村における紛争解決の枠組みの中で一定の役割を果たしていたと考えられるのである。

上述の筆者の論考については、三木氏の研究と併せて何人かの論者により反響が寄せられている。まず井上徹氏は三木氏と筆者の論点を詳細に紹介・検討し、老人制の問題に集約された明朝国家と在地社会との関係についてのいっそうの検討の必要性を指摘した[12]。山田賢氏も学界展望において、やはり「国家と社会」という問題意識に関連して両者の所説について検討している[13]。さらに伊藤正彦氏は、従来の研究史を整理した上で、三木氏と筆者の論旨を詳しく紹介し、さらに老人制理解の枠組みとなっていた「村落自治論」と「地主支配論」のはらむ問題点について詳論し、老人制は自律的な村落共同体を基盤とする自治的制度ではなく、国家が郷村社会の慣行を利用して創出した職役であったと論じた[14]。こうした提言をも承け、筆者はあらたに論考「明代の訴訟制度と老人制」を発表し、主として「越訴」問題や懲罰権をめぐって、宋元以来の沿革的な検討とともに、老人制を明代の訴訟制度のなかに位置付けることを試みている[15]。

本書は必ずしも明朝の郷村統治政策における老人制の位置づけや、老人制の制度的理念を中心的な論点とするものではなく、こうした課題については拙稿も含めた上述の諸論考を参照されたい。しかしながら明代の郷村社会における紛争処理の全体像を描き出すことによって、老人制自体についてもより広い視野からの認識が可能となるであろう。そしてそのための素材として、文書史料を中心とする徽州史料群がきわめて重要な意味を持つことはいうまでもない。

徽州文書の中には老人や里長による在地での紛争処理の実態を具体的に示すものが少なくなく、老人制下の紛争処理を、朝廷レヴェルではなく、まさしくそれが日常的に機能していた郷村レヴェルの視点から明らかにすることができる。さらに族譜や地方志・文集などの史料にも、老人制に関する記事が多く、老人の社会的性格や、老人制成立の背景となった郷村における紛争処理慣行についても豊富な素材を得ることができるのである。本章ではまず文集や族譜・地方志に収められた宋元以来の伝記的史料により、徽州の地域史的な文脈から老人制成立の社会的背景について考察したい。

なお中国においても八十年代後半から、趙中男・余興安・王興亜などの諸氏によって老人制についての専論が発表されている[16]。いずれも『教民榜文』などの基本史料のほか、地方志などの中から日本の研究には利用されていない史料も少なからず紹介しており、有用な研究である。ただし日本における先行研究は参照されておらず、全体的な論旨は日本の研究をさほど出るものではない。ただし最近では韓秀桃氏が、筆者などの研究も参照し、徽州文書をも用いて法学の立場から老人制に検討を加えている[17]。

またアメリカにおける明代老人制についての専論として、ジョージ・J・L・チャン氏の論考があり、日本の研究を参照して老人制の成立過程や職務について述べるとともに、『教民榜文』全文の英訳（*The Placard of People's Instructions*）を附している[18]。さらに最近刊行された、朱元璋の定めた法制度を中心に初期明朝国家の支配体制を論じたエドワード・L・ファーマー氏の著書でも、『教民榜文』と老人制に論及するとともに、附編としてチャン氏の英訳に改訂を加えた『教民榜文』の全訳を収めている[19]。ファーマー氏の英訳は日本において定論を見ない部分についても、おおむね穏当と思われる解釈を下しており、参考価値が高い。

さて上述の老人制に関する専論とは別に、宋元以来の従来の郷村秩序理念や、地方政治改革の流れのうえに、明初の郷村制度を理解しようとする一連の研究も進められている。従来の中国史研究では、宋から清にいたる伝統中国後期は、概して「宋元史」と「明清史」にはっきりと分けられる傾向があった。しかし最近では、政治制度史・社会経済史を問わず、元・明間の断絶性よりも連続性に注目する研究が増えつつある[20]。

元・明間の連続性に関しては、陳高華氏をはじめとして、早くから明初政権の成立に大きな役割を果たした、金華を中心とする浙東山間部の地主や知識人の思想が注目されてきた[21]。濱島敦俊氏は老人制成立の思想的基盤として、元末浙東の地主層に、郷村の紛争をつとめて「耆老」の調停によって解決すべきとの理念が存在したことを指摘し[22]、檀上寛氏も初期明朝政権が、私利追求型・権力指向型の「富民」を弾圧する一方、元代以来の浙東の「義門」鄭氏に代表される「郷村維持型富民」を育成し、これを里甲制の基盤としたと述べる[23]。さらに井上徹氏も、濱島氏や檀上氏の研究を承けて、老人制を単なる国家の当為・理念として片づけるのではなく、その背景をなす郷村の社会構造や地主層の政治思想を踏まえて再検討すべきことを提言している[24]。

ついで伊藤正彦氏は、南宋以降浙東をはじめ江浙各地で行われた義役に注目し、それが読書人層の主導により、胥吏や郷書手を介さず役次の決定を行う点において、糧長・里甲制体制の先蹤としての意味を持っていたと指摘した[25]。伊藤氏はまた、南宋・元代の「勧農文」の理念が、明代の「六諭」に継承されたことを示すとともに、元末の浙東における一地方政治改革案を分析し、それが明初の地方政治改革の先駆としての意義を持っていたと論じている[26]。さらに上田信氏も、浙東の盆地地区の地域開発の展開のなかで形成された、浙東の士人や有力同族の理念が、里甲制的社会秩序に与えた影響について論及している。[27]

また欧米においても、ジョン・W・ダーデス氏がこの問題について包括的な検討を加えている。氏は金華や処州などの山間部を中心とする元末の浙東において、官吏層と結託した大戸豪民による地方行政の紊乱に対して、一部の地方官と地域の「儒者エリート」の協力によって、義役の伝統を受けた賦役改革、「郷飲酒礼」や「保甲制」を通じての郷村の秩序維持、「鼠尾冊」・「魚鱗冊」の作成、胥吏や豪民に対する弾圧などの一連の改革が行われたことを指摘する。氏はこれらの改革は、「後年明の太祖によって全国的に施行された統治策の小規模な範例であった」と述べるのである。[28] さらにジョン・D・ラングロワ氏も、元末浙東の「儒者エリート」が推進した地方政治改革や、実務的な政治思想などが、明朝の統治体制の原型となったことを論じている。[29]

本章ではこのような問題提起をふまえ、宋より明代に至る徽州の地域史を背景として、老人制の成立過程を検討したい。考察の対象を徽州とするのは、むろん本書の課題が徽州文書による郷村社会の紛争処理の検討であることにもよるが、徽州が浙東とともに老人制成立の原型となった社会経済的・思想的背景を備えていたこと、また文集や族譜などの有用な史料が豊富なことからも、この問題を考える上でもっとも有効な地域のひとつであることは疑いない。

第二節　宋代徽州の在地有力者・名望家と紛争処理

徽州の地域開発は、主として北方などから波状的に流入した移住民によって進められた。[30] とくに唐末の黄巣の乱に際しては、多くの移住民集団が避難地を求めて移住し、以後五代から北宋にかけて、徽州（当時は歙州）の地域開発は飛躍的に進展した。こうした集団はその分節化の過程で、最初の定住地から次第に徽州の各地へと移住し、その過程で水利組織の整備を通じた集約的農業と、材木や茶などの山林産品の商品化を通じて、山村型の経済開発を進めていった。彼らのなかには一族が家産分割をせず累世同居する、「義門」の形態をとる場合もあった[31]。

宋代以降の徽州における地域名望家の原型として、淳熙『新安志』に「義民」として紹介される、宋初婺源県の汪廷美があげられよう。彼は数十年にわたって一族数百人と同居を続け食を共にし、家礼に意を尽くした。秋冬には郷人のために出糶を行い、真宗朝に天下の賦税の二割を減じた際には、その佃戸の佃租の二割を減じた。彼は人々から「汪長者」と称され、没後知県はその事績を記して石に刻んだという[32]。また同県の王徳聡は、田百頃を有するという大地主であったが、七十余年にわたって一家に五千人近くが同居し、楼閣を作って経籍を貯え、これを子孫に教えた。彼もまた里人から「長者」と称され、「里に辯訟するもの有らば、その一言を得て則ち平らぐ」と伝えられる。仁宗朝には「孝友信義の家」との扁額を賜わり、知県は「匹夫にして郷人を化す者は、吾は汪君・王君に於いてこれを見る」と称して、この二人の事績を讃えたという[33]。

このような名望家の事例は、宋元時代を通じて、徽州府下の文集や族譜、地方志などの伝記に数多くあらわれる。彼らはしばしば同時代人によって「長者」と称され、多くは有力な在地の地主層であり、同族の指導者であるとともに、郷里のために私財を散じてさまざまな貢献を行った。彼らはまた儒教的教養を備えた「処士」であることも多かった。そして王徳聡のように、郷里における紛争処理（排難解紛）も、その徳行の一つとして数えられることが少なくない。

南宋期以降、同族の分節化が進展するにともない、汪廷美や王徳聡のような、累世同居の「義門」型の名望家の事績は減少する。しかしやはり郷村の名望家による紛争処理はなお広く認められる。たとえば南宋初の婺源県の李繒は、早くより四書の学を修め、北宋末に北方より避難した学者達から二程子の学を受け、婺源における道学派の先蹤となった人物であり、その弟は進士となっているが、郷里にあってはよく家を治め、「親戚故旧、或いは緩急を以って告ぐれば、往きてこれが為に排難解紛」したという[34]。また祁門県の人で紹定五（一二五二）年に進士となり地方官を歴任した方岳の父祖は、郷人から推尊されて「方長者」と号されたが、義役を興すとともに、「一言もて折衷すれば、両訟消弥し、蓋し王彦方[35]の遺風あり」と伝えられ[36]、このような「長者」層が、しばしば官僚層の母胎となったことを伺わせる。

また宋末元初の混乱期には、徽州の各地で群盗が蜂起し、これに対して地主層を中心として各地で郷村防衛が図られた。たとえば歙県の「処士」黄孝則は、元初潜口・松源等の盗賊の蜂起に対し、これを防いで郷里を保障した人物であったが、平素から郷村の指導者として推され、「訟有る者は、必ず先ずこれを質し、公のその曲直を正すや、或いは相い責《すす》めて退き、或いは廬を望みて返」ったという[37]。同様に黟県の「処士」汪元も、宋末元初の混乱に際してその郷を安堵したが、やはり「門を望みて訟を止む者有るに至り、王彦方の風有り」と伝えられる[38]。

このように宋代以降の徽州では、「長者」や「処士」などの地域名望家による、郷村における紛争処理の事績を伝える記事は多い。しかし言うまでもなく、こうした状況は楯の一面にすぎない。宋代の徽州は江南東路に属したが、『名公書判清明集』などの南宋期の判語によれば、当時の江南東・西路は、名立たる「健訟」の地であるとともに、「豪民」（豪横・豪強）などと称される土豪層が「郷里に武断」する、いわば本場のような地方であった。彼ら豪民層は、往々にして中央・地方の官員と繋がりをもち、官塩や穀物の売買、酒坊の経営や税糧の包攬などを通じて公権力を浸食し、また地方衙門の胥吏や公人と通じて地方行政を壟断し、さらには牢獄や刑具を設けて、私的な拘禁や制裁を行う場合すらあったのである[39]。

このような状況は無論徽州においても例外ではない。たとえば南宋中期の婺源県の人王炎によれば、新安は今日に有りては輔郡と為り、婺源は壮県なり。県より郡治に抵るは二百里にして、地を遙《へだ》つこと巖険。部使者の按行は至らず、郡将は方略有ると雖も、耳目は亦た由りて尽くは民の利病を得るなし。租賦獄訟は浩穣にして、寖《ようや》く治まらず。豪右は間に乗じて穴を窟ちて姦を為すを得、吏の短長を執持して、目もて指し気もて使い、必ず意の如くす。吏の舞文するに巧みな者は、又たその手を上下し、以って権を招き訟を鬻ぎ、その勢は幾んど長貳の上に出でんとす。贏丁下戸は、事有るも訴うる所無く、県公は熟視するも誰何せず、例として罷軟に坐し、下職して去る……(40)。

とあり、官治による秩序の維持が十分に果たされないなか、胥吏層が県衙門を意のままに動かし、これと結んだ豪民層の前に、小民はいたずらに泣き寝入りする外なく、知県もこれを如何ともできなかったという。

実際には「豪民」による「武断郷里」と、「長者」や「処士」による「排難解紛」とは表裏する関係にあり、公権力が十分に及ばないなか、郷村において地域有力者が私的に紛争処理を行っていた事実を両面から捉えたものといえよう。休寧県茗洲呉氏の族譜に所載される、南宋初め頃の小伍公なる人物の事例は、こうした事情をよく物語っている。

小伍公、六公某三世の孫、性は豪宕にして膂力あり。……胡虜侵迫するに値り、軍興急なること甚だしく、官家皆な首を低くして給を仰ぐ。同居多く避匿するも、公は嘅然として曰く、吾は当に寸鉄を恃みて以って郷土を保ち、穀百数を転じて国家の急を佐くべし、又た安んぞ避けんやと。後威武を以って里人の詞諜(牒)を断じ、友を借《たす》け仇に報う。怨家はその邑大夫の権を奪い、無辜を殺すを訴え、里人は共に排擠す。……乃ち家を挈《ともな》いて漁梁の戴家塢に徙避す。塢は深邃にして、人多く不法を行ない、呰窳《シユ》は生を媮《ぬす》みて業亡く、搏掩・犯姦を作す。公は始めは理を以ってこれを諭し、悛《あらた》めざる者は銍権してこれを服さしめ、遂に敢えて犯さず……(41)。

すなわち彼は金軍の南下に対し、率先して軍需の徴収に応じた在地有力者であったが、同時に「威武を以って」郷里の訴訟を断じ、ついには知県の裁判権を犯し、無辜を殺すものとして訴えられ、里人に排斥され戴家塢なる地に移住した。当地では住人が生業に務めず不法を事としていたが、彼はまず「理を以ってこれを諭し」、なお改めない者にはこれに制裁を加えたという。

このような小伍公の事績には名望家的な言辞も加えられているが、実際には彼がその勢威をもって「郷里に武断」する「豪民」であったことは明らかである。そして「理を以って」する教諭的な秩序維持すらも、実際には「豪民」としての実力をその背景としていた。南宋期の郷村社会においては、官治が弱体化し胥吏層が地方衙門を把持するなか、強が弱を凌ぎ、「豪民」が「小民」を圧迫することが顕在化した。こうした状況下で郷村社会の秩序を維持するためには、やはり在地有力者の自生的な力を期待する外なかった。ために彼らが自覚的に名望家としてのモラルに基づき、郷村の社会秩序を維持すべきことが強調されたのである。当時の文集などに描かれる「長者」や「処士」の事績は、このような地域名望家のあるべき姿を具現化したものに他ならない。

第三節　元代徽州郷村社会と在地有力者・名望家層

至元十三（一二七六）年一月、元軍の臨安入城の直前に、徽州も元朝の版図に入り、翌十四年には徽州路と改められた。[42] 元朝統治下の徽州では、当初から地域的な叛乱も相次ぎ、社会秩序は必ずしも安定しなかったが、同時に元代中期までの地域間交易や海外貿易の活発化は、山林産品の移出の増大によって経済的な活況ももたらしたと思われる。

元代の徽州についても、在地の有力者や名望家による紛争処理を示す史料は多い。代表的な例として歙県の鄭紹卿が挙げられよう。彼は「累世富有の貲を承く」と称された大地主であり、若くして著名な朱子学者である休寧県の陳櫟に師事した。元末には故郷に隠棲して仕えず、郷里で賑恤に務めるとともに、私財を投じて水田数千畝を灌漑する小母堨の改修にあたり、「鄭長者」と号された。郷人はその徳に服し、「郷邑に訟を理《おさ》めるも決せざる有らば、往々にして直を長者に求め、慚服して去らざるは無」かったという。(43) また休寧県の処士であった呉玉林も、私財を投じて水利組織の整備や義荘の設立にあたり、「里人は咸なその義に服し、争競して直を求むる者有らば、或いは一言を得て止む」と伝えられる。(44)

さらに歙県の洪味卿は、数百家におよぶ同姓村をなす大族にあって、よく家政を修めて一族の望と称されたが、「郷閭に訟争する者は、多く父君に詣《いた》りて直を求め、その私かに不善を為す者有らば、輒ち相語りて曰く、洪公これを聞かば、寧んぞ媿《は》ず無きやと」とあるように、平素から紛争処理に務めた。その没後は「里中は訟争紛然として、強暴は弱寡を相凌ぎ、一喙を伸する能わ」ざるにいたり、人々は「安んぞ復た洪公に見《まみ》え、以て吾が心を白《もう》すを得んや」と嘆いたという。(45) こうした「長者」や「処士」たちの事績からは、谷川道雄氏が描きだす、名望家層が賑恤・勧農・郷里防衛・紛争処理などを通じて、「宗族・郷党」の秩序を維持していくという、六朝の「名望家社会」の構造が想起されよう。(46) しかし宋元時代に郷村の秩序形成の中心となったのは、郷里に広大な荘宅を営むとともに、その家格を背景として朝廷の官職をも独占する、六朝の貴族ないし豪族ではない。彼らは徳望ある地主や在野の読書人などの、より在地性の強い有力者ないし名望家であった。

また地方官はこのような名望家を中心とした郷村の指導層を、「父老」・「耆老」としてとらえ、彼らを中心として郷村の秩序を維持せしめようとした。柳田節子氏によれば、宋代の郷村における「父老」層は、郷村の農業生産や民間信仰を主導し、州県官も田土の訴訟や水利開発・戸籍の策定などに際しては、彼ら父老層に諮問することが多かったという。[47] こうした状況は元代の徽州においても同様であった。たとえば婺源（元代には州に昇格）では、富家が婚約を履行せず、貧家が親の柩をなかなか埋葬しないといった悪風があったが、知州の于文伝は、「即ちにその父老を召し、礼を以ってこれを訓告せしめ、三月を閲《へ》て婚・喪は倶に畢《おわ》」ったという。[48] また歙知県であった宋節は、「父老に諭して遍く郷塾を建て、子弟を訓誨して孝弟・忠信を知らしめ[49]」、元末の休寧県ダルガチ額森托音も、着任するや「即ちに父老を召して、朝廷の徳意を宣布し、示すに法令の禁ずる所を以ってし、民をして趨避する所を知らしめ」たという。[50] 同時期に休寧知県であった唐棣についても、「父老を召して民の不便なる者を問うに、皆な賦役の均しからざるを以って君に告げ」たため、田土の丈量を実施したと伝えられる。[51]

さらに元代歙県の人で、徽州路学教授となった唐元は、徽州路のために起草した「勧農文」において、次のように述べる。

爾父老、帰りて子弟を督せよ。爾の禾耜を治めれば、則ち器は鈍せず。爾の陂池を浚《さ》らえば、則ち水は瀦《た》む可し。疆界を正定せば、則ち隣は争を息めん。時に依りて種を蒔けば、則ち物性は遂げん。且つ衣食足らば、然る後礼儀を知る。今天下の郡県には学あり、郷社には学有り、門塾には学有り。皆な教法を立て、人をして善に趨りて悪を避けしむるなり。爾父老、重ねて子弟に告げて曰え。父は慈にして子は孝、兄は友にして弟は恭なれば、則ち家道は肥まん。男は耕し女は織り、游蕩を事とせざれば、則ち衣食は裕かならん。賭博して酒食を縦にし、以って家を破る毋れ。上を犯し陰私を訐《あば》き、以って俗を破る毋れ……。[52]

ここで唐元は郷村の父老に対し、子弟を督励して、田土などに関する紛争処理の外、勧農や水利の整備、子弟の教育や教化などに務めるように述べているが、これらはいずれも『教民榜文』においても老人や郷里社会の責務とされるものであった。[53] とくに「父老」が子弟に対し告戒すべきこととして挙げられる、父子・兄弟の孝慈や恭友、「男耕女織」による生業の充足、賭博遊蕩に耽り、長上を犯し非違を為すことへの戒めなどは、かの「六諭」の内容と通じることが注目されよう。『教民榜文』に至って集大成される明初の郷村統治思想の淵源が、元代徽州の士人層にも明らかに認められるのである。[54]

さらに元代郷村社会における紛争処理を考えるうえで、重要な問題に社制の存在がある。[55] 世祖クビライの至元七（一二七〇）年に頒行された「勧農条画」（いわゆる「社規」）によれば、五十戸を基準に設けられた「社」ごとに、「年高く農事に通暁する者」一名を社長として選び、農耕の指導や督励、義倉の運営などの勧農や、善行者の表彰や悪行者の戒告などの教化を任とした。[56] 社制はもともと金末の戦乱で荒廃した華北農村の復興を主目的として導入されたが、実際には叛乱や盗賊の予防のための、在地の治安・秩序維持の役割も課せられてゆく。特に南宋領接収後の至元二十八（一二九一）年に頒行された「至元新格」では、「諸そ婚姻・家財・田宅・債負を論訴するに、若し違法の重事にあらざれば、並びに社長の理を以って諭解するを聴し、農務を妨廃し、官司を煩紊するを免れしめよ」[57]と、社長に民事的な紛争の調停権が認められたのである。徽州においても、大徳年間（一二九七〜一三〇七）の徽州路総管郝思義は、大司農司が編纂した『農桑輯要』を「社長に頒ちて、専ら勧課せしめた」といわれ、同時期に歙知県であった宋節も、「勧農・興学を以って首務となし、農に游惰なる者有らば、社長従り供申せしめ、夫役に籍充し、改悔するを俟ちて名を除く」と、社長に怠惰な農民を報告させ徭役に充てたという。[58]

そして勧農や教化だけではなく、徽州では元末に至るまで、社長が実際に郷村の紛争解決にも当たっていた。元統三（一三三五）年の「祁門県洪社客退還誤占樹木字據」[59]（図版①）は、元代社制のもとでの紛争処理の実態を示す貴重な史料である。

十三都二保洪社客、有祖墓林壱段、坐落四都二保、土名張婆塢。却於元統参年弐月間、到彼看倖間、有四都潘富

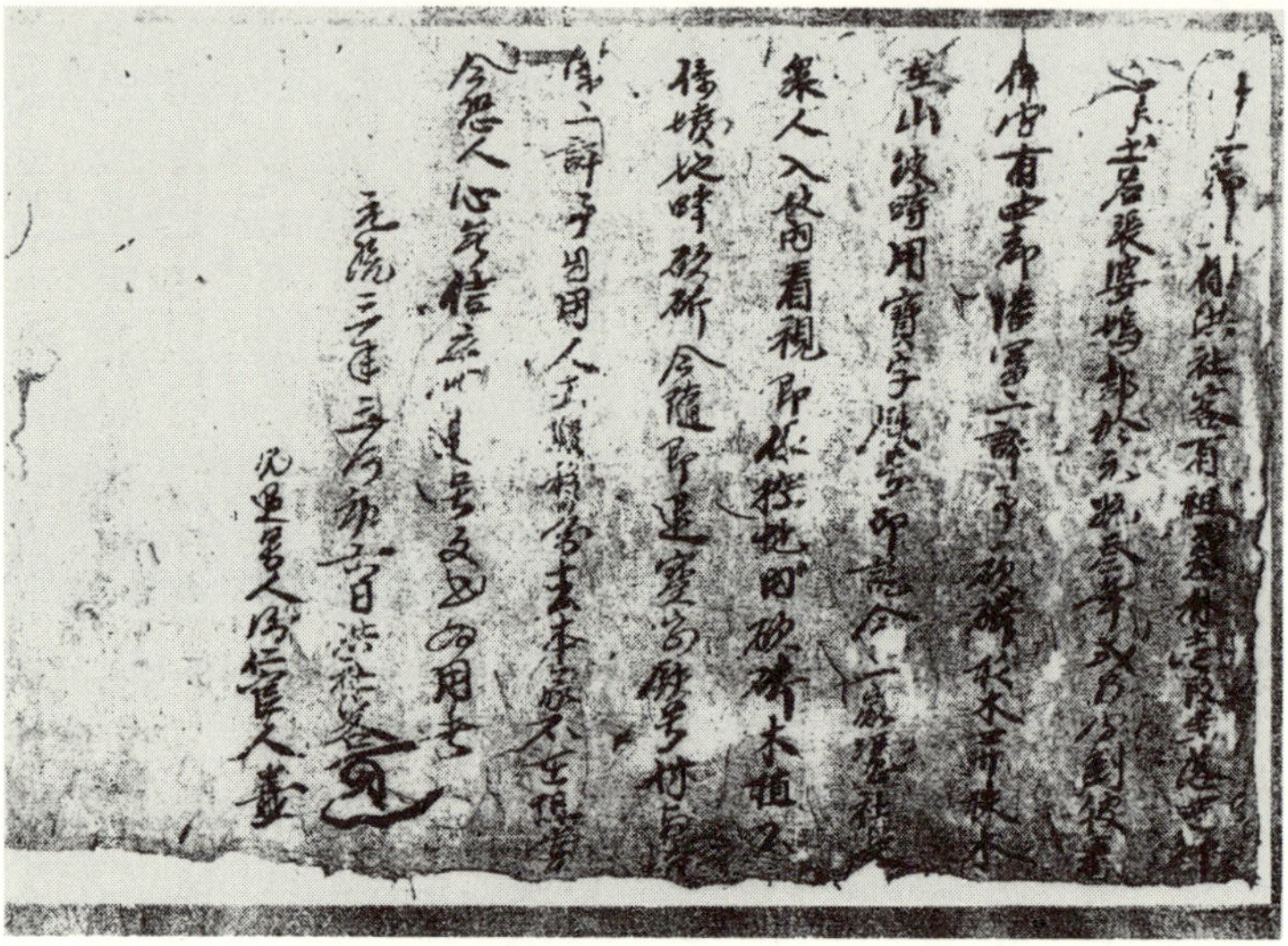

図版①

二評事砍斫杉木、并株木在山。彼時用寶字鉄号印訖。今二家憑社長・衆人入地内看視、即係控（空?）地内砍斫木植、不係墳地畔砍斫。今随即退寶字鉄号、付与潘富二評事、自用人工搬移前去、本家不在阻當。今恐人心無信、立此退号文書為用者。

元統三年三月初六日洪社客（押）

見退号人謝仁官人（押）

洪社客が所有する山地内の墓林を見回っていたところ、潘富二らが杉木を伐採しているのを発見し、伐採した杉木に自己の所有であることを示す鉄号を印した。ところがその後社長や衆人が立ち会って山地を実地検証すると、杉木は洪社客の墳山ではなく、控（空?）地（特定の経営者がいない空閑の山地か）から伐り出したものであった。そこで洪社客はこの退号文書を立て、潘富二らが杉木を運び出すのを認めたのである。

なお第三・四章で述べるように、明代前・中期の徽州では、老人や里長は紛争の調停だけではなく、地方官に提訴された訴訟の実地検証や再審理を通じて、民事的訴訟の解決にも大きな役割を果たしていたが、元代の状況はどうだろうか。ここでは元代中期における民事的訴訟処理の一端を示す文書として、延祐七（一三二〇）年の「祁門□元振合族売墳山赤契」[60]を検討しよう。

〔……〕元振等照得。本宗有高祖妣四孺人胡氏墓山一〔……〕字陸号、坐落十二都溶口山背。昨於己酉年間、被〔……〕孫、擅自於祖墳右臂白虎觜上、創造墳堆、侵占〔……〕不容已者。挙請元美出名陳告到官、委官勘當、〔……〕一力争論、経停四年、至皇慶壬子、方得帰結了當。〔……〕係元美独自経理前項墓山、入戸供解。今来謂見元美〔……〕彼処遷造新墳。以此衆議、念是元美争論四年、用力甚多。〔……〕祖墳右臂白虎一山、約計貳畆…（四至略）…、今将前項四止内山、尽数〔……〕名下為主、面議價銭中統鈔貳伯伍拾両、其鈔対衆収訖〔……〕支費了當。其山一任元美自行掌管為主、遷造風水、并毎〔……〕脩祖塋、供解税粮、日後各家子孫、永遠不在収贖占攔。〔……〕此義遜?文書為用者。

延祐七年二月十五日　兄　元振（押）

弟　応智（押）　応信（押）

（以下姪六名、姪孫一名略）

横長の文書の上下部の数字分が欠落しているため、文意の不明な個所も多いが、大意は以下の通り。某姓の元振らの一族は、溶口山背に祖墓を共有していたが、至大二（一三〇九）年に墳山の一部が侵占されたため、一族は元美を代表者として訴訟を起こし、官による実地検証（委官勘當）を経て、四年間の争論ののち墳山を回復した。一族は「衆議」のうえ、四年間の訴訟に尽力した元美に対し、問題の墳山を交鈔二百五十両で売却し、その専有を認めたのである。ここでは墳山の所有権をめぐる訴訟が、地方長官の委任を受けた官員による実地検証を経て決着しており、社長などの関与は記されていない。おそらく元代の社長の職責は、在地での紛争の調停を主とし、地方官に持ち込まれた訴訟の処理にはそれほど関与しなかったのではないかと思われる。

さて元末の至正十二（一三五二）年四月、西系紅巾軍の徐寿輝配下の武将項普略は、江西方面から婺源を経て徽州路に侵入し、徽州一帯を劫掠してさらに浙江方面に侵攻した。(61)徽州一帯は紅巾軍と元軍との攻防の舞台となり、「羣盗蜂午し、残毀尤も甚だしく、……時に官府の令を聞かず」(62)という無政府状態に陥り、「兵戈擾攘の際、里中の獷狼は糾戈し、叛者は蠭起す。蒼頭は主を殺し、悪少は人を殺して、財蓄を掠いて室廬を燬《や》き、綱紀を斁《やぶ》りて、恬として怪と為さず」(63)と、郷村の社会秩序は完全に壊乱した。紅巾軍の侵入を受けた華中南各地の在地有力者は、「義兵」を募り、各地に「寨」を築いて郷村防衛（結寨自保）を図った。陳高華氏はこうした各地の義兵集団の中でも、「徽州地区の武装が最も突出していた」と述べている。(64)至正十四（一三五四）年には婺源の汪同を中心とする義兵集団は、元軍と協力して徽州を奪還したが、翌年にはふたたび紅巾軍が徽州を陥れ、至正十六（一三五六）年四月にいたって、ようやく元軍と義兵が紅巾軍を撃退した。

しかし翌至正十七（龍鳳三、一三五七）年七月、朱元璋の武将鄧愈・胡大海は、寧国から績渓を経て、元の守備軍を駆逐して徽州を攻略した。鄧愈らは元の十万の援軍も撃退して徽州の支配を確立し、さらに浙東方面に軍を進め、汪同を中心とする自衛集団も朱元璋軍に帰服して、その麾下に組み込まれた。(65)翌至正十八（龍鳳四、一三五八）年十二月には、朱元璋が軍を率いて徽州にいたり、「故老・耆儒」を召して、「儒士」の唐仲実・姚璉らに民事を諮問した。唐仲実らは漢の高祖から元のクビライにいたる歴代王朝の創始者に倣い、人民をみだりに殺さず、民生を安定させるべきことを進言し、朱元璋はその言を是として、「父老」たちに布帛を賜ったという。(66)ついで朱元璋は浙東の攻略を進め、宋濂や劉基をはじめとする浙東の士人層を幕下に収めてゆく。

金華を中心とする浙東の士人層が、明初政権の中枢にあってその政策立案に当たり、明朝の郷村統治策に大きな影響を与えたのに対し、徽州の在地有力者は打ちつづく元末の戦乱から郷里を守ることを主眼とし、建国当初に翰林学士となった朱升などを除けば、それほど積極的には文官として政権には参与しなかったようである。[67]しかし徽州は、婺源県が朱熹の原籍であったこともあって、南宋以来金華と並ぶ正統朱子学の中心地であり、[68]とくに元代には「井邑・田野自り、以って遠山深谷に至るまで、民の居る処、学有り師有り、書史の蔵有らざるは莫し。その学の本づく所は、則ち一に郡の先師子朱子を以て帰と為す[69]」と、朱子学は郷村レヴェルにまで広く浸透していたといわれる。また徽州は金華と同じく江浙地方の周辺山間部に位置し、可耕地の不足を集約農業と山林産品の商品化によって補い、水利開発などを通じて、郷村では経営地主層を中心とした緊密な社会関係が形成されていた。

このような思想的・社会的な浙東との共通性を背景として、元代の徽州では在地の有力者・名望家層による紛争処理や、教化・勧農・水利整備などが展開されたのであり、元末には浙東と同じように、郷飲酒礼や保甲制による郷村秩序の維持が試みられ、[70]朱元璋治下の至正二十三（龍鳳九、一三六三）年には、金華出身の端復初の主導で魚鱗冊も作成されている。[71]浙東ほど直接的ではないとしても、徽州などの士人や在地有力者・名望家の理念も、成立期の明朝政権に何らかの形で影響を与えたことは疑いないであろう。

第四節　洪武年間における老人制の成立

洪武元（一三六八）年正月、朱元璋は南京で帝位につくが、その直前の呉元（一三六七）年十二月に完成した『大明令』には、すでに「里長」の名称が現れるので、[72]すでにこの時点では何らかの形で里制が施行されていたようである。洪武初年にも徽州を含む華中各地で里甲制の実施が確認され、[73]洪武五（一三七二）年二月には全国の里社に「申明亭」

を建て、「境内の人民に犯有らば、その過名を書いて亭上に榜示」させ、ついでこれと対をなす旌善亭も設置された。[74]同年四月には里社において百家ごとに郷飲酒礼を挙行することを命じ、洪武八(一三七五)年には全国の郷村に社学と里社壇・郷厲壇が設けられている。[75]そして洪武十四(一三八一)年正月にいたり、里長戸十戸と甲首戸百戸からなる里甲制が全国的に施行され、その後は申明・旌善亭、社学、里社・郷厲壇はいずれも里を単位として設置されることになった。[76]

ついで洪武十年代の後半には、「天下の郡県をして、民間の年高くして徳行有る者を選ばしめ」、各里に「耆宿」を設けた。[77]その設置年代は不明であるが、里甲制の全国的施行以後であろう。耆宿は地方官から政務や民情についての諮問を受け、地方官とともに朝廷に人材を推挙し、さらには官吏の賢否・善悪を京師に上奏することもできた。また「里中の是非を質成」したとあるので、里内における教化や紛争処理にも当たったと思われる。ただし洪武二十一(一三八八)年八月には、「耆宿は頗るその人に非ず、因りて郷里を蠹食し、民は反ってその害を被る」との上言を承け、耆宿制は廃止されてしまった。[78]

従来の研究では、耆宿制の廃止後ほどなくして、あらたに老人制が導入され、洪武二十七(一九九四)年にいたって、この老人に戸婚・田土などの訴訟処理が委ねられたと考えられている。しかし洪武十八(一三八五)年から翌十九(一三八六)年にかけて頒行された、三編の『御製大誥』には、しばしば耆宿と並んで、「老人」・「耆老」・「耆民」などの呼称が現れる。たとえば『御製大誥』では、「耆宿人等」などが民を害する地方官吏を告発し、有能・清廉な地方官吏がいれば、「耆宿・老人」などが京師に上奏することを許すとともに、清廉な官吏が誣告されれば耆宿が面奏して弁明することも認め、さらに毎年末には、「郷里の年高有徳等」が数十人から千余人で京師に赴き、当地の官吏の善悪を面奏させることも命じている。[79]『御製大誥』の続編・三編には、実際に耆宿あるいは老人(耆老・耆民)が、地方官吏を上奏して告発したり、捕縛して京師に連行した事例が多い[80]。罪を犯して京師に連行される地方官が、耆民たちに免罪を嘆願する台本をあたえて面奏させようとしたり[81]、耆老たちに捕縛された地方官が、「私は十四歳から読書して勉学した結果がこのざまだ、なんとか見逃してほしい」と哀願することもあったという[82]。

三編の『大誥』では、「耆宿」と「老人・耆老・耆民」には、何らかの区別があるのだろうか。まず耆宿と老人は、「仍お逃軍を勾する有るに、官吏事を生じ、良民を攪擾すれば、その良民中の豪傑の士・耆宿・老人は会議して、捉拿して京に赴け」などと連称される例がある[83]。また他の条では、地方官吏が不当に人民に京師への物資運搬を命じれば、「市郷の年高き耆宿と、耆宿に非ざる老人、及び英壮・豪傑の士は、首領官并びに該吏を帮縛して京に赴くを許す」とあり、「耆宿」と「耆宿に非ざる老人」を区別している[84]。これに対し老人と耆老・耆民の間には、明確な用法上の区別は認められない。

こうした老人・耆老・耆民などの語は、一般的に高年者を指すとも考えられよう。しかし洪武十九年正月の自序をもつ、何広『律解辯疑』の「禁革主保里長」条には、「その合設の耆老は、須らく本郷の年高有徳にして、衆の推服する人の内より選充せよ」との条文が見え[85]、この一文は洪武二十二（一三八九）年更定の明律を収める『大明律直解』や、洪武三十（一三九七）年に最終的に完成した『大明律』にも継承されている。また洪武十五（一三八二）年には、「老人」の陳原九が松江知府に任命され[86]、十八年には烏程県の人朱華が、「老人を以って監察御史に除され」たという[87]。このほかにも同時期の史料にはしばしば老人・耆老・耆民の語が見える。

おそらく明朝は各里に耆宿を設置するとともに、在地の徳望ある高年者層を「老人」（耆老・耆民）として認め、里ごとに一名の耆宿も、一般には「老人」たちの中から選ばれたのであろう。そして耆宿制の廃止後も、こうした「老人」（耆老・耆民）層自体は依然として存続していたと思われる[88]。ただし特に耆民などの語は、一般的に在地の高年者層を指すこともあると思われ、一概に判断できない場合も多い。

さて耆宿制の廃止後、洪武二十年代前半の老人制については、すでに従来から、朝廷の政治を参観し、官員に登用され、預備倉の穀物の収買に当たったことが指摘されている(89)。まず洪武二十二年十一月には、「天下の州県をして民間の耆年にして有徳なる者、里毎に一名を選び、次を以って来朝せしめ、既に至らば随朝観政し、三月にして遣帰せしむ(90)」と、州県に各里一名の有徳な高年者を選ばせ、京師で朝廷の政治を三か月間参観させるという、「来朝観政」の制度が導入された。そして「京師に来朝すれば、民の疾苦を訪ね、才能ある者はこれを抜用し、その年老なれど治道に通ぜざる者は、則ち宴賚してこれを遣《おく》り、是に至りて来る者は日々に多し(91)」と、有能な者は官員に登用されたのである。実際に翌洪武二十三（一三九〇）年六月には四百五十二人の耆民を登用し、十一月にも百六十七人の耆民に府州県官を授け、この年には総計千九百十六人の耆民が官に任用された(92)。太祖が来朝した老人たちに、京師後湖の黄冊庫をいかに建置すべきかを問い、適切な方策を進言した老人に黄冊庫の管理を委ねたという逸話も残されている(93)。老人の「来朝観政」は三年あまり続けられたが、洪武二十六（一三九三）年正月にいたって中止された(94)。

また洪武二十一年から、各地に穀物を備蓄するための預備倉が設けられていくが(95)、二十三年五月には、「天下の老人を召し、京に至りて随朝せしむ。因りてその用う可き者を択び、鈔を齎《もたら》して各処に往かしめ、所在の老人と同《とも》に、糴穀して備と為すを命ず(96)」と、来朝した老人から有能な者を選び、鈔を与えて在地の老人とともに預備倉の穀物を収買させた。翌洪武二十四（一三九一）年八月には、すでに預備倉の穀物が充積したとして、老人による穀物の収買は廃止されたが(97)、翌二十五（一三九二）年にも、県官と耆民に預備倉の穀物の配給を命じ(98)、二十六年にも、太祖は戸部に諭して、「朕は常に内帑の資を捐《あた》え、天下の耆民に付して糴粟せしめ、以ってこれを儲う」と述べている(99)。実際には二十四年以降も老人は預備倉の運営に当たっていたようである。

一方この時期の老人が、里甲制のもとで担っていた職責は、従来の研究ではほとんど明らかにされていない。しかし当時の法令には、在地における老人の職掌を示すいくつかの史料が残されている。まず洪武二十四年、第二回の黄冊攅造に際して定められた「攅造黄冊格式」には、

所在の有司・官吏・里甲に、敢えて団局して冊を造り、科斂して民を害し、或いは各処の写到せる式の如く差《たがい》無き文冊を、故《ことさら》に改抹を行い、刁蹬して収めざる者有らば、老人の実を指して、冊と連《とも》に害民の吏典を綁縛し、京に赴き具奏するを許す[100]。

と、老人に黄冊攅造をめぐる不正行為を、京師に上奏して摘発する権限を与えている。また洪武二十六年に頒行された『兵部職掌』では、

凡そ各処の巡検司・弓兵、并びに老人・里甲人等は、内外の衛所の逃軍、及び囚徒・無引の人、并びに私塩を販売する犯人等の項を獲解すれば、部に到りて審問し明白ならしめよ[101]。

とあり、老人や里長などが逃亡兵・脱走囚・路引を持たない不審者・私塩犯人などを捕え、兵部に連行すべきことを定めた。また同年の『戸部職掌』によれば、当時の老人には『勅諭老人手榜』という準則が与えられていたようである[102]。

さらに洪武二十七（一三九四）年三月には、太祖は聖旨を下し、

今後里甲・隣人・老人の所管せる人戸は、務めて見丁が着業するを要し、互相に覚察せよ。出外する有らば、本人の下落、何を作して生理し、何の事務を幹するかを知るを要す。若し是れ下落を知らず、及び日久しくして回らざるに、老人・隣人の官に赴いて首告を行わざる者は、一体に遷発して軍に充つ[103]。

と、老人などに里甲内の人戸を相互監視させ、外地に赴く者があればその行き先や生業・目的を把握し、行き先不明

者や長く戻らない者がいれば、官に告発することを義務づけている。こうした法令から見て、当時の老人はすでに里甲制下の治安や秩序維持に重要な責任を負っていたことは疑いない。なお洪武年間に定められた、「新官到任儀注」（『節行事例』所収）では、官員の着任に際しての「参見礼」を次のように規定する。

> 先ず門子・庫子従り、次は弓兵・祗禁、次は坊・郷の里長、次は陰陽・医者、次は合属の吏典、次は六房の吏典と、倶に両拝礼を行い、新官は坐して受く。次は坊・郷の老人、次は大誥秀才、次は生員、次は合属の官と参見し、亦た両拝礼を行い、新官は拱手して答礼す。……(104)

「坊・郷の老人」は、明朝の身分序列の上で衙役や里長・胥吏の上、生員などに次ぐ位置に置かれていたのである(105)。

そして洪武二十七年四月十三日にいたり、太祖は各地の民衆がしばしば小事の訴訟を京師に越訴するため、越訴の禁を厳しくするとともに、

> 有司に命じ、民間の耆民の、公正にして事に任ず可き者を択ばしめ、その郷の詞訟を聴《おさ》めしむ。戸婚・田宅・闘殴の若き者は、則ち里胥を会してこれを決し、事の重きに渉る者は、始めて官に白《もう》す。且つ教民榜を給し、守りてこれを行わしむ(106)。

と、地方官に公正な老人を選ばせ、『教民榜』を付与して郷村における訴訟処理を委ねた。戸婚・田宅・闘殴などの小事の訴訟は、まず老人が里甲と会して処決することとし、重事の訴訟であれば直接に地方官に提訴することを許したのである。ついで洪武三十（一三九七）年九月には、太祖は戸部に対し、郷里ごとに木鐸老人を設け、「六諭」を唱えて郷村を巡行させ、また里ごとに太鼓一面を置いて、農繁期には老人が太鼓を打って農作業を督励し、かつ里民には冠婚葬祭などに際しての相互扶助に務めさせることを命じている(107)。

翌洪武三十一（一三九八）年三月十九日、太祖は戸部尚書の郁新らに聖旨を下し(108)、無能・貪欲な官吏が良民を害す

るため、京師に越訴される訴訟が連年止まないとして、「今令を出して天下に昭示し、民間の戸婚・田土・闘殴・相争の一切の小事は、須らく本里の老人・里甲の断決を経由するを要し、若し姦盗・詐偽・人命の重事なれば、方《はじ》めて官に赴きて陳告するを許す」と、あらためて小事の訴訟を老人・里甲に処断させることを命じた。そして「前に已に条例もて昭示せり、爾戸部重ねて申明を行え」とあるように、二十七年の『教民榜』に基づき、その後の法令も増補した、全四十一条の『教民榜文』の頒行を命じたのである。この年の閏五月一日に太祖は死去しており、『教民榜文』はまさに洪武年間の郷村統治策を集大成したものといえよう。

明代の老人制は、胡惟庸・藍玉の獄を初めとする、官吏や豪民に対する徹底した弾圧や粛正のなかで形成された。耆宿や老人には当初から官吏の不正を摘発する役割が与えられ、その後は老人の「来朝観政」や官吏登用も導入された。かつ老人には治安・秩序維持や勧農・教化などの職責がしだいに賦与され、ついには戸婚・田土などの訴訟処理も委ねられたのである。総じて老人制は、里甲制の全国的施行以降、耆宿制の施行された洪武十年代末を経て、洪武二十年代を通じて徐々に形成されていったのであり、明確な成立年代を特定することは難しい。しかしそのもっとも重要な画期は、やはり老人に小事の訴訟の排他的な管轄権が委ねられ、『教民榜』が給された洪武二十七年四月であり、洪武三十一年三月の『教民榜文』の頒行にいたって、最終的に完成したとみるべきであろう。

第五節　『教民榜文』に規定された老人制

『教民榜文』は序文と全四十一条からなり、一条から十四条までは老人や里長・甲首による里内の紛争処理に関する条項を中心とし、十五条から四十一条までは、老人を中心とした教化や治安維持・勧農・水利などについての条項のほか、老人制とは直接関係しない一般的な郷村統治策を規定した条項も多い。

まず序文では官吏に人材を得ず公正に訴訟を処理し得ないため、京師に越訴するものが絶えないとして、民間の戸婚・田土などの訴訟をまず各里の老人・里甲に断決せしめると述べ、第一条以下で老人里甲による紛争処理制度を詳細に規定する。それによれば、民間の戸婚・田土・闘殴・相争などの一切の小事の訴訟は、直接に地方官に訴え出ることを許さず、各里の里長甲首と老人がまず理断することとし、里甲老人を経ず直接官に提訴したものは虚実を問わず杖六十とし、里甲老人に差し戻す（第一条）[109]。老人里甲は訴えがあれば会議して剖断し、竹篦や荊条[110]により処罰を加えることを許す。老人里甲が処理すべき訴訟は、戸婚田土などの民事的案件全般と、闘殴など軽微な刑事的案件にわたる（第二条）。

老人には、里内の衆人の推挙を経て、公正で人望ある者が三人から十人選ばれ（第三条）[111]、年齢が高くとも見識が乏しい者は、老人と同列に扱われるが、裁決には関与できない（第四条）。老人里甲が民訟を剖決するには、里内の申明亭において議決する。別の里に関わる案件は、その里の老人を会して共同で剖決し（第三条）、ある里の老人が処決しがたい事案があったり、老人の子弟親戚が関わる事案があれば、周囲の里の老人・里甲を会して剖決する（第五条）。老人自身が罪を犯せば、やはり周囲の老人や里甲が会議して審理し、軽罪であればそこで剖決し、重罪であれば官に送る（第七条）。

姦盗・詐偽・人命などの重大な刑事的事件については、直接に地方官に訴えることを許す（第十条）。ただし十悪や強盗・殺人などきわめて凶悪な事件を除けば、姦盗・詐偽などの刑事的な事件でも、当事者が和解を望み、官に訴え出ることを願わず、被告も罪に服する場合は、老人が処断することを許す（第十一条）。老人・里甲は訴訟の剖決に当たって、牢獄を置いて関係者を拘禁することはできない（第十三条）。里甲老人は管内の人民の陳告を待ってはじめて審理を行う（第十四条）。また老人は里内の人民に対し、小事の紛争があれば相互に譲歩し訴訟沙汰を起こさぬよう告誡し、人民がやむを得ず訴えに及んだ場合も、老人が事の軽重を量って剖断し、むやみに官に提訴させてはならない（第二十三条）。

紛争処理と関連して、里内の治安維持も老人・里甲の重要な責務であった。すなわち里内に盗賊や脱走犯などの悪人があれば、里甲・老人が多人数を集めて捕らえ官に突き出し（第十五条）、罪を犯した官吏や、工役や軍役に充てられた者を匿わぬよう里内の人戸に告誡する（第二十一条）。また老人・里甲は郷里の人民が相互に里内外への出入りを周知させるようにうながし（第十六条）、日頃から悪事をはたらく無頼があれば、老人たちが厳しく懲罰する（第十八条）。さらに衛所から逃亡した軍士の追捕や欠員の補充に際しては、里甲・老人は衛所から派遣された官吏と協力して、里内の軍戸から人丁を徴発・送致した（第三十七条）。

紛争処理や治安維持と表裏して、教化や勧農に関する職務も少なくない。まず教化については、老人・里甲は日頃から里民に善行をなし生業に務めるよう勧め（第十六条）、里内に孝子順孫や義夫節婦などの善行者があれば、その実跡を朝廷と上司に報告し（第十七条）、反対に尊長の教誨を守らず長幼の序を乱す者は、里甲・老人が懲罰する（第三十五条）。また里内の自活が困難な高年者などに、「六諭」を唱えて里内を巡回させる、「木鐸老人」の制も定められた（第十九条）。

勧農に関しては、里ごとに勧農のための鼓を置いて、老人の監督のもとに農種の時に鼓を鳴らして衆人が田地に赴くよう促す（第二十四条）。また里甲・老人は各戸に棗・柿・綿花などを植え、養蚕に務めるよう奨励・監督し（第二十九条）、水利開発に際しては、老人が実地調査の上で計画を立て、朝廷に上奏する（第三十条）。さらに老人・里長は衆人とともに、公正廉潔な地方官が誣告された場合は、朝廷に上奏して弁明し、貪欲で民を害する地方官があれば、捕縛して京師に連行することも認められている（第二十二条）。

このほかに従来の研究では、婚姻や葬儀などに際しての相互扶助（第二十五条）、民間の子弟による『御製大誥』の講読（第二十六条）、郷飲酒礼の遵行（第二十七条）、里社・郷厲壇での祭祀の挙行（第二十八条）、社学の管理と運営（第三十二条）、祖先祭祀の挙行（第三十三条）なども、老人の職責として挙げられていた。しかし『教民榜文』にみえるこれらの条項は、いずれも老人制とは直接には関連しない郷村統治一般に関わる規定であり、これを老人の職責とみなすのは不適切である。

特に社学に関する第三十二条は、洪武初年に社学を設立したところ、かえって弊害が多かったためこれを廃止し、今後は所在や子弟の人数に拘わらず、有徳の人が農閑期に学を開き、民間の子弟を教えることとしたものであり、社学の管理を老人の職務に数えるのは完全な誤解である。むろん里を単位としておこなわれる相互扶助や郷飲酒礼、里社・郷厲壇の祭祀などには、老人も里の中心人物として重要な役割を果たしたであろうが、これらはあくまで里全体の任務なのであり、老人や里甲の職責として明記されている条項とは区別するべきであろう。

上述のように元代には社制が施行され、社長が勧農や教化とともに、婚姻・田宅・債負などの紛争を「理を以って諭解」することが認められていたが、社長の職掌はあくまで民事的紛争の任意的な調停に止められていた。『教民榜文』によって、これらの訴訟の大部分が老人や里長に委ねられたのであり、里甲・糧長制による税糧の科派・徴収・運搬とあわせて、地方官（特に州県官）による、裁判（刑名）・徴税（銭穀）行政の相当部分は郷村組織の手に移され、地方官治が直接郷村に作用する機会はかなり減少したといえよう。

第六節　明初徽州郷村社会と老人制

至正十七（龍鳳三）年、徽州を攻略した朱元璋は、長江中・下流域に支配を拡大するとともに、徽州府（一時興安府と改称）では翌至正十八（龍鳳四）年、および至正二十三年から二十四年（龍鳳九・十年）にかけて田土調査を実施して魚鱗図冊を編造し、その何冊かは現存している。明朝の成立後は、徽州府は中書省、のち直隷に属し、洪武三（一三七〇）年には里社・郷厲壇が設置され、翌四（一三七一）年には戸口調査を行って戸帖を給し、八年には申明・旌善亭と社学が設けられ、十四年には賦役黄冊が攢造され里甲制が完成するなど、郷村統治体制が整えられてゆく(112)。

洪武十四年までに魚鱗図冊と賦役黄冊が整備され、里甲・糧長制による税糧徴収・運搬が確立したのに対し、老人制の導入以前における、郷村の秩序維持や紛争処理の実態はよく判らない。現時点で筆者が確認したかぎり、明代徽州における紛争処理の実態を示すもっとも早い文書史料は、安徽省博物館所蔵の、洪武六（一三七三）年、祁門県十都の謝允暢・謝超然が立てた合同文書である(113)。

十都謝允暢・超然、同兄翊先、原有祖産山壱片、坐落本保、土名呉坑・楓林塢、経理唐字一千九伯八十六号。……其山分法不明、致使両下争競。今憑族衆平議、立写清白文書、将前項山地均分、人各壱半。其山経理、在謝允暢・超然二戸、候後自実之日、謝翊先該壱半合経理山肆畝、謝允暢・超然分該壱半合経理山肆畝。自立文書之後、各自照依分数、砍斫杉木、収苗管業為主。両下不許審（翻?）悔争競。如先悔者、甘罰花銀弐両、与不悔人用、仍依此文為使。今恐無憑、立此清白合同文書為照者。

洪武六年癸丑年冬十月廿三日　謝超然（押）　謝開先（押）

見議族人　謝仕栄（押）　謝景純（押）

王源の謝允暢・超然は、族兄の謝翊先と祖先伝来の呉坑・楓林塢の山地を管業していたが、その分割が明確でなく境界争いが生じたため、謝氏の「族衆は平議し、清白文書を立て、前項の山地を均分」することにした。「その山の経理は、謝允暢・超然の二戸に在り」というのは、魚鱗冊上でこの山地が允暢・超然の二戸の名義となっていることを指し、後日あらためて申告し、山地の名義を允暢・超然と翊先が均等分割する、というのである。ここでは祖産の分割をめぐって同族内部で発生した紛争が、族衆の合議によって解決されているが、同時に在地の土地所有を確定し紛争を防ぐうえで、魚鱗冊が重要な役割を果たしていたことも認められよう。

さて洪武十年代末には耆宿制が施行され「里中の是非を質正」した訳であるが、耆宿による紛争処理の実態は明らかではない。耆宿制の廃止後、洪武二十二年からは、各里の老人に朝廷の政治を参観させる「来朝観政」が行われるが、徽州からも多くの老人が京師に赴いたようである。休寧県の范山は、「理義に明るく五倫に敦く……人に患難有らば必ず力を竭してこれを拯《すく》い」、「邑侯は歯徳を以って三老に推し、洪武庚午夏、高皇帝の旨を奉じ、宣諭を取聴して耆老と偕に京師に朝す」と、知県から老人に推挙され、洪武二十三年に京師に赴いて太祖の宣諭を聴いたが、帰途に江寧県で病没したという[114]。同県の汪輝も、「洪武初、年高を以って召されて闕に赴き、民間の疾苦を面詢せられ、宴賞を恩賜されて帰る」と、太祖に謁見して民情を問われた[115]。やはり同県の金譯も、洪武二十三年に「老人を以って召見され、県丞を授かるも、疾を以って辞す」と、朝観後に官職を授かったが辞去したという[116]。一方で実際に任官した老人もあり、歙県の老人胡伯順は洪武二十四年に老人から監察御史となり、同県の老人江子任も老人から知県に任じられている[117]。

ついで洪武二十七年四月には、民間の老人に「その郷の詞訟を理めしめ」、これに『教民榜』を給した訳であるが、従来はそれ以前の老人が在地で紛争処理を行っていたか否かは不明とされ、一般には洪武二十七年に、はじめて老人に「裁判権が付与」されたと見なされていた。しかし歙県渓南の呉氏が、壟塘山に所有していた始祖光公の墳墓をめぐっては、洪武二十年代における次のような紛争の経過が伝えられている。

洪武二十一年、十五都の汪学に、公の墓後に墳二穴を盗葬せらる。裔孫呉秀民等は、十五都の耆老呉原傑に具投し、本里の胡太寿と会同して、山に到りて勘明す。汪学は情虧《か》け、即ちに墳を挙げて改正し、復た文書を立てて、再び侵害するを致さざらしむ。……洪武二十六年三月の間、又た汪学に、明らかに継妣の墳の後に在りて一穴を盗葬せらる。当即に告明し、督令して改正し明白ならしむ。[118]

洪武二十一年、呉氏の墳墓が十五都の汪学に盗葬されたのに対し、呉氏は十五都の「耆老」呉原傑に「具投」し、会同して墳山を実地検証した結果、汪学は盗葬を認め、呉氏は墳墓を回復したという。洪武二十一年は、まさしく耆宿制が廃止された年に当たり、十五都の「耆老」への具投が耆宿が廃止された八月以前のことであれば、この「耆老」は耆宿を指す可能性もある。しかし前節で述べたように、洪武十年代末から郷村には耆宿と併存して老人（耆老）も置かれ、耆宿制の廃止後も存続したと推定されるので、上記史料の「耆老」も、その老人を指すと考えることもできるだろう。

他のいくつかの伝記的史料も、洪武年間の徽州で老人による紛争処理が行われていたことを伝える。まず休寧県の鮑仲斌は、「洪武辛未、朝廷は老人を宣召し、仲斌は年高有徳を以って、推挙されて京に赴き、宴賚されて帰る。閭里に不平なる者有らば、これを質して咸なその直を得さしむ」とあり、洪武二十四年に老人として京師で「来朝観政」し、帰郷後は在地の紛争解決に務めたという。彼は洪武三十一年にも、『御製大誥』を講読する学徒を率いて京師に赴き、礼部で試験を受け恩賜を受けて帰郷している。[119] 同様に婺源県の張宗誼も、「国初耆老を挙げて、京師に上りて大誥を背《そらん》ぜしむに、公は旨に称《かな》い、御勅を受けて帰る。聴断するには務めて公直を秉り、郷評は信服す」と、やはり老人として京師に赴き『大誥』を背誦し、郷里でも公正に紛争を処断し信服を得たという。(120) さらに明初休寧県の汪真も、「老人に充てられ、片言もて折獄し、一郷はこれを徳と」したとされるが、彼は洪武三十一年に事に坐して充軍に処されており、老人としての事績はその以前にあたる。(121) 同じく休寧県の葉高原について、「国初耆老に挙げられ、事に処すること公平、両相輸服し、後言有る無し」(122) とあるのも、洪武年間における老人の紛争処理を示すものであろう。このような老人による紛争解決が、洪武二十七年以降の数年間にのみ行われたとは考えられない。洪武二十年代初頭から、老人は元代の社長と同じように、ひろく郷村の日常的紛争を調停していたのであり、二十七年四月にいたって、明朝は老人に対し、任意的な紛争調停に止まらず、小事の訴訟を排他的に管轄する権利と義務を与えたと考えるべきであろう。

さらに徽州では、洪武三十一年の『教民榜文』頒行以前から、老人が紛争処理以外にもさまざまな職責を担っていたことが確認される。たとえば婺源県の鮑叔用の妻俞氏は、夫の死後も五十年間義父母に孝養を尽くしたため、洪武十五年に「邑の耆老趙文右等は実を具して県に聞し」、朝廷に奏聞のうえ俞氏は旌表を受けている。反対に績渓県の許徳仁の妻余氏は、やはり夫の死後に遺児の許中らを育て、同里の高某からの求婚も拒絶したが、洪武十九年に「詔例もて、民を病《そこ》なう者有らば、悉くこれを去《のぞ》かしむ。高は耆民為り、遂に（許）中を誣し、例を以って遐荒に竄せらる」と、耆民となった高某により、遺児は誣告され化外に流されることになった。このため余氏は京師に直訴し、法司での審問により高某の誣告が判明したという。(123)

また洪武年間に績渓知県となった蔡美は、「城南に田千余畝有るも、旱《ひでり》には則ち穫無し。美は耆老を召して水源を相い視て、上三里の乳渓口に堨を築きて渠を鑿《うが》ち、水を引きて田に灌《そそ》ぎ、遂に常稔を得さしむ」と、耆老とともに水利計画を立て、千畝余りの田を灌漑した。[124] さらに洪武十七年に休寧知県となった周徳成は、二度にわたって罪を得て京師に連行されたが、そのたびに県の耆民たちが朝廷に免罪を願い出て赦しを得ており、[125] 二十三年に休寧県丞となった甘鏞、二十七年に知県となった劉紹先も、やはり事件に連座して逮捕されたが、やはり耆民たちが朝廷に免罪を願い出て復職を許されている。[126] こうした「耆老」や「耆民」は、ひろく徳望ある高年者を指すこともあろうが、その場合も各里の老人がもっとも中心的な役割を担ったであろう。

このように洪武年間の徽州では、老人が紛争処理をはじめ、節婦の表彰などの教化や、悪行者の告発などの秩序維持にも当たり、水利計画の策定に加わり、朝廷に地方官の免罪も請願していた。また前節で述べたように、逃亡兵や脱走囚の捕捉や、里内外に出入りする人物の監視などの治安維持も老人の責務であった。これらの職掌はおおむね元代の社長と重なり、最終的には洪武三十一年の『教民榜文』において明確に規定されている。里甲制による税糧徴収システムは洪武十四年までにほぼ完成したのに対し、老人制による紛争処理・教化・治安・秩序維持などは、そのころから元代の社制に倣うようにしだいに導入され、太祖の治世の最後にいたって完成を見たといえよう。

こうして成立した明代の老人制は、一般に伝統的な農村の秩序維持能力を基盤として、在地地主層によって担われたと理解されてきたが、その実態を具体的に示す史料はきわめて乏しかった。しかし明代徽州の伝記的史料には、老人の社会的性格を示すものも少なくない。まず明初における老人の一つの類型として、婺源県の許溥化があげられよう。

公、諱は溥化、字は次誠。……壮なるに及ぶに、元の綱は解紐し、疆宇は瓜分するに値る。遂に義師を率いて郷閭を保障し、続いて省檄を奉じて、屯兵を領するを命じらる。戊戌冬、太祖皇帝は院判鄧愈を遣わして、徽を取りて邑に抵り、公は乃ち衆を率いて帰附す。……尤も善を楽しみ義を好み、以って貧乏に資して葬娶を助く。里中の橋道を整輯し、私田を割きて資と為し、義祠を建てて、以って族の祀なき者を祭る。……洪武壬申、老人を以って詔に応じ、宣諭を面聴して回り、堰塘を挑《うが》つを督するを奉じ、官民は咸な悦ぶ……[127]。

すなわち彼は元末の混乱期に紅巾軍に対抗し、義兵集団を率いて郷里を守り、元朝の駐屯軍も領したが、朱元璋が徽州を攻略した際にこれに帰順した。のちには郷里にあって貧者を扶助し、橋道を整備し、私産を割いて宗族のために義祠を建てたといい、まさしく檀上寛氏が述べる「郷村維持型富民」にあたる。洪武二十五（一三九二）年には老人として京師に赴き、太祖の宣諭を聴いて帰り、朝廷の命を奉じて水利開発を監督したという。

またすでに紹介した明初徽州の老人たちの多くも、在地の地主や富民であった。休寧県の汪真の父は「国初清丈するに、僉業すること多きに居る」という元末以来の有力地主であった。同県の葉高原も、「徳性温雅にして、克く先業を守」ったといわれ、在地の地主層であったことを窺わせる。また歙県の人呉祖蔭は、洪武年間に老人に挙げられ、朝覲のため京師に赴いたが、のち永楽年間には糧長として京師への運糧に営たっており、有力な富民であったことは疑いない[128]。

さらに上述の老人たちの中には、在野の読書人たる「処士」も含まれている。休寧県の鮑仲斌は、

性は誠実にして、貌は質樸。家は貧しくも学を嗜《この》み、隠居して教授し、硯を田とし筆を耒とするも、伏臘に給する弗し。洪孺人はこれを輔くるに勤倹を以ってし、仲斌は貧に安んじ道を楽しみ、恬静に甘んじて、介然としてその守を易えず。……。

とあるように、富裕な地主ではなく、郷里にあって教授によって生計を立てる、いわゆる「郷先生」であった。彼は洪武二七年に老人として京師に召され、太祖の謁見を受けて帰郷している。また同県の金譯も、「性は敏にして学を好み」、著作を残したという。このように明初の老人には、宋元時代の「長者」の流れを引く徳望ある富民とともに、

「処士」層もが含まれたが、歙県の呉祖蔭について「吟詠を善くし、著に拙筆稿有り」とあるように、両者はしばしば重なりあう関係にあった。

こうした老人の社会的性格は、永楽年間以降にも認められる。たとえば歙県の呉賢奴は、南唐以来の「巨室」の出身であったが、老人として糧長による郷里への圧迫を摘発したという。[129] 黟県の王張栄も、その高祖の世代に「城内に重租の負郭の田六百余畝を分け」たという素封家の生まれであり、老人に任じられ「貲を捐じて解忿」したと伝えられる。[130] また明代中期頃の休寧県の老人金奇傑は、「世よ邑南に居して、巨室為り。……君に至りて産は益ます拓け、族は益ます華にして、巋然として一邑の老成人たり」とあるように、県内有数の在地地主であり、[131] 明代後期頃の歙県の老人淩玄慶も、やはり「貲を累ねること鉅万にして、宗族に賑贍し、恵みを郷閭に加う」という富裕な名望家であったという。[132] さらに読書人的な傾向が強い例として、婺源県の張操は、のちに給事中となった張資敬に就いて学んだ「処士」であったが、永楽—宣徳年間に老人となり、「人はその化に服し、判に従うこと流れるが如」くであったという。[133]

このような伝記的史料は、ただちに当時の老人の実態を示すものではなく、むしろその規範像を示すものといえよう。しかしたとえば第三章で紹介する、宣徳年間に祁門県十西都の老人であった謝尹奮は、現存する文書史料から、山地を開墾して山林経営を行う在地の経営地主であったことがわかる。明代前半期の徽州では、おそらく実際に老人の多くは有力宗族に属する地主・富民層の出身であり、また宋元以来の朱子学の浸透を背景として、読書人的教養をもつものも含まれたことは確かであろう。ただし明代の徽州においても、郷村社会の紛争処理は老人制下に一元化されていたわけではない。代表的な例として、明代中期の祁門県の程新春は、「資産は一郷に甲たり」という素封家であったが、やはり郷里の紛争処理に務め、訴訟を起こそうとする者があれば、人々は「何事ぞ有司を労わさんや、翁の一言を得ば、則ち是非曲直は帰する所有らん」と諌めたという。[134] 明代徽州の伝記的史料には、こうした「排難解紛」の事績が、むしろ枚挙にいとまなく現れる。次章において詳しく論じるように、老人制下の紛争処理は、広く同族や近隣による調停とあい補い、さらには訴訟の実地検証や和解調停をも通じて、郷村社会における紛争処理の枠組みの、いわば結節点としての役割を果たしていたのである。

小　結

唐末以降、徽州では外地からの移民の流入にともない開墾や水利開発が急速に進み、南宋期までに限られた土地資源を労働集約と山林産品の商品化によって補う、山区型の地域開発がほぼ完了した。それにもかかわらず、土地に対する人口圧の増加は、五代以来といわれる高率の賦税負担とあいまって、限られた農業資源をめぐる地域内競争を激化させた。宋代以降の徽州における同族組織の発達は、族人の結集と協力を通じて、このような不利な環境に対応する意味を持つものであった。[135] さらに南宋以来の社会不安、とくに元末の紅巾軍の侵入に伴う秩序の壊乱と官治の無力化に対し、人々は同族や村落の有力者を通じて結集し、郷村防衛と秩序の維持を図った。こうした過程で郷村部には、同族組織を中心として緊密な社会関係が形成され、これが里甲制・老人制の施行される社会的基盤を用意したのである。

最近青木敦氏は、宋代の江西・湖南東部、および徽州を含む江東西部における「健訟」の背景を、フロンティアへの入植と人口増という観点から論じている。唐末から宋代にかけて、この地域では移民の流入と開墾が急速に進むが、耕地に対する人口過剰や土地取引の活発化は土地争いを激化させ、くわえて移民社会特有の不安定で競争的な秩序構造のなかで、人々が訴訟にかけるコストは増大し、「健訟」風潮や「訟学」の発達をもたらしたという[136]。

北宋期の徽州（当時は歙州）ではすでに、「民は律令を習い、性として訟を喜ぶ。家家には自ら簿書を為り、凡そ人の陰私を毫髪も聞かば、坐起・語言・日時、皆なこれを記し、訟有らば則ち取りて以って証とす[137]」と、日ごろから他人の言動を帳簿に書き留め、訴訟の時の証拠に備えるといった、きわめて競争的で紛争に満ちた社会が出現していた。しかし地方官治の行政・裁判機構の規模は、社会経済の拡大や複雑化、競争や紛争の激化に応じて拡大せず、絶えず流動する土地や人口を把握しうる土地・戸口台帳も完備していなかった。地方官治が直接的に郷村部の紛争処理や秩序維持を果たすことは難しく、徽州では宋元期を通じて、「長者」や「処士」などの在地有力者や名望家による、自生的な調停や善挙が展開されてゆく。しかしそれは同時に、胥吏などと結んだ「豪民」層の、「武断郷里」や「把持官府」とも表裏していたのである。

朱元璋は明朝の成立以前から、徽州などで魚鱗冊を編造し、洪武十四年には賦役黄冊に基づき里甲制を全国的に施行し、土地と戸口をかなり確実に把握して徴税を郷村組織に委ねた。洪武十年代後半からは、地方官吏や豪民層に対する苛烈な粛正と弾圧が行われるなか、「長者」や「処士」など、伝統的な「父老」層の役割を制度化した「耆宿」や「老人」制が整備され、地方官吏の不正を摘発する権限も与えられた。元末の戦乱を経て、明初の人口はかなり減少していたが、その人口の移動も強く統制され、里内外に出入りする人物を監視するのも老人の職責であった。明朝は土地と戸口の確実な把握に基づき、不安定で競争的な郷村社会を、里を中心とする固定的で完結した秩序に再編しようとしたといえよう。そして洪武二十七年には戸婚・田宅などの訴訟処理をも老人に委ね、三十一年の『教民榜文』によって、明初の郷村秩序構想はひとまず完成を見たのである。

註

（1）従来日本の研究では、もっぱら「里老人」・「里老人制」という呼称が用いられてきた。しかし明代の史料においては一般に「老人」の名称が用いられており、史料上に「里老人」という呼称が現れることはない。また明代史料に頻出する「里老」も、一般的には「里の老人」ではなく、「里長と老人」を意味する。したがって「里老人」の語は史料用語としては不適切であり、本稿ではすべて「老人」という呼称を用いる。詳しくは拙稿「明代の訴訟制度と老人制——越訴問題と懲罰権をめぐって——」（『中国——社会と文化』一五号、二〇〇〇年）一三六頁、一五三～五四頁を参照。

（2）滋賀秀三「刑案に現れた宗族の私的制裁としての殺害——国法のそれへの対処——」（初出一九七〇年、『清代中国の法と裁判』創文社、一九八四年所収）一〇一頁。

（3）松本善海「中国地方自治発達史」第二編第二章「明朝」（初出一九三九年、『中国村落制度の史的研究』岩波書店、一九七七年所収）、同「明代における里制の創立」（初出一九四一年、前掲『中国村落制度の史的研究』所収）。

（4）清水盛光『支那社会の研究——社会学的考察——』（岩波書店、一九三九年）第三編第二章「支那に於ける村落の自治」、『中国郷村社会論』（岩波書店、一九五一年）第一編第三章第二節「教化を中心としたる共同生活の規制——明の里制」。

（5）小畑龍雄「明代極初の老人制」（『山口大学文学会誌』創刊号、一九五〇年）、「明代郷村の教化と裁判——申明亭を中心として——」（『東洋史研究』一一巻五・六号、一九五二年）。

（6）栗林宣夫「明代老人考」（東京教育大学東洋史研究室編『東洋史学論集』三、不昧堂書店、一九五四年）、『里甲制の研究』（文理書院、一九七二年）。

（7）細野浩二「里老人と衆老人——『教民榜文』の理解に関連して——」（『史学雑誌』七八編七号、一九六九年）、同「耆宿制から里老人制へ——太祖の『方巾御史』創出をめぐって——」（『中山八郎教授頌寿記念明清史論叢』燎原書店、一九七七年）。

（8）前迫勝昭「明初の耆宿に関する一考察」（『山根幸夫教授退休記念明代史論叢』上巻、汲古書院、一九九〇年）。

（9）奥村郁三「中国における官僚制と自治の接点——裁判権を中心として——」（『法制史研究』一九、一九六九年）。

（10）三木聰「明代里老人制の再検討」（『海南史学』三〇号、一九九二年）。

（11）『史滴』一五号、一九九四年。

（12）井上徹（書評）「三木聰『明代里老人制の再検討』・中島楽章『明代中期の老人制と郷村裁判』」（『法制史研究』四四、一九九四年）。

（13）山田賢「一九九四年の歴史学会——回顧と展望——（明・清）」（『史学雑誌』一〇四編五号、一九九五年）。

（14）伊藤正彦「明代里老人制理解への提言——村落自治論・地主権力論をめぐって——」（足立啓二編『東アジアにおける社会・文化構造の異化過程に関する研究』科研費研究成果報告書、一九九六年）。なお伊藤氏は筆者の研究もまた「村落自治論」を継承したものであるとするが、筆者は一連の論考において「村落自治」や「村落共同体」などの概念を用いたことはなく、この点に関しては伊藤氏の見解は認めがたい。

（15）註（1）前掲拙稿。

（16）趙中男「試論明代的〝老人〟制度」（『東北師大学報』［哲学社会科学版］一九八七年三期）、余興安「明代里老制度考述」（『社会科学輯刊』一九八八年二期）、王興亜「明代実施老人制度的利与弊」（『鄭州大学学報』［哲学社会科学版］一九九三年二期）。

（17）韓秀桃「《教民榜文》所見明初基層里老人理訟制度」（『法学研究』二〇〇〇年三期）。

（18）George Jer-lang Chang, "The Village Elder System of the Early Ming Dynasty," *Ming Studies*, 7, 1978.

（19）Edward L.Farmer, *Zhu Yuanzhang and Early Ming Legislation: The Reordering of Chinese Society following the Era of Mongol Rule*, E.J.Brill, 1995, Appendix 3, "*The Placard of People's Instructions*".

（20）たとえば『岩波講座世界歴史11　中央ユーラシアの統合』（岩波書店、一九九七年）所収の、中砂明徳「江南史の水脈」と、檀上寛「初期明帝国体制論」は、それぞれ社会史・政治史の立場から、元・明間の連続性を強調する。

（21）陳高華「元末浙東地主与朱元璋」（初出一九六三年、『元史研究論稿』中華書局、一九九一年所収）。

（22）濱島敦俊『明代江南農村社会の研究』（東京大学出版会、一九八二年）二五〜三七頁。なお濱島氏は、このような思想的基盤を生み出したものとして、浙東に加え、「徽州等の地主をも含めてよいであろう」と述べている（同書二五頁）。

（23）檀上寛「元・明交替の理念と現実——義門鄭氏を手掛りとして——」（初出一九八二年、『明朝専制支配の史的構造』汲古書院、一九九五年所収）、同「『鄭氏規範』の世界——明朝権力と富民層——」（初出一九八三年、前掲書所収）など。

（24）井上徹「明朝の『里』制について——森正夫著『明代江南土地制度の研究』に寄せて——」（『名古屋大学東洋史研究報告』一五、一九九〇年）。

（25）伊藤正彦「〝義役〟——南宋期における社会的結合の一形態——」（『史林』七五巻五号、一九九二年）、同「元代江南社会における義役・助役法とその歴史的帰結——糧長・里甲制体制成立の一側面——」（『名古屋大学東洋史研究報告』一七、一九九三年）。

（26）伊藤正彦「元代勧農文小考——元代江南における勧農の基調とその歴史的位置——」（『（熊本大学）文学部論叢』四九号、一九九五年）、同「元末一地方政治改革案——明初地方政治改革の先駆——」（『東洋史研究』五六巻一号、一九九七年）。

（27）上田信『伝統中国——〈盆地〉〈宗族〉にみる明清時代——』（講談社［選書メチエ］、一九九五年）。

（28）John W. Dardess, *Confusianism and Autocracy: Professional Elites in the Founding of the Ming Dynasty*, University of California Press, 1982. なお本書全体の内容については、檀上寛「明初建文朝の歴史的位置」（初出一九九二年、前掲『明朝専制支配の史的構造』所収）四一七〜二〇頁に詳しい紹介がある。

（29）John D.Langlois, "Political Thought in Chin-hua under Mongol Rule," in *China under Mongol Rule*, Prinston U.P., 1981.

（30）宋代以降の徽州の地域開発と同族組織の発達については、斯波義信「宋代の徽州」（初出一九七二年、『宋代江南経済史の研究』汲古書院、一九八八年所収）、Harriet T. Zurndorfer, *Change and Continuity in Chinese Local History: the Development of Hui-chou Prefecture, 800 to 1800*, E.J. Brill, 1989. 小松恵子「宋代以降の徽州地域発達と宗族社会」

（『史学研究』二〇一号、一九九三年）などを参照。

（31）宋代の江南東西路の地域開発における「義門」の役割については、佐竹靖彦「唐宋変革期の江南東西路の土地所有と土地政策――義門の成長を手がかりに――」（初出一九七三年、『唐宋変革期の地域的研究』同朋舎、一九九〇年所収）を参照。またとくに宋代徽州における義門と累世同居については、小松前掲「宋代以降の徽州地域発達と宗族社会」二四～二七頁に詳しい。

（32）淳熙『新安志』巻八、義民。

（33）弘治『徽州府志』巻九、人物三、孝友、宋。

（34）程洵『尊徳性斎小集』（『知不足斎叢書』所収）巻三、「鍾山先生行状」。

（35）王烈（字は彦方）は後漢、太原の人。義を以って称され、人々は争訟があればまず彼に質したという（『後漢書』巻八一、独行列伝）。

（36）方岳『秋崖集』巻三十六、記、「方長者祠堂記」。なお以降本稿で引用した文集は、特に注記しないかぎり『四庫全書』本による。

（37）弘治『徽州府志』巻九、人物三、隠逸、元。『新安文献志』巻八十九、行実、遺逸、「処士黄公孝則行状」（趙若悍撰）。

（38）陳櫟『定宇集』巻九、「傅巖処士汪公孺人呉氏墓誌銘」。

（39）陳智超「南宋二十戸豪横的分析」（『宋史研究論文集』浙江人民出版社、一九八七年）、梅原郁「宋代の形勢と官戸」（『東方学報』六〇冊、一九八八年）。

（40）王炎『雙溪類藁』巻二十四、序、「送洪宰序」。

（41）『茗洲呉氏家記』（明末抄本）巻六、家伝記。

（42）弘治『徽州府志』巻一、地理一、建置沿革・万暦『休寧県志』巻一、輿地志、沿革・『休寧范氏族譜』巻七、譜表など。

（43）汪克寛『環谷集』巻八、伝、「鄭長者伝」。

（44）程敏政編『新安文献志』巻九十二下、行実、世徳、「呉処士伯岡墓誌銘」（解縉撰）。
（45）『新安文献志』巻八十九、行実、遺逸、「洪府君味卿墓誌銘」（程文撰）。
（46）谷川道雄「六朝名望家社会の理念的構造」（『中国中世の探求　歴史と人間』日本エディタースクール出版部、一九八七年）。
（47）柳田節子「宋代の父老――宋朝専制権力の農民支配に関連して――」（『東洋学報』八一巻三号、一九九九年）。
（48）『元史』巻一八五、列伝第七十二、干文伝。
（49）弘治『徽州府志』巻四、職制、名宦、元。
（50）鄭玉『師山集』巻六、碑、「休寧県達嚕噶斉額森托音公去思碑」。
（51）危素『危太僕集』巻二、記、「休寧県尹唐君覈田記」。
（52）唐元『筠軒集』巻十三、雑文、「本路勧農文」。
（53）このような「父老」による教化・勧農や紛争処理を説くものは、南宋期の「勧農文」にも多い。宮澤知之「南宋勧農論――農民支配のイデオロギー――」（中国史研究会編『中国史像の再構成――国家と農民』文理閣、一九八三年）を参照。
（54）元代・明初の勧農文の検討を通じて、その内容が抽象化・定型化され、「六論」へと結実してゆく歴史的帰結を明らかにした論考として、伊藤前掲「元代勧農文小考」があり、上述の唐元の勧農文も紹介されている。
（55）元代の社制については、井ノ崎隆興「元代『社制』の政治的考察」（『東洋史研究』一五巻一号、一九五六年）、楊訥「元代農村社制研究」（『歴史研究』一九六五年四期）、拙稿「元代社制の成立と展開」（『九州大学東洋史論集』二九号、二〇〇一年）、および拙稿一四一頁、註（5）～（11）所掲の諸論考を参照。
（56）『元典章』巻二十三、戸部九、農桑、立社、「勧農立社事理」。
（57）『元典章』巻五十三、刑部十五、聴訟、「至元新格」・『通制条格』巻十六、田令、理民、「至元新格」。
（58）弘治『徽州府志』巻四、職制、名宦、元。
（59）『契約文書』一巻一四頁所収。この文書は、陳柯雲「明清山林苗木経営初探」（『平準学刊』四輯上冊、一九八九年）一四七

頁・一六二頁注（40）にも紹介されている。

（60）『契約文書』一巻一一頁所収。

（61）注（42）所掲の諸史料。紅巾軍の徽州侵攻と、これに対抗した義兵集団については、陳高華「元末農民起義中南方漢族地主的政治動向――兼談元末的階級矛盾和民族矛盾」（初出一九六四年、前掲『元史研究論稿』所収）を参照。

（62）趙汸『東山存稿』巻五、文、「克復休寧県碑」。

（63）舒頔『貞素斎集』巻一、記、「蔓青楼記」。

（64）陳高華前掲「元末農民起義中南方漢族地主的政治動向」二七四頁。

（65）『太祖実録』丁酉（至正十七）年七月・九月。

（66）『太祖実録』戊戌（至正十八）年十二月庚辰の条。

（67）John W. Dardess, *Confusianism and Autocracy*, pp.122-23.

（68）馬淵昌也「元・明初性理学の一側面――朱子学の瀰漫と孫作の思想――」（『中国哲学研究』四号、一九九二年）。

（69）趙汸『東山存稿』巻四、「商山書院学田記」。馬淵前掲論文七三頁参照。

（70）鄭玉『師山遺文』巻一、序、「荊山郷飲酒序」、同『師山集』巻八、「鮑仲安墓表」など。

（71）欒成顕（鶴見尚弘訳）「朱元璋によって攢造せられた竜鳳期魚鱗冊について」（『東洋学報』七〇巻一・二号、一九八九年）、同「徽州府祁門県龍鳳経理魚鱗冊考」（『中国史研究』一九九四年二期）、鶴見尚弘「元末・明初の魚鱗冊」（『山根幸夫教授退休記念明代史論叢』下巻、汲古書院、一九九〇年）。

（72）『大明令』戸令、「凡各処解納一応官物、……凡遇解物、応合差夫并撥船隻、験物多寡、書填名数差遣、並不差撥原納物里長・人戸送納……」。同書刑令、「凡江南府分里長犯贓、罪至徒者、除湖広行省所轄府分、及九江・南康・池州等府、依律徒役外、其余去処里長、依律断訖、将本人見種田土没官、連同居共爨家小、遷徙江北地面住坐……」。

（73）鶴見尚弘「明代における郷村支配」（『岩波講座世界歴史12　東アジア世界の展開Ⅱ』岩波書店、一九七一年）、六八～七二頁。
(74)『太祖実録』洪武五年二月「是月」の条。松本前掲「明代における里制の創立」四六一頁などを参照。
(75) 郷飲酒礼については『太祖実録』五年四月戊戌条、社学については八年一月丁亥条。松本前掲「明代における里制の創立」四六〇～〇一頁参照。里社・郷厲壇の設置については、栗林宣夫『里甲制の研究』(文理書院、一九七一年) 五～七頁参照。
(76) 松本前掲「明代における里制の創立」四六二～六三頁。
(77) 明初の耆宿制、および耆宿制廃止以降の老人制の成立過程については、松本前掲「明代における里制の成立」、小畑前掲「明代極初の老人制」、栗林前掲『里甲制の研究』五六～五九頁、細野前掲「耆宿制から里老人制へ」、前迫前掲「明初の耆宿に関する一考察」、三木前掲「明代里老人制の再検討」二～五頁、などの研究がある。
(78)『太祖実録』洪武二十一年十月壬午の条。
(79)『御制大誥』「民陳有司賢否」第三十六、「耆民奏有司善悪」第四十五。
(80)『御製大誥続編』「阻当耆民赴京」第六十七、『御製大誥三編』「臣民倚法為姦」第一、「進士監生不悛」第二、「妄挙有司」第十四、「民拿害民該吏」第三十四など。
(81)『御製大誥三編』「有司逼民奏保」第三十三。
(82)『御製大誥三編』「県官求免於民」第十七。
(83)『御製大誥続編』「逃軍」第七十一。
(84)『御製大誥続編』「民拿経該不解物」第五十五。
(85) 何広『律解辯疑』巻四、戸律、「禁革主保里長」条。『中国珍稀法律典籍集成』乙編第一冊(科学出版社、一九九四年)二九九頁。
(86) 崇禎『松江府志』巻五十七、志余、遺事。
(87) 崇禎『烏程県志』巻五、人物、徴辟。

(88) なお栗林宣夫氏は、正徳『大明会典』巻十九、戸部四、農桑に、「(洪武)二十一年令、河南・山東農民中、有等懶惰不肯勤務農業、朝廷已嘗差人督併耕種。今出号令、此後止是該里分老人勧督。……」とあるのを引いて、耆宿廃止の前から、耕種督責の責任を持つ老人が置かれ、耆宿廃止後も存続したのではないかと述べるが(前掲『里甲制の研究』五七頁)、この一文は洪武三十一年に頒行された『教民榜文』の第二十四条を、会典が誤って二十一年として引用したものであり、耆宿と老人が併存した論拠とはならない。

(89) 小畑前掲「明代極初の老人制」六五～六八頁、栗林前掲『里甲制の研究』五八～五九頁。

(90) 『太祖実録』洪武二十二年十一月癸未の条。

(91) 『太祖実録』洪武二十六年正月戊申の条。

(92) 『太祖実録』洪武二十三年六月庚寅、十一月癸丑、十二月「是歳」の条。

(93) 郎瑛『七修類稿』巻九、国事類、「毛老人」。

(94) 『太祖実録』洪武二十六年正月戊申の条。

(95) 星斌夫「明代の預備倉と社倉」(初出一九五九年、『明代漕運の研究』日本学術振興会、一九六三年所収)。

(96) 『太祖実録』洪武二十三年五月壬子の条。また万暦『吉安府志』巻一、郡紀、洪武二十三年の条も参照。

(97) 『太祖実録』洪武二十四年八月壬午の条。

(98) 『太祖実録』洪武二十五年五月壬辰の条。

(99) 徐学聚『国朝典彙』巻九九、戸部十三、救荒、洪武二十六年の条。また成化『杭州府志』巻三十二、恤政、預備倉も参照。

(100) 正徳『大明会典』巻二十一、戸部六、攅造黄冊、「(洪武)二十四年奏准攅造黄冊格式」。

(101) 『諸司職掌』巻五、兵部職掌、関津、「断発逃軍囚徒」。

(102) 『諸司職掌』巻三、戸部職掌、戸口、「読法」。

(103) 『南京刑部志』巻三、祥刑編、掲榜示以昭大法、「洪武二十七年三月初二日為強賊劫殺人民事」。

(104)『節行事例』(『皇明制書』所収)、「新官到任儀注」。

(105)洪武二十三年三月に申定された官民の服飾でも、耆民・儒士・生員には文官と同様の服制が認められ、その他の庶民とは区別されている(『太祖実録』洪武二十三年三月乙丑の条)。

(106)『太祖実録』洪武二十七年四月壬午の条。

(107)『太祖実録』洪武三十年九月辛亥の条。

(108)『教民榜文』冒頭の太祖の聖旨。『教民榜文』頒行の年月日については、松本前掲「明代における里制の創立」四六七頁、四六九頁注(12)、および『国榷』巻十、洪武三十一年三月丙寅の条を参照。

(109)従来の研究では、顧炎武『日知録集釈』巻八、「郷亭之職」の記述に基づき、老人里甲を経ず地方官に提訴することを「越訴」であるとみなしていたが、不適切である。前掲拙稿「明代の訴訟制度と老人制」一三九～一四二頁参照。

(110)老人の懲罰権について詳しくは、前掲「明代の訴訟制度と老人制」一四六～一五一頁参照。

(111)なお『教民榜文』に規定された老人の定数などについては、研究者のあいだで理解が分かれている。松本善海氏(前掲「中国地方自治発達史・明朝」)や小畑龍雄氏(前掲「明代郷村の教化と裁判」)は、「里老人」一名のほか、三名から十名の補佐的な老人が置かれたとするが、清水盛光氏は、老人は各里に三名から十名であったとする(前掲『中国郷村社会論』)。また細野浩二氏は三名から十名の「里老人」のほか、さらに何人かの補佐的な老人が置かれ、他に複数里の里老人の集団である「衆老人」が特殊な案件を審理したと述べる(前掲「里老人と衆老人」)。これに対しG・ファーマー氏は、里ごとに三名から十名の老人のほか、補佐的な老人は置かれず、また「衆老人」は里ごとの老人たちの総称と解している(前掲 *"Placard of People's Instructions"*)。本稿ではひとまずファーマー氏の解釈に従うことにしたい。

(112)注(42)所掲の諸史料。

(113)安徽省博物館蔵「明洪武合同文書(之二)」(蔵号二：一六七六七)。

(114)『休寧范氏族譜』巻八、譜伝、中支博村族。

(115)『新安休寧名族志』巻二、西街汪氏。
(116)弘治『休寧志』巻十三、人物六、遺逸、国朝。
(117)弘治『徽州府志』巻六、選挙、薦辟、国朝。
(118)『歙西渓南呉氏先塋志』唐始祖光公（璽塘山）の項。
(119)唐文鳳『梧岡集』巻六、記、「孝思堂記」。
(120)『甲道張氏宗譜』巻三十七、歴代譜紀。
(121)『新安休寧名族志』巻二、曹村汪氏。
(122)同書巻三（下）、龍山葉氏。
(123)いずれも弘治『徽州府志』巻十、人物四、列女、国朝。
(124)弘治『徽州府志』巻四、職制、名宦、国朝。
(125)『新安文献志』巻九十三、寓公、「休寧知県周徳成墓誌銘」（劉如孫撰）。
(126)いずれも弘治『徽州府志』巻四、職制、名宦、国朝。および弘治『休寧志』巻二、宦績二。
(127)『新安文献志』巻九十七、行実、材武、「処士誠斎許公溥化墓誌銘」（汪叡撰）。
(128)『新安名族志』後巻、歙県向杲呉氏。
(129)崇禎『歙県呉氏家記』、「明十八世祖賢奴公偕配孺人胡氏」の項（『契約文書』九巻四一頁所収）。
(130)『新安名族志』後巻、黟県八角亭王氏。
(131)程敏政『篁墩文集』巻十八、記、「保翠堂記」。
(132)乾隆『沙渓集略』巻四、文行。
(133)『張氏宗譜』（康熙十三年刊）巻十四、内紀文翰、「処士張公孟海伝」。
(134)光緒『善和郷志』巻六、墓誌、「竇山先生程公行状」・「明処士竇山程公墓誌銘」。

（135）Harriet T. Zurndorfer, *Change and Continuity in Chinese Local History*, pp.25-3

（136）青木敦「健訟の地域的イメージ——11～13世紀江西社会の法文化と人口移動をめぐって——」（『社会経済史学』六五巻三号、一九九九年）。

（137）欧陽脩『欧陽文忠公集』居士外集、巻十一、「尚書職方郎中分司南京欧陽公墓誌銘」。青木前掲論文六頁参照。

第三章　明代前半期、里甲制下の紛争処理

はじめに

洪武三十一（一三九八）年に『教民榜文』が頒行され、老人制が完成してまもなく、十五世紀前半の永楽年間から宣徳年間にかけての『明実録』には、老人制による紛争処理が規定どおりに行われていないことを伝えるいくつかの上奏が残されている。早くも『教民榜文』の頒行から七年後の永楽三（一四〇五）年には、人民がしばしば老人を経ず直接に官司に訴えを起こしていることが指摘され、『教民榜文』の規定により、戸婚・田土などの訴訟はまず老人・里長が処断すべきことが再確認された[1]。つづいて洪熙元年（一四二五）から宣徳七年（一四三二）年にかけても、老人に人を得ず、職権を乱用して私腹を肥やし、訴訟に当たっては是非を顛倒し、申明亭が荒廃して里長・老人を経ない官への提訴が絶えないなどの弊害がくりかえして上言され、そのつど洪武年間の旧制を申明し、老人に適切な人物を選び、老人の不正を禁約し、『教民榜文』を遵守して老人・里長に戸婚・田土などの訴訟を処断させるべきことが命じられている[2]。

松本善海氏はこれらの上奏を根拠として、一般に老人制は「僅か半世紀にも足らざる間に廃弛し」たとみなし[3]、従

来の研究ではおおむねこうした見解が踏襲されてきた。さらに小畑龍雄氏は、『憲宗実録』の成化九（一四七三）年五月辛卯の条を根拠として、この時点で「教民榜文に規定された老人の裁判権の独立性は否定された」と述べている(4)。近年では三木聰氏も、やはり老人制による紛争処理システムは当初からなし崩し的に空文化し、明代中期までには法制上も形骸化していたと論じている(5)。

しかし上述のような実録の記事は、一般に制度の弊害面のみを強調して伝えることが多く、その制度がさまざまな問題を抱えながらも、なお日常的に運用されている場合は、その実態はほとんど実録などの編纂史料には現れないといってよい。十六世紀の半ばごろからは、老人制の衰退や弊害を示す史料が、地方志などの史料に枚挙にいとまなく現れ(6)、この時期には老人制は衰亡に向かっていったことは確かである。しかし上記のような実録上の断片的な記事を根拠として、ただちに老人制が施行後程なく空文化したと結論づけることは適切でないであろう。十五世紀を中心とする明代前・中期の老人制の実態については、より実証的な検討を加える必要がある。とはいえ従来は、十五世紀における老人・里甲制下の紛争処理の実態を示す史料はほとんど紹介されておらず、このためわずかな実録の記事によって老人制の実態を論ずるほかなかったのである。

しかしながら前節でもいくつか紹介した徽州の族譜や文集に収められた伝記的史料からは、明代前半期の郷村社会において、老人により実際に紛争の処断がなされていたことが窺われる。さらに紛争・訴訟にかかわる豊富な徽州文書には、明代徽州の郷村社会における老人・里甲制を中心とする紛争処理の実態を、具体的に示す多数の史料が含まれているのである(7)。本章では明代前・中期(8)、建文～正徳年間（一三九九～一五二一）における里甲制下の紛争処理の実態を、宗族や村落など郷村の社会関係と関連して検討し、かつ明代前期と中期との間の紛争処理形態の変容についても考察を加えたい。ここで検討する徽州文書は、『徽州千年契約文書』（以下『契約文書』と略称）を中心に、『中国歴代契約会編考釈』（以下『会編考釈』と略称）などの資料集に収められた文書、研究論文や族譜に引用された文書、および筆者が中国各地の収蔵機関で直接収集した原文書である。

第一節　明代前期、老人制下の紛争処理——宣徳二年「祁門謝応祥等為重復売山具結」——

現存する明代前半期の徽州文書の大部分は、祁門・休寧両県の文書であるが、[9]とくに祁門県十西都の謝氏に関しては、土地売買文書のほか、税契文憑・契本・戸帖・墾荒帖文・魚鱗図冊などの、元末明初以来の多数の文書が残されている。祁門県の謝氏は、南唐末に金陵から祁門に移住した謝詮に始まるとされ、以来多くの分宗に分かれて祁門県の各地に定住した。十西都王源の謝氏の族譜である『王源謝氏孟宗譜』[10]（以下『孟宗譜』と略称）によれば、王源謝氏は謝詮の長男の六世孫である謝芳が、北末期に王源（暘源）村に定住したのに始まるという。南宋期には二人の進士を出し、以来明初にかけて農業経営や商業活動を通じて富をなし、在地の有力同族として成長した。

南宋以降、王源謝氏は王源村を中心としていくつかの支派に分節化し、均分相続の過程でそれぞれ祖産を継承していった。また同族先買権の影響もあって、同族間の土地（とくに山林）売買も活発に行われ、『契約文書』などにも、元末以来の謝氏による同族内外の土地売買文書が多く収められている。明代の十西都は単一の里（図）からなり、祁門県城の南方、閶江の一支流に沿って開けた河谷盆地を中心として、王源村など五つの村を含んだが、[11]とくに王源村は、「祁門県治の東南二十里許《ほど》ならざるを、王源と曰う。その中に廬居するは皆謝姓の人なり」[12]とあるように、おおむね謝氏による同姓村をなしていた。

ここではまず明代前期の老人による紛争処理の実態を伝える文書として、宣徳二（一四二七）年の「祁門謝応祥等

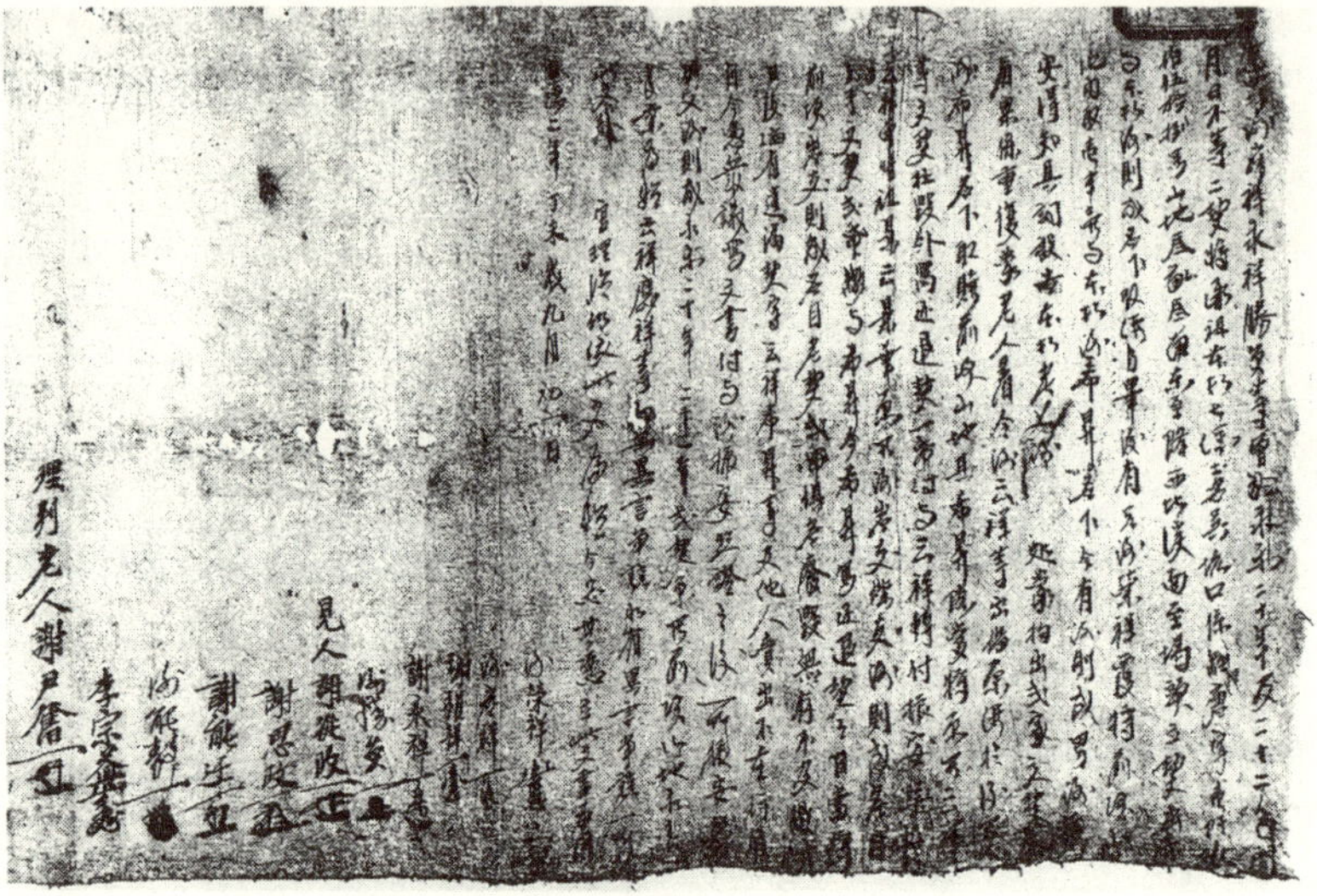

図版②

為重復売山具結」[13]をとりあげよう。これは十西都の謝応祥等が山地の二重売買を解消し、先買者の管業権を認めることを誓約した文書であるが、末尾には立契者である謝応祥等や、見人（立会人）の署名のほか、「理判老人」謝尹奮の署名が付されており、老人による一種の判決書としての性格も認められる。やや長文ではあるが全文を引用しよう。

十西都謝応祥・永祥・勝員等、曽於永楽二十年・及二十二年間月日不等二契、将承祖本都七保、土名呉坑口、係経理唐字壱阡九伯伍拾捌号、山地参畝参角、東至降、西北渓、南至埸頭、立契出売与本都謝則成名下、収價已畢。後有兄謝栄祥、覆将前項山地内、取壱半、売与本都謝希昇名下。今有謝則成男謝振安得知、具詞投告本都老人謝処。蒙拘出弍家文契、参看果係重復。蒙老人着令謝云祥等、出備原價、与後買人謝希昇名下、取贖前項山地。其希昇除当将原買云祥等文契杜毀外、写還退契一帋、付与云祥、転付振安照証外、云祥曽将祖景云・景華原買、謝岩友・傑友・謝則成名目上手文契弍帋、繳与希昇。今希昇写還退契之日、当将前項岩友・則成名目老契弍帋、倶各廃毀無存、不及繳付。日後倘有遺漏契字、云祥・希昇等及他人賚出、不在行用。自今憑衆議写文書、付与謝振安照證之後、一听振安、照依伊父謝則成永楽二十年・二十二年弐契、原買前項山地、永遠管業為始。云祥・応祥等、即無異言争競。如有異言争競、一听賚此文、赴　官理治。仍依此文為始。今恐無憑、立此文書為用。

宣徳二年丁未歳九月初六日

謝栄祥（押）　謝応祥（押）　謝禎祥（押）
謝永祥（押）　謝勝員（押）
見人　謝従政（押）　謝思政（押）　謝能遷（押）
謝能静（押）　李宗益（押）
理判老人　謝尹奮（押）

十西都の謝応祥等は、永楽年間に祖産である呉坑口の山地三畝三角を、二度にわたり同都の謝則成に出売した[14]。ところがのちに応祥等の兄である謝栄祥が、その山地の半分を同都の謝希昇に二重に出売したため、則成の子の謝振安が、同都の老人謝尹奮に「詞を具して投告」したのである。老人謝尹奮が振安と希昇に命じて各自の文契を提出させたところ、はたして二重売買であった。この結果老人はまず謝云祥等[15]に、問題の山地を後買者である希昇から原価で買い戻すことを命じた。また希昇はさきに受領した売山契を廃棄したうえ、云祥を通じて退契を振安に交付し、云祥が希昇に交付した上手文契[16]は、退契交付時に廃棄することとした。老人の裁定を受けて、栄祥・応祥等は「衆議に憑り」、この文書を作成して振安の管業権を認めるとともに、後日「異言争競」があれば、本文書に従い「官に赴きて理治」を受けることを誓約したのである。

この文書にみえるように、明代前期の十西都謝氏をめぐっては、実際に老人の裁定を通じて、文契の破棄をともなう二重売買の解消がなされていた。また謝振安はこの紛争を「詞を具して」謝尹奮に「投告」したとあり、老人への訴えは文書によって行われたと考えられる。さらに老人が振安と希昇の売山契を「拘出」せしめ、云祥に「着令」して二重売買を解消せしめた、などの文言からは、老人の裁定が単なる任意的な民間調停の一環ではなく、地方官の裁判に準ずる性格を認められていたことがうかがわれよう。末尾の「理判老人」なる署名も、このことを裏付けている。

ただし各里の老人が現年里長・甲首とともに、申明亭において戸婚田土などの訴訟を処断するという、『教民榜文』の規定が厳格に行われていたわけではない。この文書からは里長・甲首の関与は認められず、老人のほか、謝氏の同族など五名を見人（立会人）として紛争の決着をみている。また老人には「竹篦・荊条」による懲罰権が認められていたが、ここではとくに栄祥等に対する処罰は行われていない。さらに後日栄祥等に「異言争競」があれば、官司の裁判に服するとあるように、老人制は官司の裁判に対し完全に自律性をもっていたわけではなく、戸婚田土などの訴訟を直接地方官に訴えることを禁じた『教民榜文』の規定も、厳密に守られていたかどうか疑問である。

第二節　明代前期、十西都謝氏をめぐる紛争処理の諸相

明代前期の祁門県十西都においても、土地争いなどの紛争が、すべて老人制のもとに処理されていたわけではなく、紛争処理のあり方はより多様であった。ここでは謝能静をめぐる各種の文書によりその諸相を検討しよう。謝能静の諱は淮安（能静は字）、洪武二十（一三八七）年に生まれ、景泰・天順年間頃に没した。もっぱら農業経営をもって富をなし、活発な土地売買や開墾を通じて、山林を中心に多くの土地を集積した在地の経営地主であった。[17] 彼は前節で検討した具結にも見人として名を連ねている。

まず十五世紀前半における民事的訴訟処理の実態を示す貴重な史料として、宣徳八（一四三三）年の李阿謝による「供状」と、宣徳十（一四三五）年の謝能静による「供状」がある（いずれも中国第一歴史檔案館蔵）[18]。二件の「供状」は、いずれも十西都の李舒戸の家産継承をめぐって、李舒の一族とその姻戚であった謝能静との間に起こった訴訟の過程で、地方官に提出した文書であり、訴訟の背景や経過はかなり複雑であるが、ここではその概略を簡単に述べておこう。

李舒は六十畝ほどの田地・山林を経営する在地地主であり、謝能静の姉である栄娘（李阿謝）を妻としていたが、洪武三十一（一三九八）年、四歳の男子李務本を残して病没した。さらに永楽十（一四一二）年、遺児の李務本も病没したため、李舒の族弟である李勝舟は、自分の男子である李景祥を務本の継嗣として、家産を相続させることにした。しかし李阿謝・謝能静らの主張によれば、李景祥は承継後も兄の李景昌と暮らし、李阿謝と同居して奉養しなかったという。

このため宣徳七（一四三二）年、阿謝は景祥が族兄の務本を承継したのは、「昭穆不応」のため不当であると主張し、「里老に経投し、及び本県に首告」、つまり里長・老人への訴えを経て祁門県に提訴したのである。訴えを受けた知県は里長・老人に事実調査を命じ、里長・老人も景祥の承継は不適切であると報告した。このため知県は景祥を実家に帰すことを命じ、李阿謝はあらためて別人を継嗣に選んだ。これに対し李景昌・景祥兄弟は、阿謝と能静が李舒戸の資産を占有していると主張して、上司（按察司か）に上訴し、上司は徽州府に案件の審理を委ねる。阿謝も対抗して徽州府に反訴し、府の指示を承けた祁門県はふたたび里長・老人や親族に調査を命じた。これを受けて宣徳八・十年に、阿謝と能静がそれぞれ（おそらく徽州府に）この「供状」を提出し、自己の主張を陳述したのである。ただしこの訴訟のその後の経過はよくわからない。

この「供状」によれば、戸婚・田土などの訴訟を、老人や里長を経ずに地方官に提訴することを禁じた『教民榜文』

の規定に沿って、李阿謝はまず紛争を「里老に経投」したうえで「本県に首告」したという。また提訴を受けた知県も、まず里長や老人に事実関係の調査を命じ、それに基づいて裁定を下している。老人や里長は官に提訴される前段階での紛争処理だけではなく、事実調査や実地検証を通じて、訴訟処理の過程でも重要な役割を果たしており、第三章でも詳述するように、明代前・中期の訴訟はおおむねこうしたプロセスによって解決が図られていたのである。

なおこの訴訟に先立って、謝能静・李阿謝と李景昌兄弟との間には、李舒が残した家産の処分などについてしばしば紛争が生じていた。宣徳七年の「李舒戸田地山場清単」(19)によれば、この家産争いをめぐって、前節で紹介した「具結」で「理判老人」として現れた謝尹奮による紛争解決が試みられていたことがわかる。この文書は宣徳七年の黄冊大造に際して、李舒戸を承継していた李景祥が、その管業する田地・山場の所在・面積、経営状況などを書き写した抄件であるが、その山場に関する部分には、李舒の戸が管業する山場の数目・土名とともに、その耕作や経営形態を(20)次のように記載している(〔 〕内は割註)。

今将伯李舒各処山場、是父召人剗作、栽種杉苗、逐号開写于後〔原未起科山場〕。

……(中略)……

一千参佰二十六／二十七号山壱片　土名梨木塢〔於宣徳五年、雇倩汪辛定・馮有民等、剗作種苗、此山与謝尹奮相共〕。

一千参佰肆拾四号山二畝　土名鮑六家弯〔原係謝尹奮召人剗作、後景祥承継李舒為子、亦是本家管業〕。

……(中略)……

玖佰肆拾捌号山三畝壱角卅歩　土名古渓〔原与謝尹奮同共管業、長養杉苗〕。

鮑六家弯・古渓二処山場杉木、能静陸続砍斫、貸売入己〔宣徳六年、景祥状告老人謝尹奮、未完〕。

宣徳参年、売梨樹塢木価首飾銀玖両、封付能静処、執匿不分。憑託謝志道・謝能遷凂取、未還。

これによれば、宣徳三（一四二八）年、謝能静が李景祥の山林の売価を自家に封貯したまま渡さなかった際には、景祥は老人ではなく、謝氏の族人の謝志道・謝能遷に調停を依頼している。ついで三年後の宣徳六（一四三一）年に、謝能静が李景祥の山林を勝手に伐採して貸売した時には、景祥はこれを老人たる尹奮に「状告」したという。またこの「清単」によれば、李舒の戸は二か所の山場を謝尹奮とともに管業し、また元来謝尹奮が人を雇って開墾せしめた（召人劉作）山場一か所をも経営していた。おそらく謝尹奮も謝能静や李舒と同じような在地の経営地主だったのではないか。

またこの「清単」に、宣徳三年の紛争の調停者としてあらわれる謝志道（字は従政）と謝能遷（諱は居安）は、いずれも謝能静と世代を同じくする族人であり、前節で紹介した宣徳二年の「具結」でも見人として名を連ねている。このうち謝志道については、上述した李阿謝の「供状」にも、李景祥が李阿謝との同居を拒んで奉養しなかったため、李阿謝は「謝志道等に節托して衣食を凂討」したという記述があり、彼が以前から両家のもめ事の仲介に当たっていたことがわかる。

さらに後年、正統八（一四四三）年の「祁門方寿原退還重復買山地契約[21]」にも、謝志道について興味深い事実が示されている。

十西都方寿原、有父方添進存日、於永楽二十二年間、作祖方味名目、買到本都謝孟輝名下、七保土名方二公塢山一片、係経理唐字三百八十七号、計山壱拾畝。有本都謝能静、先於永楽十八年間、用価買受謝孟輝前項山地、已行雇人撥作、栽養杉苗在山。是父添進、将山地撥去一弯、致被能静状告老人謝志道。蒙索出二家文契参看、係干重復。今寿原憑親眷李振祖等言説、自情愿将前項山地、悔還先買人謝能静、照依先買文契、永遠管業、本家再無言説。……（中略）……今恐無憑、立此退還文契為用。

正統八年十二月初八日

退　契　人　方寿原（押）
見人　李振祖（押）　方安得（押）
依口代書人　邵志宗（押）

十西都の方寿原の父方添進は、永楽二十二（一四二四）年に、同都の謝孟輝から方二公塢の山地二畝を収買した。ところが問題の山地は、すでに永楽十八（一四二〇）年に謝能静が謝孟輝から収買し、開墾して杉苗を栽養していた。このため謝能静はこれを老人たる謝志道のもとに「状告」したのである。謝志道は二家の文契を提出させて、その二重売買であることを確認した。この結果方寿原は姻戚の李振祖等の調停を受け、先買者である謝能静の管業権を認めている。謝志道はもともと謝氏の有力な族人として、しばしば同族内外の紛争調停に当たっていたが、年齢を重ねて十西都の老人に任じられ、里内の紛争を裁定したのであろう。

一方謝能遷は謝尹奮の従兄の子にあたるが、『孟宗譜』の彼の伝記には、次のようなきわめて注目すべき記事が残されている(22)。

公は性純正にして、人は常に善柔を以ってこれを目す。年の耆なるに及ぶや、邑尹はその歯徳に伏し、挙げて郷老と為す。公は風俗を正すを以って、教化を理める大端と為し、その余の争を分かち訟を辯ずるは、皆な細務にして、急とする所に非ずとす。一日、里に叟有り、その子の順ならざるを悪み、公に語る。公は即ち父老を庭に集め、その子を呼びて前に跪かしめ、数えて曰く、律条三千、罪の不孝より大なるは莫しと。……或るもの初犯なるを以って原《ゆる》しを請うも、公は声を厲《はげま》して曰く、「子の罪は親告すれば乃ち坐す、何ぞ原すべけんや」と。毅然として笞撻すること四十にして、罪に服して過を謝するを俟《ま》ちて、然る後遣《はな》つ。

すなわち彼は有徳な年長者として、知県により老人に任じられ、紛争処理よりもまず風俗の善導による教化に努めた。しかしある老翁がわが子の不孝を訴えた際には、彼は里内の「父老」たちを庭に集め、厳しくその子の罪過を糾し、笞四十を加えて罪に服させたという。ここに描かれた老人の規範像は、郷村の「父老」層の中心として、「長幼の序」にもとづく教化を通じて郷村社会の秩序を維持してゆく徳望ある高年者である。しかし老人による紛争処理は、必ずしも単なる教化や勧農の延長としての「排難解紛」に止まらなかった。『教民榜文』では、老人に「竹篦・荊条」を用い、「情を図りて決打」することが認められていたが、ここでも老人により、実際に「笞撻四十」という懲罰が行われているのである。

このように十西都謝氏をめぐって生起したさまざまな紛争に際して、謝志道や謝能遷は、ある時は老人の裁定に対し見人として立ち合い、ある時は同族の有力者として調停にあたり、のちには老人として自らが裁定を下していた。明代の老人制は、ひろく同族や村落の有力者・名望家によって行われていた、自生的な紛争処理をその基盤としていたのであり、決して現実の郷村社会から遊離した、実効性に乏しい理念のみの産物ではなかった。老人制は同族などを中心とした郷村の社会関係を基盤とし、同族や村落、あるいは「衆議」によるさまざまな民間調停とあい補いつつ、郷村における紛争処理の枠組みを形づくっていたのである。と同時に明代前期には、老人による裁定は、単なるさまざまな紛争処理の主体のなかの一つには止まらなかった。『教民榜文』において国家から賦与された裁判・懲罰権自体が、老人の裁定に単なる民間調停の一環たる以上の力を与えていたことも見逃してはならない。

さらに老人や同族に加え、紛争の関係者や親戚隣人などによる「衆議」も、郷村における紛争解決の主要な場のひとつであった。たとえば謝能静が管業する呉坑口の山地は、周克敏と謝振安が共業する山地と界を接しており、正統元（一四三六）年に、周克敏・謝振安と、謝能静の間に境界争いが起こった。しかし結果的に両者は「紊繁するを欲せず」、「衆議に憑り」合同を作成し、係争地を均分することで和解している。[23] ついで翌正統二（一四三七）年にも、同じ山地で再び謝振安と能静の間に境界争いが起こったが、この際も結局両者が「衆議に憑り」新たに境界を画定し、合同を作成して和解したのである。[24] この合同では「勧議人」として謝従政・謝用政の二人が名を連ねており、同族間の紛争では「衆議」の中心はやはり謝氏の族人であった。

このように同じく謝能静を一方の当事者とし、二重売買・境界争い・山林の盗伐など、いずれも山林経営をめぐる各種の紛争においても、その処理の方法は決して一様ではなかった。個々の紛争の状況や当事者相互の関係に応じて、老人の裁定のほか、同族や「衆議」による調停など、それぞれの事例に応じた解決手段が模索されていたのであり、老人制・同族・「衆議」などにおける紛争解決の担い手は、相互に重なり合うことも多かったのである。

なお『孟宗譜』によって確認される謝尹奮の父祖や子孫については、徽州府下の地方志にもいくつかの記事が残されている。まず尹奮の祖父の謝俊民は、元末に郷里に隠居し、詩文集を残した「処士」であった。[25] また父の謝景旦（字は子周）も、明初に儒士として薦挙され、祁門県学訓導から江西贛州府知府に陞った。[26] 尹奮自身も、『孟宗譜』に所収する彼の「遺像賛」に、「廩を発して困を括し、恵は素と困窮に及び、排難解紛して、善は州里に聞こゆる有り」[27] とあるように、在地の声望ある経営地主であったという。さらに尹奮の子謝傑は、成化四（一四六八）年に順天府で挙人となり、湖広武陵県の知県を授けられ、その子謝賛もやはり弘治五（一四九二）年に順天郷試に合格し、江西進賢県知県となっている。[28] とくに謝傑の甥で尹奮の孫にあたる謝馨は、成化十七（一四八一）年に進士に合格し、巡按御史や按察副使を経て、陝西按察使、広東左布政使にいたった。[29] 老人制が元代以来の在地地主ないし処士などの、同族や村落における有力者や名望家を担い手とし、また明代前・中期には、官僚層の母胎となる場合もあったことがうかがわれよう。

第三節　明代中期、里長・老人による紛争処理

明代中期、特に成化~正徳年間（一四六五~一五二一）には、十西都謝氏関連文書の外にも、「里老」すなわち里長・老人による紛争・訴訟処理を示す文書が多く現われる。ここではまず、歙県譚渡村黄氏の『譚渡孝里黄氏族譜』に収める、弘治十一（一四九八）年の「服辨（辦）文書」をとりあげよう。(30)

二十三都九図住人・呉福祖・同姪隆興・並程志員等、是曾祖投到　東人　黄宅屋宇住歇、代守墳塋。其墳前後地段、倶係福祖・隆興・程志員等耕種、租米饒譲（穣）甚多、以為標掛装香等用。今年隆興等、自不合標掛之日逃躲、不先伺候房東。要行告理、隆興等託浼里長洪永貴・老人黄堂、願還文書。本家並程志員共十五人、自弘治十二年始、祠内担挑標掛物件、至墳所、週而復始、子子孫孫母許推調。如有失悞、甘罰白米五石入祠、買猪羊、祭祖墳、願自受責八十。仍依此文書為準。今恐無憑、立此文書為照。

弘治十一年四月十一日立文書呉福祖（押）　男長生 希生（押）

姪隆興（押）　隆付（押）　黒児（押）　隆貴（押）

隆祖（押）　社関（押）　付関（押）　社孫（押）

歙県二十三都の呉福祖・隆興・程志員らは、曾祖父の代より譚渡黄氏のもとに投じてその佃僕となり、住居を提供されて黄氏の墳墓を看守するとともに、墳墓周辺の田地を耕作し、その租米が祭祀費用に充てられていた。ところが弘治十一年の標掛に際し、隆興等は黄氏のもとに出向いて所用の物件を供出せず、黄氏は彼を告訴しようとした（要行告理）。このため隆興らは里長洪永貴・老人黄堂等に調停を依頼し（託浼）、本文書を作成して、以後毎年標掛の物

件を忠実に供出し、もし不履行があれば、違約罰として白米や猪羊などを供出のうえ、責板八十を受けることを誓約したのである。

ここでは佃僕と主家との紛争に対し、里長と老人による調停が行われているが、前節で検討した明代前期、祁門県十西都における老人制下の紛争処理と異なり、主家はまず「要行告理」、すなわち地方官に提訴する構えを見せ、これを受けて佃僕が里長・老人に「託凂」、すなわち調停を依頼したという。また佃僕は将来違約があれば、主家による責板を甘受することも誓約しており、里長・老人は、調停者として主家による佃僕への制裁を保証したと見ることもできる。全体として明代中期の紛争処理に関する文書の文面からは、明代前期のような「郷村裁判」的な性格を示す表現は薄れてゆく。文書の末尾に記された里長や老人の署名にも、前述した宣徳二年の具結における「理判老人」といった表現に比べて、「勧諭里老」・「諭解里老」・「勘諭里老」など、より調停的な性格を示唆するものが多い[31]。

とはいえ十六世紀に入っても、老人や里長はなお基層社会の紛争解決に少なからぬ役割を果たしていた。例として祁門県奇峯の鄭氏の抄契簿に収められた、正徳七（一五一二）年の文書を挙げてみたい[32]。

十五都鄭良昭、今為兄良昊、曽将本都六保小塘塢口祖墳山地一段分籍、売与良栢名下。違犯故祖禁戒遺文、不応変売、父投里老。良昭念兄、情分愿《ママ》将承父批受本都六保土名帳頭山祖産山二号父該分籍、曽三分内取一分、抵贖兄良正売与鄭鳳前項祖墳山地分籍已訖、仍有二分。今又内取一分、抵贖鄭［良］栢所買兄良昊名下、前項小塘塢口祖墳山地分籍。其前項帳頭山良昭仍有一分、一同共業。

正徳七年三月初九日立契人鄭良昭（押）　契　主盟父俊宏　号

見立契人鄭良瑞　号

鄭良昊・良昭の兄弟は、父親から祖墳のある山地を分割相続していた。ところが良昊は「故祖禁戒遺文」を犯して、自分が継承した部分（分籍）を、鄭良栢（傍系の同族であろう）に売却してしまった。これを知った父親が、里長・老人に訴え出たため、良昊の弟である良昭は、さきに父親から譲り受けた（批受）別の山地の一部を鄭良栢に譲渡し、兄が売却した墳山の分籍を買い戻したのである。この事例は、分割相続したのちも共同で保全すべき墳山を、兄弟の一部が勝手に売却したことによる、典型的な家族内部の紛争であり(33)、明代後期以降であれば、多くは宗族組織によって解決が図られたと思われるが、ここではまず里長・老人のもとに訴えがなされている。明代中期までは、同族内部の紛争処理においても、老人や里長による調停の役割が、明末以降にくらべ相対的に高かったことがうかがわれよう。

しかし概して明代中期の紛争関係文書では、地方官に訴え出る前段階で老人や里長によって解決された紛争よりも、むしろ提訴を受けた地方官の指示により、老人や里長による実地検証や事実調査が行われ、これに伴ってさまざまな和解調停が試みられ、解決にいたった事例が多いのである。ここでは婺源県王氏の『雙杉王氏支譜』に収める、張姓との墳山争いをめぐる成化六（一四七〇）年の合同文書を紹介しよう(34)。

立掌管合同一都住人張思達、承祖有荒熟山一局、与在城王観音等祖墳山連界、於内並種松杉雑木。歴被地方及城各姓人等、早晩竊伐、両家互相疑忌、興訟在官奉批。張居山畔、皀白難分。王姓人繁、虚実莫辨。若不議立合同、掌立厳禁、則砍斫曷禦、訟無終止。遵依徳化、各体墳山為重。憑委老人李志貞、会集両家、到山看明、将各在山木植、点数明白、扶同掌管。今後仍有再入侵害、無論内外人等、許両家互相捕獲、送官理治。在張不得恃近而暗砍以肆害。相安于無事之域、世庇祖墳、勧全和気、庶免紊繁。為此特立合同一様二張、各執一張、告息請印、久遠通公（行?）為照。其界落自有日前古界、不在開述。再批。

成化六年三月初七日　　立墳山庇木合同人　張思達

同立合同人　王観音（他十八名略）

一都の張思達が管業する山地は、県城に住む王観音らの墳山と界を接していた。ところが張姓・王姓の双方が、相次いでこれらの山林の杉・松などを盗伐したため、両姓がこもごも官に訴えるにいたったのである。この訴えに対し地方官は批を下し、両姓が合同を作成して、境界を画定し和解するように指示した。これを承けて老人李志貞が両姓を会集して実地検証を行い、係争地の山林を数え上げたうえで双方の侵害を厳禁し、両当事者の署名を得て本合同が作成され、和解が成立したのである。

総じて明代中期の訴訟は、大部分が地方官と老人・里長との文書行政を通じた相互作用によって解決されていたといっても過言ではない。本書の第四章では、訴訟当事者や里長・老人と地方官の間で交わされた各種の訴訟文書の分析を通じて、そのプロセスについてより詳しく検討を加えることにしたい。

第四節　明代前・中期、徽州郷村社会における紛争処理の諸相

以上三節にわたり、徽州文書から代表的な事例を選び、明代前・中期における老人・里甲制下の紛争処理の実態について考察した。さらに本節では、『契約文書』・『会編考釈』などの文書資料集をはじめ、族譜所収の文書や、筆者が中国で収集した原文書などを網羅的に整理し、明代前・中期、建文三～正徳十三（一四〇一～一五一八）年における、徽州郷村社会における紛争処理の一般的傾向について検討を試みたい。

ここで考察の対象とするのは、土地争いなどの具体的な紛争の決着に際して、郷村において作成された文約・合同(35)などの民間文書である。こうした文書には、紛争や訴訟の和解にいたる過程や、紛争解決に関与した人物が具体的に

記されている場合が多く、郷村社会における紛争・訴訟解決の全体像をある程度定量的に検討することができる。[36]なお次章で詳しく論じるように、明代中期にはこうした民間文書のほかにも、訴状・帖文などの訴訟文書も多数残されているが、紛争の一部始終が十分に明らかでない場合が多いので、この表には含めなかった。

以下の表では、すでに本文中で引用した文書も含め、計四十三件の文書の概要を整理し、年代順に列記している。文書の出典は、『契約文書』所収の中国社会科学院歴史研究所の文書が二十件、[37]『会編考釈』所収の北京大学図書館・北京図書館の文書が五件、『資料叢編』所収の安徽省博物館の文書が一件、研究論文に引用された安徽省博物館の文書が二件、族譜に引用された文書が三件である。また筆者が直接に調査・収集した原文書としては、南京大学歴史系資料室所蔵の文書が五件、上海図書館所蔵の文書が五件、北京図書館所蔵の文書が二件となる。

地域的に見ると、全四十二例の紛争事例のうち、祁門県が断然多くの三十三例を占め、そのほかには歙県が三例、休寧県・婺源県が各一例、県籍不明が五例となる。[38]現存する明代前期の徽州文書には、全体としても祁門県の文書がもっとも多いが、祁門県は徽州府のなかでも、特に山林経済の重要性が高い地域であったため、とりわけ山林紛争をめぐる文書が多く残されたのであろう。なかでも十西都謝氏関連文書は九件にのぼり、三四都淩氏・十五都鄭氏の関連文書も、それぞれ五件を数える。

上述の計二十例の文書について、その内容を整理し、時系列に沿って配列したものが次表である。まずⅠの項には当該文書が立契された年次と県籍を、Ⅱには紛争の当事者の氏名と紛争の具体的内容を記した。Ⅲには紛争が最終的になんらかの決着をみて、当該文書が立契されるまでの過程を記し、文書末に立契者や代書人以外に、里長・老人や中人・見人などの署名が付されている場合は、Ⅳにその氏名を示した。

Ⅰ年次・県籍	Ⅱ紛争・訴訟の原因と展開	Ⅲ紛争・訴訟処理の経過	Ⅳ署　名
①建文三（一四〇一）祁門県	十西都の謝阿汪と県城の葉仕宏が、十西都の汪祖寿に謝能静の管業する山地を誤売。	謝能静が「在城里長」方子清に状投。方子清の検証と裁定により、葉仕宏らが適切な売契を立て決着。	諭判里長方子清
②永楽三（一四〇五）歙県	渓南の呉蕃祖が、呉氏一族が共業する墳地に父母の柩を無断で埋葬。	一族は柩の撤去を要求。蕃祖は代償に田地三畝を売却し、売価を祖墳の整備費として決着。	なし
③永楽十（一四一二）歙県	二十三都の程仏保が、程任師の墳山に無断で娘の柩を埋葬。	程任師が里老に状投。房兄文師の仲介で、任師の墳山の一部を仏保の柴山と交換して和解。	見人程文師・他一名（名原欠）
④宣徳二（一四二七）祁門県	十西都の謝応祥・栄祥らが、同都の謝則成と謝希昇に山を二重に売却。	謝則成の子振安が、同都の老人謝尹奮に具詞投告。老人が売契を検証し二重売買を解消。	見人謝従政・謝思政等五名、理判老人謝尹奮
⑤宣徳七（一四三二）休寧県	三十三都の謝得亨・呉彦端・李仲接が、共業する山の管業権の割合をめぐり争う。	三家が文契を検証し、「衆議」により山を八分割し、謝家が六分、呉・李家が各一分を得る。	見人李凡昌・李思道・謝得超、代書人汪貴用
⑥正統元（一四三六）祁門県	在城の周克敏と十西都の謝振安が、十西都の謝能静と、隣接する山地の境界を争う。	双方が紊繁を欲せず、「衆議」に憑って合同を立て、係争地を均分して和解。	不明
⑦正統二（一四三七）祁門県	十西都の謝振安と謝能静が、ふたたび隣接する山地で境界を争う。	双方が「衆議」に憑り、係争地に新たに境界を定めて和解。	勧議人謝従政・謝用政、代書人周得文
⑧正統五（一四四〇）祁門県	十五都の黄延寿らが、汪富潤らの管業する山林で樹木を盗伐。	汪富潤が里老に状投。延寿らは自家の管業する他所の山林を富潤に譲渡して賠償。	見人呂員受・代書人范明宗

⑨正統八（一四四三）祁門県	十西都の謝孟輝が、同都の謝能静に売却済みの山地を、同都の方添進に二重に売却。	謝能静が老人謝志道に状告。方添進の子寿原は、親眷李振祖らの調停で、先買人謝能静の管業権を承認。	見人李振祖・方安得、代書人邵志宗
⑩景泰三（一四五二）県籍不詳	十三都の葉顕宗が、葉顕増兄弟と山地の管業権を争う。	中見人汪以権の仲介により、双方が係争地を均分して管業することで和解。	中見人汪以権・代書人薛啓宗
⑪天順二（一四五八）祁門県	三四都の凌天春が管業する山地で、凌仏保が秘かに埋葬を行う。	中人胡宗得らの調停により、凌仏保は銀二銭を天春に支払い、山地の一部に墳地を得て埋葬。	中見人胡宗得・黄友文、諭親胡春
⑫成化二（一四六六）祁門県	一都の謝友政と、五都の洪淵が、隣接する山地の境界を争う。	親眷謝以端の仲介により、新たに山地に境界を定めて和解。	親眷謝以端・謝文立、見人洪景富・洪深
⑬成化四（一四六八）祁門県	五都の畢仕文が管業する墳山が、魚鱗冊上は同都の洪淵の祖業であることが判明。	中人饒永善の調停により、畢家の埋葬地を除く周囲の山地を洪家が管業することで決着。	中見人饒永善・陳文勝・余仕亨奉書畢廷
⑭成化四（一四六八）祁門県	十一都の汪異常と、汪異輝らが管業する山地の境界が不明確なため紛争となる。	耆老李仕忠らが実地検証のうえ境界を定め、双方が係争地を均分して管業。	勧諭耆老李仕忠老人李景昭・族長汪仕美・中人李景潤・李永清
⑮成化六（一四七〇）祁門県	五都の洪景富が、族侄の洪淵が管業する山地を、同都の饒栄保に売却する。	洪淵が府に告訴。親眷程永亮らの調停により、洪景富・洪淵が各自の管業権を確定して和解。	親眷程永亮・邱舎宏
⑯成化六（一四七〇）婺源県	一都の張思達の山地と、隣接する在城の王観音らの墳山で双方が山林・墳林を盗伐。	両家が祁門県に告訴。知県の指示で老人李志貞が実地検証を行い、両家が盗伐の厳禁を誓約して和解。	老人李志貞

⑰成化十（一四七四）祁門県	十四都の王忠和と、同都の李仕庸が、山林伐採時に隣接する山地の管業権を争う。	両家が府に告訴。老人江浩震らが実地検証し、排年・里老汪仕俊らの調停で、「衆議」により両家が山地を交換。	なし
⑱成化十一（一四七五）休寧県	十二都の汪寿馨らが共業する山地で、同都の汪思和が強占を図り里老に状投。	汪寿馨らが県に告訴。里老の判理を受け、親戚知友の調停により係争地を均分して和解。	見人黄雲生
⑲成化十一（一四七五）祁門県	十西都の謝彦昌らと、一都の李祥が、共業する田地の管業権をめぐり争う。	謝彦昌らが官に告訴。両都の里老謝以清らが実地検証し、係争地の管業権を確定し和解。	代書人謝玉清
⑳成化十三（一四七七）祁門県	三四都の胡友宗が買った山林に対し、同都の凌天春がより以前の文契を根拠に管業権を主張。	双方の文契が前後していたため、両家が問題の山林を均分して管業することで決着。	中見人凌仏保・胡冨宗、代書人胡聚
㉑成化十五（一四七九）祁門県	五都の饒栄宗の地と、隣接する同都の洪景冨の墳地、在城の汪琴の地との境界争い。	三家が官に告訴。中人陳文勝の調停により、衆とともに実地検証のうえ新たに境界を確定。	中見人陳文勝等五名、代書人邱思義
㉒成化十五（一四七九）祁門県	十西都の謝云同が開墾し謝彦昌に売った地と、謝永和の地との境界争い。	両家が官に告訴。里老への批示を経て、親族李弘らの調停で新たに境界を定めて和解。	勧議親族中人李弘・謝彦栄
㉓成化十六（一四八〇）祁門県	十西都の謝元堅の山地を租佃した三四都の謝彦良らが、栽養に務めず山林が荒廃。	謝元堅が県に告訴。里老の実地検証を経て、謝彦良らは里老に調停を依頼し、賠償と山林の栽養を誓約。	中見人李仲仁・謝道貞、勘諭里老王芳・余九経
㉔成化十七（一四八〇）祁門県	三四都の汪祀らの山林と、隣接する凌天春の山林との間で伐採時に境界争いが生ずる。	係争地を検証の上、中人汪文琳の仲介で両家が境界を確定。	依口代書人汪文琳

㉕成化十七（一四八一）祁門県	三四都の余九思・王克恵・謝彦良が管業する山地で、杉木伐採時の収益分配が不明確。	三家が中人汪景融らを証として文契を調べ、新たに境界を定め、管業権と収益分配を確定。	中見人汪景融・汪仲暁・饒秉立
㉖成化十八（一四八二）祁門県	十八都の江均相が、すでに同都の葉文禎に売却された山林で杉木を伐採。	葉文禎の子茂英が抗議し、中見人許志清とともに契簿を調査し、山林の管業権を確定。	中見人許志清・奉書男江思栄
㉗成化十八（一四八二）祁門県	五都の洪景富が、管業する山林を、他の族人に諮らずに、異姓である汪芹に売却。	洪景富の族人が県に告訴。里長周正・中人謝友正らの調停で、汪芹は山林を洪氏に退還。	不明
㉘成化二十（一四八四）祁門県	十一都の汪曜らが山林を伐採した際、一都の謝忠らとの間に境界争いが生じる。	謝忠らが県に告訴。里老・中人呉景槃らの実地検証や調停を経て、山林に境界を定め和解。	中人胡永護等五名、勧諭里老呉景槃等五名・代書人李時
㉙成化二一（一四八四）祁門県	十一都の汪文暲らが、族伯祖の汪仕同に売却済みの墳山に秘かに祖柩を埋葬。	族兄汪廷振が抗議し、汪文暲らは「衆議」により合同を立て、以後侵葬を行わないことを誓約。	代書人汪文朗
㉚成化二三（一四八七）祁門県	十六都の汪春清らが、男子の栄乙に十五都の鄭仕索の墳林で杉木を盗伐させる。	鄭仕索が抗議し、汪春清らは中人鄭永隆の仲介で謝罪し、以後墳林を損傷しないことを誓約。	中人鄭永隆
㉛弘治元（一四八八）祁門県	三四都の黄富・金縁保・胡勝宗の三家が、隣接する山林・墳山の境界を争う。	三家が県に告訴。里老汪景余らが実地検証し、原来の合同文書に従い境界を確定。	論解里老饒秉立等四名、中人余昊等二名
㉜弘治二（一四八九）祁門県	十二都の胡琳が、三四都の凌勝宗らが管業する山林で樹木を盗伐。	中人胡龍泉の調停により、凌氏は胡琳が伐採した樹木を回収し、以後山林の侵害を禁じる。	代書見証人胡龍泉

㉝弘治四（一四九一）祁門県	十五都の鄭三辛と鄭仲綱の双方が、相手が杉木を伐採した山林に管業権を主張し争論。	両家が官に告訴。親族康大韶らの調停により、双方の管業権を確定して和解。	中見汪叔倫・康大韶等七名
㉞弘治十一（一四九八）歙県	二十三都の佃僕呉福祖らが、清明節に主家の譚渡黄氏のもとに出頭して服役せず。	譚渡黄氏が抗議し、呉福祖らは里長洪永貴・老人黄堂に調停を依頼し、忠実な服役を誓約。	なし
㉟弘治十六（一五〇三）県籍不詳	十九都の葉仲牙が、すでに十六都の葉茂英に売却した墳山で樹林を伐採・開墾。	葉茂英の子璜が抗議し、葉仲牙は弟仲美の仲介で、伐採した墳林を再び栽養することを誓約。	中見人葉仲美・代書人葉護
㊱弘治十六（一五〇三）祁門県	十三都の康邦財の姪茂和が、族人康武の山林との境界で杉木を伐採したため争論。	二家が県に告訴。排年・里老の胡遠らが実地検証して文契を調べ、親眷胡仁らの調停で新たに境界を確定。	署名部分原欠
㊲正徳二（一五〇七）祁門県	十五都の鄭良珍と叔の鄭仕璽が買った山地で、双方の管業する分籍の多寡をめぐり争論	両家が官に告訴。地方官が両家の契書を提出させ、裁定を下し双方の管業権を確定。	なし
㊳正徳四（一五〇九）祁門県	十五都の鄭獅の山地と、隣接する族弟鄭瓊の山地との境界争い。	両家が官に告訴。排年・里老康続詔・汪永良らが実地検証し、その調停で両家が管業を確定。	排年康続詔、ほか十七名
㊴正徳五（一五一〇）祁門県	三四都の汪値の父が、山地を同都の汪子清と、凌宗富・汪三に二重に売却。	汪子清が県に告訴。老人謝悦が三四都の里老と係争地・文契を検証し、汪値は堂叔汪曨の仲介で重売を清算。	堂叔見人汪曨、論解里老謝悦等三人、中人王寗等二人
㊵正徳七（一五一二）祁門県	十五都の鄭良昊が、故祖の禁戒を犯し、祖墳のうち自己の分籍を鄭良栢に売却。	鄭良昊の父が里老に訴え、弟の良昭が自己の山地の一部を提供して兄が売った祖墳を回贖。	なし

㊶正徳八（一五一三）県籍不詳	十一都の李文志・方文煥らが、某氏の管業する山林の杉や松苗を盗伐し炭を焼く。	山主の抗議を受け、李文志らは「衆議」して、損傷した松苗を再び補種・栽養することを誓約。	なし
㊷正徳九（一五一四）祁門県	十西都の謝以功・尚徳らの基地と、隣接する謝光らの墳地との境界争い。	謝光が県に告訴。老人王道・謝悦の実地検証を経て、親族王佑云らの仲介で境界を確定。	親眷王佑云等三名、族人謝恂等三名
㊸正徳十三（一五一八）祁門県	鄭良曙の山地と、隣接する鄭孟高の山地との境界争い。	族老の鄭昂新らが実地検証の上、新たに境界を確定して和解。	中見人鄭良社・鄭昂新・鄭浚・鄭珍

【出典】①「建文三年祁門県謝阿汪売山地紅契」（『会編考釈』通し番号五六四）②『歙西渓南呉氏先塋志』宋八世祖旦公、高湖墓　③上海図書館蔵『売買田地契約』（編号五六三七六二）④註（13）参照　⑤「宣徳七年休寧県謝得亨等分山合同」（『会編考釈』八八九）⑥註（23）参照　⑦註（24）参照　⑧・㊴南京大学歴史系資料室蔵「明洪武―崇禎契」（編号〇〇〇〇六五）、⑧については「正統五年祁門呂員受甘罰文約」（『契約文書』一巻一二九頁）も参照　⑨註（21）参照　⑩「景泰三年葉顕宗等均分山地合同」（『契約文書』一巻一五三頁）⑪・⑳・㉔・㉜『嘉慶祁門凌氏謄契簿』（『契約文書』第二編十一巻、四八三・四八九・四八八～四八九・四八八頁）⑫「成化二年祁門県謝友政等劃分山界合同」（『会編考釈』八九三）⑬「成化四年祁門県畢仕文劃分山界合同」（『会編考釈』八九四）⑭・㉙北京図書館蔵『汪氏歴代契約抄』（編号一四四〇〇）⑮「成化六年祁門県洪景富等分山地合同文書」（『会編考釈』八九五）⑯註（34）参照　⑰・㊲・㊵・㊸上海図書館蔵『山契留底冊』（編号五六三七一一）⑱註（31）参照　⑲「成化十一年祁門謝彦昌分界合同」（『契約文書』一巻一九四頁）㉑「成化十五年饒栄宗等立地界合同」（『契約文書』一巻二〇七頁）㉒「成化十五年祁門謝云同兄弟分地合同」（『契約文書』一巻二〇八頁）㉓「祁門県謝元堅断山文約」（『資料叢編』第一輯、四五二～五三頁）㉕「成化十

七年祁門余九思等共管山地合同」（『契約文書』一巻二一〇頁）㉖「成化十八年江均相等分山合同」（『契約文書』一巻二一四頁）㉗葉顕恩『明清徽州農村社会与佃僕制』（安徽人民出版社、一九八三年）五八・六四頁に紹介する、安徽省博物館蔵『洪氏謄契簿』㉘「成化二十年謝忠等分山立界合同」（『契約文書』一巻二三四頁）㉚「成化二十三年汪春清等為盗木事立甘罰文約」（『契約文書』一巻二四〇頁）㉛「弘治元年祁門黄富等三人重立山界合同」（『契約文書』一巻二四〇頁）㉝南京大学歴史系資料室蔵『嘉靖鄭氏置産簿』（編号〇〇〇〇二二）㉞註（30）参照　㉟南京大学歴史系資料室蔵「明成化－天啓断約」（編号〇〇〇〇七二）㊱『嘉靖祁門康氏抄契簿』（『契約文書』五巻二六七頁）㊳「正徳四年祁門鄭獅等分山地合同」（『契約文書』一巻三三二頁）㊶「正徳八年李文志等因盗伐事立甘罰約」（『契約文書』一巻三四三頁）㊷「正徳九年祁門謝以功等立界合同」（『契約文書』一巻三四八頁）

まず紛争の内容について検討しよう。上記の四十三例はいずれも民事性の強い「戸婚田土の案」であり、かつほとんどが山林・墳墓・田地などをめぐる土地争いである。特に山林関係の紛争は計三十例を数える。その中には山林の境界が曖昧なために盗伐・侵伐が起こったり、山林の二重売買の結果として管業権争いが生ずるなど、複数の要因から生起した紛争も多いが、仮にもっとも主要と思われる要因ごとに分類してみよう。まず山林の境界や管業権を主な争点とする事例は十七例を数え（⑤・⑥・⑦・⑩・⑫・⑭・⑰・⑱・㉔・㉕・㉘・㉛・㉝・㊱・㊲・㊳・㊸）、特に成長した山林を伐採する際に、境界や管業権の曖昧さから紛争が生じることが多い。このほか山林の盗伐が五例（⑧・⑯・㉖・㉜・㊶）、山地の二重売買や誤売が六例（①・④・⑨・⑮・⑳・㊴）、同族先買慣行や（㉗）、山林の租佃問題（㉓）をめぐる紛争が各一例など、山林の売買や経営をめぐる事例も計十三例にのぼる。徽州のような山間地域において山林経営が重要であったことは言うまでもないが、新安江沿いに比較的平坦な平地の広がる歙県・休寧県などに比べ、鄱陽水系の閶江の最上流域に位置する祁門県では、とくに平坦な可耕地に乏しく、すでに唐宋時代より木材・漆・茶などの山林産品を江西方面に移出して食米にかえており[39]、農業経営に占める山林の比重はきわめて大きかった。さらに山地の均分相続や活発な売買により、山林の管業権はしだいに細分化・複雑化する傾向にあり、そのことが山林紛争の増加にもつながったのである。

また同族共有の墳墓や他家の墳山への盗葬（②・③・⑪・㉙）、墳林の伐採（㉚・㉟）、墳山の管業権争い（⑬）、家長に無断での祖墳の売却（㊵）など、墳墓・墳山をめぐる紛争も計八例にのぼり、田地・屋地などの境界や管業権に関する争いも計四例を数える（⑲・㉑・㉒・㊷）。また土地文書に比べ「戸婚」関係の文書自体が少ないこともあって、この表には承継や婚姻などに直接関わる紛争は現れないが、同族内での土地争いの中には、承継問題に端を発するものも少なくなかったであろう。明代前半期、徽州府下において生起する訴訟の大部分は、土地・墳墓および継嗣に関するもので占められていたとされるが、これらはいずれも同族組職の維持に密接に係わるものであり[40]、徽州府下の族譜にも墳山や墓地をめぐる紛争の記録が少なくない。全体的には本表で示された以上に、墳墓や承継をめぐる紛争の比重は高かったのではないかと思われる。なお明代前半期には、佃僕制をめぐる紛争は第三節で紹介した一例に過ぎず（㉞）、主僕紛争が増加と深刻化を続けた明代後期とは対照的であり、宋元以来の佃僕制が、なお相対的に安定して維持されていたことを示している。

さらに紛争処理のパターンを検討してみよう。まず明代前期、十五世紀前半の建文～正統年間（一三九九～一四四九）の事例は計九例であるが、そのすべてが官への提訴を要さず、郷村レヴェルで和解が成立している。うち五例は、里老（里長と老人、③・⑧）・老人（④・⑨）・在城里長（①）などに「状投」（具詞投告・状告）され、老人や里長の「理判」や「諭判」などによって決着をみている。また「衆議」によって境界を確定して和解した山林紛争も三例あり（⑤・

⑥・⑦）、他の一例では同族内部での墳墓争いが族人どうしの談判によって解決された（②）。第二節で検討した十西都謝氏のケースに典型的に見られるように、当時の徽州郷村社会では、老人・里長を中心として、「衆議」や同族などの民間調停とが相互に補い合い、全体として紛争の解決が図られていたことが認められよう。むろんこの時期にも、第二節で紹介した李舒戸の家産継承をめぐる紛争のように、かなり複雑な訴訟が生じる場合もあったが、その場合も県への提訴に先立って老人や里長への「状投」が行われており、民事的紛争をまず老人や里長に訴えることを命じた『教民榜文』の規定は、必ずしも空文化していた訳ではないと思われる。

ついで明代中期、十五世紀後半から十六世紀初頭の景泰〜正徳年間（一四五〇〜一五二一）の三十四例を検討しよう。まず地方官への提訴をまたずして、郷村レヴェルで決着をみた紛争は計十七例であり、うち二例は里老の（㉞・㊵）、一例は「耆老」（第四章で後述）の調停によって解決している（⑭）。しかし全体としては、老人や里長以外の民間調停によって決着した事例のほうが多く、中人による調停が九例（⑩・⑪・⑬・⑳・㉔・㉕・㉖・㉚・㉜）、親眷・族老など、親族による解決が三例（⑫・㉟・㊸）、「衆議」による和解が二例（㉙・㊶）を数える。総じて明代前期にくらべ、郷村社会の紛争処理において、村落・親族レヴェルのさまざまな民間調停、特に中人の果たす役割が増大していったと考えられよう。

とはいえ紛争・訴訟処理全体の枠組みから見れば、この時期にも老人や里長の果たす機能は依然として重要であった。三十四例の紛争のうち、いったん地方官に提訴されたのち、結果的に郷村において和解が成立した訴訟事例は計十七例を数えるが、そのうち地方官の「判令」によって決着したのは一例に過ぎない（㊲）。これに対し告訴状を受理した地方官が、里老（⑱・⑲・㉒・㉓・㉘・㉛・㊴）、老人（⑯・⑰・㊷）、排年・里老（排年里長・現年里長・老人、㊱・㊳）、里長（㉗）などに実地検証や事実調査を命じ、それにともなってさまざまな調停が行われ、和解が成立した訴訟は十三例を数える。その中でも老人や里長が実地検証と並行して調停を行い、和解を導くことが多いが（⑯・⑲・㉓・㉗・㉘・㉛・㊳）、老人や里長の実地検証を承けて、親族（⑱・㉒・㊱・㊴・㊷）や「衆議」（⑰）による調停が行われ和解にいたる場合もあった。このほかの三例では、府に提訴されたのち姻戚の調停により和解が成立したり（⑮）、あるいは地方官の指示を受けた中人（㉑）や親族（㉝）の実地検証により決着を見ている。

　また以上の十七例の明代中期の訴訟事例のうち、地方官への提訴に先立って里長・老人への「状投」が行われたことを明記する文書は一件に過ぎない（⑱）。しかし第四章で検討する明代中期の告訴状の中にも、里長・老人への「状投」を経て県に提訴したことを記すものがあり、明代中期にも『教民榜文』の規定がまったく具文と化していたとはいえない。とはいえ現実にかなり多くの民事的紛争が地方官に提訴されていたことは確かであろう。また郷村レヴェルで決着をみた紛争であっても、官に提訴する構えを見せたうえで調停を受け入れたことを示す、「要行告理」・「要行状告」などの表現が用いられることも多い。さらに文書の末尾には、違約者があれば官に告訴し、あるいは罰銀若干（数両より五十両にいたる）を徴収して、「入官公用」することを規定する文言もしばしば現れる。

　しかし反面、明代中期における計三十四件の紛争事例のうち、老人や里長は半数近い計十六例において、官に提訴される以前の紛争解決（計三例）や、地方官に持ち込まれた訴訟の実地検証や調査、それにともなう調停（計十三例）などを通じて、何らかの形で紛争・訴訟処理に関与している。また次章で詳述するように、訴訟を受理した地方官が「値亭老人」などに案件を下げ渡して、再審理のうえ供述書を取ることを命じ、その結果を報告させることもあった。さらに明代前・中期を通じて見ると、官への提訴をまたず、老人や里長によって解決された紛争は計八例を数え、官への提訴の後に老人や里長の検証・調停を経て決着した計十六例を含めれば、計四十三例のうち二十四例（五五・八％）では、何らかの形で老人や里長が紛争解決に関与しているのである。

明代前期には、実際にかなりの紛争が、主として老人や里長によって、官への提訴を要さず郷村レヴェルで処理されていた。明代中期においても、戸婚・田土などの訴訟を受理した地方官は、一般にまず批を下して、里長・老人に実地検証や事実調査を命じることによって、訴訟の解決に向けて動き出したのであり、多くの訴訟は法廷での判決を待たずして、検証や調査の結果を承けた郷村での調停活動によって解決されたのである。本章で検討した十五世紀から十六世紀初頭までは、地方官が老人・里長などを介さず、衙役などを通じて直接的に民事的な訴訟処理に関与する機会は、明代後期に比べかなり少なかったと考えられよう。明代中期の郷村社会においては、里長・老人による紛争処理は、『教民榜文』に規定された整然たる形式ではなくとも、同族や村落、在地の有力者や名望家などの「排難解紛」と併存し、地方官の裁判をも含めた紛争処理の枠組みの中心にあって、重要な役割を果たしていたのである。

小結

従来、伝統中国の郷村社会においては、戸婚田土などの紛争はもっぱら同族や村落などの民間調停によって処理され、地方官に提訴されることは稀であったとする見解が広く行われていた。しかし第一章でも述べたように、近年の清代法制史研究においては、具体的な訴訟の事例研究を通じて、このような見解は否定されつつある。中村茂夫氏はいわゆる「民間処理説」に批判を加え、清代を通じて州県などに提訴される訴訟が決して少なくなかったことを指摘し(41)、さらに岸本美緒・滋賀秀三両氏は、「国家の裁判」と「民間の調停」とは、個々の事例に応じて選択されうる二つの可能性であり、しばしば「同時進行的」・「相互補完的」に行われたことを指摘している(42)。こうした状況は、少なくとも明代中期以降においては、本稿で検討した徽州郷村社会についても、おおむね認められるといえよう。

しかし上述の諸研究に示された清代の状況と比べ、明代前・中期を通じて、「国家の裁判」と「民間の調停」との間に介在する、老人や里長のもつ意味は軽視すべきではない。老人を中心としてかなり実質的な「郷村裁判」が行われた明代前期はもとより、明代中期においても、地方官はまず里甲組織を通じて、郷村社会における紛争処理に関与する場合が多かった。老人や里長は、同族や親戚知友・在地の有力者や名望家、同族や村落における「衆議」などの民間調停とあい補い、また地方官に提訴された訴訟の実地検証やそれに伴う和解調停をも通じて、郷村社会における紛争処理の枠組みの、いわば結節点としての役割を果たしていたのである。

寺田浩明氏が描きだした、各種の「約する力」の流動的な対抗と統合を通じて、郷村社会の秩序、「約された状態」が形づくられるという明末以降の状況に比べ[43]、明代中期以前には老人や里長による「約する力」の持つ意味はより大きかったといえよう。里甲組織は単なる賦役徴収機構であるにとどまらず、郷村における多様な利害関係を調整し、国家の裁判とあい補いつつ、里内の紛争を何らかの形で処理する役割を果たしていたのである。しかし明末以降、徽州郷村社会においても、このような相対的に流動性に乏しい郷村の社会秩序が変動し、また里甲組織自体が動揺するにともない、紛争処理のあり方も変化せざるを得なかった。この時期の紛争処理形態の諸相と、その変容の過程については、第五・六章において検討することにしたい。

註

（1）『太宗実録』永楽三年二月丁丑の条。小畑龍雄「明代郷村の教化と裁判——申明亭を中心として——」三七・三八頁、三木聰「明代里老人制の再検討」（『海南史学』三〇号、一九九二年）一四頁などを参照。

（2）『宣宗実録』洪熙元年七月丙申、宣徳三年九月乙亥、宣徳四年十月乙亥、同年十月戊申、宣徳七年正月乙酉の各条。松本善海「中国地方自治発達史・明朝」（初出一九三九年、『中国村落制度の史的研究』岩波書店、一九七七年所収）一三二・一三三頁、三木前掲「明代里老人制の再検討」二四・二五頁などを参照。

（3）松本前掲「中国地方自治発達史・明朝」一三二・一三三頁。ただし里甲制研究の立場からは、老人は里甲組織の地縁性や地主制の発達を基盤として、郷村の社会秩序や農業生産基盤の維持に一定の役割を果たしていたと推定する見解もある。鶴見尚弘「明代における郷村統治」（岩波講座『世界歴史』一二、岩波書店、一九七一年）、濱島敦俊『明代江南農村社会の研究』（東京大学出版会、一九八二年）などを参照。

（4）小畑前掲「明代郷村の教化と裁判」三八・三九頁。

（5）三木前掲「明代里老人制の再検討」、第三節「里老人制と裁判――当為と実態――」。

（6）栗林宣夫『里甲制の研究』（文理書院、一九七一年）。

（7）『契約文書』に影印された文書には、正字のほか略体字・異体字・誤字などが混用されているが、本書では原則としてすべて当用漢字によって録字し、頻用される異体字（帋［紙］・听［聴］など）のみ原字をもって示した。また文書によってはかなり読みにくい草書によって記され、あるいは影印状態が不鮮明で判読しがたい箇所もあり、とくに固有名詞などは確実に同定できない場合があった。以下欠字および判読付能の字は□をもって示し、疑問の残る字は右辺に疑問符を付した。また句読点は筆者による。また以後『契約文書』所収の文書を引用する際には、表題と同書の巻・頁数を付す。このほか『明清徽州社会経済資料叢編』第一・二輯のうち、後者には若干『契約文書』と重複する文書を含むが、一・二輯とも土地売買・租佃文書が大部分であり、紛争処理に関する文書は少ない。明代前半期の紛争処理に関わる文書としては、第一輯から徽州地区博物館（現黄山市博物館）の所蔵文書一件のみを確認しえた。

（8）本章においては洪武～正統年間（一三六八～一四四九）を明代前期、景泰～正徳年間（一四五〇～一五二一）を明代中期、また明代前・中期を総称して明代前半期と称する。なお一般には正統年間以降を明代中期とすることが多いが、本章で主たる史料とする十西都謝氏文書などでは、宣徳から正統年間にかけて内容的に関連する一連の文書が残されており、紛争処理の性格の変化も、むしろ正統年間以前と成化年間以降の間ではっきりと認められるので、便宜的にこのような時期区分を用いた。

(9)『資料叢編』一・二輯および『契約文書』に所収された明代前半期の文書は、大部分が祁門・休寧両県のものであるが、休寧県の文書には紛争処理に関するものはみられない。これは文書の収集系統に由来するものと思われるが、理由は明確ではない。また現在影印・出版された文書は、総数二十万点以上にのぼると推定される徽州文書のなお一部分であるが、未公刊の文書にも、やはり祁門・休寧県のものが多いようである。

(10)本書は北京図書館・中国社会科学院歴史研究所などに収蔵する。以下王源謝氏の沿革や系譜関係は、主として欒成顕「徽州祁門謝氏家族及其遺存文書」(一九九四年十月・十一月東洋文化研究所契約文書研究会における口頭発表)、および同氏の「元末明初祁門謝氏家族及其遺存文書」(『'95国際徽学学術討論会論文集』安徽大学出版社、一九九七年)を参照し、地方志の記事によりこれを補った。また欒氏には多くの文書史料により謝能静の土地集積過程を分析した、「明初地主積累兼并土地途径初探——以謝能静戸為例」(『中国史研究』一九九〇年三期)もある。

(11)弘治『徽州府志』巻一、廂隅郷都、祁門県、国朝。十西都は元代の十都を東西に分割して設けられたものである。

(12)欒成顕前掲「明初地主積累兼并土地途径初探」一一一頁に引用する、『孟宗譜』巻九、記文の記事。

(13)『契約文書』一巻、一一一頁。本文書は張雪慧「明代徽州地区的土地売買及相関問題」(中国社会科学院歴史研究所経済史研究室編『中国古代社会経済史諸問題』福建人民出版社、一九八九年)一八一～八二頁にも引用されている。『契約文書』では影印状態により判読しがたい文字があり、張氏の録文により補った。ただし張氏の録文から筆者が改めた個所も若干ある。

(14)このうち永楽二十年二月二十五日の売山契は、『契約文書』一巻八七頁に、「永楽二十年祁門謝応祥売山地赤契」として収録されている。

(15)謝云祥は謝栄祥・応祥等の兄弟ないし族兄弟とも考えられるが、末尾の署名にも云祥の名はなく、その関係は十分に明らかではない。欒成顕氏の教示によれば、おそらく栄祥・応祥等の兄弟は実際には家を分かちながらも、戸籍上は一つの戸をなしており、云祥は戸籍上の戸主の名称ではないかという。

(16) 土地売買に際し、その土地が父祖より継承した祖産ではなく、第三者より収買したものであった場合、売り手は管業権の移転を示す過去の土地売契を、「上手文契」として買い手に交付する必要があった（張雪慧前掲「明代徽州地区的土地売買及相関問題」一七八頁など）。

(17) 詳しくは欒成顕前掲「明初地主積累兼并土地途径初探」を参照。

(18) 筆者は一九九七年八月、中国第一歴史檔案館において、「民事訴訟供状[強占田土]」と題される、宣徳十年の謝能静の「供状」、および「李阿謝訴訟状紙」と題される、宣徳八年の李阿謝の「供状」を発見し、その内容の概要と史料全文を、「明前期徽州的民事訴訟箇案研究」（一九九八年八月、'98国際徽学研討会報告論文）として発表した。のち謝能静らの「供状」は、『中国明朝檔案総匯』（広西師範大学出版社、二〇〇一年）第一冊、三六～三七頁に収録された。また欒成顕氏も、『明代黄冊研究』（中国社会科学出版社、一九九八年）、第四章「明初黄冊抄底」において、李舒戸をめぐる一連の戸籍文書に詳細な分析を加えている。さらに周紹泉氏は、「透過明初徽州一樁訟案窺探三個家庭的内部結構及其相互関係」（夫馬進編『中国明清地方檔案の研究』科研費研究成果報告書、二〇〇〇年）において、李舒戸関係の訴訟・戸籍文書や土地契約を包括的に検討した。なおこの場合の「供状」とは、戸婚・田土などの訴訟当事者が、自己の主張を書面として官に申し立てた文書である。谷井陽子「做招から叙供へ――明清時代における審理記録の形式――」（前掲『中国明清地方檔案の研究』）六〇～六一頁を参照。

(19) 本文書は『契約文書』一巻五六頁に、「永楽元年・十年・二十年・宣徳七年祁門李舒戸黄冊抄底及該戸田土清単」の一部として収める。また欒成顕「明初地主経済之一考察――兼叙明初的戸帖与黄冊制度」（『東洋学報』六八巻一・二号、一九八七年）六三～六五頁、同前掲『明代黄冊研究』第四章「明初黄冊抄底」でもこの文書が紹介・分析されており、影印の不鮮明な部分は欒氏の録文により補った。

(20) 山場とは山を開墾した土地、ないし利用価値のある山地を指す。欒成顕「朱元璋によって攢造せられた竜鳳期魚鱗冊につ

いて」（『東洋学報』七〇巻一・二号、一九八九年）三七頁参照。

(21)『契約文書』一巻一三九頁。

(22)『孟宗譜』巻七、孟宗事略、「居安公」。なお本史料については欒成顕氏にご教示をいただいた。あらためて深く謝意を表したい。

(23) 劉淼「略論明代徽州的土地占有形態」（『中国社会経済史研究』一九八六年二期）四一頁に引用する、安徽省博物館蔵契（契号二：一六七七〇）。

(24)「正統二年祁門謝振安・謝能静立界合同」『契約文書』一巻一二二頁。

(25) 弘治『徽州府志』巻九、人物三、隠逸、元。

(26) 弘治『徽州府志』巻六、選挙、薦辟、国朝。

(27)『孟宗譜』巻一〇、「顕先遺像賛」。『孟宗譜』には允奮と作るが、これは建文帝の諱允炆を避けて改め、永楽年間以降も襲用していた尹字を、族譜編纂時に旧に復したものと思われる。

(28) 弘治『徽州府志』巻八、人物二、宦業、国朝。

(29) 道光『祁門県志』巻二五、人物志三、宦績、補遺。

(30)『譚渡孝里黄氏族譜』（雍正九年序刊本）巻五、祖墓、「七里湾大塚火佃呉福祖等服辨文書」。

(31) 第四節所掲の表、Ⅳ「署名」の項を参照。ただし明代中期にも、文書によっては、老人や里長の裁定と一般の民間調停との性格の相違を示すような表現も見られる。すなわち南京大学歴史系資料室蔵『明万暦汪氏合同簿』（編号〇〇〇〇二七）に収める、成化十一（一四七五）年、休寧県十二都の汪氏をめぐる合同文書によれば、汪寿馨らと汪思和との山地の管業権争いに関して、次のような記述がある。

成化十一年、不期本都汪思和平空起意、状投里老、強占本家山土。寿馨不忿、赴県告状。蒙批里老判理、憑衆親朋勧諭、面立作両半均業。……

つまりまず汪思和が、汪寿馨らの山地を強占しようと謀って里長・老人に「状投」したのに対し、寿馨らは対抗して休寧県に提訴した。しかし結局、知県の指示を受けて裁定に当たった里長・老人の「判理」と、親戚知友の「勧諭」を受けて、両家は係争地を均分して和解したという。ここでは里長・老人による裁定が「判理」、親戚知友による調停が「勧諭」と称されており、当時の人々が里長・老人による紛争解決と、任意的な民間調停との間に、なお一定の性格の差異を認めていたことを示唆している。

(32)　上海図書館蔵『山契留底冊』(祁門県奇峯鄭氏の抄契簿、所蔵番号五六三七六二)。

(33)　明代中期までの徽州では、祖先の墳墓は埋葬された人物の子孫によって分割相続されるのが普通であったが、子孫が自己の継承分を勝手に処分することはしばしば同族規制によって禁じられた。鈴木博之「明代徽州府の族産と戸名」(『東洋学報』七一巻一・二号、一九八九年)。

(34)　『雙杉王氏支譜』(咸豊十年刊本)巻十六、始祖山塋合同、「成化六年与墓隣張思達共立合同」。

(35)　徽州文書に含まれる民間文書は、当事者の一方のみが署名・立契して他方に交付する「契・約」と、当事者の双方が署名・立契し、同内容の文書が双方に付与される「合同」に大別される。周紹泉「明清徽州契約与合同異同研究」(『中国史学』三巻、一九九三年)参照。ここで扱う文書のうち、「文約」・「契約」・「具結」・「分約」・「甘罰約」・「戒約」などは前者に属し、多くは当事者の一方に何らかの過犯がある場合に立契される。他方各種の「合同」は、境界争いなどに際して立てられることが多いようである。

(36)　むろん文約や合同に記された紛争の経過は概略的であり、必ずしも紛争処理の過程やそれに関与した人物を網羅的に記録しているとはいえない。しかし紛争の決着にいたる基本的な過程や、それに主要な役割を果たした人物はほぼ記されていると考えられ、当時の郷村社会における紛争解決の全体的傾向を検討する上では、おおむね十分なデータを提供しているといえよう。

(37)　全二十件のうち、『契約文書』(第一編、宋・元・明編)一巻所収の散件文書から十五件を収集したほか、同五巻所収の明代の簿冊文書から一件、『契約文書』（第二編、清・民国編）十一巻所収の清代の簿冊文書からも四件の明代の紛争事例を集めている。

（38）うち事例㉖・㉚の二例については、『契約文書』の表題では県名を明記しないが、文書中に現われる関係者が、前者は「成化二年祁門葉材等互争財産帖文」（『契約文書』一巻一八三頁）、後者は「成化十七年祁門鄭文通等売山赤契」（同書二〇九頁）において、祁門県の人物として確認されるため、同県の文書として扱った。

（39）淳熙『新安志』巻一、風俗。斯波義信『宋代江南経済史の研究』（汲古書院、一九八八年）二八頁参照。なお明代徽州府下における山林経営については、張雪慧「徽州歴史上的林木経営初探」（『中国史研究』一九八七年一期）、楊国禎『明清土地契約文書研究』（人民出版社、一九八八年）第三章第二節、「皖南祁門県的営山与棚民」などが参考になる。

（40）程敏政『篁墩文集』巻二七、序、「贈推府李君之任徽州序」に「夫徽州之訟、雖若繁然、争之大要有三。曰田、曰墳、曰継。其他嵬瑣、固不足数也。……而其情則有足諒者焉。田者世業之所守、墳者先体之所蔵、継者宗法之所繫、雖其間不能不出于有我之私、然亦有理勢之所不可已者」とある。さらに万暦『祁門志』巻四、風俗にも、「民訟多山木・墳塋・嗣継。然尚気好勝、事起渺怒、訟乃蔓延。乃至単戸下民、畏権法、不敢一望官府、亦自不少」とあり、やはり山林と並んで墳墓や継嗣に関する訴訟が多かったことを指摘する。なお明代徽州府下における同族の墳墓・墓田経営については、鄭振満「塋山、墓田与徽州商人宗族組織：《歙西渓南呉氏先塋志》管窺」（『安徽史学』一九八八年一期）、鈴木博之前掲「明代徽州府の族産と戸名」などを参照。

（41）中村茂夫「伝統中国法＝雛型説に関する一試論」（『法政理論』〔新潟大学〕一二巻二号、一九七九年）第二節「民間処理説とその疑点」。

（42）岸本美緒「『歴年記』に見る清初地方社会の生活」（初出一九八六年、『明清交替と江南社会——17世紀中国の秩序問題——』東京大学出版会、一九九九年所収）、同「清初上海的審判与調解——以『歴年記』為例——」（中央研究院歴史語言研究所編『近世家族与政治比較歴史論文集』上冊、一九九二年）、滋賀秀三「清代州県衙門における訴訟をめぐる若干の所感——淡新檔案を史料として――」（『法制史研究』三七、一九八七年）。

（43）　寺田浩明「明清法秩序における『約』の性格」（溝口雄三等編、アジアから考える［4］『社会と国家』、東京大学出版会、一九九四年）。なお寺田氏も、同論文一二八～一二九頁、註（53）において、老人制の施行された明初には、明代後期以降に比べ、遙かに老人を中心に「約された状態」が存在したのではないかと述べている。

第四章　明代中期の老人制と地方官の裁判

——訴訟文書にみる——

はじめに

第三章で検討したように、明代前期（十五世紀前半）の徽州郷村社会では、「理判老人」とも称される各里の老人が、当事者からの訴状を受け付け、民事的紛争の裁定に当たっていた。つづく明代中期（十五世紀後半〜十六世紀初頭）においても、里長や老人はより調停的な性格を強めつつも、しばしば郷村での紛争解決を担っていた。民事的訴訟を受理した地方官も、まず老人や里長に批文を下し、実地検証を命じるのが普通であり、それに伴ってさまざまな調停活動が進められ、多くの訴訟は地方官の判決を待たず、郷村レヴェルで解決されていたのである。

文約・合同などの民間文書による前章での検討を受け、本章では明代中期の訴訟文書を史料として、特に十五世紀後半の成化・弘治年間（一四六五〜一五〇五）を中心に、訴訟処理の過程における老人制と地方官の裁判との相互作用について論じたい。この時期の徽州では、各里の老人や里長が訴訟の実地検証や調停を担っただけではなく、「値亭老人」なる制度が設けられ、地方官から訴訟案件を下げ渡され、その再審理に当たっていたことが確認されるのである。以下本章では、『契約文書』などに収められた訴訟文書を中心に、地方志や文集、法制史料などをも利用して、明代中期の老人制と地方官の裁判との相互関係について検討を加える。

第一節　成化五年「祁門謝玉清控告程付云砍木状紙」をめぐって

十五世紀後半の成化・弘治年間には、『契約文書』などに、主として祁門県の山林紛争をめぐる多様な訴訟文書が残されており、従来原文書史料はもとより、判語などもほとんど欠いていた明代中期以前の法制史研究に貴重な素材を提供している。本節ではこの時期における典型的な訴訟処理のプロセスを示す史料として、成化五（一四六九）年の「祁門謝玉清控告程付云砍木状紙」(1)（図版③）を紹介しよう。この文書は罫線のない縦長の用紙で、右側に原告の謝玉清の告状の本文が楷書で記され、左側には知県による批文が行書で書き込まれている。中央の空白部分には朱筆で「行勘」の二字が見え、末尾には知県以下の地方官・胥吏の署名がある。なお原告の謝玉清は、祁門県十西都謝氏の族人で、第三章で登場した謝能静の孫に当たる(2)。

告状人謝玉清、年四十九歳、係十西都民。状告本家有故祖於上年間買受到本都謝思敬分籍山地、係経理伐字九百九十四号・九百九十伍号、坐落本都拾保、土名庄背塢・上坐塢。其山向与謝思義・謝乞・謝辛善等共業。至今年正月間、有本都程付云等、因買一都汪仕容男上坐塢木植、朦朧槩将本家隣界庄背塢杉木尽数強砍。是玉清同思義前去理阻、当用謝字斧号印記、状投里老。有程付云等倚侍［恃］蛮強、欺瞞住遠、不与理明、力要趁水撑放前去、不容為禁。今来若不状告乞為椿管前木、実被付云槩砍分籍木植、虚負契買長養難甘。為此具状来告

祁門県大人、詳状施行。

成化伍年三月　　十四　　日告　　状　　人　　謝玉清　〈押〉　　状

十西都の謝玉清は、かつて祖父の謝能静が買った庄背塢・上坒塢の山地を、謝思義ら三名と共業していた。ところが成化五年正月、十西都の程付云（付栄?）[3]等が、一都の汪仕容の息子から上坒塢の林木を購入した際、隣接する謝玉清の山地にある杉木をもことごとく盗伐してしまった。これを知った謝玉清らは、程付云が伐採した杉木に謝家の斧号を印記するとともに、里長・老人に「状投」した。しかし程付云は勢を恃んで里長・老人のもとに出頭せず、強引に杉木を川に下して運び去ろうとしたため、謝玉清はさらに祁門知県に提訴し、付云の伐採した杉木の保全を求めたのである。

謝玉清の告状に対し、祁門知県は次のような批文を下した。

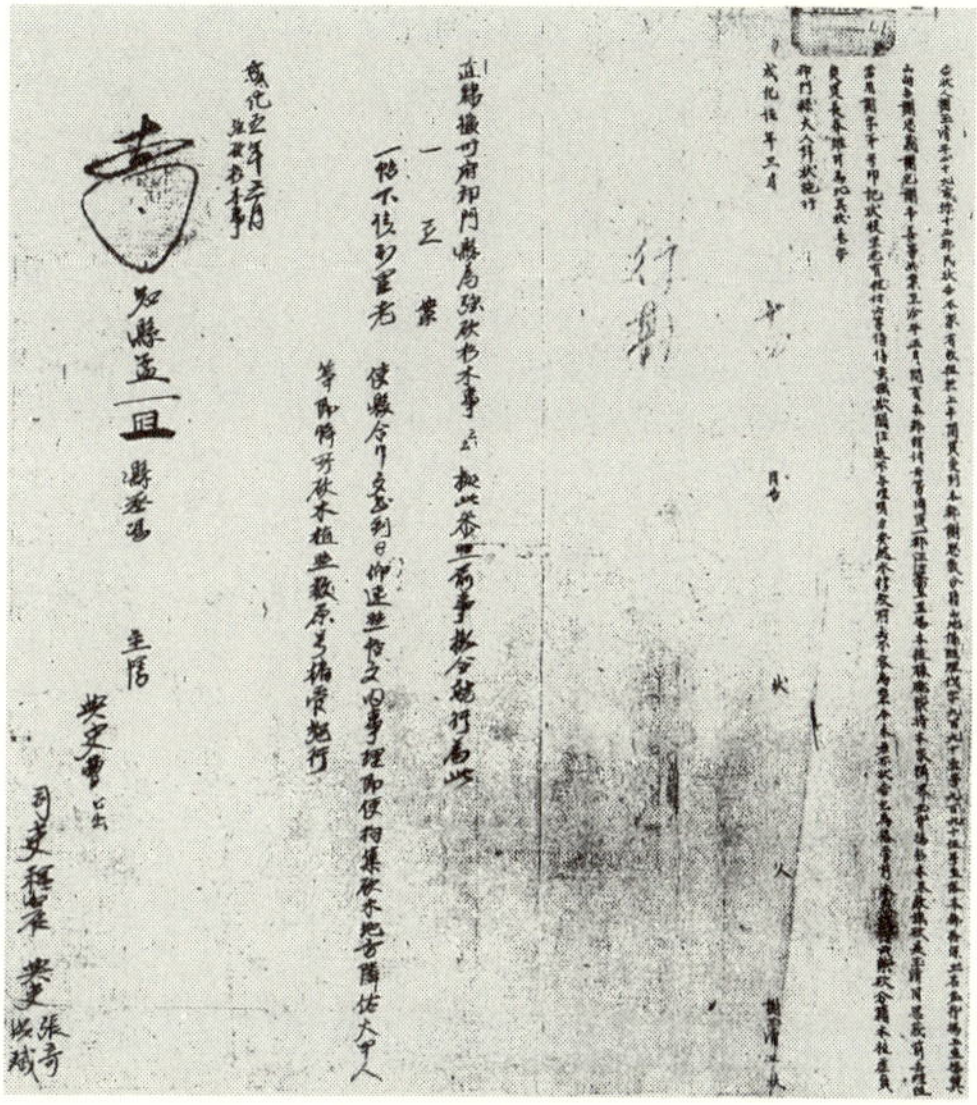

図版③

直隷徽州府祁門県為強砍杉木事。云云拠此参照前事、擬合就行。為此

一　立　案

一　帖下該都里老、使県合行文書到日、仰速照帖文内事理、即便拘集砍木地方隣佑火甲人等、即将所砍木植、照数原号椿管施行。

知県は謝玉清の訴えを受理し、まず十西都の里長・老人に「帖文」[4]を下し、争いが起こった山地で近隣や火甲などを集め、伐採された杉木の本数と斧号とを確認し、これを保全することを命じた。この批文に従って、胥吏が帖文の原稿を作成し、知県の批准を経て、県印と知県の花押を附した帖文が里長・老人に発給されたと考えられる。

『契約文書』には、上記の謝玉清の告状以外に、この訴訟に関する文書は収録されていない。ところが筆者は安徽省博物館において、祁門県からの帖文を承けた十西都の里長が、実地検証の結果を知県に報告した、次の「申文」を発見した。この文書も縦長の用紙で、右側には里長の申文が、左側にはこれに対する知県の批文が記され、末尾には祁門県印と知県以下の官吏の署名が付されている。(5)

拾西都里長李綱承奉

本県帖文為強砍杉木事。依奉会同原帖老人謝文質等従実体勘得。本都民謝玉清状告、故祖謝能静於上年間買受本都謝思敬分籍山地、係経理伐字九百玖拾壹号・九百玖拾肆号、坐落本都拾保、土名庄背塢・上崟塢。其山向同謝思義・謝乞・謝辛善等共業。至今年正月間、有本都程付栄因買壹都汪仕容男汪軏等上崟塢木植、朦朧槩将玉清故祖能静買受連界庄背塢・上崟塢杉木、尽数強砍。玉清状告本県、蒙帖前去、会同里隣謝用和・謝道謀、従実体勘得、所告庄背塢伐字玖百玖拾壹号・又上崟塢伐字玖百玖拾肆号山地、委係玉清故祖能静存日契買受是実。程付栄因買壹都汪軏等上崟塢木植、一槩混砍。今将玉清合得分法杉木価銀、追還玉清収訖。所有前項字号山地、仍听玉清召人剗作栽苗、照依原買文契管業。憑衆写立文約、納付玉清収照。為此今将取具程付栄等供詞一帋、併里老不扶結状、随此合行申覆施行。須至申者。

右申

本県

成化五年四月拾　　西　都　里　長　李綱　状

祁門県の帖文を承けた十西都の里長李綱は、老人の謝文質とともに現地で近隣の住人を集めて実地検証を行った。

それによれば問題の庄背塢・上坐塢の山地は、確かに謝玉清の祖父である謝能静が買って、謝思義ら三名と共業していた土地であり、成化五年に程付栄（付云?）が上坐塢の山林を伐り出した際に、境界を越えて伐採したのだという。この結果、里長・老人の裁定により、程付栄は伐採した杉木の代価を謝玉清に引き渡し、謝玉清は元来の文契に従って山地を管業・栽養することを認められた。その上で里長の李綱は程付栄らの供述書を取り、知県にこの申文を提出して経緯を報告したのである。

李綱の申文を受けた祁門知県は、次のような批文を下した。

直隷徽州府祁門県為強砍杉木事。拠十西都里老李剛（綱）申前事云云、拠申得此参照前事、擬合就行。為此

一　立　案

一　帖下告人、使県合行文書至日、速照帖文内事理、即将土名庄背塢・上坐塢二処山、着令謝玉清照契管業、

毋得違錯不便。

すなわち知県は里長・老人による検証結果を承認し、原告の謝玉清に帖文を下して、問題の山地の管業権を保証することを指示し、この訴訟は決着したのである。

以上の訴訟処理の過程で、知県は訴訟当事者・関係者を県の法廷に召喚することも、官吏や差役などを現地に派遣して検証や調査を命じることもなかった。実地検証や調査は、知県の帖文を承けた里長・老人によって行われ、彼らが検証のうえ謝玉清の管業権を確認し、程付栄（付云）が伐採した杉木の代価の清算まで終えたうえで、その結果を知県に報告したのである。知県は批文を下して里長・老人に帖文を発給し、その報告を承認したにすぎない。

このほか成化十九（一四八三）年の、祁門県十一都の方浩と汪春との山林訴訟においても、両当事者の告訴を受けた知県が、「各犯を行拘して官に到」らしめて供述を取ったが、双方とも主張を譲らないため、里長・老人のもとに

帖文を下して実地検証を命じている。里長・老人から検証結果の報告を受けた知県は、「別に余情無く、姑く取問を免ず」として、それ以上審問を加えず、汪春らに帖文を発給して、検証に従い係争地を管業することを認めた。この事案も結局は里長・老人の検証によって決着したわけである(6)。

明代中期の訴訟文書や、文約・合同などの民間文書から見て、民事的訴訟を受理した地方官は、老人や里長に帖文を発給して検証や調査を指示するのが一般的であった。これを承けた里長・老人が、申文を提出して検証・調査結果を報告し、地方官がそれを承認すれば、当事者・関係者に帖文を発給して、裁定の結果を保証しその遵守を命じるというのが、当時の訴訟処理の基本的なプロセスであったといえよう。むろん実際には訴訟処理のパターンはより多様であり、検証・調査の過程で和解が成立し、立ち消えになる訴訟もあれば、当事者が検証結果や地方官の裁定に従わず、再検証・再審理や上訴が繰り返される場合もあった。

なお注目すべき事実として、明代中期の徽州では、各里の老人とともに、「耆老」と称される郷役が設けられていたようである。「耆老」の語は一般的に各里の老人の異称として用いられることが多いが、この場合は老人とは別の郷役である。まず休寧県の『茗洲呉氏家記』巻十、社会記の景泰六（一四五五）年八月の条には、「大府孫公、邑の毎里に於いて、一耆老を設け、礼を以って勧諭せしむ」との記事があり、徽州知府孫遇によって、里ごとに一名の「耆老」が設置されたという。ついで十三年後の成化四（一四六八）年三月、祁門十一都の汪異常らが立てた合同文書によれば、汪異常と弟の汪異輝が共業する山地の境界を争った際、「耆老李仕忠等が山に到りて査踏し、前項の争う所の山地を、界を立て対半に均業」したとある(7)。この文書の末尾には、「耆老」李仕忠とともに、「老人」李景昭・「族長」汪仕美・中人李景潤らの署名もあり、各里の老人とは別に置かれた「耆老」が、老人や族長とともに検証や調停に当たっていたと考えられよう。

さらに弘治十三（一五〇〇）年五月、徽州府が祁門県に下した「牌」にも、「耆老」が現れる。(8) 祁門県十東都の李思俊らは、同都の胡希旺と山地の境界を争って訴訟となり、案件は徽州府にまで持ち込まれた。審理に当たった徽州知府は、祁門県にこの「牌」を発給し、「当該の官吏に着落し、牌内の事理に照依し、即ちに耆老張佩・老人張琰・里長許仲林に委ねて、争所に親臨せしめ、経理・保簿の字号・畝歩、及び李思俊の原買せる契内の四至・畝歩・闊狭を掲査し、逐一勘踏して明白とし、釘撥・管業せしめる」ことを命じた。つまり知県が現地の「耆老」および老人と里長に、「保簿」(9) や契約文書の調査と、係争地の実地検証を委ね、境界を確定させることを指示したのである。このように明代中期に祁門県などで設けられた「耆老」は、各里の老人とともに、訴訟の検証や調査などに当たっていたと考えられるが、弘治『徽州府志』・弘治『休寧志』などの同時期の地方志には、「耆老」に関する記述はなく、この制度がどの程度一般的に、またいつごろまで施行されたのかは明らかではない。

第二節　弘治九年「徽州府為覇占風水事出給印信合同」をめぐって

明代中期の徽州における各種の訴訟文書のなかでも、特に注目すべき史料が、弘治九（一四九六）年七月、徽州府が休寧県の李斉と、その族姪である祁門県の李溥との間に生じた墳墓をめぐる紛争をめぐって、両当事者と関係者計十二人の供息状に基づき発給した一件の訴訟文書である。ここでは文書内に現れるいくつかの語句をとって、さしあたり「弘治九年徽州府為覇占風水事出給印信合同」(10) と称することにしたい。

本文書は右三分の二ほどの部分に、訴訟の両当事者と関係者の供状が連記され、文書の左側は徽州知府による指令文である。供状は計六通であり、まず両当事者たる①休寧県三十三都六図の李斉と、②祁門県十一都の李溥の供息状、

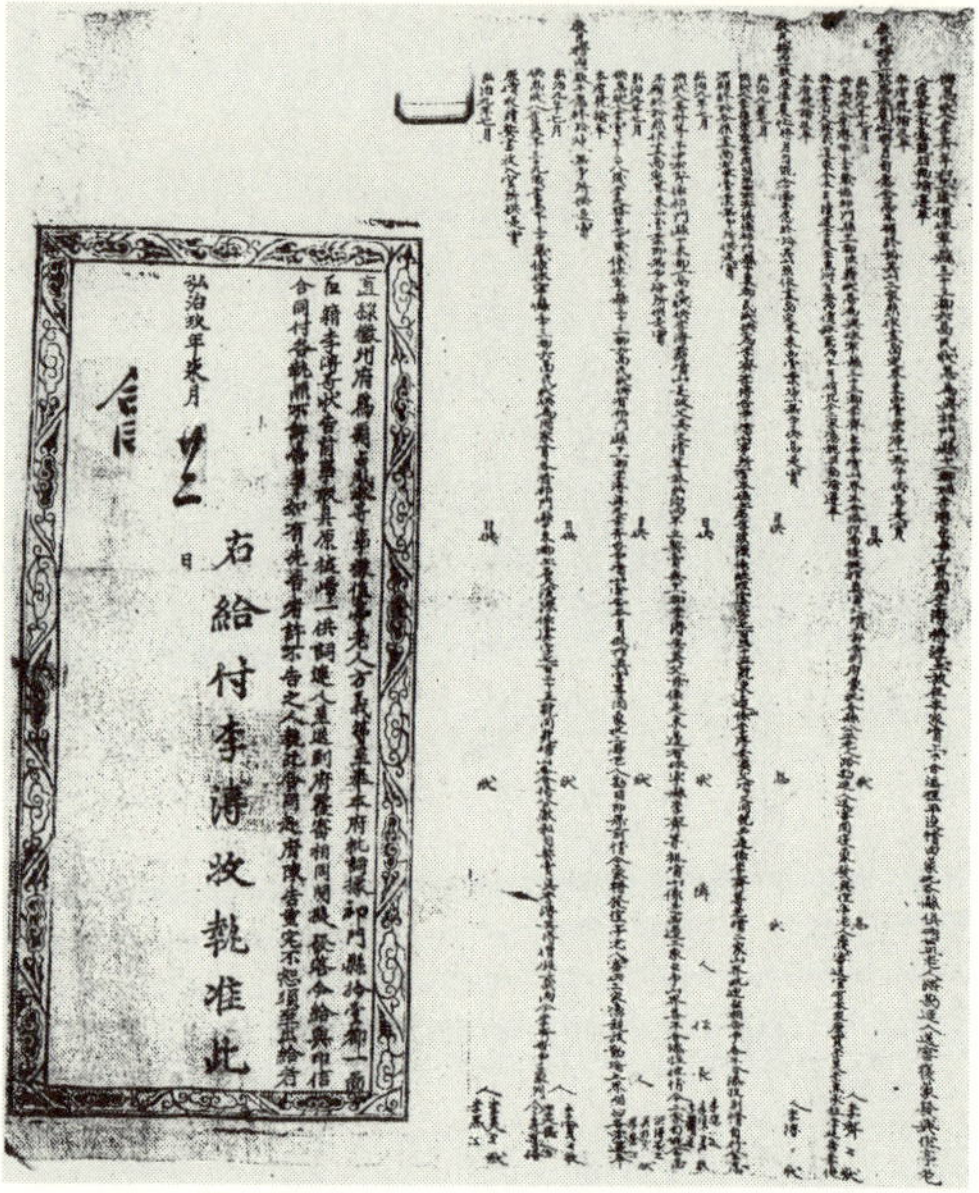

図版④

ついで③祁門県十東都の隣人・保長[11]の李瓊・李璁・李用明、④李溥の墳山の前所有者たる祁門県十東都一図の呉朴・洪得忠・李鑾、⑤李斉の支派の族人と思われる休寧県三十三都六図の李実・李大器、⑥同じく李美・李黒の供状が、いずれも同一の筆跡で連記されている。そして以上の供状につづき、⑦供状の内容を遵守すべきことを命じた徽州知府の指令が、長方形の唐草模様の外枠の中に記されている[12]。末尾には墨書により「合同」という字様の半字分が残されており、同一内容の文書が両訴訟当事者に給付されたと考えられよう。本文書は当事者の一人である李溥に給付されたものである。まず供息状①〜⑥から、この紛争が徽州府に提訴されるまでの過程を述べれば、次のとおりである。

休寧県三十三都の李斉は、李美・李黒らとともに、祁門県十東都の孚渓源に墳山を管業していた。また李斉の族姪である祁門県十一都の李溥も、さきに弘治四（一四九一）年、祁門県十東都の呉氏などから、李斉などの祖墓の東側に墳山を買って父母を埋葬した。ところがその後李美・李黒が、墳山のうち自らが管業する部分（分籍）を、他の族人の同意なく李溥に売却したことから、李斉と李溥との間に境界争いが生じた。おそらく李斉と李美・李黒は、いずれも問題の墳山に埋葬された祖先の子孫であったと思われ、その一部を李美・李黒が勝手に李溥に売り払ったことから、紛争が生じたのであろう。境界争いがこじれたあげく、李斉と李溥の双方が、相手が墳墓や柩を侵損したと主張して、互いに徽州府に訴え出たのである。

その後本印信合同が作成され、和解が成立するまでの経過を、以下に引用する、①李斉の供息状・②李溥の供息状、および⑦徽州知府の指令文によって検討しよう。

①供息状人李斉、年六十一歳。係休寧県三十三都六啚民。状息為与祁門県十一都姪李溥互争山界、因李溥将浮土放
在本家墳上、不合添捏平没情由。蒙批各県、倶仰公正老人踏勘、連人送審。復蒙発与値亭老人覆審、二家憑親朋
勧諭、遵奉
本府暁諭、及奉
教民榜内一欵、思係農忙時月、自愿含忍、不願終訟。其山二家照依画啚定界東西管業、帰一無争。供息是実。
弘治九年七月　日供　状《マ》　息《マ》　人李斉　〈押〉　状

②供息状人李溥、年三十歳。係祁門県十一都匠籍。状息為与休寧県三十三都李斉、互争墳山界、不合添捏希擡仮棺
葬害父墳、訐告到府。蒙批各県公正老人踏勘、連人送審間、復蒙発与値亭老人、覆審送官。有本家原買李美・李
黒、承祖李廷秀・李俊椿僉業山文契弐道、蒙令本身贖還。李美・李黒所有契内価銀弐両、本身領訖。今二家憑親
朋勧諭、遵奉
本府暁諭、及奉
教民榜内一欵、思係農忙時月、自能含忍、不願終訟。其山照依画啚定界東西管業、帰一無争。供息是実。
弘治九年七月　日供　息　状　人李溥　〈押〉　状

⑦直隷徽州府為覇占風水等事。據値亭老人方義等呈、奉本府批詞、據祁門県拾壱都一図匠籍李溥等状告前事、取具
原被帰一供詞、連人呈送到府。覆審相同、問擬発落。今給与印信合同、付各執照、不許告争。如有先告者、許不

告之人、執此合同赴府陳告、重究不恕。須至出給者。

右給付李溥収執准此

弘治玖年柒月　廿二　日

李斉・李溥の提訴を承けた徽州府は、まず休寧・祁門の両県に指示し、各県の「公正なる老人」に指示して係争地を実地検証させ、その結果を報告させるとともに、当事者・関係者を召喚した。そのうえで徽州知府は、この案件をあらためて「値亭老人」の方義のもとに下げ渡して、その「覆審」を委ねたのである。さらに親族・知友も調停に入り、あたかも農繁期に当たることもあって、李斉と李溥は知府の「暁諭」、および「教民榜内の一欵」[13]に従って和解を申請した。そして李溥はさきに李美・李黒から買った墳山を原価で売り戻し、李斉・李溥両家は、図面を作り墳山の境界を確定して、それぞれが管業することで同意が成立した。これを承けて「値亭老人」の方義は、訴訟当事者・関係者の供述を取り、「原被帰一の供詞」を作成して、徽州府に送ったのである。徽州府はそれらの供述書を一枚の用紙に抄録して、さらに唐草模様の枠内に和解条件の遵守を命じる通告を記した、この「印信合同」を両当事者に発給したわけである。[14]

このように上記の「印信合同」においては、訴訟処理の過程で職掌を異にする二種の老人が関与している。ひとつは当初徽州府の指令を承け、実地検証に当たった休寧・祁門両県の「公正なる老人」である。すでに述べたように、明代中期において地方官が各里の老人に訴訟の実地検証を命じることはきわめて一般的であり、この場合も府の指示を受けた両県が、各里の老人から公正な者を選び、検証を命じたのであろう。

他方「値亭老人」たる方義は、「公正なる老人」の実地検証の結果を承け、府の指令によりこの訴訟の「覆審」にあたり、和解が成立すると供息状を取り揃えて府に送っている。『教民榜文』においては、各里の里長・老人が地方官への提訴に先立ち、里内の申明亭において戸婚・田土などの訴訟処理に当るべきことが定められているが、訴訟の「覆審」を任とする「値亭老人」に相当する規定はまったくない。「値亭老人」とは、各里の老人といかなる関係にあり、いかに設置され、何を職掌としたのか、以下関連史料を検討して考察を加えよう。

第三節　「値亭老人」と申明亭

「値亭老人」とは、文字通り「申明亭に値する老人」という意味に解されるが、現時点で筆者が確認したかぎり、徽州文書のなかで「値亭老人」という名称が現れるのは上記の「印信合同」だけであり、『教民榜文』はもとより、『皇明条法事類纂』などの明代中期の法典類にも、管見のかぎり「値亭老人」という呼称は現れない。しかし明末期に福建の建陽で出版された多くの坊刻律例注釈書のひとつである、『鼎鐫六科奏准御製新頒分類釈注刑台法律』付巻・行移体式・県用行移各式には、「手本式」として、次のような文書例を収めている。(15)

直亭老人某呈。奉
本県老爺　台前、発下犯人某等、仰卑役帯出取供、遵依当亭限同審供、各執互異。今據二家執称口詞、開報于後、連人呈報、伏乞施行。須至呈者。
計開
審得某等某事某件縁由
某年某月　　日具

これは「直亭老人」が知県に提出する上行文書としての「手本」の文例であり、「直亭老人」某が、知県の指示により訴訟当事者の身柄を下げ渡され、亭（申明亭）において審問を行ったが、両当事者ともに主張を譲らないため、両者の供述を「審得」以下の部分に書き連ね、身柄とともにふたたび府に回送する、といった内容である。値と直は同音（zhi）であり、たとえば地方衙門の正堂に詰める「直堂皂隷」を「値堂皂隷」とも称するように、通用して用いられるので、この「直亭老人」が、前掲印信合同の「値亭老人」に相当することは疑いない。「値亭（直亭）老人」とは、地方官から当事者の身柄を下げ渡され、訴訟の再審理（「覆審」）を行うために設けられた老人であったと考えられよう。(16)

さて、値亭（直亭）老人はその名称が示すように、申明亭に基づき設置されたのではないかと思われる。「値」（直）には、輪番で事に当たるという語義があるので、値亭（直亭）老人とは、申明亭に輪番で詰めて、地方官の委任を受け訴訟の再審理に当たった老人であったと推定される。それではこの値亭（直亭）老人は、各里の老人とはどのような関係にあるのだろうか。『教民榜文』には、里ごとに複数の老人が選ばれ、各里の申明亭で戸婚・田土などの訴訟を裁決することが規定されているから、明代中期には、里ごとに申明亭に詰める値亭老人と、その他の老人との、複数の老人が存在したとも考えられる。しかし明代中期において老人は一般的に各里一名であり、(17)徽州文書にも一つの里に複数の老人が設置されたことを示す史料は確認できない。

この問題に関しては、明代前半期の申明亭の設置状況に関する、三木聰氏の研究が参考になる。(18)三木氏は南直隷・福建などの八種の地方志によって、計二十一の県における申明亭数と、都・里（図）などの郷村区画との関係を定量的に分析しているが、それによれば大多数の県では、申明亭数は里（図）ではなく都の数と一致、ないし近似していたのである。氏のデータには弘治『徽州府志』による徽州府下六県の数値も含まれているが、あらためて同書巻五・公署・郡邑公署から、申明亭の設置状況に関する記事を挙げておこう。なお明代徽州の行政区画は、一般に府―県―

郷—都—里（図）という形を取り、このほか県城内には坊が、県城附近には隅（または関廂）が設けられていた

［徽州府］在府門前十字街口。洪武三年置。…其六県自洪武八年、共置一百六十所。立於県治并各都甲戸之側。

［歙県］三間、在県門外之左、国朝置。又設四十所、於坊都大戸之傍。

［休寧県］在県治公館之西。…各都三十三所。

［婺源県］国初始建。在県治南偏。…各都四十所。

［祁門県］在県治東。并設在各都、共二十三所。

［黟県］在県治東、国朝置。四郷、各一所。

［績渓県］在県西。又一十五所、在都。


すなわち徽州府下の申明亭は、府・県衙門の附近にそれぞれ一箇所が置かれたほか、休寧・婺源・祁門・績渓の四県では、郷村部の都ごとに一箇所の申明亭が設置され、附郭県である歙県では、都のほか県城内の坊にも申明亭が設けられ、黟県では都の上位区画である郷を単位に設置されていたことがわかる(19)。そして実際に、歙県以外の各県の申明亭数は、同書巻一・廂隅坊都所載の各県の都数（黟県では郷数）と一致している(20)。

弘治『徽州府志』の記事が単なる具文ではなく、実際に各都に申明亭が設けられていたことを示す史料として、祁門県六都善和里の程氏に関する万暦『布政公謄契簿』には、成化十（一四七四）年に徽州府が下した次のような帖文が収められている(21)。

直隷徽州府祁門県為民情事。據六都一図排年里老程芳等申。奉本県帖文、依奉前去、会同各役、従実体勘得、本都旌善・申明二亭地基、坐落大渓辺。委的積年被洪水衝塌、随脩随壊、已往枉費工程甚多。見成荒蕪、深坑可験、委実難以起造。及勘得、与本亭相近、土名胡家園、的有程昂業地、約有四分令（零）。高敞穏便橋梁去処、堪以

起造。已与昂議允、収本亭原旧地基、議還程昂管業、於程昂業地内、做造二亭、実為両便。……為此本県合帖文書到日、仰速照帖文内事理、仰程昂原旧申明亭基地、依文永遠管業。仍収土名胡家園業地四分、聴従做造旌善申明二亭、毋得違錯。須至帖者。

右　帖　下　程　昂　准　此

成化十年十一月　　　廿二　　　日帖

この文書は祁門県六都一図の排年・里長・老人たる程芳らの上申を受け、祁門知県が同都の程昂に発給した帖文である。祁門県六都では、もともと大渓辺という川べりの地に申明・旌善の二亭が設けられていたが、連年の洪水により倒壊し、そのつど修理費用がかさみ、ついには荒廃してしまった。このため程芳らは、程昂が管業している胡家園という高台の土地を、元来の申明・旌善亭の敷地と交換して、新たに両亭を建造することを知県に請願した。祁門知県は申請を認めて、程昂にこの帖文を発給して敷地の交換を指示したのである。

このように明代中期の徽州府では、府志の記述のとおり都を単位として申明亭が設置され、かつ実際に維持・運営されていたと考えられる。徽州などの華中山間部では、一般に明代の都は南宋以来の都保制に基づき、元代までの都を（若干の分割や併合をともない）踏襲して設けられ、里（図）は都をいくつかに分割して編成されることが多かった[22]。宋元時代の都は、多くは水系などに従って、自然村落を地縁的に編成した郷村区画であったから[23]、明代の徽州においても、自然村落の地縁的なまとまりは、おおむね都を中心とした範囲を基本としていたと考えられる。申明亭も実際には里ではなく都を単位として設置・運営されていたのである。

さらに明代中期の訴訟処理における申明亭の機能を示す興味深い史料として、歙県二十三都の程氏に関する抄契簿に収められた、成化二十三（一四八七）年の、墳山争いをめぐる程福縁の「供状」の抄件を紹介しよう[24]。

供状人程福縁、年四十歳、係本府歙県二十三都十啚民。状供、承伯祖永楽年間買到程興師声字廾一号下截山壱十伍歩、管業葬墳。上截係程興祖山乙十伍歩管業。本家未買之先、前人陶坑為界。已経六七十年無争。今被程興祖告要肥痩均分、縁伊家祖山在上、本家買山在下、各照旧額管業、法無重分之条。将情具告本府、蒙批里長勘報、連日拘喚、興祖等恃強不服。如蒙准供、乞拘同業人程志寿・山隣人程本茂、到　亭審問。便見明白照契照業判断、免被興祖故違遠年産土事例、非理誣告纏害。今蒙拘問、所供是実。

成化二十三年　　月　　日　　供状人程福縁

程福縁は、永楽年間に伯祖が程興師から買った山の下半分、計十五歩を管業し、そこには墳墓が設けられていた。一方で上半分の十五歩は、程興祖（興師の同族であろう）が管業していたが、以前から境界が定めてあり、六七十年間なんの争いもなかった。ところが最近、程興祖はあらためて肥沃な部分と痩せ地をならして、その山を均分するべきだと言い立て、（県に？）訴え出たのだという。程福縁も対抗して徽州府に提訴し、知府は里長に係争地の検証と報告を命じた。里長は興祖らを連日召喚して審問したが、興祖らは主張を譲らない。このため福縁はこの供状において、関係者や近隣を召喚し、「亭に到りて審問」、すなわち申明亭において審問し、契約文書と係争地を照らし合わせ、判定を下すことを請願したのである。

この文書の末尾には、「今蒙拘問、所供是実」、すなわち程福縁が「召喚されて審問を受け、事実を供述いたしました」とある。おそらく徽州知府が程福縁を召喚して審問した際、その供述を記録したのが、この「供状」であろう。そして程福縁はさらに関係者を申明亭に召喚し、（値亭老人が？）「明白に契を照《しら》べ業を照べて判断」することを求めたのである。

また注目すべき記載として、程興祖が明確な売契がある山の再分割を要求したことに対し、程福縁は「法には重分の条無し」とか、「遠年産土の事例に違い、理に非ずして誣告纏害」したと批難している。この「遠年産土の事例」とは、家産分割や売買の後に土地の再分割や買い戻しを要求することを禁じた、成化五（一四六九）年の事例を指すのではないか[25]。この事例はのちに整理され、弘治『問刑条例』において、「家財田産を告争するには、但だ五年の上に係り、并びに未だ五年に及ばざると雖も、験《たし》かに親族の写立せる分書の已に定まりたると、出売せる文契の実《まこと》なる者有らば、断じて旧に照らして管業せしめ、重分・再贖するを許さず」という形にまとめられている[26]。朝廷で制定された事例が、民間レヴェルまで周知され、訴訟当事者の供状において法源として引用されているのであり、明代中期ごろの地方裁判の過程で、必ずしも非実定的な「情理」だけではなく、当事者により国法の条文が引照される場合もあったことを示すものであろう。

なお徽州以外の地方志にも、「直亭老人」が申明亭に輪番で詰め、戸婚・田土などの紛争を処理していたことを示す記事がある。たとえば浙江の永康県では、「洪武中、天下の州県をして、里ごとに老人一名を設けしめ、耆年有徳なる者をこれに充つ。申明亭を置き、教民榜を頒ち、凡そ民間の細事は、倶に直亭老人が衆を会して剖断するを聴す」[27]とあり、ここでは郷村部におかれた申明亭に詰める老人を「直亭老人」と称している。北直隷の南宮県でも、各「社」に置かれた「直亭老人」と、城市の総甲や郷村の保長・甲首が、「皆な一年ごとに代換」していたという[28]。

さらに成化十（一四七四）年の礼部等衙門の題奏に引く、蘇州府長洲県民葛復の上言には、次のようにある[29]。

申明亭の老人は、専ら郷党を率い、民訶を部（剖）く為に設く。切《ひそ》かに見るに、本県六直甫地方は、周囲の人民約五十余家有り、人煙輳集の去処なり。原《も》と申明亭一所を設け、往来（年）《?》老人が亭に在りて事を理め管轄す。後場毀するに因りて脩理を行わず、民に詞訟有らば、輙《たやす》く上司に赴きて詐告す。……乞うらくは該部に勅し、本府県に転行して、旧に照らして前亭を脩造し、仍りて年高有徳にして、衆の推服する所の老人を選び、輪流して亭に在らしめ、教民榜の事理に照依して、民間の一切の不応なる小事を部（剖）断せしめんことを。……長洲県の六直甫は郷村部の鎮市であり、もと申明亭が設けられ、老人が訴訟を処理していたが、近年申明亭が荒廃し、人民は小事の訴訟を直ちに官に告訴しているという。このため葛復は、申明亭を復興して、老人がそこに輪流し、『教民榜文』に従って小事の訴訟を裁決するべきことを朝廷に請願し、裁可されたのである。長洲県でも申明亭は都を単位に設置されていたと思われるので[30]、おそらく各都の中心的な鎮市に申明亭が設置され、老人が「輪流して亭に在り」、その市場圏を中心とした地域の訴訟処理に当たったのではないか。おなじく蘇州府の呉県についても、「薛鋳は木瀆鎮の老人なり。申明亭に坐し、一離婚の事を聴断す」云々という記事が見られる[31]。

これに対し、弘治年間ごろの蘇州府常熟県については、「申明亭、県治の南街、井亭の西側に在り。……民間の戸婚・田土の一切の争論は、九郷の老人が輪直し、此において会決す」とある[32]。つまり県衙門の側に置かれた申明亭に、県下の郷村部の老人が輪番で当直し、戸婚・田土などの訴訟を裁決していたという。また北直隷の隆慶州については「申明亭、州治の左に在り、紅牌の事例を中に置く。各隅・屯の老人が輪流し、直日して訟を理む」とある[33]。隆慶州の隅・屯は、おおむね華中南の坊・都に相当し、州城内に四つの隅が、郷村部に十の屯が置かれており[34]、十四の隅・都の老人が、輪番で州衙門の申明亭に日直し、訴訟を処理していたわけである。おなじく北直隷の保定府でも、「府州県の前に申明亭を設置し、中直なる老人を以ってこれを主らしめ、凡そ民に冤抑ある者は、此に於いてこれを明らかに」したという[35]。また福建の寧津県では、各里に老人一名が置かれるとともに、「申明亭老人」一名が設けられていた[36]。この場合も「申明亭老人」は、県衙門に付設された申明亭に置かれていたと思われる。

さらに明代前期の浙江温州府瑞安県の石安民は、知県から「申明亭長」に任じられ、「大政有らば、悉く処決を為し」、温州知府も「凡そ興革有らば、必ず就きて計議」したという。また温州府永嘉県の周紬も、やはり明代中期に知県から「申明亭長」に選ばれたが、次のような逸話が伝えられている。ある未亡人が実子がないため養子を取ったが、亡夫の弟が財産をねらって、養子を追い出そうと県に訴えた。周紬は知県に彼の訴えの非理を力説したが、知県は耳を貸さない。そこで周紬は未亡人に城隍廟で五日間祈祷させたところ、城隍神が来降し、「好耆老よ、三日後に分剖を聴け」と告げた。三日後に亡夫の弟たちが楼上で宴会していると、にわかに雷が彼らを直撃し、未亡人は家産を守ることができたという。(37) こうした「申明亭長」も、おそらく県衙門付設の申明亭に輪流して、県の訴訟処理に関与していたのではないか。

要するに明代には、郷村部の都などを範囲に設置された申明亭に、老人たちが輪番で詰めて訴訟処理に当たることがあり、「直亭老人」などと呼ばれていた。また一方では、県衙門の側に設けられた申明亭に、やはり老人が輪番で当直し、訴訟処理を委ねられることもあった。ただし最初に挙げた徽州府の「印信合同」に現れる「値亭老人」や、明末の律例注釈書の「手本式」における「直亭老人」が、はたして都などの申明亭に輪流していたのか、県衙門付設の申明亭に詰めていたのかは、現時点では断定することは難しい。ともあれ値亭（直亭）老人に類する制度は、徽州府以外にも各地で施行され、地方官から訴訟の再審理を委ねられ、審問のうえ供述書を取って報告する職責を担っていたと考えられるのである。

第四節　老人制と地方官の裁判の補完的関係

上述のように、明代中期には徽州を含めた各地で、「値亭老人」などが訴訟の再審理に当たっていたと考えられる。「値亭老人」という名称が現れる徽州文書は、管見のかぎり上記の「印信合同」だけであるが、実際には当時の徽州の地方官が、特定の老人に民事的訴訟の再審理を委ねることは稀ではなかったようである。一例として、成化二（一四六六）年、祁門県が十八都の葉材に発給した帖文を挙げてみたい[38]。この訴訟の経過はかなり複雑多岐にわたるが、その概略だけを述べておこう。祁門県十八都の葉済寧には、妻との間に三人、妾との間に一人の、計四人の男子があり、臨終に当たって族長などに遺言を託し、四人の男子への家産の分割を取り決めた。ところがのちに遺言や契約文書が焼失してしまい、家産の分割と継承をめぐって葉済寧の子孫のあいだで複雑なトラブルが生じ、葉材・葉栄などが互いに祁門県に訴え出たのである。

この帖文の冒頭には、十八都の老人葉文輝が知県に提出した次のような呈文が引用されている。

……県為互告財産等事。據十八都老人葉文輝等呈、「奉本県批詞、據本都葉材・葉栄互争前事、依奉前去、会同原批老人、并親族陳邦道等、拘集□（原？）被告人審理、各称情詞不一、不服審理、難以問断。呈乞行拘親族葉敬誠等、到官審問、追理便益」等因呈繳。得此、行［拘？］間、又據葉大亦告前因。行拘間、又據族人葉敬誠等連名告保、「葉材・葉栄等回家和釈、完日送官」。據此、参照各告情詞互告田産家財等項、姑准保回和議、分辦明白、送官完結。……

前半の「　」内の部分が老人葉文輝の呈文と思われるが、大意は次のとおりであろう。「私は祁門県の批文を承け、葉材・葉栄らの訴訟について、現地で〝原批老人〟と親族を会同し、訴訟当事者も拘引して審理を行ないました。しかし双方とも主張を譲らず、審理に服しません。そこであらためて親族の葉敬誠などを官に召喚して審問していただきたい」。葉文輝の報告を受け、知県は親族らを召喚した。ところがその後、葉敬誠など葉氏の族人が「葉材・葉栄らを保釈していただき、族内で調停を進めたい」と申し立て、知県もこれを認めて両当事者を保釈し、和議を進めさせることにしたのである。結局この訴訟は、葉氏の族人たちの調停が功を奏し、あらためて家産を分割し直すことで和解が成立している。その報告を受けた知県は、葉材などの当事者にこの帖文を発給して、和解条件を遵守することを命じた訳である。

この訴訟処理の過程で、知県の指示を承けた十八都の老人葉文輝は、現地で「原批老人」を会同して審理に当たっている。この「原批老人」とは、おそらく訴訟を受理した知県が、最初に批文を下して検証や調査を命じた老人ではないか。まず「原批老人」によって検証・調査が行われたが、決着がつかなかったため、さらに知県が別の老人（葉文輝）に指示して、「原批老人」を会同して再審理することを命じたのであろう。葉文輝はこの案件において、第二節で検討した「値亭老人」とほぼ同様の役割を果たしていたと考えられる。

地方官が受理した民事的訴訟には、現地の老人や里長の裁定を不服として訴えられた紛争も多かったであろうし、紛争当事者が老人や里長の親族・知友であることもあっただろう。こうした場合、地方官は他の老人を現地に派遣して、あるいは「値亭老人」などに案件を下げ渡して、訴訟の検証や審理を委ねたのではないか[40]。清代には訴状を受理した地方官は、差役に令状を発給して現地に派遣し、調査・検証・調停・召喚・逮捕などを命じるのが普通であり[41]、場合によっては正官や佐弐官自身が係争地の検証などに当たった。これに対し明代中期までの徽州文書には、管見のかぎり官吏や差役が訴訟処理の過程で郷村に赴いたことを示すものはない。訴訟当事者の法廷への召喚も、里長・老人による「勾摂公事」の一環として行われるのが原則であった[42]。明代前・中期の徽州では、太祖以来の祖法である「官吏下郷の禁[43]」は、おおむね遵守されていたといえよう。

さらに明代前・中期の徽州では、地方官が信任する老人に訴訟処理を委ねたことを示す伝記的史料も多い。たとえば婺源県の人張操については、

邑令の呉公春・二尹の張公子才は、其の謹愿にして公平なるを見て、年の五旬に甫《およ》ぶに、挙げて耆老と為す。凡

そ邑内に疑訟有らば、公に委ねて詳決せしむ。公は則ち善を挙げて勧め、人は其の化に服し、判に従うこと流るるが如し。(44)

とあり、永楽～宣徳年間の婺源知県呉春・県丞張子才によって老人（耆老）に挙げられ、しばしば訴訟の裁定を委ねられ、人々はすすんで彼の「判」に服したという。

また休寧県の人金希傑についても、

金君は世よ邑南に居し、巨室為り。義を好み礼を秉《と》り、郷人は亟《しばし》ば之を称す。君に至りて産は益ます拓け、族は益ます華《さか》え、歸然として一邑の老成人たり。……郷飲行われ、議の賓位たる者に及ぶ有らば、人は必らず金君と曰う。有司嘗て耆民に署して一邑の訟を聴《おさ》めしめ、当たる可き者を議するや、人は又た金君と曰う。君は毎に固く能わざるを巽謝するも、人は必らず羣起して部使者に言い、部使は君の行義を雅として、亦た毎に固く之に強いる。君は終に耆民を辞し、退きて家に処れり。(45)……

とある。彼は県内有数の名望ある富民であり、当時地方官が「耆民に署して一邑の訟を聴かしめ」たところ、郷人はみな彼を推挙し、彼が辞去すると人々はさらに御史にも推挙したが、彼は固辞して郷里に退いたという。

さらに休寧県の王希遠についても、

人の緩急を済うに務め、弘治初、高邑令は挙げて耆老と為す。会《たまた》ま蘇・余の二家は訟獄を久しくするも、令の老人に委ねるや、片言もて立ちどころに解し、二家は金を賚《もたら》して之に謝魔す。一時郡県に訴うる者は、咸な老人に下されんことを願う。後の邑令も更に委重せり……(46)

とあり、知県高忠（弘治四［一四九一］年任）によって老人に挙げられ、積年の訴訟を立ちどころに解決したため、府や県に訴え出る者は、みな訴訟が彼に下げ渡されることを願ったという。王希遠が老人であった期間は、前掲の「印信合同」が作成された弘治九年と重なり、彼が「値亭老人」の一人であった可能性もある。明代前・中期の徽州府では、各里の老人・里長による実地検証や調査に加え、地方官の委任を受けた老人がしばしば訴訟の再審理に当たっていたのであり[47]、弘治年間の「値亭老人」は、そのもっとも整備された形であったといえよう。

小　結

以上本章では、弘治九年の「印信合同」にあらわれる「値亭老人」に関し、関連史料を検討して考察を加えた。値亭（直亭）老人は地方官に提訴された訴訟について、当事者の身柄や関連文書を下げ渡され、再審理を行い結果を官に報告することを職掌とした。明代中期、申明亭は里ではなく都を単位として置かれており、値亭（直亭）老人も都ごとの、あるいは県治や府治に設けられた申明亭に輪流していたと考えられる。おそらく各里の老人から適任者が選ばれ、府・県の訴訟の再審理に当たったのであろう。値亭（直亭）老人に類する制度は、おそらくは里甲制下において十分に解決されず、地方官に提訴された訴訟を処理する方途の一つとして、徽州府をふくめ各地で行われていたと思われる。

その反面、明代中期の法制史料『皇明条法事類纂』によれば、成化年間には老人や里長による訴訟の検証・調査・再審理などにともなう弊害がしばしば指摘され、朝廷で議論が重ねられていたことがわかる[48]。まず成化九（一四七三）年三月、陝西鳳翔府同知の毛瓊の上奏によれば、各地の府州県の長官は、訴訟を受理すると事情の軽重を問わず、一概に里長・老人に差し戻して処断させ、彼らが郷村において人々を集めて酒食を求め、是非を転倒し、財物を索取するに任せていたという。毛瓊はこうした弊害を防ぐため、里長・老人による処断を不服として提訴された訴訟は、安易に里長・老人に委ねず、長官と佐弐官が共同で審理すべきであると建議したが、刑部が訴訟の審理は佐弐官の職掌ではないとして反対したため、裁可されなかった(49)。

ところがこれと前後して、刑部給事中の趙銀が上奏し、各地の地方官が安易に小事の訴訟の実地検証や調査（保勘）を里長・老人に委ね、その報告によって不公正な裁決を下していると建言した。成化九年四月、刑部はこれを受けて、戸婚・田土などの訴訟のうち、書類や証言によって判断を下しうる案件は里甲や老人の調査検証に委ねず、地方官がみずから関係者を召喚し書類を調べて審理すべきであると提議し、裁可された(50)。さらに成化十一（一四七五）年、南直隷貴池県訓導の陳離の上奏によれば、江西地方では小民が土豪に田地財産を侵害され、これを里長・老人に「状投」しても、里長・老人は豪民の勢力を恐れて偏った裁定を下し、地方官も里長・老人の報告のままに不公正な判決を下していたという。陳離は里長・老人の処置に従って裁定しがたい案件は、知県が当事者らを召喚して審問のうえ判決を下すべきであると建議し、やはり裁可されている(51)。

このように成化年間の前半には、里長・老人による訴訟の調査検証や紛争処理の弊害がしばしば指摘され、朝廷での議論を経て、地方官が安易に里長・老人に調査検証を委ねず、直接訴訟の審理に当たるべきことが命じられている。この時期には、刑部や都察院による地方問刑衙門の監督や、裁判に対する監察の強化を通じて、中央政府による地方裁判の管理体制の整備が模索されつつあり、里長や老人の訴訟処理への関与の制限も、できるだけ中央政府が地方末端の裁判を把握しようとする政策の一端と見ることができよう(52)。しかし本章で検討したように、実際には成化年間にも、徽州などでは老人や里長による実地検証や調査、さらには老人による訴訟の再審理などが一般的に行われており、こうした中央政府の政策が実効性を持ったとは思われない。

そして成化二十三（一四八七）年には、文宣なる官人が建言し、近年以来府県が訴訟の大小にかかわらず、一概に関係者を拘引・監禁するために、獄囚が増加し監房が充満するに至っているとして、戸婚・田土などの訴訟はともに里長・老人に下して調査検証を委ね、地方官が不必要に関係者を拘引・監禁することは禁じるべきであると提議した。この建言は都察院などの衙門の審議を経て裁可されている。(53) これによって成化九年以来の議論は、ほとんどふりだしに戻ってしまった。

明代中期には老人や里長が郷村で起こる戸婚・田土などの紛争を十分に解決することがしだいに難しくなっていったことは確かであろう。しかし地方官の訴訟処理能力もまた不十分であり、大部分の民事的訴訟は、現地での実地検証や調査なしには決着しがたかった。里長や老人による訴訟の調査検証を制限しようという朝廷での議論は、多分に地方裁判の実情から離れた机上の論であったといえよう。とはいえ里長や老人は現地の状況を知悉している一方、訴訟当事者・関係者とも地縁・血縁などの諸関係で結ばれ、第三者的な判断を下しにくい場合も多かったことも確かである。このため地方官は当地の里長・老人に訴訟の調査・検証を指示するだけではなく、「値亭老人」など特定の老人に訴訟の再審理や検証を委ね、供述や検証結果を報告させたのであろう。清代にはこうした調査検証や調停などは、差役を介した地方官と民間社会との相互作用を通じて進められたが、明代前・中期には、「値亭老人」などを含めた広義の老人・里甲制が、官の裁判と郷村社会との結節点としてその役割を担ったのである。

註

（1）『契約文書』巻一、一八六頁。なお訴状の正本は通常一件書類として地方衙門で保管されるはずである。本文書には祁門県印は押されていないが、県印のあるべき場所に祁門県の県押が書き入れられ、末尾の署名には知県の花押も付され、告状の本文と批文の間には、朱筆で「行勘」の語も書き込まれているので、単なる私的な写しではない。滋賀秀三氏によれば、清末の淡新檔案では、告訴状は正状と副状の二通を提出し、副状にも正状と同文の地方官の批が記され、提出者が自分用の保存記録としてもらい受けることができたという（「淡新檔案の基礎的知識――訴訟案件に現われる文書の類型――」『島田正郎博士頌寿記念論集　東洋法史の探究』汲古書院、一九八七年、二六一～六二頁）。本文書も、告状人の謝玉清が、知県の批文を付した告訴状の副状ないし抄本を県衙門から交付されたものではないか。なお伍躍『明清時代の徭役制度と地方行政』（大阪経済法科大学出版部、二〇〇〇年）一〇二～一一七頁にも、本文書のほか明代徽州の訴訟文書が紹介され、訴訟処理における里長・老人の機能が論じられている。

（2）なお謝玉清に関しては、中国第一歴史檔案館に、『抄白告争東山刷過文巻一宗』と題される、成化八～九（一四七二～七三）年に十西都の謝玉清・玉澄と、謝得延・道本の間に起こった、やはり山林の管業権をめぐる訴訟案巻を抄録した簿冊文書も残されており、全文が『中国明朝檔案総匯』（広西師範大学出版社、二〇〇一年）第一冊、三八～五二頁に収められている。両当事者の提訴を受け、地方官が当事者などを召喚して供述を取り、里長・老人による実地検証を経て、両当事者が和解を申請して認可されるまでの一連の文書がほぼ完全に収録されており、訴訟の決着後に案巻を抄出して当事者に発給した「抄招給帖」を、さらに抄録した文書であろう。明代中期の訴訟処理過程を詳細に示す重要な史料であり、歴史研究所蔵の『王源謝氏孟宗譜』により、訴訟当事者の系譜関係も復原できるため、機会があれば稿を改めて検討したいと考えている。

（3）上記の謝玉清の「状紙」では、被告を「程付云」とするが、下掲の十西都里長の「申文」では「程付栄」と記す。おそらく後者が正しいのではないかと思われるが、ここでは仮に双方を併記することにする。

（4）帖文とは、里長・老人や人民からの報告や申請などを承け、地方官が発給する下行文書である。訴訟関係以外にも広く地方行政一般において用いられ、『契約文書』にも「墾荒帖文」（開墾許可証）などが収められる。また上級官庁から下級官庁への下行文書としても帖文が用いられた。多くはまず上申者の呈文や申文などを引用して事の経過を記し、「為此」の二字をおいて指令や認可などを記し、「須至帖者」の語をもって本文を終え、行をかえて「右帖下某人准此」と記す体例をとり、文書の左上に大きく「帖」の字を印する。形式的には淡新檔案にみえる差役に対する指令書たる「票」に類似する（滋賀前掲

「淡新檔案の基礎的知識」二六五～六七頁参照）。

（5）安徽省博物館蔵「明成化祁門県回呈」（蔵号二：一六七六四）。「申文」は里長・老人などが地方官に、あるいは下級衙門が上級衙門に報告・申請する上行文書。里長・老人から地方官への報告や申請には、「呈文」もよく用いられるが、両者の区別はまだよく判らない。里長による「申文」の原本は県衙門に保存されたはずであり、おそらくこの文書も「申文」の副本か写しに知県の批文を書き入れ、県印を押して里長に発給し、批文の内容を訴訟当事者・関係者に周知させたものであろう。なお五十年代から屯溪の古籍書店が収集した文書は、体系的に分類されず、逐次各地の機関に売却されたため、このように一つの訴訟に関する文書が、複数の機関に別々に収蔵されていることも稀ではない。

（6）安徽省博物館蔵「明成化帖」（蔵号二：二九六三八）。なお『契約文書』には、やはり成化年間の山林訴訟に関して、祁門知県が訴訟当事者に発給した、二件の帖文が収められている。（「成化元年祁門黄文等査産帖文」・「成化二十一年祁門県為告争山地杉木事帖文」『契約文書』一巻一八一・二二九頁）。いずれも地方官の指示で検証などに当たった里長や老人の、「申」や「呈」による報告を受け、検証結果に従って係争地の管業権を確定することを命じている。

（7）北京図書館蔵『汪氏歴代契約抄』（編号一四四〇〇）。

（8）「弘治十三年徽州府関於祁門県民争訟帖文」（『契約文書』一巻二八八頁）。『契約文書』ではこの文書を「帖文」と題するが、帖文に特有な文書左上に大書された「帖」字もなく、文書本文の末尾も「須至帖者」ではなく「須至牌者」とあるので、「帖文」ではなく「牌」とすべきであろう。「牌」も上級官庁から下級官庁への指令書などとして用いられるが、「帖文」との使い分けはまだ明確ではない。

（9）明代の徽州府では各里（契約文書では一般に図と称される）の下に保が設けられ、保ごとに保内の魚鱗図冊（保簿）を保管していた。周紹泉（岸本美緒訳註）「徽州文書の分類」（『史潮』新三二号、一九九三年）七七頁を参照。

（10）『契約文書』一巻二七四頁。「弘治九年徽州府因李溥覇占風水帖文」という表題が附されているが、内容や格式から見て、これを「帖文」と称するのは適切ではないであろう。

（11）　徽州府下の郷村区画は、県―都―里（図）―保の系統をなし、契約文書では土地の所在は県―都―保で示される場合が多い。本文書にあらわれる「保長」の詳細は不明であるが、休寧県茗洲呉氏の族譜『茗洲呉氏家記』巻十、社会記、成化十九（一四八三）年二月、時事の項には、「県定、毎保立約長、十家為甲。我保李斉雲為約長」とあり、成化年間の休寧県で、十家を甲とし、保ごとに約長を立てしめたことを伝える。ただしこの供状を提出した保長が、土地区画としての保、あるいは戸数編成による保のいずれに基づいて置かれたかは未詳である。

（12）　この指令文の大部分は、版木による端正な楷書であるのに対し、「覇占風水」・「祁門」・「李溥」などの語は行書体の墨書である。おそらくこの種の官文書作成の際に用いる定型的な版木があり、固有名詞などをこれに書き入れたのではないか。また『契約文書』に収録する官文書では、唐草模様の外枠は、府により発給された文書にのみあって、県の文書にはみられない。

（13）　「教民榜内の一欵」が、具体的に第何条を指すのかは確実ではないが、人民が戸婚田土などの訴訟をむやみに起こすことを戒め、老人がこれらの紛争を極力和息させることを規定した第二十三条を指すのであろうか。

（14）　なお印信合同の作成後、同年九月には祁門県が李溥に対して帖文を発給し、府の裁定に従って双方が墳墓を管業すべきことを通達している。「弘治九年祁門県因李溥覇占風水帖文」（『契約文書』一巻二七六頁）。

（15）　貢挙編『鐫大明龍頭便読傍訓律法全書』（万暦中刊本）巻十一、県用行移各式、および蘇茂相編『新刻大明律例臨民宝鏡』（崇禎五年序刊本）首巻中、行移体式、県用行移体式にも、はぼ同文の「手本式」を収める。ただしこの種の坊刻律例注釈書の記事は、一般により以前のなんらかの祖本を踏襲している場合が多く、同様の「手本式」がいくつかの類書にみられるとはいえ、明末期に値亭（直亭）老人による訴訟の再審理が一般的に行われていたかは疑問である。

（16）　ここでの知県と直亭（値亭）老人との関係は、上級官庁が訴訟を管内の下級官庁に交付して審理させ、結果を報告させる「委審」と類似する。「委審」については、滋賀秀三「清朝時代の刑事裁判」（初出一九六〇年、『清代中国の法と裁判』創文社、一九八四年所収）三四～三六頁を参照。

（17）成化二十一（一四八五）年の礼部等衙門の題奏に、「各処毎里該一老人、其役至微、其要至重。必推年高有徳、平昔公直、人所敬服、挙措得宜者。……」とある（『皇明条法事類纂』巻十二、禁革主保里長、「革退行止不端老人例」、古典研究会影印本、上巻二八五頁）。明代中期の地方志でも、ほぼ例外なく老人は各里一名とされている。

（18）三木聡「明代老人制の再検討」（『海南史学』三〇号、一九九二年）、二「申明亭と都・図」（五～一〇頁）。

（19）ちなみに各県における一都あたりの平均里数は、歙県が五里強、休寧県が五里弱、婺源県が三里、祁門県が二里強、黟県が二里強、績渓県が二里弱となる（弘治『徽州府志』巻一、地理一、廂隅郷都）。なぜ黟県のみ都でなく郷ごとに申明亭が置かれたのかは明確ではない。なお旌善亭の設置についてみると、府治のほか休寧・祁門・黟・績渓の四県においては、申明亭と同じく県治および各都（黟県では各郷）に設けられているが、歙県では県治のほか郷村部には計二十箇所にすぎず、また婺源県ではもともと県治および各都に設けられていたが、弘治年間までにいずれも廃弛していたという。

（20）弘治『徽州府志』巻一、廂隅郷都。なお三木前掲「明代里老人制の再検討」七頁、［表－1］各地の申明亭数、③徽州府の項には、休寧県の都数を三十七とする。これは同県の都数三十三に、県城に近接する隅の数四を足した数と思われるが、隅には申明亭は置かれていないので、省くべきであろう。また婺源県の都数を五十とするが、同県では国初五十であった都数が、弘治年間までに四十に統合されているので、申明亭数もこれに応じて減少したのであろう。

（21）『契約文書』七巻二〇〇～〇一頁。

（22）弘治『徽州府志』巻一、廂隅郷都。明初の里甲編成と都との関係については、鶴見尚弘「明代における郷村支配」（岩波講座『世界歴史』一二、岩波書店、一九七一年）六八～七二頁、同「旧中国における共同体の諸問題――明清江南デルタ地帯を中心として――」（『史潮』新四号、一九七九年）六九～七二頁を参照。

（23）柳田節子「郷村制の展開」（初出一九七〇年、『宋元郷村制の展開』創文社、一九八六年所収）三九五～四〇四頁、斯波義信「宋代湖州の聚落復原」（『劉子健博士頌寿記念宋史研究論集』同朋舎、一九八九年）。斯波氏は厳格な戸数編成に基づく唐代の郷里制が、人口増や移住などに対応し、宋代を過渡期として、明代の都を中心として編成された区－都－里（村）よりなる行政村制度に移行したと指摘する。宋元期の徽州でも、自然聚落は都を範囲として編成され、それが明代に複数の里に区分されたのであろう。

(24) 上海図書館の収蔵する歙県程氏の抄契簿（所蔵番号五六三七六二）。カード目録では「売買田地契約」としてまとめられた抄契簿の一つ。

(25) 『皇明条法事類纂』巻十二、別籍異財、「已分家産不許告争売絶田地不許告贖其有辱罵捏告勘問官者照刁徒処置例」（古典研究会影印本、上巻三〇〇～〇一頁）。また同巻「分定家産重名（分）者立案不行例」（成化十九年、同三〇二～〇三頁）も参照。

(26) この条例の成立過程については、岸本美緒「明清時代における『找価回贖』問題」（『中国――社会と文化』一二号、一九九七年）二七〇～七二頁に詳しい。

(27) 顧炎武『天下郡国利病書』原編第二十二冊、浙江下、永康県志。

(28) 嘉靖『南宮県志』巻二、建置志、役法。王興亜『明代実施老人制度的利与弊』（『鄭州大学学報』［哲学社会科学］一九九三年二期）二五頁を参照。

(29) 『皇明条法事類纂』巻四十四、拆毀申明亭、「建言民情」、影印本下巻二八一頁。

(30) 隆慶『長洲県志』巻五、官署に、「申明亭、所属郷都各置」とある。

(31) 崇禎『呉県志』巻四十七、人物、卓行、国朝。栗林宣夫『里甲制の研究』（文理書院、一九七一年）七五頁、註(73)参照。

(32) 弘治『常熟県志』巻二、叙宮室、県治。

(33) 嘉靖『隆慶志』巻二、官署、諸司廨舎。王興亜前掲『明代実施老人制度的利与弊』二五頁参照。

(34) 嘉靖『隆慶志』巻一、地理、隅屯。

(35) 弘治『保定郡志』巻五、諸司廨舎。王興亜前掲論文二六頁参照。

(36) 万暦『寧津県志』巻五、官師志、官制、国朝。王興亜前掲論文二三頁参照。

(37) 石安民・周紬の伝は、ともに万暦『温州府志』巻十二、人物志二、義行。
(38) 「成化二年祁門葉材等互争財産帖文」(『契約文書』一巻一八三頁)。
(39) 文頭の七字ほどが欠落しているが、他の文書例からみて、「直隷徽州府祁門県…」という語句が入ると思われる。
(40) 明代中期の徽州文書には、他にも地方官の命を承けた老人が、現地の老人や里長とともに検証や審理に当たったことを示す史料がある。たとえば成化十(一四七四)年、祁門県十四都の王忠和と李仕庸との山林争いでは、両者が「互告して府に到り、批を蒙りて差《つか》わせる老人江浩震、及び両啚の排年・里老が踏勘」し、境界を確定している(上海図書館所蔵『山契留底冊』、所蔵番号五六三七六二)。同様に正徳五(一五一〇)年、祁門県三四都の汪値兄弟が山地を二重売買して訴えられた際も、「老人の謝悦が、該都の里老と会同して、所に到りて体勘」した結果、汪値らが非を認めて和解している(南京大学歴史系資料室蔵「明洪武－崇禎契」所蔵番号〇〇〇〇六五)。いずれも知県の指示を受けた老人が派遣され、現地の里長や老人を会同して実地検証を行い、和解にいたったわけである。
(41) 滋賀秀三「清代州県衙門における訴訟をめぐる若干の所感――淡新檔案を史料として――」(『法制史研究』三七号、一九八七年)四四～五〇頁。
(42) 岩井茂樹「徭役と財政のあいだ――中国税・役制度の歴史的理解に向けて――」(三)(『経営経済論叢』[京都産業大学]二九巻二号、一九九四年)。
(43) 清水泰次「明初の民政――官を抑え民をあぐ――」(『東洋史研究』一三巻三号、一九五四年)二八～三二頁。
(44) 『張氏宗譜』巻十四、内紀文翰「処士張公孟海伝」。
(45) 程敏政『篁墩文集』巻十八、記、「保翠堂記」。
(46) 万暦『休寧県志』巻六、人物志、郷善。
(47) このほかにも程敏政『篁墩文集』巻二十七、序「寿蔣翁八十序」には、休寧県の蔣廷槐について、「郡守の孫公、一里の訟を聴めしむや、一里の人は帖然たり。則ち間ま一邑の訟を以って之に委ねるも、其の操は久しくして渝《かわ》らず。又た間ま一郡の訟を之に委ねるも、訟は益ます理《おさ》まり、人は益ます孚《まこと》とす。更に龍公・周公・二王公の凡そ四守、其の委は益ます替らず」とある。彼は徽州知府の孫遇（正統九［一四四四］年任）に選任されて里内の訴訟処理に当たり、さらには休寧県下や徽州府下の訴訟処理も委ねられ、その後も、天順八～成化二十三（一四六四～八七）年にかけて在任した四人の知府の信任を受けつづけたという。地方官が老人以外に里内の紛争処理を委ねるとは考えられず、彼はまず里の老人に選ばれ、ついで県や府の訴訟も委ねられたのであろう。なお徽州以外の例として、宣徳・正統年間に松江知府であった趙豫も、府に提訴された訴訟をもっぱら公正な老人に委ねて処断せしめ、老人が解決しえない事案のみ自ら和解に当たったという（『英宗実録』巻九十九、正統七年十二月丙申の条）。

(48) 一連の議論について詳しくは、拙稿「明代中期の老人制と郷村裁判」（『史滴』一五号、一九九四年）を参照。

(49) 『皇明条法事弊纂』巻三十八、告状不受理、「在外問刑衙門官員務要親理詞訟不許輙委里老等保勘例」、影印本下巻一四三～四四頁。

(50) 前註に同じ。

(51) 『皇明条法事弊纂』巻四十八、断罪不当（表題は欠落）、影印本下巻三七九頁。

(52) 谷井陽子「明代裁判機構の内部構成」（梅原郁編『前近代中国の刑罰』京都大学人文科学研究所、一九九六年）。

(53) 『皇明条法事類纂』巻四十六、淹禁、「禁約淹禁致死」、影印本下巻三一九～二〇頁。なお災害時の事例であるが、正徳十一（一五一六）年の湖広地方の飢饉に際し賑済にあたった副都御史呉廷挙は、戸婚・田土などの紛争をつとめて和息すべく里長・老人に諭戒を行わせるとともに、地方官に提訴された事案をも、里長・老人に差し戻してその処断に委ね、いたずらに関係者の拘引・監禁を行わぬよう命じている（嘉靖『湖広図経志書』巻一、本司志、恵政、救荒、「総理賑済副都御史呉廷挙参酌事宜」）。

第五章　紛争と宗族結合の展開——休寧県の茗洲呉氏をめぐって——

はじめに

第二・三章では、主として文書史料により明代前半期の徽州郷村社会における紛争処理について検討し、老人や里長が、同族や村落などの調停と併存し、地方官の裁判とあい補いつつ、紛争処理の枠組みの結節点として機能していたことを示した。本章ではさらに休寧県茗洲村の呉氏の族譜、『茗洲呉氏家記』（万暦間抄本。以下『家記』と略称）(1)の検討を通じて、明代徽州の一宗族をめぐる紛争処理の実態について考察する。

同書の巻十「社会記」は、明代中後期の百数十年間にわたる呉氏をめぐるさまざまな記事を年表風に記しており、その中には他の宗族との間の紛争についての多くの記事が含まれている。また巻十二「雑記」にも、大がかりな訴訟に関する一件文書が収められており、いずれも明代の宗族をめぐる紛争処理の実態を如実に示している。「社会記」の史料価値については夙に牧野巽氏が紹介し(2)、田仲一成氏も宗族演劇を中心としてその内容に広く検討を加えている。(3)本章ではこうした研究成果を参照し、明代中・後期の一宗族をめぐる紛争処理の諸相と、紛争を契機とする同族結合の展開について論じたい。

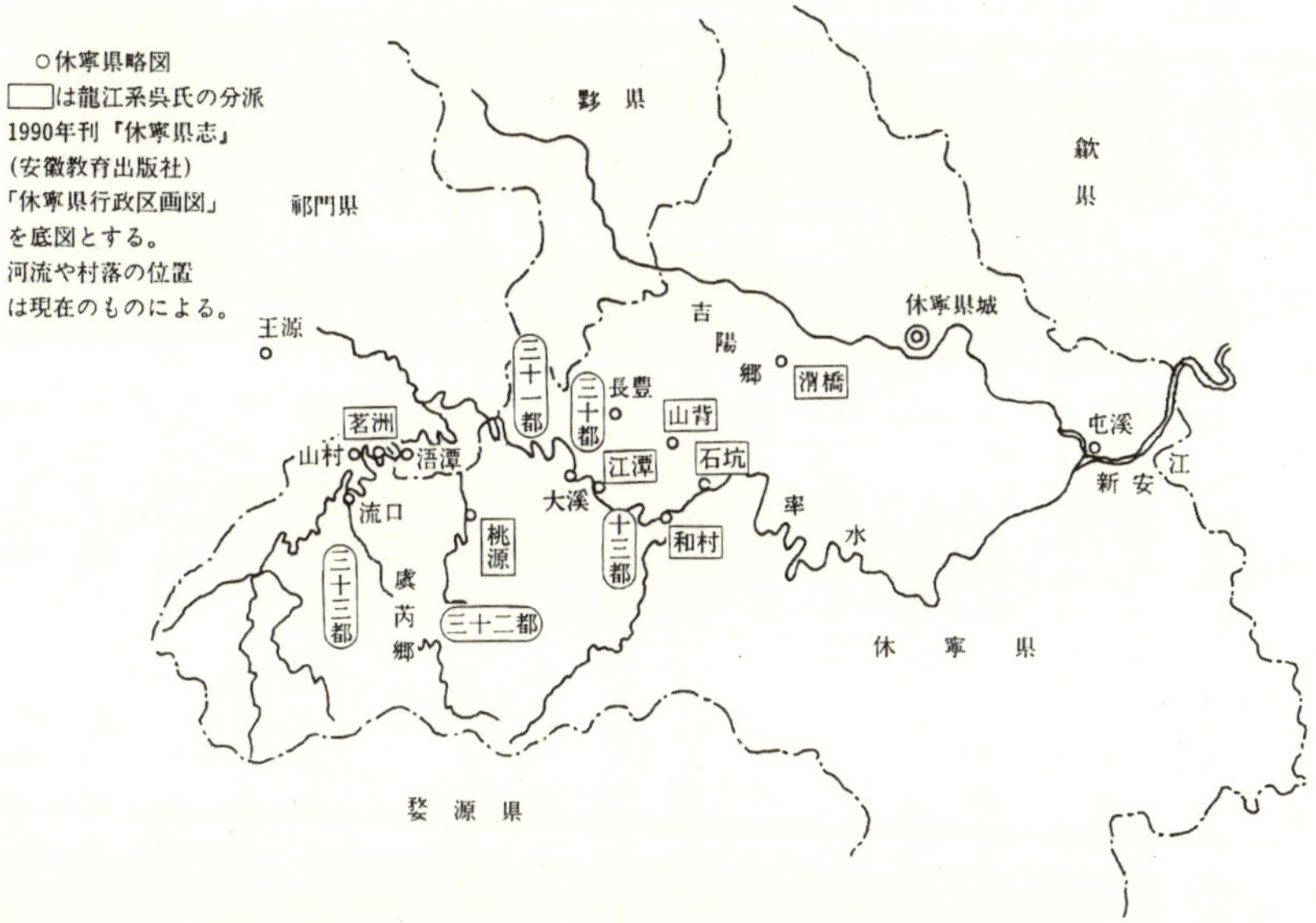

○休寧県略図

(安徽教育出版社)

「休寧県行政区画図」

を底図とする。

河流や村落の位置
は現在のものによる。

第一節　茗洲呉氏の沿革と「社会記」

休寧県は徽州盆地の中西部に位置する。県の西北からは吉陽水が、南西からは率水が東流して屯渓で合流し、やがて新安江として徽州盆地を貫き、さらに浙東盆地を経て杭州湾に注ぐ。県の中・東部は、県城や屯渓を中心に平地や丘陵が広がるが、西部と北部は、山々の間に多くの河谷地が入り込む山間地である。中東部の盆地から始まった地域開発は、次第に西北部の山間におよび、宋代までには耕地の不足を集約的な農耕と山林産品の商品化によって補う山地型の農業開発が展開した。田地には早稲である桃花種などが栽培され、周辺の丘陵や山腹には茶が植えられた。また山脚には竹、中腹には杉や松、その上には桐などの樹木が育てられた。こうした山林産品はあるいは江南や江西などの市場に搬出され、あるいは紙・墨・漆などの手工業品の原料となった(4)。

こうした地域開発の中心となったのは、早くより移住した汪氏・程氏・呉氏などの大姓であった。うち呉氏のなかでは唐代前期の監察御史呉少微を始祖とし、県城から県の中東部を中心に広がった系統がもっとも有力であった。[5]『家記』によれば、茗洲呉氏はこれより遅れて、九世紀末に黄巣の乱を逃れ、夫を江西の饒州に残し一子とともに率江中流の龍江（江潭）に至った、「小婆」という女性を始遷祖とする。[6] 宋元時代を通じて龍江系の呉氏は族人の増加にともない分節形成を進め、江潭を拠点として率水中流域を中心に移住を展開した。この結果元代までには江潭のほか和村・渭橋・山背・石川などの分派が形成され、とくに江潭・和村・渭橋の各派は宋代に多くの士人や官僚を輩出し、地域有数の名族として繁栄したと伝えられる。[7]

茗洲呉氏の先祖は、北宋慶暦年間に江潭から大渓に移住した小婆の十世孫の六公なる人物とされる。[8] 彼は奴僕数十人を率いて開墾を進め、墳墓を修め、祠宇を奉じたといい、同族を中心に移住地の開発が進められていったことを窺わせる。その三世孫の小伍公は、南宋初に土豪として郷里に武断し、里人に排斥されて漁梁なる地に移り、[9] その子小二公はさらに石門の地に移った。宋元時代を通じて茗洲派の祖先はほとんど士人や官僚を出すことはなく、[10] 山間の開発地主に止まっていたようである。

元代に至って、十九世の呉祥が石門から率水上流の茗洲に移住し、以後その子孫が現代に至るまでこの地に定住する。茗洲村は県の西南端の三十三都に属し、源流から北流する率水が、祁門県に入る手前で東に流れを変える付近で、湾曲して作った半月形の河岸に位置する。[11] 周囲は険しい山々が連なり、可耕地は乏しく、しかもその大部分は中田・下田以下の等則であり、収穫量も乏しかった。[12] このため主穀の六割方は江西の上饒からの移入に頼り、さらに蕨や葛などの根を粉に挽いて食べねばならなかった。[13] 県の中心部へは率水の水路も通じたが、陸路では山道をいったん祁門県に出て、さらに黟県を経て、県城まで百里の道のりが必要であった。[14]

茗洲呉氏はこうした不利な環境と乏しい資源を、山林産品の商品化と商業活動によって克服しようとした。茗洲村の周辺には良質の茶が栽培され、山地には杉やいちょう、竹などの樹木が豊富であった。こうした産品は河流を下って江南や江西などに搬出された。また織布用の白苧（カラムシ）や、製紙用の楮皮なども商品化された[15]。さらに呉氏は商品生産によって得られた資本により、自らも商業経営に乗り出す。十五世紀半ばに二十四世の呉徳皓が商業によって富をなしたのを始めとして、明代中期以降多くの族人が江南地方などで商業活動を展開した。とくに二十六世の呉睿は常州で客商として成功を収め、以後常州は呉氏の外地での商業活動の中心となる[16]。

呉氏は商業の利益によって休寧のほか祁門や黟県などで広く土地を買い、また学問に従事する族人を援助した。茗洲呉氏では洪武年間に二十二世の呉永昌が賢良開敏の士として薦挙され、句容知県に任じられたが、のち百年はどは士人も官僚も出していない。しかし十五世紀末以降、歳貢生から嘉興県丞に任じられた二十六世の呉聰を皮切りに、次第に生員や貢監生などの士人が増加し、うち何人かは佐弐官や教職などに就任した[17]。また呉氏は明代を通じて里長戸を出していたものと思われるが、とくに二十六世の呉嶽は、十六世紀前半に三回に亘って黄冊攢造の重任に当たり[18]、また糧長にも任じられており、当時茗洲呉氏が地域有数の有力宗族に成長したことが窺われる。

明代中期以降茗洲呉氏が次第に「名族」として認められるにつれ、宗族組織の整備も進められていく。すでに宋末には、十八世の呉山が茗洲派（当時は石門に居住）の家譜を編んだとされるが、正徳七（一五一二）年には、二十六世の呉槐があらためて族譜を編纂した[19]。また祠堂としては敦化堂（のち振英堂、さらに葆和堂と改称）があり、茗洲への始遷祖である呉祥以下の祖先を祀っていた。のち族人の増加につれ、明代後期までに呉氏は五つの「房」に分かれ、敦化堂の下にそれぞれ聯輝堂（春房）・時阜堂（夏房）・遂成堂（秋房）・鐘慶堂（冬房）・振休堂（烈房）の五堂が形成される[20]。また弘治三（一四九〇）年には、敦化堂に宗族活動の費用を支弁するための「常儲」も設けられた[21]。このように茗洲呉氏は十六世紀初頭までに、族譜や祠堂に加え族産をも備えた、いわゆる「地域リニージ」（local lineage）と

○茗洲呉氏略系図
Ⅰ～Ⅹは正統十二年当時の十社戸、二六世以下は主要人物のみ。

『家記』巻4、世系図により、田仲一成「十五・六世紀における江南地方劇の変質について」(二)・「明代江南における宗族の演劇統制について」・牧野巽「明代における同族の社祭記録の一例」所収の家系図を参照して作製。

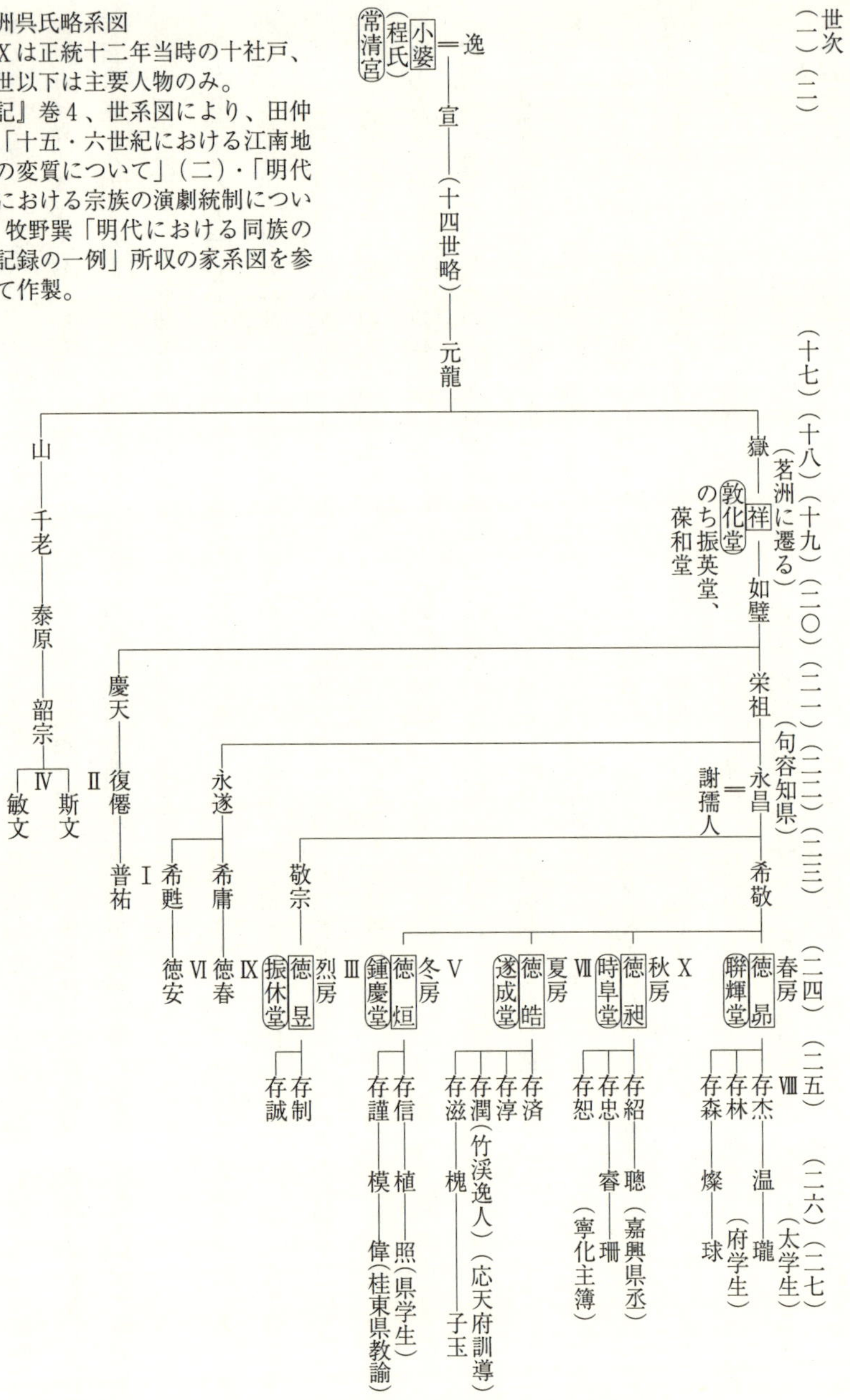

しての形を整えたことになる。[22]

さて茗洲村にはもともと「祈寧社」という村社があり、春秋に祭祀が行われていた。ところが正統十二（一四四七）年に至り、同系の呉氏が他族たる四戸の社戸を放逐し、十戸の社戸を独占して、祈寧社をその「族社」とした。これ以降呉氏は毎年春秋の二回、社戸が輪番で社祭を主催したが、この際に社に簿牒を設けて、半年間の天候や災祥・地方官の任命とともに、呉氏をめぐるさまざまな出来事を記録することとした。[23]

その後万暦十二（一五八四）年、呉槐の子で貢生となった呉子玉[24]が、『茗洲呉氏家記』を編纂した際、彼はこの簿牒の記録を整理して、百三十八年間にわたる年表風にまとめ、巻十「社会記」として収録した。その「時事」の欄には、社祭に関する記事のほか、中央・地方の大事件、さまざまな宗族活動、族人の仕進や任官、里甲役や税役の負担、米価動向などの豊富な内容を含んでいるが、なかでも周辺の村落の他族との紛争や訴訟の記事が少なくない。こうした形式の記事は他の族譜には類例がなく、また文書史料には現れにくい宗族間の大がかりな抗争を、明代中後期を通じて伝える点で興味深い。次節ではこうした記事を検討して、茗洲呉氏をめぐる紛争処理の性格と、それをめぐる社会関係について考察する。

第二節　茗洲呉氏をめぐる紛争処理の諸相

（1）紛争の内容と性格

「社会記」には、成化二十三（一四八七）年から万暦七（一五七九）年の約九十年間にわたり、茗洲呉氏を当事者とする計三十二例の紛争の記録が収められている。この時期は呉氏が商業活動や仕進を通じて有力宗族として成長してゆく過程に当たるが、同時に周辺の村落の他族との間に、しばしば大がかりな紛争が生起しているのである。ただし同族内の紛争は全く記録されず、村落内や里レヴェルの紛争の記事も乏しい。また単純な土地争いなどの日常的な紛争も記録されていないようである。さらにこうした記事はあくまで呉氏の側からの一方的な記述であるので、多分に主観的な記録であることは免れない。内容的にも簡略なものが多く、紛争処理や裁判の過程を詳しく知ることは難しい。しかし明代中後期の一山村に起きた紛争を具体的に記していることから、なお貴重な史料たることを失わないであろう。三十二例の概要を簡単に整理したのが次表である。

まず紛争の生起した時期について。正統十二（一四四七）年から成化二十二（一四八六）年までの四十年間には、茗洲呉氏を当事者とする紛争は記録されていない。成化末年から弘治年間にかけて次第に件数が増し、十六世紀初頭から中葉にかけて急増する。とくに正徳十（一五一五）年から嘉靖八（一五二九）年には、十四年間に計十六件、毎年一件強の紛争が生起し、また嘉靖二（一五二三）年や二十九（一五五〇）年には同時に三件もの紛争が記録されている。その後は件数は急減し、嘉靖三十七（一五五八）年以降の二十六年間には、わずか一件を数えるに過ぎない。「社会記」に記録されなかった紛争を考慮しても、全体として周辺の他族との大がかりな紛争が、十五世紀末から増加し、嘉靖初年を頂点として、十六世紀前半に激化していることが明らかである。

ついで紛争の内容について見よう。まず墳地の侵占や侵葬、墓林の盗伐や損傷など、墳墓に関する紛争が計十三例に上る（②〜⑤・⑩・⑬〜⑮・⑰・⑱・㉑・㉛・㉜）。清明節などに族人が集まって祖墓を祀る風習が、宋代以降の宗族組織の発達の重要な契機となったことが指摘されているが[25]、徽州はこうした習慣が早くから発達した地方であった。呉氏も茗洲村付近のほか、三十二都の魚梁坑などに祖墓を所有し、傍らには佃僕の住地があり墳地の看守に当たって

番号	社　日	紛争の相手	紛争の内容	紛争処理の経過
①	成化23・2	浯潭の江氏	後山の山林の強伐	府に告訴→合同を立て画界
②	弘治元・2	借坑口の呉氏	墓林の盗伐など	県に告訴→里老が検証→合同を立つ
③	弘治10・8	三十二都の汪氏	墓林の損傷	談判の上文約を立つ
④	弘治14・2	〃	墓林の盗伐	里長に訴う→県に告訴→文約を立つ
⑤	弘治15・8	〃	墓林の損傷	談判の上文約を立つ
⑥	正徳6・2	泉源の謝氏	婚姻問題・朝山での強伐など	里長に訴う→府・県に告訴→生員らが調停
⑦	正徳10・2	山村の李氏	前山の山林の強伐	里佐に訴う→和解・賠償
⑧	正徳10・2	祁門土坑の胡氏	田稲の強刈	府に告訴→？
⑨	正徳11・8	〃	庄田の盗売	府に告訴→再訴→田地を返還
⑩	正徳12・8	流口の呉氏	墳墓問題・山林の強伐	双方が県に告訴→和解
⑪	正徳13・2	祁門水村の佃戸邵氏	田租を輸納せず	祁門県に告訴→租銀を賠償の上更佃
⑫	正徳14・2	祁門土坑の胡氏	田稲の強刈	府に告訴→下手人が逃亡
⑬	正徳14・2	山村李氏・礤坑口盛氏	墳墓の盗売と侵占	県に告訴→盗売者を投獄
⑭	嘉靖2・2	山村の李氏	墳墓の侵占・損傷	県に告訴→老人が検証→李氏が謝罪
⑮	嘉靖2・2	礤坑口の盛氏	墓参を妨害	府に告訴→県に批示→里長が調停
⑯	嘉靖2・8	某所の胡氏	祈雨の神輿を毀損	県に告訴→神輿の費を賠償
⑰	嘉靖3・8	長豊の朱氏	墳墓の侵占	第三節参照
⑱	嘉靖5・8	礤坑口の盛氏	墳墓の侵占	県に告訴→原状を回復
⑲	嘉靖6・2	興福社	祈雨祭祀での対立	県に告訴→連合祭祀を分かつ
⑳	嘉靖7・2	三十二都の王氏	不明	県に告訴→和解
㉑	嘉靖8・8	浯潭の江氏	後山で侵葬を強行	生員らが調停
㉒	嘉靖8・8	〃	林木の強奪を図る	里佐に訴う→生員らが調停
㉓	嘉靖18・2	山村の李氏	祈雨祭祀の問題	県に告訴→？
㉔	嘉靖18・8	浯潭の江氏	後山の樹木の強伐	府に告訴→御史に上訴→和解・賠償
㉕	嘉靖21・8	上坦の李氏	債務の不履行	県の法廷で対質→債務を履行
㉖	嘉靖26・2	山村の李氏	祭祀演劇での狼藉	里佐に訴う→和解・賠償
㉗	嘉靖29・7	山村の李氏	債務・人命事件	被誣告者の母が入水→調停により和解
㉘	嘉靖29・7	土坑洪氏・李坑口某氏	族人の女を争奪	洪氏が女を掠奪→府に告訴→？
㉙	嘉靖29・7	浯潭の江氏	渡筏を盗み去る	人を遣わして曳き戻す
㉚	嘉靖31・2	山村の李氏	祭器の毀損・傷害致死	県に告訴→下手人を遼東に発遣
㉛	嘉靖36・2	柘坑の呉氏	墳墓の侵占	官に告訴→原状を回復
㉜	万暦7	上坦の李氏	墳路を争う	官に告訴→典史が検証→境界を改正

いた。[26] こうした墳墓では隣接する他の宗族との間にトラブルが起こりやすく、特に墓林の伐採は風水を著しく傷つけたため、しばしば紛争を引き起こした。[27] また後山・前山・朝山など、村落周辺の山林の強伐や盗伐をめぐる紛争も七例を数える（①・⑥・⑦・⑩・㉑・㉒・㉔）。徽州山間部では商品生産のため山林の資源価値がきわめて高かったことは前述の通りであるが、こうした山地には墳墓もあり、樹木の伐採が村落全体の地気を損ない風水を傷つける場合もあったのである。

さらに稲の強刈など田地に関する紛争も四例に及ぶ（⑧・⑨・

⑪・⑫)。これらはいずれも隣接する祁門県に所有する田地をめぐるものであるが、特に注目されるのは正徳十三(一五一八)年の事例⑪である。

水村後塘の田を佃する者邵丐乞は、田租を逋負して輸さず。族兄珊はこれを祁尹の劉に白《もう》す。丐乞を逮えて、租銀一両七銭を償わしめ、仍《よ》りて之を笞し、銀一両を鍰し、別に佃を召いて種せしむ。

ここでは佃戸の抗租が知県に訴えられ、佃戸は笞刑を受けた上で租銀と賠償金を支払い、佃権も奪われている。三木聰氏は明末以降各地の地方官が、佃戸の抗租に対し「不応為」律を適用して笞杖刑を加えていたことを明らかにしているが(28)、明代中期の徽州でも状況は同様であった。このほか祈寧社が単独で、あるいは周辺の社と共同で行っていた祈雨や胡戯祭神などの祭祀をめぐる紛争も五例を数える(⑯・⑲・㉓・㉖・㉚)。また他族との通婚(⑥・㉘)や債権の取り立て(㉕・㉗)に関する紛争も二例ずつ起こっている。総じて「社会記」の紛争は、墳墓や山林・田地の経営、祭祀活動、婚姻や銭債など、山間の経営地主としての呉氏の活動全般に関わるものといえよう(29)。

さて以上の紛争はおおむね戸婚田土などの「細事」に属する。その中には火耕の際に誤って墓林に延焼し(③)、山猿を追って林木を損傷した(⑤)といった過失に起因する場合もある。しかし大部分は民事的な利害の対立に端を発しながらも、同時に何らかの実力行使や暴力沙汰を伴っているのである。

もっとも多いのは墓林や山林の強伐や田稲の強刈、墳地の侵占などであるが、それも「浯潭の江宗岳等、無頼多人を率いて、後山に於いて木を侵砍して搬去す」(①)とあるように、多人数を引き連れて現場に押し寄せるといった形を取ることが多い。また呉氏の墓参を人衆を率いて妨害したり(⑮)、祈雨祭祀での対立から、門前にやってきた神輿に打ち掛かって毀損した(⑯・㉚)例もある。さらには未亡人となった呉氏の娘との結婚を求めて、里帰りの途中で待ち伏せし奪い去った事件もある。滋賀秀三氏は清末台湾の淡新檔案による所見として、民事的な紛争といえども、しばしば徒党を組んでの暴力行為や実力行使が伴ったこと、したがって刑事・民事事件の分類自体が困難であることを指摘しているが[30]、「社会記」の場合も状況は同様であった。

無論この種の行為には『大明律』に笞杖などの刑罰が規定されている[31]。しかし地方官に提訴された紛争のなかでも、人命事件を除き、何らかの刑罰が執行されたことを明記するのは、上述の佃戸の抗租に関する一件のみである。他の訴訟はおおむね原状の回復や境界の確定、損害の賠償などによって決着している。滋賀氏は清代州県官の裁判では、笞杖以下の「州県自理の案」について厳密に擬律が行われることは乏しく、州県官の判断により裁量的な体罰を加えることが普通であったと指摘するが[32]、こうした裁量的性格は、「社会記」の裁判事例でも一端が窺われよう。

（2）宗族間の対立と械闘

「社会記」所載の紛争は、おおむね周辺の村落の他族との間に起こっている。嘉靖『徽州府志』巻一、輿地志、廂隅坊都などに記された県内各都の村落名により、こうした宗族の地域的分布について整理したのが次表である。地域が確定される二十六例の紛争のうち、十六例が休寧県虞芮郷の三十・三十二・三十三都（うち十一例が茗洲村が属する三十三都）、十例が祁門県で起こっている。紛争の大部分は茗洲村を中心とする比較的限定された範囲で生起していたと言えよう。

他族との紛争は、特定の問題について何度も繰り返されることが多い。弘治年間には漁梁坑の墓林をめぐって三十二都の江氏とのトラブルが重なった。正徳年間から嘉靖初年には、土坑の胡氏と祁門県の田地の強刈などについて、磣坑口の盛氏とは同地の墳墓の侵占に関して争いが続いている。特に件数も多く、激しい対立が繰り広げられたのは、

三十都	長豊朱氏⑰	〔計１例〕
三十二都	汪氏③・④・⑤、その他⑳	〔計４例〕
三十三都	山村李氏⑦・⑬・⑭・㉓・㉖・㉗・㉚、 磜坑口盛氏⑮・⑱、その他②・⑩	〔計11例〕
祁門県	浯潭江氏①・㉑・㉒・㉔・㉙、 土坑胡氏⑧・⑨・⑫、その他⑪・㉘	〔計10例〕
不　明	上坦李氏㉕・㉜、その他⑥・⑯・⑲・㉛	〔計６例〕

いずれも茗洲の隣村である三十三都山村の李氏と、祁門県十東都の浯潭の江氏である。

山村の李氏とは、正徳年間から前山の松木の強伐（⑦）・磜坑口の祖墓の盗買（⑬）・呉氏の墳墓の損傷と侵占（⑭）・祈雨祭祀での対立（㉓）などの紛争が重なっていた。しかし対立がにわかに激したのは、十六世紀半ばからである。

まず嘉靖二十六（一五四二）年、呉氏は河原に戯台を設け、祭祀演劇（胡戯祭神）を挙行した。ところがこれを見物に来た山村の李氏の族人三十人が、降雨のため上演が中止されたのに怒り、戯台上の物品を奪い、逃げる際に河橋を断った。呉氏はこれを四・六・八図の「里佐」[33]に訴え、結局李氏が謝罪賠償している（㉖）。ついで嘉靖二十九（一五五〇）年には、族人に債務の返済を迫られていた僕人が事故死し、李氏がその婿を教唆してこれを人命事件として誣告させた。誣告された族人の母は憤懣のあまり二人の孫娘とともに入水自殺してしまった（㉗）。さらに三十一（一五五二）年には、呉氏の族人が祈雨祭祀のため山村を通過したところ、李氏の族人が祭器を毀して乱闘となり、呉氏の族人一人が死亡した。呉氏はこれを県に訴えたが、その間族人が拘留中に病を得て死亡し、族衆は「文を為《つく》り奠を設け」その義を顕彰した。その後李氏は仲介者を立てて減刑を求め、結局下手人を遼東に発達することで決着を見ている（㉚）。

一方浯潭の江氏との争いの対象は、茗洲村の後山である。早くも成化二十三（一四八七）年には江氏が無頼多数を率い林木を盗伐している。呉氏はこれを府に訴え、境界を確定して和解した（①）。その後しばらく平穏であったが、嘉靖八（一五二九）年に至り、浯潭の江氏は、清明の日に於いて、我が後山に至り葬柩せんと揚言し、百人を集め、鈒挺して門上に至る。族の子弟も亦た都な肆《つらな》りて以って待つ。会《たまた》ま孚渓の李質先・王源の謝文学鎮が講解を為す。

と、江氏が埋葬の強行を図って、帯剣した百人もの族人らを集結し、呉氏も族人を集めて械闘寸前に至った（㉑）。この時は祁門王源村の生員謝鎮らが調停して事なきを得たが、六月には江氏が再び多人数を集めて後山に押しかけ、伐採中の林木を奪い去ろうとし、これを迎え打った呉氏と乱闘となった。この際江氏の族人一人が横死したが、結局はやはり謝鎮らの調停により和解している（㉒）。さらに嘉靖十八（一五三九）年には、江氏がまたも多人を率い、後山のいちょう二株を強伐した。呉氏は府に告訴し、黟県の主簿が調査に当ったが勝訴を得ず、さらに御史に上訴した。再検証を経て結局江氏は屈伏し、親戚知友の調停により謝罪賠償したのである（㉔）。

このように江氏や李氏との紛争は、多人数での乱暴狼藉、族衆を集めての乱闘や械闘、傷害致死や入水などを伴うきわめて大規模で荒っぽいものであった。特に江氏との紛争は械闘的な性格を強く示している。この種の紛争が増えるのは十六世紀以降であり、特に嘉靖年間に顕著である。明代後期の全般的な郷村秩序の混乱のなかで、宗族間の対立も深刻化していったのであろう。

明末天啓年間には、休寧県では士人や官僚を出し、地域で名望を認められた「名族」の系譜を集成した『新安休寧名族志』が編纂され、茗洲呉氏もここに収められた。しかし「社会記」に登場する他の宗族の大部分は収録されていない。彼らはおおむね、官位や士人身分とはあまり縁のない、在地の土豪的な同族であったと思われる。十六世紀の郷村社会には、「名族」の背後でこうした無名の同族が絶えずせめぎあっていたのである。

なお江氏との紛争では乱闘による死者も出ているが、これは生員らの調停により決着し、かえっていちょう二株の強伐が御史にまで上訴されている。総じて「社会記」においては、例えば戸婚田土などの紛争であれば里甲組織や民間の調停に委ね、傷害や人命を含む事件は官に訴え出るといった、截然たる区別があるわけではない。戸婚田土などの紛争を老人や里長を経ず直接官に訴えることを禁じた、明初の『教民榜文』の規定も、ほぼ空文化している。

（3）　紛争処理をめぐる社会関係

「社会記」所収の三十二例の紛争のうち、二十五例は県や府に訴えられ裁判となっている。紛争の規模の大きさもあって、官への提訴を待たず郷村で決着した紛争は七例と多くない。うち二例（③・⑤）は当事者どうしが談判して文約を立てて決着し、一例（㉑）では仲裁者が入って和解した。また呉氏がまず「里佐」に訴え、ついで調停が入って和解したケースも二例（⑦・㉒）あり、一例（㉖）では三つの里の「里佐」が会同して解決している。まず里長に訴え、ついで官に提訴された紛争も二例ある（④・⑥）。

一方官に提訴された訴訟のなかでは、地方官の判決によって決着した事例もあるが（①・⑪・⑰など）、むしろ途中で里長や親戚知友などの調停により、和解が成立する場合が多い。里長や老人の実地検証にともない、調停が行われた例もある（②・⑭）。和解に際しては、合同や文約などの文書を立て境界を確定し侵害を禁じる（①・②・⑤）ほか、墓前に礼物を供えて謝罪したり（備礼醮謝）（⑭）、門前で豚や羊を屠って捧げる（椎豕羊謝）（㉔・㉕）場合もある。

こうした訴訟処理の具体例として、正徳六（一五一一）年の事例⑥を挙げてみよう。

正月十四日、泉源の謝春は族兄瑢の女に求聘するも、允《ゆる》さず。無頼廿四人を率いて、我が朝山の松木十余株を伐る。立夜復た族父玄賜の借坑の池魚を偸む。族人は牒を以て里の長に白す。……族は呉廷憲の名を以て県に告げ、復た府に赴きて告ぐ。謝も亦た府に告ぐ。郡理の張を送りて鞫するに、謝は急ぎ土坑の胡庠生旻・晹源の謝庠生滋に私慫して居間と為し、我が魚價銀一両・贖鍰銀一両四銭・紙張銀八銭を償う。泉源の謝春は呉氏への求婚を拒絶され、無頼を率いて山林を伐り池魚を盗んだ。呉氏はこれをまず里長に訴えたのち、県から府へと上訴し、府が推官を派遣したところ、謝春はいそぎ二名の生員を仲立ちに和解を求め、賠償金と訴訟費用を払ったのである。全体として「社会記」においても、前章までに文書史料によって検討したように、地方官の裁判と民間調停は里甲組織を結節点として、全体として紛争処理の枠組みを形づくっていたといえよう。またここで「牒を以て里の長に白す」とあるように、里長への訴えにはやはり訴状が用いられていたと考えられる。

一般に里甲制が動揺したとされる十六世紀にも、紛争解決に向けての里長などの役割は依然として大きかった。茗洲呉氏も里長戸として何度も紛争処理に当たっているが[34]、明初に句容知県となった呉永昌の妻の謝孺人（一三五二〜一四三七）については、十五世紀前半の里長戸の地位を示す次のような挿話が伝えられている。

……（永昌の死後）門庭は艱《くる》しみ多きも、皆な自ら綜理擘画す。子の希敬の童と成るに甫《およ》ぶや、これを教えて常業を有らしめ、中外は截然として、甚設に給事す。里役は十戸が一甲に連なる。甲の下に倔強なる者有らば、孺人はこれを庭下に召し、理もてこれを諭し、柔服せざるは無し……。[35]

当時謝孺人の家は里長戸であり、一甲に連なる十の甲首戸には他族も含まれていたと思われるが、甲首戸のなかに傲岸な者があれば、孺人は彼を庭下に呼び付け、理を説いて説諭し、これを服させたという。明代前期の里長戸は甲首戸に対して優越した社会的地位を認められていたとされるが[36]、明代後期以降も広東や福建などでは、里甲制は宗族組織との結びつきを深めることによって、なお郷村社会で重要な役割を果たし続けたという[37]。徽州の場合も同じことが言えるのではないか。

これに対し「社会記」では各里の老人は影が薄く、二例（②・⑭）で実地検証と調停に当たっているに過ぎない。

後述する事例⑰のように、実際には老人が大きく関与していた事例もあるが、総じて十六世紀以降は、紛争処理においても里長が老人よりも重要な役割を果たしていたといえよう。また明代前半期の江南デルタでは、しばしば糧長が郷村での「排難解紛」に当たったとされるが、[38]「社会記」では糧長による紛争処理の例はない。これは江南デルタに比べ生産性が低い徽州では、糧長の設置単位で、秋糧一万石ごとに設けられる区の数が少なく、区内の地縁性も希薄だったためであろう。

また親戚知友などの民間調停については、王源（暘源）の謝滋（⑥）や謝鎮（㉑・㉒）・土坑の胡旻（⑥）などの生員層の役割が注目される。とくに祁門県十西都王源村の謝氏は、第三章でも述べたように、多くの士人や官僚を出した当地の名族であり、茗洲呉氏とは永昌の謝儒人以来きわめて密接な姻戚関係にあった[39]（なお里長や生員などの調停者のなかで、呉氏の同族であることが確認される者はいない）。特に茗洲付近のような山間部では生員の数も少なく、郷村社会での威望も江南などに比べかなり高かったと思われるが、成化六（一四七〇）年に生員となった呉聰の伝にも、次のようにある。

……郡庠に入りて員と為り、明年の都試に廩餼を食む。この時補されて員と為る者少なく、里の員と為る者を見ること大官の如し。公は魁梧にして豪挙たり。出ずるには則ち大輿に駕し、家人も又た騎を以て随い、輿を逓《つた》え馬を逓う。里の事は輒ち先ず文学公に白《の》べ、獻餽して後、為にこれを剖つ。一時倨侈なること此《かく》の若し。……[40]

彼は里の人々から大官の如くみなされ、出行には大輿を用い、家人が騎馬して従った。里内に事があれば、人々はまず彼に伺いをたて、礼物を備えて裁断を仰いだという。こうした呉聰の行状からは、同族を背景とした土豪的な在地有力者としての一面も窺われよう。生員層の「排難解紛」は、士人としての名望に加えて、多くは在地における実力をも背景としていたのである。

第三節　紛争と同族統合の展開

（1）　嘉靖初年、長豊朱氏との墳地争訟

茗洲呉氏が関わった最も大規模な紛争の一つに、嘉靖二〜三（一五二三〜二四）年の、長豊朱氏との江潭の墳地をめぐる訴訟がある。「社会記」には嘉靖三年八月の条に、「龍江の監察御史輔公の墓が、長豊の朱氏に侵没さる。龍江は我が族及び諸族を合わせ、告げてこれを復す」とあるのみである。しかし『家記』巻十二、雑記には、この訴訟をめぐる次のような記事や一件文書を収めている。

A「龍江諸族合剤約」（嘉靖三年五月二十日）。朱氏との訴訟の過程で、龍江系呉氏の各派が共に立てた義約。

B「竹渓逸人記」（嘉靖三年八月）。茗洲派の族人呉槐が、朱氏との訴訟の顚末を記す。

C「又記」（嘉靖四年二月）。墳地の回復の後、始遷祖の宗祠を復興した経緯を記す。

D「輔公荊山墓域記事」。朱氏との訴訟に関する以下の一件文書を収める。

①呉氏の休寧県への告状「地豪発掘御葬官墳打毀翁仲石獣碑記欺法民冤事」

②朱氏の休寧県への訴状「被慣騙豪悪結構駕捏虚詞誣害良善事」

③呉氏の休寧県への催告「地豪発掘御葬官墳打毀石人石獣纏害民究（冤）事」

④呉氏の徽州府への告状「地豪違法毀歿御葬官墳謀奪風水生死含冤事」・「地豪違法毀没官墳謀奪風水枉断屈情［事］」

⑤徽州知府の帖文「地豪違法毀歿御葬官墳謀奪風水枉断屈情事」

⑥休寧県三十都の民呉付儀の供状・同図の排年陳義・汪克遜らの執結・同地の知識羅師祥らの供状
⑦休寧県の告示「崇明徳以治教事」

ここでは以上の記事により、龍江系の呉氏と長豊朱氏との墳地争訟の顚末をまとめてみよう。

龍江系の呉氏出身の呉輔は、南宋の嘉定十三（一二二〇）年に進士に合格し、官は監察御史に至った[41]。死後は朝廷から石人や碑記などを賜わり、三十都江潭の荊山に葬られたが、その後呉氏の各派が散開するにつれ、次第に看守や祭祀が疎かとなった。明初の丈量では呉徳輝の名義で魚鱗冊に登録されたものの、実際には荒れ果てたままとなり、これを窺った近隣の長豊の朱氏[42]がその侵占を謀ったのである。

呉氏の休寧県への告状（①）によれば、嘉靖二年十一月、「地悪」の柯岩保・「富豪」の朱俊らが、「開化県の石匠百余人を統集し、強いて本家の官墳を将って発掘」し、重葬を図ったという。知らせを受けた呉氏は、まず三十都一・三図の里長に訴え、里長は隣人を集めて現場を検証し、壊された石人や碑記などを保管した。江潭と桃源の呉氏は他の分派に墳墓の回復を呼び掛け、茗洲のほか和村・石坑・泥湖・渭橋の各派が集まって、それぞれの家譜を持ち寄り系譜を確認した。この際大渓や流口の呉氏も集まったが、小婆の後裔ではないために参与を許さなかったという[43]。その上で呉氏の各派は休寧県に訴え出て、知県が朱氏らを拘引して審問し、人員を現地に遣わして検証せしめることを求めたのである。

呉氏の訴えは受理され、当事者らが拘引されたが、朱氏もこれに対抗して県に訴状を提出した（②）。これによれば、朱氏はさきに柯岩保より墳地を買って父兄を埋葬し、この年十一月に開化県の石匠を雇って工事を行っていた。ところが「慣騙の豪悪」たる呉氏らが、「一幇の光棍たる、姓名を識らざる一百余人を搆集し、墳所に趕来して匠夫を逐散し、墳臂を強掘」した。朱氏がこれを郷役に訴えたところ、呉氏はかえって告状を捏造して朱氏を誣告したというのである。

これを受けて呉氏はさらに催告を提出し、重ねて知県が人員を遣わし、審問や検証を行うように求めた（③）。ところが知県は結局人員を派遣せず、当地の老人の汪得亨に関係者を取り調べて供述を取ることを命じた。そして郷役などを拘引して審問しないままに、知県は朱氏の主張を認め、呉氏の側に拷問を加えて承服を迫った。このため呉氏はさらに歙県の石嶺派をも糾合して、徽州府に上訴する（④）[44]。

朱氏もまた対抗して知府に訴状を出し、府で法廷が開かれたが、双方とも主張を譲らなかった。そこで知府は績渓県丞に、現地に赴いて排年・里長・老人や隣人などを集め、墳地の来歴や侵占の有無などを調査・検証することを命じた（⑤）。これに臨んで、江潭・茗洲・桃源の呉氏はあらためて合同義約を立て、「詞首」二人と「行事」四人を責任者とし、各派が訴訟費用を分担し、協力して墳地の回復を図ることを誓った（A）。

そして県丞による実地検証の結果、隣人や郷役などは、いずれも問題の墳地は「保簿」[45]上も確かに呉氏の官墳であり、朱氏がこの地を買った事実はないことを認め、供状と執結を提出したのである（⑥）。この検証結果は府に報告されたが、「雑記」には知府の判決書は収めていない。おそらくこの時点で朱氏の側が屈伏して訴訟を取りさげ、呉氏は最終的に墳地の回復を得たのであろう。

さてこの訴訟が起こった嘉靖二年は、周辺の他族との紛争が最も集中した時期にあたり、茗洲呉氏はこの他にも三件の紛争を抱えていた。明代中期ごろから茗洲呉氏は商業活動や士人の応試や任官を通じて、その生活空間を次第に広げていったが、同時に特に十六世紀以降、周辺の他族との対立も激しくなっていった[46]。他族との絶え間ない紛争が、それまで疎遠であった呉氏各派の再統合を促したといえよう[47]。また「家譜を以て通会」した呉氏の各派のうち、江潭・桃源・茗洲・和村・石坑の各派はいずれも虞芮郷の各都に、渭橋・泥湖派はその北東の吉陽郷に位置している。「社会記」における他族との紛争も、やはり虞芮郷とその周辺で生起していた。他族との対立や同族の統合は、いずれも所属の郷を中心とする範囲で展開されていたのである。

なお清代では、訴状が受理された場合、まず令状（票）を帯びた差役が郷村に赴き、当地の郷約や地保などと協力して実地検証にあたり、当事者・関係者を官に拘引するのが普通であった[48]。しかしこの訴訟では、知県は現地に人員を遣わすことなく、当地の老人に取り調べを命じて供述を取らせ[49]、呉氏が知府に上訴して、ようやく他県の県丞が検証と取り調べのために派遣されている。第四章でも述べたように、明代には訴訟の実地検証は里長や老人によって行われることが多く、また訴訟当事者・関係者の法廷への拘引なども、一般には「勾摂公事」として里長や老人の職務であった[50]。しかし十六世紀に入ると、地方官が差役や官員などを郷村に下す必要も増しつつあったのではないかと思われる。朱氏との訴訟の経過も、こうした過渡期的な状況の一端を示しているといえよう。

（2）　同族の統合と族約の制定

龍江系の呉氏は宋元時代を通じて次第に分節化を進め、率水中流域を中心にいくつもの分派が形成された。しかし明代には各分派は次第に疎遠となり、「宗里は処すること秦越に同じく、親族は視ること塗人の若」くであったという[51]。明代前半期には各派の生活空間が自らの村落を中心とする狭い範囲に止まっていたために、同じ虞芮郷に住む分派の間にさえ、十分な連絡や統合の必要性がなかったのであろう。しかし長豊朱氏との墳地争訟は、同族の再統合を一気に促すことになった。

呉氏は宋末にすでに各派をあわせた『統宗世譜』を編んでいたというが、明代には休寧県内の各派ではすでに散逸してしまった。ために嘉靖二年に長豊朱氏との訴訟が起こると、各派がそれぞれの家譜を持ち寄って系譜関係を確認している。そこで茗洲派の族人で「処士」として名のあった呉槐は、翌年婺源県の分派を訪れて世譜を調べたが、欠落や誤りが著しかったため、再び校訂を加え、新たに『呉氏統宗家系譜』を編纂した。(52)

また呉氏の始遷祖の小婆は、龍江において黄巣の軍に殺されながらも地に倒れず、恐れた賊が退散するという霊験を現わしたために、死後村人が同地の龍山に祠堂を建ててこれを祀った。南宋の淳祐年間には呉夢龍が朝廷に申請して「常清宮」の額を賜わり、これを宗祠として百余棟の祠宇を設け、道士を招き祀田百余畆を置いたといわれる。(53)当時龍江系の呉氏のうち江潭・渭橋・和村などの分派は、多くの進士や官僚を出した地域有数の名族であったために、このような大規模な宗祠と族産を設立しえたのであろう。ところが明代に入って各分派が疎遠となり、士人や官僚もほとんど出なくなるにつれ、龍山の宗祠も「祀業は常ならず、以って祀屋及び神主・碑位は損廃」するという様になってしまった。

朱氏との墳地争訟が決着した翌嘉靖四（一五二五）年の三月、呉槐は呉氏の各分派に書を送り、それまで廃れていた小婆以下の墳墓と龍山の宗祠を復興することを呼び掛けた。(54)これに応じて、茗洲派を中心に、江潭・桃源・渭橋・和鎮（和村）および歙県の石嶺の各派は「合同宗約」を立て、宗祠を復興し侵占されていた祭田を取り戻すことを誓約した。(55)七月には再び各派が会同して宗祠建立のための銀両を拠出し、「宗祠規約」を定めて、毎年正月と清明節に、各派から数人が宗祠と祖墓において祭祀を行うこととした。(56)十二月には茗洲派の祠堂で祀っていた小婆などの神主を常清宮の隣に移し、翌年春には、府・県に申請して宗祠と各所の祖墓の執照（証書）を受けた。そして三月には龍山の宗祠と小婆の墳墓が新たに落成したのである。(57)

このように龍江系の呉氏は、嘉靖初年の数年間に、各派が協力して祖墓を回復するとともに、各派を統合する族譜を編纂し、共通の始祖を祀る宗祠と祭田を復興している。明代中期までに茗洲呉氏が族譜と祠堂、族産を備えた「地域リニージ」としての形を整えたことは前述したが、十六世紀前半にはさらに周辺の分派を統合した、いわゆる「高位リニージ」(higher-ordered lineage) が形成されたのである。

十六世紀以降華中南の各地で、主として士人や官僚層の主導により、族譜の編纂、祠堂の建設、族産の設置を通じて宗族組織の形成が進むとともに、統宗譜の編纂や大宗祠の建設を通じて、同族集団の統合による「高位リニージ」が形づくられていったことが指摘されている。(58) また臼井佐知子氏によれば、徽州の宗族による族譜や宗祠の建立には、商業活動が活発化し、地理的・社会的な流動性が増加するなかで、族人のネットワークを広げ情報収集の拠点を作る意味があったという。(59) 茗洲呉氏の場合も、商業活動の展開や士人層の増加が、族人の生活世界を広げ、周辺の同族との連絡や協力を密にすることを促したことは疑いない。さらに周辺の宗族との対立や紛争が激化する中で、各地の同族が協力してこれに対抗する必要があったことは言うまでもないであろう。

さて龍江系呉氏の統合の中心として活躍した呉槐は、同時に茗洲呉氏の宗族組織の整備にも乗り出した。すでに正徳年間には彼を中心として『茗洲呉氏族譜』が編まれ、また呉聰と協力して祠堂である敦化堂の族産も整備されていった。そして龍山に小婆の宗祠を復興した際に、呉槐はあわせて茗洲派の祭祀規定や族規をまとめた『家典』をも編んだのである。この『家典』は翌年呉槐が没したためそのまま沙汰止みとなっていたが、万暦初年にその子の呉子玉らがこれをあらためて挙行することを図り、『茗洲呉氏家記』巻七に「家典記」として収録した。

この家典は、まず敦化堂でのさまざまな祭祀規定を、ついで宗族規約たる「条約」を収め、最後に敦化堂の基金の運営や庁宇什器の管理などについて記している。まず祭祀については、元日や三元・年末などの歳時の祀りや清明節の墓参、冠婚葬祭などの儀礼について定めるが、(60) うち元旦の祭祀儀礼については次のようにある。

是の日には族の男子は吉服にて堂上に登り、天地を礼拝す。次いで祠楼に登り、祖考に謁し、畢《おわ》れば復《ま》た堂上に至る。……次を以て拝礼を行ない、畢れば則ち坐を序して族彦を推し、聖諭・族約を奉じ、族属に宣示し、以てこれと与《とも》に更始す。中に条約に遵わず。悪を縦まにして改めざる者有らば、是の日父老が面《まのあた》りに叱戒す。如し三たび犯さば、竟に之を斥け、堂に登るを許さず、会を与《ともに》するを得ず。如し族中に大議有るに遇うに、間に故意に衆に拗《たが》い群を紊《みだ》し、無状不遜にして、強梗を恃みて例約を敗壊する者有らば罰す［銀二両を罰して衆篋に入る］。族衆は堂上において、仍りて鼓を鳴らしこれを群叱す。

ここでは儀礼が終わってから、宗族の長老が族人の前で太祖の六諭と族約を講じ、「父老」が放縦不遜な族人を叱咤すべきことが定められている。三度これを犯した族人は、宗祠より排斥され、祭祀への参加を許さず、族内の議事を乱すものには罰銀を課すという。

ここで講じられる「条約」（族約）は、冒頭に六諭を掲げ、ついで「明尊卑」・「別内外」以下の十六条の規約が続く。全体としては日常的な風俗習慣や礼儀作法についての規定が中心である。たとえば族人や佃僕は直接婦人の部屋に入らず、門の敷居の外に立って話し掛けること（別内外）。族人が集まるとき、父が立って子が座ったり、弟が兄よりさきに着座したり、子供が下着も付けず裸で賓客の前にしゃしゃり出たりしてはいけない（厳坐立）。婦人がだらしない格好で門前の道路に座り込んでおしゃべりし、男子や尊長が来ても道を譲らず、果ては絵空事を言って尊長をたぶらかすようなことの無いように（勅婦徳）。誕生日などにやたらと演劇を催して無駄遣いをしてはいけない（戒靡費）、などである。

もともと茗洲呉氏の風俗は、山深い小村の地主としての素朴で土臭いものであった。しかし十六世紀初頭ごろから、商業活動や士人の仕進の展開、宗族組織の整備などに伴い、「衣冠の族」にふさわしい風俗習慣が求められるようになったのである。その反面、明初の句容知県呉永昌と謝孺人の子孫は、呉槐の世代には五つの房の下に、男子だけで三十人近くにまで増加しており、均分相続による田地の細分化や、商業活動の浮沈などに伴う宗族内の階層分化は避けがたかった。かくて十六世紀の識者がそろって指摘する、長幼・尊卑などの社会関係の秩序の変動(61)は、徽州山間部の一宗族にも及んでゆく。「条約」の「明尊卑」の条には次のようにある。

我が族の一門は、生聚すること頗る蕃然とし、服属なれば則ち戚《した》しむ。比来《このごろ》幼を以て長を犯し、卑を以て尊に抗い、甚だしくは反唇して相稽《くら》べ、拳殴して相い加うる者有るに至る。此れ蛮夷鹿獣と何ぞ異ならんや。今後此の者有らば衆は之を罰し、その情の軽重を酌みて以って罰を示す。……倘《も》し戸婚田土の事の已むを得ざる有り、尊長の卹《あわれ》まずして以て屈を抱くに至らば、亦た当に族長に請稟して、以て曲直を分かつべし。亦た憤激して軽がるしく自ら犯逆するを得る毋れ。如し族長の平決する能わざれば、然る後に之を官に聞するを聴《ゆる》すも可なり。

ここでは族人の間に戸婚田土などの紛争があれば、まず族長に処断を求め、その上で初めて官司に訴えることを許すと規定する。呉槐は族内における尊卑・長幼などの名分の混乱に対し、一方では「礼」的なモラルや儀礼の導入を通じて、他方では族人間の紛争や対立を、極力族内で解決することによって、宗族の秩序を再編してゆこうとしたのである。こうした規約がどの程度有効であったかは疑問であるが、「礼教」の規範を通じて宗族組織を整備し、在地社会の秩序維持を図ろうとする時代の趨勢(62)は、この族約にも明らかに反映されているといえよう。

十六世紀以降の宗族結合の展開を促した要因として、上田信氏は近隣の宗族との競争や、在地の水利問題などをめぐる対立を(63)、井上徹氏は均分相続による田地の細分化や、科挙による官僚身分の維持の難しさを指摘する(64)。茗洲呉氏の場合、両氏の挙げる要因は、地域開発の限界、生活世界の拡大、社会関係の多様化などに伴い、相まって作用したように思われる。明代中期以降の周辺の宗族との激しい対立や、土地の細分化や族人の階層分化を、茗洲呉氏は一つには宗族組織の整備を通じて、一つには他の分派との統合を進めることによって克服しようとした。前者は族人の協力によって宗族の秩序を維持するとともに、族内の対立を防いで他族との競争に打ち勝つ意味をもち、後者は近隣の同族の結集によって周囲の他族に対抗するとともに、商業活動などのネットワークを広げる意味があった。「高位リニージ」の形成と「地域リニージ」の整備強化とは、まさしくあい補う形で進められていったのである。

小結

明代中期以降、徽州山間部の一小村に居住する茗洲呉氏は、次第に商品生産や商業活動を通じて富を蓄積し生活世界を広げ、在地の名族として認められていった。同時に周囲の村落の宗族との間には対立や紛争が相次ぎ、十六世紀前半にピークに達する。こうした他族との紛争は、しばしば実力行使や暴力をともない、械闘に至ったり死者を出す場合もあった。

このような他族との絶え間ない争いは、同族結合を拡大し宗族組織を強化する重要な契機となった。茗洲呉氏は嘉靖初年に長豊朱氏との墳地争訟をきっかけに、それまで疎遠であった周囲の同姓集団との再統合を進め、族譜や宗祠・族産をともなう「高位リニージ」を形成する。そしてこれと前後して茗洲呉氏の内部でも、宗祠や族譜の整備、祭祀活動の体系化や族規の制定を通じて、「地域リニージ」が整序されていった。十六世紀以後、華中南の各地でも同じように宗族結合が発展・拡大してゆく。茗洲呉氏の事例はこうした動きをかなり早く、かつ典型的に示した一つであろう。

こうした宗族間の激しい対立や紛争の背景は何であろうか。フリードマンらは福建や広東などにおける大規模な

「リニージ」の発展を促した要因として、当地のフロンティアとしての後発性・辺境性を挙げている。[65]そこでは山賊などからの自己防衛の必要性があり、これが宗族どうしの暴力沙汰や械闘にもつながった。また国家による統制力の弱さも相互扶助や自衛のための宗族結合を促し、特に王朝の混乱期にはこの傾向が助長されたという。これに対し瀬川昌久氏は、宗族間の対立や紛争はむしろ開発がある程度進んだ地域で、限られた資源をめぐる社会的競争が激化したことに起因するとみなす。さらに宗族組織は科挙や徴税機構を通じて、国家の支配とむしろ相互補完的な関係にあり、大規模な宗族の存立にとって、国家との連携はきわめて重要であったという。[66]

『家記』の舞台であった明代中後期の徽州の場合はどうだろうか。徽州の地域開発と人口増は南宋期までにほぼ一段落し、元末の戦乱で一時荒廃するが、明初には再び回復する。十五世紀はおおむね人口と耕地のバランスがとれた安定期であった。しかし十六世紀までには開発が頭打ちとなり、人口圧が増加してゆく。比較的開発が遅れた周辺の山間部でも、人口増と土地の不足は深刻になっていった。[67]茗洲呉氏と周囲の宗族との対立や紛争は、必ずしもフロンティア的な環境に由来するものではない。それはどちらかと言えば、集約的な山地型の地域開発が限界に達したなかでの、限られた資源をめぐる激しい競争を背景としていたと考えられる。

しかし一方で、官治による郷村社会の秩序維持が不十分であったことも無視しえない。明朝は徴税とともに、紛争処理や治安維持の相当部分を里甲・老人制に委ね、官権力は里甲組織を通じて郷村に作用することが多かった。明代中後期以降、全般的な社会の流動化と秩序の変動の中で、こうした形での郷村の秩序維持は難しくなってゆく。特に茗洲村のような県城から遠く離れた山間地では官治が及びにくいため、利害の対立から各種の実力行使や暴力が起こりやすく、これが宗族どうしの衝突や械闘にもつながった。官治の統制力が不十分であったからこそ、宗族が官治を補完して郷村の秩序維持にあたる必要があったともいえよう。

しかし明末の社会変動を考えるうえで、宗族組織の発達のみを強調することは一面的である。「社会記」の時代は、明代前半期の里甲組織を中心とする郷村の紛争処理や秩序維持の枠組みが、より多様化・流動化してゆく転換期であったといえよう。この頃から一方では地方官治がより直接的に郷村に及ぶようになり、他方では各種の社や会などの民間組織も発達を続けた。また生員などの士人や、郷紳の影響力も重要であった。さらに里甲制も宗族組織との結びつきを強めつつ、なお大きな役割を果たしていたし、これを補うべき郷約・保甲制も導入されつつあった。こうした多様な社会関係・社会集団の混沌としたせめぎ合いのなかで、宗族結合もまた展開・強化されていったのである。

註

（1）万暦間呉子玉撰、東京大学東洋文化研究所蔵。なお北京図書館には他に抄本『休寧茗洲呉氏家記』不分巻を蔵し、東洋文庫にその写真版を収める。巻頭には東洋文化研究所本と同じ目録を掲げるが、実際にはかなり内容の異同がある。うち「茗洲呉氏登名策記」には乾隆初年に至る族人の生没年を記しており、おそらく乾隆年間に呉子玉の原撰本を増損して成った抄本であると思われる。また茗洲呉氏には宗祠などにおける祭儀典礼を集成した『茗洲呉氏家典』（康熙間呉翟撰、東洋文化研究所蔵）もある。

（2）牧野巽「明代における同族の社祭記録の一例——休寧茗洲呉氏家記社会記について——」（初出一九四〇年、『近世中国宗族研究』日光書院、一九四九年〔のち牧野巽著作集第三巻、御茶の水書房、一九八〇年として復刊〕所収）。

（3）田仲一成「十五・六世紀を中心とする江南地方劇の変質について」（一）・（二）（『東洋文化研究所紀要』六〇・六三冊、一九七三・七四年）、同『中国祭祀演劇研究』（東京大学出版会、一九八一年）、同「明代江南における同族の演劇統制について——新安商人と目連戯——」（『山根幸夫教授退休記念明代史論叢』下巻、汲古書院、一九九〇年）。このほか茗洲村での佃僕制に関する現地調査の記録として、葉顕恩『明清徽州農村社会与佃僕制』（安徽人民出版社、一九八三年）、附録一「関于徽州的佃僕制的調査報告」があり、章有義「清代徽州庄僕制度管窺——休寧呉葆和堂庄僕条規剖析——」（初出一九七七年、『明清徽州土地関係研究』中国社会科学出版社、一九八四年所収）も、清代茗洲呉氏の庄僕（佃僕）制について論じる。また鈴木博之「明代徽州府の族産と戸名」（『東洋学報』七一巻一・二号、一九八九年）、および「明代における宗祠の形成」（『集刊東洋学』七一号、一九九四年）も、それぞれ茗洲呉氏の墳墓経営と宗祠に論及する。

（4）休寧県の地理環境と地域開発については、Harriet T. Zurndorfer, *Change and Continuity in Chinese Local History: the Development of Hui-chou Prefecture, 800 to 1800*, E.J. Brill, 1989, pp.68-72 を参照。

（5）曹嗣軒編『新安休寧名族志』（天啓六年序刊本）巻三、呉氏の項。なお呉少微系の休寧県城の呉氏についての専論として、Keith Hazelton, "Patrilines and the Development of Localized Lineages: the Wu of Hiu-ning City, Hui-chou, to 1528," in Patricia Buckley Ebrey and James L.Watson eds., *Kinship Organization in Late Imperial China, 1000-1940*, University of California Press, 1986 があり、他の系統の呉氏との関係についても論及する（pp.160-165）。

（6）『家記』巻六、家伝記、呉媼程氏の条。

（7）『新安休寧名族志』巻三、呉氏各派の項。

（8）『家記』巻六、家伝記、六公某の条。

（9）『家記』巻六、家伝記、小伍公・小二公の条。

（10）『家記』巻六、家伝記、進士公の条には、南宋末に十七世の呉元龍が進士に合格したとする。しかし弘治『徽州府志』・万暦『休寧県志』の選挙志や、『新安休寧名族志』の茗洲呉氏の項には、いずれも元龍の進士合格に関する記事はない。また、家伝記の内容も具体性に乏しく、元龍の進士合格は疑問である。

（11）葉顕恩前掲『明清徽州農村社会与佃僕制』三一八頁。

（12）『家記』巻八、里区記。

（13）『家記』巻八、物産記。

（14）『家記』巻八、里区記。
（15）『家記』巻八、物産記。
（16）『家記』に見える茗洲呉氏の商業活動については、田仲前掲「明代江南における宗族の演劇統制について」一四〇六～四二一頁に詳しい。
（17）『家記』巻四、世系記・巻五、登名策記・巻六、家伝記、および『新安休寧名族志』の茗洲呉氏の項によれば、茗洲呉氏は明代中期から明末天啓年間までに、十六人の生員や貢監生を出しており、うち二名が佐弐官、二名が教職に就任している。
（18）『家記』巻十、社会記の里甲制・黄冊攅造に関係する記事は、田仲前掲「十五・六世紀における江南地方劇の変質について」（二）二一一～二一五頁、同『中国祭祀演劇研究』二八三～八七頁で詳しく検討されている。ただし田仲氏は黄冊大造の年次を実際より一年ずつ早く設定しており、記述に混乱がみられる。呉嶽については『家記』巻六、家伝記、守菴公の条を参照。
（19）『家記』巻一、譜序彙記。
（20）『家記』巻八、里区記・巻十一、翰札記、文、「敦化堂常儲序」。
（21）『家記』巻十一、翰札記、文、「敦化堂常儲序」、「敦化堂続立議例序」。
（22）「地域リニージ」の概念については、M・フリードマン（田村克己・瀬川昌久訳）『中国の宗族と社会』（弘文堂、一九八七年）、第一章「村落、リニージ、そしてクラン」、および P.Ebrey and J.Watson eds., *Kinship Organization in Late Imperial China, 1000-1940*, “Introduction” を参照。いずれも族譜や祠堂に加え、宗族活動の基盤となる族産の存在を「リニージ」の成立のための決定的な条件とする。ただし近年瀬川昌久氏は、こうした機能面からする「リニージ」の概念規定の問題点を指摘し、より多様な実態に応じた「宗族」の語を用いるべきとしている（『中国人の村落と宗族――香港新界農村の社会人類学的研究――』弘文堂、一九九一年、第一章「社会人類的宗族研究の諸問題」）。本稿では基本的に「宗族」の語を用いるが、必要に応じて「リニージ」概念をも参照する。
（23）『家記』巻十、社会記、序文および正統十二年二月の条。詳しくは牧野前掲「明代における同族の社祭記録の一例」を参照。

（24）呉子玉は県学生より貢生となり、のちに応天府学教授に任じられた（『新安休寧名族志』巻三、茗洲呉氏・康熙『休寧県志』巻六、人物、文苑、明）。文集として『呉瑞穀集』十六巻（隆慶間刻本）、および『大鄣山人集』五十三巻（万暦間刻本）があり、いずれも国会図書館に北京図書館蔵本のマイクロフィルムを収める。

（25）Patricia Buckley Ebrey, "The Early Stages in the Development of Descent Group Organization," in *Kinship Organization in Late Imperial China, 1000-1940*, pp.20-29.

（26）『家記』巻九、墓域記・巻十二、雑記、「緯冊帰戸」・「二門合約」など。鈴木前掲「明代徽州府の族産と戸名」六～七、二一～二二頁を参照。

（27）徽州における墓地風水については、葉顕恩前掲『明清徽州農村社会与佃僕制』二一六～二二一頁を参照。また村落風水については、何暁昕（三浦國雄監訳、宮崎順子訳）『風水探源――中国風水の歴史と実際――』（人文書院、一九九五年）が、徽州の事例も多く有益である。

（28）三木聰「抗租と法・裁判――雍正五年（一七二七）の《抗租禁止条例》をめぐって――」（『北海道大学文学部紀要』三七巻一号、一九八八年）二二七～四九頁。この場合『大明律』刑律、雑犯、「不応為」条の事理軽き者として、笞四十が執行されたのであろうか。

（29）卞利「明中葉以来徽州争訟和民俗健訟問題探論」（『明史研究』三輯、一九九三年）によれば、明代後期以降の徽州では、特に土地と山林、風水や墳地、水利問題、婚姻や継承、佃僕と主家の争いなどの訴訟が多かったという（七七～八二頁）。「社会記」で水利関係の紛争が見られないのは、茗洲村付近が山間地で、数か村にわたるような大規模な水利施設が無かったためであろうか。また佃僕をめぐる争いには、佃僕による田地の盗売（⑨）や、佃僕の債務不履行と事故死（㉗）などがある。

（30）滋賀秀三「清代州県衙門における訴訟をめぐる若干の所見――淡新檔案を史料として――」（『法制史研究』三七、一九八七年）三七～四三頁。

（31）例えば他人の樹木や器物を伐採・損壊した場合は、戸律、田宅、「棄毀器物稼穡等」条により、田野の穀物や伐採済みの樹木などの刈り取りや強奪は、刑律、賊盗、「盗田野穀麦」条により、いずれも贓額に応じ竊盗に准じて処罰される。また他人の墳墓の石碑などを壊した場合は、「棄毀器物稼穡等」条により杖八十、墳墓を打ち崩して平地とした場合は、刑律、賊盗、「発塚」条により杖一百、他人の墳墓への盗葬も「発塚」条により杖八十となる。また良家の妻女を強奪して妻妾とした場合は、戸律、婚姻、「強占良家妻女」条により絞罪となるが、事例（㉘）の結末は不明である。

（32）滋賀秀三『清代中国の法と裁判』創文社（特に第四「民事的法源の概括的検討――情・法・理――」）、一九八四年、同「中国法文化の考察――訴訟のあり方を通じて――」（『東西法文化』〔法哲学年報一九八六年度〕）など。なお滋賀氏が清代の州県官による民事的紛争の「聴訟」における、判決の確定力の不在と調停的性格を重視するのに対し、Philip C.C. Huang, *Civil Justice in China: Representation and Practice in the Qing*, Stanford University Press, 1996 は、清代州県官の裁判は、成文法ないしそれを根拠とする積極的原理に基づく「裁判」であり、調停的要素は認められないとする。また両者の所説の比較検討を通じて、清代民事司法研究の課題を論じたものに、寺田浩明「清代民事司法論における『裁判』と『調停』――フィリップ・ホアン（Philip C.C. Huang）氏の近業に寄せて――」（『中国史学』五巻、一九九五年）がある。「社会記」の断片的な記事からこの問題を論ずることは難しいが、漠然とした印象としては、清代に比べても民事的な紛争に対する法源がかなり乏しい明代では、地方官の訴訟処理には裁量的性格がより強く認められるように思われる。

（33）「里佐」は里甲制下の何らかの職役を指すと思われるが、管見のかぎり『家記』以外には用例がなく、語義は明確ではない。例えば「社会記」嘉靖二十四年八月の条には、「呉汝立里役に当る。会ま県は官銀百両を派給し、穀を買いて半流倉に輸せしむ。費四十二両を助け、里佐は重困す」とあり、現年の里役に当った族人が県から穀物の収買を命じられた上、費用の不足分を転嫁され、「里佐」がその負担に苦しんだという。「里佐」は現年甲首（ないし現年里長と甲首）を指すとも考えられるが、成化年間に成った丘濬『大学衍義補』巻三十一、制国用、「傅算之籍」には、「凡そ一里の中、……惟だ軍匠を清理し、争訟を質証し、逃亡を根補し、事由を挨究するには、則ち排年里長を通用す」と、訴訟処理などに関しては排年里長も通用したとあり、「里佐」とはあるいは排年里長（ないし現年里長と排年里長）を指すのかもしれない。

（34）「社会記」天順六年二月、弘治四年八月、弘治六年八月の条。

（35）『家記』巻六、家伝記、謝孺人の項。

（36）安野省三「明末清初、揚子江中流域の大土地所有に関する一考察――湖北漢川県、蕭堯寀の場合を中心にして――」（『東洋学報』四四巻三号、一九六一年）、小山正明「明代の粮長――とくに前半期の江南デルタ地帯を中心として――」（初出一九六九年、『明清社会経済史研究』東京大学出版会、一九九二年所収）。

（37）片山剛「清代広東省デルタの図甲制について――税糧・戸籍・同族――」（『東洋学報』六三巻三・四号、一九八二年）、劉志偉「明清珠江三角洲地区里甲制中〝戸〟的衍変」（『中山大学学報』〔哲学社会科学〕一九八八年三期）、鄭振満「明清福建的里甲戸籍与家族組織」（『中国社会経済史研究』一九八九年二期）。

（38）小山前掲「明代の粮長」二一六～一八頁。

（39）『家記』巻五、登名策記。

（40）『家記』巻六、家伝記、嘉興公の項。また清代徽州の生員による紛争処理については、渋谷裕子「清代徽州農村社会における生員のコミュニティについて」（『史学』六四巻三・四号、一九九五年）一〇七～九頁を参照。

（41）弘治『徽州府志』巻八、人物二、宦業、宋・『家記』巻三、呉氏先賢記、監察公の条。

（42）長豊朱氏は、明末までに十数人の士人や数人の官僚を出した在地の有力宗族であった（『新安休寧名族志』巻三、長豊朱氏の項）。

（43）大渓の呉氏は黄巣の乱を避けて蘇州から移住したとされ、流口の呉氏は呉少微を始祖とする県東南部の呉氏の分派であった（『新安休寧名族志』巻三、各呉氏の項）。Keith Hazelton, "Patrilines and the Development of Localized Lineages," pp.160-65 参照。

（44）徽州府の治署は歙県に置かれており、茗洲などの呉氏がこの時点で歙県の石嶺呉氏を糾合したのは、訴訟が府のレヴェルへと上訴されたことに対応するのであろう。この点については、原載論文「明代徽州の一宗族をめぐる紛争と同族統合」（『社会経済史学』六二巻四号、一九九六年）に対する上田信氏の書評（『法制史研究』四七、一九九八年）において指摘していただいた（三〇七頁）。上田氏のご教示に謝意を表したい。

(45)　明代の徽州では、各里（図）の下に保が設けられ、保ごとにその保の魚鱗冊である「保簿」が保管されており、土地売買や紛争の際には証拠書類となった。周紹泉（岸本美緒訳註）「徽州文書の分類」（『史潮』新三二号、一九九三年）七七頁参照。

(46)　鈴木博之氏も前掲「明代徽州府の族産と戸名」九頁において、呉氏と長豊朱氏との訴訟に触れ、「同族相互の角逐が同族統合の必要を生じさせ、祭田（墓田）に対する管理を強化すると共に、祭祀の組織化を生み出していった」ことを指摘している。

(47)　ただし上田氏が前掲の書評において指摘しているように（三〇七頁）、茗洲呉氏と呉輔との系譜関係は必ずしも明確ではなく、長豊朱氏との訴訟に際して結集した呉姓の各派が、果たして実際に同族関係にあったかは確実ではない。おそらく呉氏の各派が有していた族譜では、いずれも小婆を徽州への始遷祖と認めていたため、同族と認めあったのであろう。明末には姓を同じくする宗族どうしが、現実に系譜関係があるかどうかを問わず、族譜上の系譜をつなぎ合わせて同族と認める「通譜」が流行しており、呉氏の各支派の統合も、実際にはこの種の「通譜」であった可能性もある。

(48)　滋賀前掲「清代州県衙門における訴訟をめぐる若干の所見」、Philip C.C. Huang, *Civil Justice in China*, Chapter 5, “Between Informal Mediation and Formal Adjudication: the Third Realm of Qing Justice” など。

(49)　第四章でも論じたように、明代中期前後の徽州では、老人に訴訟の審理を下げ渡し供述を取らせることが、「値亭老人」などの形で広く行われていた。

(50)　岩井茂樹「徭役と財政のあいだ――中国税・役制度の歴史的理解に向けて――」(三)（『経済経営論叢』〔京都産業大学〕二九巻二号、一九九四年）。一二一～一二三頁。

(51)　『家記』巻七、祠述記、「告族立祠書」。

(52)『家記』巻一、譜序彙記、「(廿六世孫槐)又序呉氏統宗家系譜」。この文章の日付は正徳壬申（七年）秋季月とあるが、内容によれば明らかに嘉靖三年の長豊朱氏との訴訟の後に書かれており、誤りであろう。
(53)『家記』巻七、祠述記、「上状草謄」・「合同草謄」、巻十二、雑記、「(竹渓逸人)又記」。
(54)『家記』巻七、祠述記、「告族立祠書」。
(55)『家記』巻七、祠述記、「合同草謄」。
(56)『家記』巻七、祠述記、「宗祠規約」。祭祀規定について詳しくは、鈴木前掲「明代における宗祠の形成」二八・二九頁参照。
(57)『家記』巻十二、雑記、「(竹渓逸人)又記」。
(58)上田信「地域と宗族――浙江省山間部――」(『東洋文化研究所紀要』九四冊、一九八四年)、井上徹『中国の宗族と国家の礼制』(研文出版、一九九九年)など。特に明代後期の宗祠形成の展開については、鈴木前掲「明代における宗祠の形成」を、その明朝の礼制上の位置付けについては、井上徹「夏言の提案――明代嘉靖年間における家廟制度改革――」(初出一九九七年、井上前掲書所収)を参照。
(59)臼井佐知子「徽州商人とそのネットワーク」(『中国――社会と文化』六号、一九九一年)四五～四九頁。また田仲一成氏も龍江系呉氏の宗祠建設などに論及し、商業活動の展開が「より広汎な在地基盤と商業交易のネットワークを獲得するため、隣接の同系分派との連合を促す契機としても作用した」ことを指摘している(前掲「明代江南における宗族の演劇統制について」一四一～一二頁)。
(60)詳しくは鈴木前掲「明代における宗祠の形成」二六～二八頁参照。
(61)森正夫「明末の社会関係における秩序の変動について」(『名古屋大学文学部三十周年記念論文集』一九七九年)、同「明末における秩序変動再考」(『中国――社会と文化』一〇号、一九九五年)。
(62)溝口雄三氏は朱子学から陽明学への流れを、「儒教の民衆化」として捉え、それが「礼」を通じた宗族や郷党などのネットワークの結合倫理として機能したと論ずる(「中国近世の思想世界」、溝口雄三・伊東貴之・村田雄三郎『中国という視座』

平凡社、一九九五年所収)。氏によれば嘉靖年間の陽明学の展開は、従来もっぱら士大夫層を担い手としていた道学の民衆化、礼教の民間への浸透という文脈から捉えうるという(同書八九〜九七頁)。徽州は伝統的に朱子学の影響が強い地域であるが、小島毅氏によれば、当時の朱子学者もまた、礼教に基づく宗族組織の整備や在地秩序の安定という理念を共有していたという(「張岳の陽明学批判」『東洋史研究』五三巻一号、一九九四年、八九〜九三頁)。呉槐の族約もまた「礼教の浸透」という時代の趨勢の中に位置づけられるといえよう。

(63) 上田信前掲「地域と宗族」、同「中国の地域社会と宗族——十四—十九世紀の中国東南部の事例——」(シリーズ世界史への問い4『社会的結合』岩波書店、一九八九年)、同『伝統中国——〈盆地〉〈宗族〉にみる明清時代——』(講談社〔選書メチエ〕一九九五年)など。

(64) 井上徹前掲『中国の宗族と国家の礼制』。また同氏の「一九八九年の歴史学界——回顧と展望——(明・清)」(『史学雑誌』九九編五号、一九九〇年)二四〇〜四一頁を参照。

(65) フリードマン前掲『中国の宗族と社会』一四三〜四七、二一二〜一四頁など。瀬川前掲『中国人の村落と宗族』二一三〜一九頁をも参照。

(66) 瀬川前掲『中国人の村落と宗族』二一三〜二二頁。

(67) 徽州における人口と耕地面積の変動状況については、葉顕恩前掲『明清徽州農村社会与佃僕制』二〇〜四一頁、Harriet T. Zurndorfer, *Change and Continuity in Chinese Local History*, pp.21,170-71 を参照。

第六章　明代後期、徽州郷村社会の紛争処理

はじめに

本章では明代後半期の徽州文書を史料として、当時の郷村社会における紛争処理の実態について検討する。序章でも述べたように、清代の法制史研究では、早くから律例や会典などの基本法典や、豊富な官箴・公牘により、州県レヴェルの裁判制度についての研究が進められてきた(1)。とくに日本では滋賀秀三氏らが、多数の判語史料を活用して地方官による民事的訴訟処理の性格を論究している(2)。さらに最近では、滋賀秀三、マーク・アリー、フィリップ・ホアン氏らにより、淡新・巴県・宝坻などの州県レヴェルの原文書たる訴訟檔案の研究が進められ、清代後期の地方官の訴訟処理について、法廷外での差役や郷保などの働きをも含めた詳細な検討が加えられている(3)。

さらに明清期の紛争処理の全体像を理解するためには、地方官の裁判だけではなく、民間で行われるさまざまな調停活動をも視野に入れるべきことは言うまでもない。地方官に訴えが起こされた後でも、並行して民間での調停活動が活発に行われたことは、上記の地方檔案研究でもしばしば指摘されているが、地方官に提訴されることなく民間の調停や仲裁によって解決された紛争については、地方官衙の檔案からは窺うべくもない。フィリップ・ホアン氏も、

清代の民事紛争処理に関するその専著において、「清・民国時代の民事訴訟の大部分は、村での紛争に始まり、地域なり親戚なりの調停がうまく行かなかったときに初めて訴訟沙汰となるのであり、こうした訴訟の発端についてよく目を向けねばならない。あいにく実のところ、私の知る限り清代における村の紛争に関する有用な史料はなく、民国期の知識によってこのギャップを埋めなければならない[4]」と述べ、一九二〇年代以降の満鉄による中国農村慣行調査によってこの問題を検討している。

しかし近年整理と公刊が進みつつある明清期の徽州文書[5]の中には、各種の訴訟文書に加え、郷村での紛争処理にかかわる文約・合同などの文書が含まれ、ひろく民間調停をも含めた紛争処理の全体像を描き出すことができる[6]。すでに第三・四章において文書史料によって検討したように、明代前・中期の徽州郷村社会では、老人や里長が、同族や「衆議」、および地方官の裁判ともあい補いつつ、紛争処理の結節点としての役割を果たしていた。明代後期にはより多くの文書史料が残されており、本章ではその検討を通じて、当時の郷村社会における紛争処理のパターンとその地方官の裁判との関係を、具体的な諸事例に即して論じてゆきたい。

第一節　史料の紹介

本章では嘉靖元（一五二二）年から、南明の弘光元（一六四五）年に至る、約百二十年間の徽州文書を主たる史料とする。紛争処理に関する文書は、大きく官から発給（ないし官に提出）された訴訟文書と、当事者間で作成された民間文書に分けられる。前者には官に提出された告訴状や申し立て、官より発給された帖文・牌・票などの指令書、訴訟終結後に官から交付された証書（執照）や一件文書の抄件（抄招給帖）などがあり、その中には官印が押された原文書もあれば、それを書き写した抄件（抄白）もある。

後者は官に提訴されたか否かを問わず、紛争の終結時に当事者間で取り交わされた文書であり、なかには官に申請して官印を受けたものも多いが、本質的にはそれも当事者間で作成された私文書である。この種の文書の多くは一枚一枚の散件文書として残されているが、地主が所有地に関する契約文書などを抄録してまとめた謄契簿・置産簿などの簿冊文書にも、しばしばこうした文書が含まれている。

民間文書は、さらに大きく当事者の一方が署名して立て、これを他方に交付する「契・約」系の文書と、複数の当事者が連名で立て、それぞれが同文の文書を手にする「合同」系の文書に分けられる。(7) 紛争処理に関わる文書では、「契・約」系の文書の大部分は文約・戒約・還文約・甘罰約・限約などの「約」であり（以下文約と総称）、立約者に何らかの過犯がある場合に立てられることが多い。これに対し「合同」系の文書には、土地の境界を確定する清業合同・訴訟の和解に関する和息合同などがあり、「合同文約」や「合同約」も文書形式上はこの範疇に含まれる。

紛争・訴訟処理制度の包括的な研究のためには、上記の訴訟文書・民間文書の双方を検討することが望まれよう。ただし明代後期の訴訟・民間文書はともに相当数にのぼるため、両者を網羅的に扱うことは難しく、本章ではもっぱら文約・合同などの民間文書を史料とすることにしたい。この種の文書は、従来の法制史研究では十分に明らかにされなかった民間の紛争解決の実態に加え、官に訴えられて訴訟沙汰となった紛争の調停活動についても多くの具体例を提供しており、郷村社会における紛争処理の全体像を、地方官の裁判との関わりをも含めて明らかにし得るのである。

本稿で検討する文書は、以下の四個所の機関に収蔵されたものであり、資料集として影印ないし活字化された文書のほか、筆者が直接原文書より筆写・収集したものも含まれる。

A　中国社会科学院歴史研究所の所蔵文書

周紹泉・王鈺欣主編『徽州千年契約文書』第一編［宋・元・明編］全二十巻・同第二編［清・民国編］全二十巻（いずれも花山文芸出版社、一九九一年。以下それぞれ『契約文書』・『契約文書』二編と略称）所収の文書である。同書は南宋から民国に至る徽州文書を影印・刊行したものであり、ここでは第一編所収の明代の散件文書から紛争処理に関わる文約・合同などを収集したほか、第一編所収の明代の簿冊文書、および第二編所収の清代の簿冊文書の中からも同様の史料を集めた。引用に際しては編者が附した表題と、巻数・頁数を注記した。

B　北京大学図書館の所蔵文書

張伝璽主編『中国歴代契約会編考釈』下巻（北京大学出版社、一九九五年。以下『会編考釈』と略称）所収の文書である。同書は先秦から民国に至る各種の契約史料を、縦組み簡体字により活字化し注釈を附したもので、下巻所収の明代の契約文書は、大部分が北京大学図書館蔵の徽州文書である。引用に際しては編者の附した表題と通し番号を注記した。

C　黄山市博物館（旧徽州地区博物館）の所蔵文書

安徽省博物館編『明清徽州社会経済史料叢編』第一集（中国社会科学出版社、一九八八年。以下『史料叢編』と略称）に、横組み簡体字で収められた文書である。引用に際しては表題と頁数を注記した。

D　南京大学歴史系資料室の所蔵文書

南京大学歴史系には、六十年代初頭に屯渓の古籍書店から購入した一連の徽州文書が、「屯渓資料」として収められている。筆者は一九九六年六月、九七年九月の二回にわたり同資料室の文書を調査・抄録する機会を得た。同資料室の散件文書の大部分は内容によって大まかに分類され、数十件程度にまとめて一つの表題と整理番号が、簿冊文書と一部の散件文書には一件につき一つの表題と番号が附されている。引用に際してはこれらの表題と番号を注記した。

上記のほかにも、中国各地の大学・図書館・博物館・檔案館などには、未公刊の徽州文書が相当数収められている。こうした原文書の調査により、より多くの紛争事例を集めることも可能であろう。なおこれらの文書には、しばしば正字のほか略字・異体字・誤字・当て字などが混用されているが、瀕用される異体字を除き、原則としてすべて当用漢字により録字した。ただし著しい誤字・当て字は（　）内に訂正した。また脱字は［　］内に補い、欠字及び判読不能の字は□によって示した。また文書の標点は原則として筆者による。

以下まず第二節では、紛争解決に当たって立てられた文約や合同のなかから代表的な事例を選び、紛争の調停・仲裁者を（1）里長・老人、（2）郷約・保甲、（3）親族・中見人の三つの類型に分け、紛争解決にいたるプロセスを検討する。ついで第三節では、紛争が地方官に訴えられて訴訟沙汰となった場合、民間調停と地方官の裁判がどのように関わったかを論じたい。さらに第四節では、第二・三節での類型的な分析を踏まえ、文約や合同などに現れた計七十五例の紛争事例の概要を一覧表として示し、ある程度定量的な形で分析することにより、明代後期の徽州郷村社会における紛争処理の全体像を描き出すことにしたい。

第二節　明代後期の郷村社会における紛争処理の類型

（1）　里長・坊長による紛争処理

すでに第三・四章で論じたように、明代前・中期の徽州郷村社会では、里長は老人とともに、里内の紛争解決・訴訟の実地検証や調停などを通じて、紛争・訴訟処理に重要な役割を果たしていた。一般に里甲制が動揺を深めたとされる明代後期の徽州文書にも、なお里長による紛争処理を伝えるものが少なくない。一例として嘉靖三十六（一五五七）年の、「祁門馮初保立還文約」[8]を挙げてみよう。

西都馮初保、原将次男馮徳児過房与房東謝綵、以為家僕、撫養成人。於上年背主逃出、於今年正月内、帯妻子回家。是房東社右、状投本都六甲里長謝香処、取討原礼銀物。徳［児］無措処、憑父初保、托叔貞保、自倩（情）愿浼求敦本堂房東謝紛・謝紋・謝鐘三大房、出備礼艮（銀）、付還社右。其次男徳児妻子及日後子孫、永遠応主無違、敦本堂三大房子孫使喚、不敢抵拒。今恐無憑、立此文約為照。

嘉靖卅六年十一月廿日立還　　文約僕人馮初保＋

同男馮徳児〇

依口代書中見堂叔馮貞保〇

十西都の馮初保は、同地の有力宗族である謝氏のもとで田地を小作するとともに、各種の労役に服する「佃僕」であった。彼はさきに次男の徳児を主家（房東）たる謝綵に売って家僕としていた。ところがのちに徳児が妻子を連れて生家に逃げ戻ったため、主家は里長の謝香に「状投」し、徳児の身売りの際に初保に支払った銀物の返還を求めた。初保は致し方なく敦本堂（謝氏の宗祠）に属する三大房（謝氏の三支派）に銀の工面を頼み、その代償として以後徳児が敦本堂下の三大房の奴僕として服役することを誓約したのである。

同様に隆慶二（一五六八）年、徽州某県の佃僕鮑仏祐が主家である呉宗祠の墳山の松木を盗伐した時には、呉氏が「贓を獲て里（長）に投じ」、この結果鮑仏祐は謝罪して処罰に服した[9]。また天啓元（一六二一）年、某県の畢大舜が隣接する王国朗らの山林を伐採した際にも、王国朗らが「聞知して状投」したが、畢大舜は「里隣（里長と隣人）に托憑して処明し、文約を写立」して謝罪している[10]。このように明代後期にも、一般に里長へ訴え出る際には口頭ではなく、「状投」すなわち状紙が用いられたと考えられる。

さらに訴状が地方官に提出された後にも、なお里長による調停が続けられることもあった。たとえば万暦三十七（一六〇九）年の徽州某県の葉興らの承約文書[11]には、次のようにある。

廿二都葉興、今因語（誤?）听洪貴、砍斫山主王惟寿・惟□?・惟慈・大勲等名下小鯤魚坑松杉苗木数十余根。山主尋獲験実、投托一二啚里長、封木告県。自之（知?）理虧、自情愿托憑里中還立承約、前去長管。自今已後如有外人盗砍、即行報知。如不報之（知?）、山主尋出根椿、葉興情愿見一賠十、并前罪認究。今恐無憑、立此為照。

万暦卅七年八月十八日立承約人　葉興（押）　洪貴（押）

里長　陳本禎（押）　王之宋　中見人　王惟交

二十二都の葉興は、王惟寿らの所有する山林を看守していたが、洪貴とともに山内の苗木を盗伐してしまった。このため王惟寿らはまず一・二図の里長に訴え出たうえで、さらに県へと提訴したため、葉興らは里長らに調停を依頼してこの承約を立て、盗伐した山林を栽養するとともに、忠実に看守に努めることを誓約したのである。

なお万暦九（一五八一）年に張居正により全国的な丈量が行われると、徽州では各都・各里に公正（都正・図正）が置かれ、都・図内の丈量を監督したが[12]、この都・図正が訴訟の検証や調停に関わることもあった。すなわち休寧県一都の畢九礼と金晋は、数年にわたり屋地や山地の所有をめぐる訴訟を続けてきたが、万暦九年の丈量を期に、地方官の命により都・図正や里長・排年により実地検証が行われ、この結果両家は境界を確定し和解を見たのである[13]。

さらに里長は紛争解決に止まらず、郷村での禁約の取り決めや、里内で日常的に起こるトラブルの処理にも関与していた。たとえば万暦十四（一五八六）年には、祁門県二十二都の王詮卿らの山林がたびたび盗伐されたため、詮卿らは「里・隣を請いて盟を為し」、里長戸などの署名を得て文約を立て、盗伐の禁止を議定している[14]。また崇禎八（一六三五）年の「閔良海領回丢失牛字據」[15]（図版⑤）からも、郷村において里長が果たした役割の一端が窺われる。

十七都一啚立領人閔良海、今于本月十三夜、走失耕牛壱条、不知去向。後牛為十八都一啚地方所獲、蒙本啚里保・族長見召、知係身牛。念身貧老、着人呼身、至本啚祠屋、仝衆給与前牛、感激無量、所領是実。

崇禎八年四月二十日立領人閔良海（押）　男閔　化（押）

代筆呉　達（押）　中見呉　璽（押）

経里長胡学周（押）　甲長胡可立

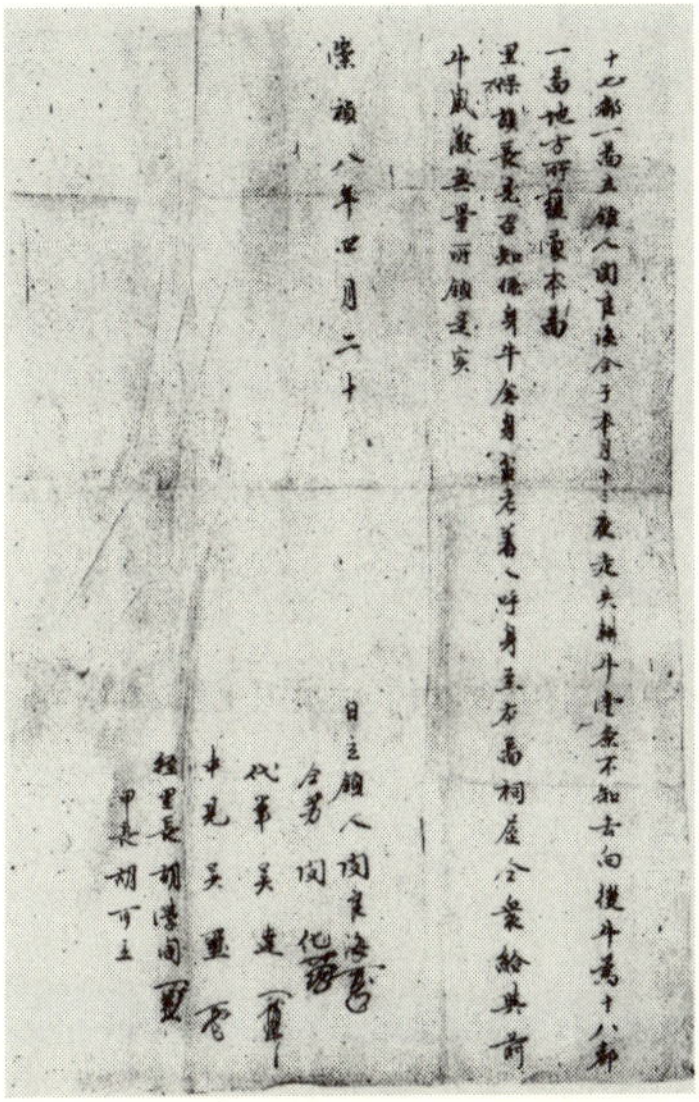

図版⑤

十七都一図の閔良海の耕牛が行方知れずとなり、のち十八都一図で発見された。そこで里長・保甲・族長らが牛を確認の上連れ戻し、里の祠屋で良海に引き渡したのである。こうした日常的な事件の処理に当たっても里内で文書が取り交わされたのであり、「里保族長」の語が特に抬頭されていることも興味深い。

反面で万暦初年の績渓知県陳嘉策は里長が自らの職権を乱用することによる弊害について詳述している。[16] これによれば績渓では里長が「催辦に倚りて額外に多加し、勾摂に因りて詞を受け嚇騙」するなどの弊害が絶えず、彼らは往々にして市井のごろつきを雇って代役させ、自らは郷村にあって公課を侵食し、訴状を私的に受けるなどして私腹を肥やしていたという。このため陳嘉策は、里長による税糧納入の請け負い（包攬）や定額外の科派を禁じるとともに、訴訟に関しても、里長は「批・票を承けて勾摂するに過ぎざるのみ」として、その役割を地方官の指示を承けての身柄の拘引などに限定した。さらに「詞訟は事情の大小を論ぜず、各々投訴を接受し、武断して転呈し、及び賄を受けて私和する等の弊を許さず」と述べ、里長が訴状を受け付け、あるいは里長が強いて官への訴状の提出を取り次いだり（転呈）、賄賂を受けて訴訟の私和を図ることを禁革している。しかし現実には、地方衙門の訴訟処理能力は増え続ける訴訟に対して不十分であり、里長がこの間に介在して訴状の受理や転呈を行うことは避け難かったであろう。

徽州では「徽郡は山郷にして、里（長）戸は倶に是れ祖を承けて遺下す」(17)とあるように、里内の有力宗族が里長戸の地位を受け継いでゆくことが多く、里甲組織自体も、往々にして有力宗族を基盤として編成されていた。たとえば歙県の江村は、おおむね江氏による同姓村をなしていたが、「惟《た》だ茲《ここ》に一祖三宗、居すること則ち遠からず。……由来籍を同じくし、世々代々仍りて故事に沿いて、一里の長なる者を択び、十年ごとに輪転し、有司の徴賦に出応す。漢時に訟を分かつ亭墠有るが如く、民の為に解紛し、能わずして後、邑長のこれを縄るに法を以ってするを聴す」とあるように、宗族組織に基づいて里長戸を出し、その下で紛争処理も行われていた。この江村でも、明末には同族・村落内の訴訟や紛争が増加したため、里民は「仁里社」の名の下に「奉公好義を以って心と為し、解紛和光を以って事と為す」ことを誓約したという(18)。

第四節において一覧表として示す計七十五例の紛争事例のうち、里長は計十九例（全体の二五・三％）の紛争解決に関与している。とくに嘉靖年間では全十八例のうち、四割近い計七例の紛争処理に関わっており、その後はしだいに比率を下げるとはいえ、天啓年間以降にもなお二割弱の事例で調停や検証に関わっているのである。概して徽州では、明代後期にも里甲制は保甲や郷約と併存し、宗族や村落とも結びきつつ基本的な郷村組織であり続けたといえよう。

なお県城などの都市部でも、「坊長」などによる紛争処理が行われることもあった。たとえば休寧県の人呉子玉は、万暦年間の知県王謡の治績に関して、「（王謡の着任以前）市民に競有らば、多くこれを坊里に質し、庭に訴えず。……大夫君獄を聴《おさ》めること流るるが如く、錐刀も入れず、貨《まいない》せず淹《とどこお》らず。而して坊佐の所、詞牒の至ること無し」(19)と述べており、当時しばしば都市部の坊や里が訴状を受け付けていたことがわかる。このことはまた文書史料によっても裏付けられる。すなわち『万暦休寧蘇氏抄契簿』所収の嘉靖三十八（一五五九）年の合同文書[20]によれば、休寧県城の蘇天賢らの兄弟は、城外に有していた田地の一部を程氏に売却した。ところがのち天賢らの庶母である李氏が、その田地は彼女の生活費を支弁するための養老田であったとして坊長に「状投」し、これが知県に「転呈」され、知県は再び坊長に調査を命じた。この結果姻戚や隣人の調停もあって、蘇氏と程氏の間の山地売買をめぐるトラブルと併せて和解が成立し、この合同が立てられたのである。郷村部の里長と同じように、都市部でも坊長などが訴状を受け、場合によってはこれを地方官に「転呈」し、訴訟の調査検証にも当たっていたわけである。

（2）老人による紛争処理

明代の里甲制下で、紛争処理や教化、秩序維持の中心として位置づけられていたのが各里の「老人」である。通説的には明代後期には老人制はほぼ完全に形骸化したとされていた。しかし嘉靖年間以降の徽州文書には、なお老人による紛争解決を示す事例が少なくない。代表的な例として、嘉靖元（一五二二）年の「祁門謝思志等誤認墳塋戒約[21]」には、次のようにある。

十西都謝思志・同姪謝汪隆、有故祖謝欠安・同叔祖謝祈安、於上年間、将本都七保土名馬欄塢口山地二備、尽数立契、売与同都謝能静名下、本家即無存留。今年三月間、身自不合到山、将随山古壙掛紙、致令謝紛等状投里老。審実理虧、情愿立還文書。其山内本家即無新旧墳塋、今後再不敢入山、冒認掛紙、暗地侵害。如違、听自理治無詞。今恐無憑、立此文書為用。

嘉靖元年四月十三日　立還文書人謝思志（押）　同姪謝汪隆（押）
勧諭老人李克紹（押）　見人謝　紘（押）　墳隣汪天貴（押）

十西都の謝欠安・謝祈安は、かつて同都馬欄塢口の山地二畝を、謝能静のもとに売却した。ところが嘉靖元年の清明節に、謝欠安の孫の謝思志・謝汪隆が、その山地の古墓において掛紙（標掛）[22]を行ったため、謝能静の子孫である謝紛らが里長・老人に「状投」した。この結果「勧諭老人」李克紹の裁定により、謝思志らは戒約を立て、以後山地を侵害しないことを誓約したのである。なお第三章第一節で紹介した宣徳二年の具結では、紛争を裁定した老人が、「理判老人」と署名していたのに対し、この文書では「勧諭老人」という署名がなされており、徽州においても、里長・老人による紛争処理が、しだいに調停的性格を強めつつあったことがうかがわれよう。

このほかに嘉靖二十一（一五四二）年、休寧県十二都の朱永志と汪安が、山地の買価の支払いや税糧の負担について争った時にも、汪安の状投を承けた里長・老人が実情を調査し、中人の調停もあって和解を見ている。[23]また万暦四（一五七六）年には、祁門県十五都の康尚教が、胡・汪の二家の墳林を伐採して訴訟となったが、やはり老人と里長が「所に到りて勘明し、三家の至親なるを勧諭し、和処して明白ならしめ」、三家は「里老に憑りて合同を写立」して境界を確定した。[24]さらに族譜史料にも、嘉靖年間前後に老人が紛争処理に当たったことを示す逸話がいくつか残されている。[25]

第四節で示す七十五例の紛争事例のうち、嘉靖年間にはなお全体の六分の一の三例で、老人が調停や検証に当たっている。しかしそれ以降は、上述の万暦四年の一例があるに過ぎず、全体としては七十五例のうち四例（五・三％）の紛争処理に関与しているに過ぎない。徽州でも万暦年間以降には、老人制を中心とした紛争処理制度は、郷約・保甲制の定着と前後してしだいに形骸化に向かったと見てよいであろう。

ただし万暦年間以降も、いくつかの裁判記録からは、老人が知県の指示を承けて検証や調査に当たり、結果を報告したことを確認することができる。典型的な例として、万暦十（一五八二）年、祁門十西都の謝栄生・世済らと、同族の謝大義らとの訴訟を挙げてみよう。謝大義は前年の土地丈量に際し「公副」として丈量を監督したが、その後謝栄生らが、謝大義が丈量に乗じて佃僕の住地を侵占したと県に訴え出た。大義の側も対抗して反訴し、知県は双方を県の法廷に召喚して審問するとともに、「在城の老人」王応第・葉興衍に「逐一契を照《しら》べて査明し回報」することを命じた。二人の「在城の老人」は原被告立ち会いのもとで契約文書を調査し、大義らが栄生の土地を侵占した事実はないと報告したため、栄生・世済らは、「已むを得ず老人に求告して和を求め」た。老人の報告を受けた知県は、その調査結果に基づいて判決を下し、謝栄生らに「不応為」条を適用して杖刑を加え、この訴訟は決着したのである。[26]

この訴訟で知県の指示を受け、証拠文書を調べ知県に報告した「在城の老人」の役割は、ほぼ第四章で検討した「値亭老人」に相当する。十六世紀後半以降、各里の老人による紛争処理が衰退に向かってからも、地方官は県城内に設けられた老人に、訴訟案件の処理を委ねる場合があったのである。明代後期には官に提訴される訴訟が増加を続けたにもかかわらず、地方衙門の訴訟処理機能はそれに十分に対応できず、このため老人による調査や検証がなお必要とされたのであろう。

（3）郷約・保甲による紛争処理

明代後期以降、老人制を通じた郷村の秩序維持が難しくなるにつれ、中国全土で広汎に施行されたのが、六諭の宣講を中心とした教化や紛争調停などを目的とする「郷約」や、治安の維持や郷村防衛のために組織された「保甲」である。(27) 徽州における郷約の由来は早く、すでに明代中期の成化年間には、休寧知県により郷約が施行されている。(28) 特に嘉靖末年の徽州知府何東序は郷約・保甲制の普及に務め、従来からの保甲編成を基礎として、坊・里ないし宗族を単位に約正・約副を置き、教化とともに武備の修練や治安維持に当たることとした。(29) その後も歴任の地方官の施策もあって、明末の徽州では村落や宗族に基づいた郷約・保甲制が広く普及した。隆慶年間の歙県では「戸ごとに宗祠有り、家ごとに家譜有り、村ごとに郷約所有り」と称され、(30) 万暦年間の休寧県でも、全県で里の総数を大きく上回る二百七十五箇所の郷約所が設置されている。(31)

筆者が確認した限り、郷約による調停を示すもっとも早い文書は、隆慶六（一五七二）年の「祁門県饒有寿賠償文書」(32) である。

五都饒有寿、今于旧年十二月間、擅入洪家段塢山上窃砍杉木四根。是洪獲遇、要行呈治。有寿知虧、托中憑約正勧諭免詞。自情愿将本身原代洪家茶園塢頭栽松木、計七十根、本身力坌参拾五根、尽数撥与洪名下、准償木命（価《?》）。其前分坌樹木、日後成材、听洪砍斫、本身即無異言。日後即不敢仍前入山砍斫、如遇違徳《ママ》、听自呈治毋詞。
今恐無憑、立此為照。
隆慶六年正月初六日立　還文書人　饒有寿
代筆　饒　松　約正洪　瑩

五都の饒有寿は、前年の十二月に洪家の山林に侵入して杉木四本を盗伐した。洪氏はこれを官に訴えようとしたため、有寿は約正の洪瑩に調停を依頼し、有寿が栽養に当たっていた洪家の山林の松木のうち、成材後の自己の取り分（力坌）三十五本を、杉木の賠償として洪家に渡すことを誓約したのである。

万暦年間からは保甲による紛争処理の例も現れる。万暦四十八（一六二〇）年、祁門県一都の凌応光と三四都の凌寄祥の山地の境界争いでは、里長と保甲とが「契を験《しら》べて山に到りて看明し」、界至を確定した(33)。また天啓六（一六二六）年、祁門県の僕人陳社魁らが主家の墳墓に侵葬を謀った時にも、僕人らが謝罪の上、保長・甲長らの仲介により棺を然るべき場所に移すことを誓約している(34)。

さらに郷約と保甲がともに調停に当たった例として、南明弘光元（一六四五）年の「汪礼興等立還文約(35)」がある。

立還文書人汪礼興等、今因搭橋、自不合私砍
倪宗椿・樗官人山上橋脚数根、以致状投約保。再四求合（和）、立還文約、以后再毋得盗砍。如違听憑　呈治。
立此存照。
弘光元年五月十九日立還文約人　汪礼興○　陳朋（押）　麻三○　光寿○　廖有寿○
郷約　倪思愛（押）　思諒（押）　宗楩（押）

汪礼興らは、橋を架けようとして倪宗椿らの山地の橋脚を盗み伐った。宗椿らはこれを知って郷約・保甲に「状投」したため、礼興らは和解を求め、この還文約を立て謝罪したのである。このほか里長の場合と同じように、郷約や保甲が、地方官の指示を承けて訴訟の調査検証や調停に当たる場合もあった(36)。

ここで「状投」とあるように、郷約や保甲への訴え出にも、里長や老人の場合と同様しばしば訴状が用いられたと考えられる。夫馬進氏が紹介する明末の「訟師秘本」のなかにも、府県や上司に提出する訴状とならんで、郷里に提出する「郷里の状」の重要性を説くものがあるが(37)、明末の徽州文書には、実際にこの種の訴状が残されている。天啓四（一六二四）年の「呉留訴状(38)」（図版⑥）がそれである。

投状人呉留、投為殺尊滅倫乞呈辜命事。孫欧（殴）叔祖、倫法大乖。逆悪呉寿、素行不□□一郷。前月念九、
乗男傭外、逆截田水、論触兇欧（殴）遍体、重傷懵地。幸李五等救証、急具手模、投鳴解送、反逞強□□党擁家

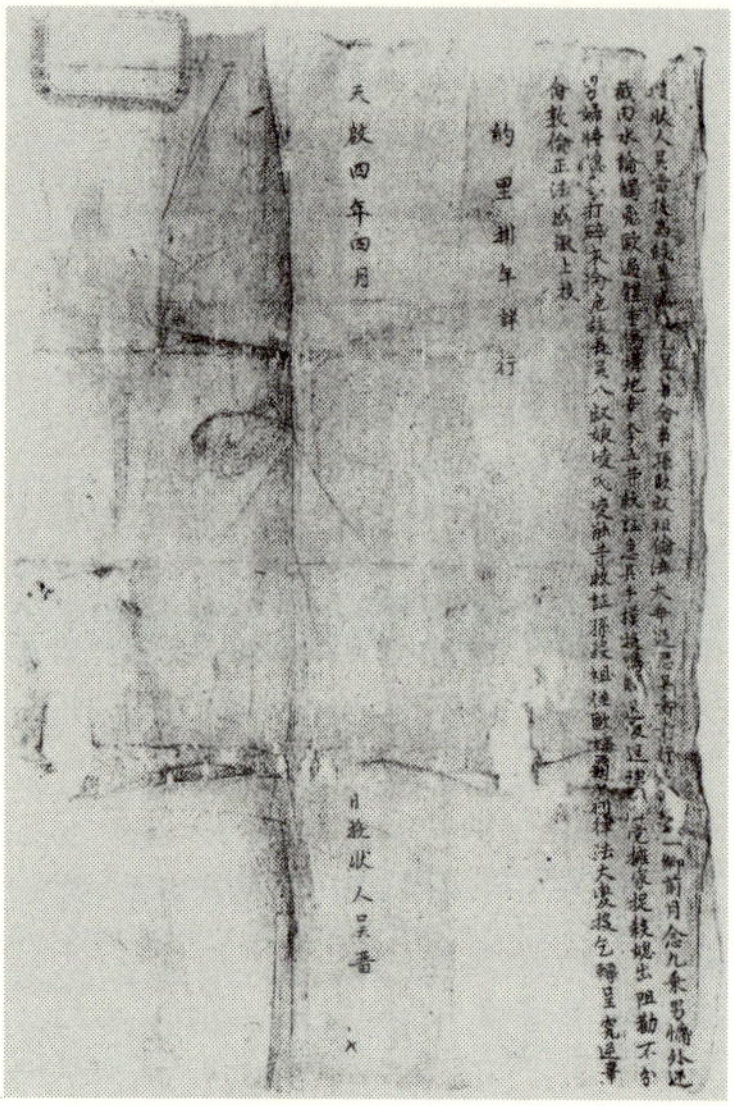

図版⑥

捉殺。媳出阻勧、不分男婦、将媳毒打、砕衣命危。族長呉八・叔娘凌氏・凌能等救証。孫殺祖、侄欧（殴）嬸、覇水利、律法大変。投乞転呈、究逆辜命、敦倫正法。感激上投

約　里　排　年　詳　行

天啓四年四月　　日投状人呉留　×

呉寿は平素から素行が悪く郷里の迷惑者であったが、ついには水利争いから叔祖の呉留を殴打し重傷を負わせた。李五らが駆けつけて呉留を助け出し、呉寿の身柄を押さえて訴え出ようとしたが、呉寿はかえって止めに入った呉留の嫁をも殴りつけ、族長らがようやく救い出した。ために呉留は訴状を郷約・里長・排年に投じ、呉寿の懲治を求めたのである。叔祖への殴打は、律では杖六十徒一年に当たる重罪であり、(39) この訴状では「状投」を受けた里長・郷約らが、さらに地方官へ「転呈」することが求められている。

おおむね隆慶から万暦初年を境として、徽州でも従来の老人制に代わり、しだいに郷約や保甲が紛争処理に当たるようになってゆく。とはいえ第四節の一覧表に示した紛争事例のなかで、郷約が紛争解決に関わった事例は計五例（全体の六・七％）、保甲は計六例（八・〇％）に過ぎず、里甲制系統の里長と老人が合わせて二十三例（全体の三〇・七％）の紛争に関与しているのに対し、郷約・保甲の合計はその半分以下の十一例（一四・七％）に止まっている。ただし天啓年間以降には、全二十一例のうち、里長が四例、郷約が三例、保甲が四例の紛争処理に当たっており、ようやく紛争処理の役割が里甲制から郷約・保甲制に移りつつあったことが窺われる。明末の徽州郷村社会は、秩序維持の

面でも里甲制と郷約・保甲制が共存する過渡期的な時期にあったといえよう。

（4）親族・中見人による紛争処理

紛争処理や秩序維持を任とした里長・老人や郷約・保甲（以下里老・約保と総称）とならんで、紛争当事者の「親族」や「中見人」などの民間の調停者も、郷村の紛争解決に大きな役割を果たしていた。明代後期の徽州文書では、むしろこの種の民間調停により、紛争が解決されたケースがもっとも多いのである。

まず親族による紛争処理について検討しよう。徽州文書では「親」と「族」には明確な区別があり、文書末の署名などに親・親人・親眷などとある場合はつねに文書を立てた人物と姓を異にし、族・族人・族衆などとある場合はつねに姓を同じくする。また親族とある場合は、同姓者と異姓者の双方が含まれる。つまり「親」は当事者の母方・妻方の姻戚を、「族」は同族を指し、「親族」はその双方を含むわけである（以下本稿でも「親族」をこの意味で用いる）。

同族のあいだで紛争が起こった場合、まず親族によって調停が行われたであろうことは想像に難くない。ここでは一例として、崇禎十三（一六四〇）年の、歙県『祀祥公会田地文契抄白』[40]所収の文約により、同族が祭祀などの目的で営む「社」組織と、その同族の一員との紛争を挙げてみよう。

立約人汪雲性、今身不合、同荘明善・汪雲塤、魆将汪・荘社田、土名裡汪村等処共田五畝、売与卅五都汪玄相名下。及汪・荘二社週知、意急控　府。身揣理虧、凂懇親族、愿将前田贖還社内。身後悔過、不致仍前。如有此情、听憑執此賫公理論、甘罰無辞。立此存照。

崇禎十三年九月十七日　立約人汪雲性　親書　荘明善　汪雲塤

汪雲性は荘明善らとともに、汪・荘両姓の族社の資産である田地（社田）を、勝手に汪玄相に売却してしまった。これを知った汪・荘の二社が府に訴えようとしたため、雲性らは親族に調停を依頼し、謝罪のうえこの文約を立て、田地の買い戻しを誓約したのである。

また族人どうしの紛争を他の族人が交互に調停した好例として、嘉靖年間の祁門県康氏をめぐる、一連の山地争いを挙げることができる。まず嘉靖二十（一五四一）年、康泰・康英の兄弟が同一の山地を二重に購買し、その所有を争って訴訟となったが、姻戚と族人の康大・康社らが調停して和解をみた。[41]翌年五月には康萓と康大がやはり山林の所有を争って訴訟に及んだが、叔兄の康介・康英・康恪らが係争地を検証し、二家は「共祖一脈の情義を重と為し」て境界を確定している。[42]さらに同年七月に、康恪が先に康介・康泰・康英・康大に売った山地を、他姓に二重に売却した時にも、康社らの仲介により康恪が二重売買を解消したのである。[43]各族人がある時は紛争当事者となり、ある時は調停者となって、族内の紛争が解決されていたことが認められよう。

第四節で紹介する七十五例の紛争のうち、同族が解決に関与した事例は計二十例（二六・七％）、姻戚が解決に関わった事例は計十八例（二四・〇％）にのぼり、そのうち十一例（一四・七％）では「親族」として両者がともに調停に当たっている。実際には里老・約保や中見人のなかにも、しばしば紛争当事者の同族や姻戚が含まれたと思われるので、この比率はより高いものとなろう。とくに同族だけではなく、妻方・母方の姻戚が紛争の調停に重要な役割を果たしていたことは注意に値する。

親族による紛争解決では、里老・約保の場合と異なり、一般に「状投」の語が用いられることはなく、もっぱら口頭により調停が行われ、決着後に証拠として文約や合同が立てられたと思われる。ただし個々の族人による調停のほかにも、族長や族衆が祠堂などにおいて族内の紛争を処分する場合には、訴状を用いることもあったようである。実際にこの種の訴状として、崇禎十六（一六四三）年の「胡廷柯状紙[44]」（図版⑦）が残されている。

投状人胡廷柯、年八十、投為藐法滅倫事。身男外趁二載、有媳李氏、遭侄胡元佑、謆惑婦心、誕胎孕産、覓鳴族衆等証。切思無法無倫、情同夷狄。投乞転呈、叩准究治、以正風化。上投
族衆　施行
被犯胡元佑　李氏
干証胡廷侯　胡期明　胡期大　胡期貴
胡期栄　胡尚元　胡尚徳
崇禎拾陸年　八月　日投状胡廷柯

胡廷柯の息子の嫁の李氏が、夫が外地に働きに出ている間に廷柯の甥の胡元佑と通姦し妊娠した。このため廷柯はこの訴状を提出し、族衆に両人の処分を求めたのである。李氏と胡元佑との通姦は杖一百徒三年に当たる重罪であり[45]、そのためかやはり族衆を通じてこの訴状を官に「転呈」することが求められている。明代後期以降、地方官に訴えられる訴訟が増加を続けたことは疑いないが、郷村における調停活動もなお活発に行われていたのであり、郷村で紛争が生じた場合、まず里老・約保や宗族などに「状投」され、それが地方官に「転呈」されるケースが少なくなかったのである。

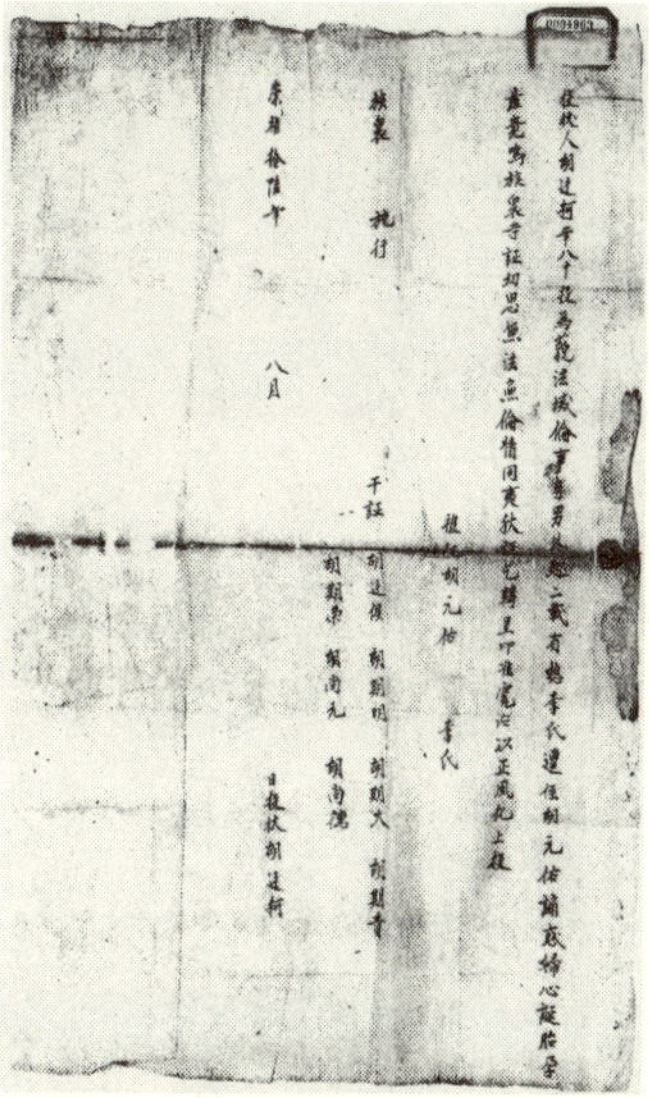
図版⑦

親族に加えて、紛争の調停者が、単に中見人・中人・見人（以下中見人と総称）として現れる文書も少なくない。[46]紛争処理に限らず、およそ民間で各種の契約文書が立てられ

る時には、一般に中見人の仲介と立ち会いを必要とするが、その身分や契約当事者との関係は、文書上には特に記されないことが普通である。

中見人による調停を示す文書として、ここでは嘉靖三十五（一五五六）年の「呉廷康応役文約[47]」を挙げておこう。

立約人呉廷康、今嘉靖参拾伍年、因妻身故、無処安葬、将妻喪柩、安葬房東頼家山上、未存稟知雇。此宗祠告県、今願浼中懇求免挙。自後毎年各納宗祠工乙日、以償国税。立此為照。

嘉靖三十伍年十月十八日　立文書人呉廷康（押）　見人章貴（押）

某県の佃僕呉廷康は、妻の柩を無断で主家の山地に埋葬した。この山地は宗祠のもとに主家の族人が共有する族産であったと思われ、主家は宗祠の名により県に告訴した。ために廷康は中人に調停を依頼してこの文約を立て、代償として毎年一日づつ宗祠での使役に応ずることを誓ったのである。このように一方が中見人に仲介を依頼して謝罪・賠償するケースのほか、土地争いなどでは中見人が契約文書の調査や実地検証を行い、境界や所有権を確定することも多い。また主家と佃僕のように、紛争当事者間の力関係がはっきりとしている場合などには、中見人などの仲介をまたず、当事者どうしの談判によって解決されたと思われる事例もいくつか見られる。

文書上に中見人として現れる調停者の中にも、実際には紛争当事者の親族が含まれたであろうし、売買や借貸契約の際の中見人も、のちにその契約に関わる紛争が発生すれば、しばしば中見人として調停に当たったであろう。第四節で紹介する紛争事例のうち、中見人が調停などに関わったケースはもっとも多く、全七十五例中の二十四例（三二・〇％）におよぶ。明代後期の族譜や文集、地方志などの伝記史料には、「処士」などと称される在地の有力者や名望家による「排難解紛」の事績が枚挙にいとまなく現れる。これは必ずしも単なる常套句ではなく、里老・約保などが増え続ける紛争を十分に処理できないなか、在地の有力者・名望家による紛争解決の重要性が高まっていたことを反映したものであろう。

このような名望家の規範像として、歙県の人許鏓（正徳元～隆慶五［一五〇六～一五七一］年）の事績を挙げることができる。彼は平素から「宗人に紛難有らば、公の一言を得て解し、里人に言わば里人はその宗の如くし、郡人に言わば郡人はその里の如くす」と称され、ために「郡中の無識・不識も、皆な来たりて質平」し、彼も進んでその調停に当たった。ある地では横暴な土豪があって郷民を苦しめ、その里の老人が説諭しても従わなかったが、許鏓が赴いて彼をひと睨みすると、土豪は「東泉公（許鏓の号）なるか。公に下りて罪に服するを請わん」と述べて引き下がったという。徽州知府は許鏓の名声を知って、郷村の老人がみな彼のようであればと嘆じた。知県も許鏓を郷約長に任じようとしたが、彼はこれを辞去し、郷里にあって「是非を剖決し、善を善とし悪を悪とし、以って勧懲を為し」、このため宗人には訴訟をする者がなかったという(48)。

むろん許鏓のような理念化された名望家像によって、ただちに日常的な紛争調停のあり方を論ずることはできないが、郷村における紛争処理が、しばしば宗族から村落、府県へと連なり得る、特定の人物の能力や声望を拠りどころとしていたことが窺われよう。老人や郷約に求められたのもこうした能力や声望であり、里老・約保が紛争解決に当たる場合も、その職権だけではなく個人的な資質や人間関係が大きな意味を持ったのである。郷村において紛争が発生した場合、人々はそれぞれの時と場合に応じて、里老・約保・親族・中見人などのなかから然るべき調停者を選んだのであり、かつそれぞれは具体的な郷村の人間関係の中で相互に結びつき、重なり合いながら紛争処理の枠組みを作り上げていたといえよう。

第三節　地方官の裁判と郷村の調停

近年の訴訟檔案研究の進展により、清代後期の訴訟処理には、法廷外で行われる各種の民間調停や差役・郷保などの働きが重要な意味を持っていたことが明らかにされ、地方官の裁判と民間調停の性格付けや、その相互関係などが重要な論点となりつつある。本章では訴訟文書を検討の対象としないので、この問題を正面から論ずることは難しい。しかし第四節で提示する、文約・合同などの民間文書にあらわれた紛争事例のなかでも、七十五例のうち三十二例（四二・六％）は、地方官に訴えられた訴訟の和解に際して立てられたものである。ここではこの種の文書によって、当時の訴訟処理のプロセスを郷村の側の視点から検討してみたい。

一般に郷村で何らかの紛争が生起した場合、まずは当事者が里老・約保や宗族に「状投」したり、親族や中人による調停や仲裁が試みられたものと思われる。この段階で解決がつかなければ、当事者が知県（知府の場合もある）に訴え出るか、訴状が里長などから地方官に「転呈」されることになる。地方官が訴状を受理した場合、清代後期であれば差役に対してさまざまな令状を発給し、現地の「郷保」などの郷役と協力して、事実調査や実地検証、訴訟当事者や関係者の召喚や逮捕などを行わせるのが普通であった[49]。

しかし明代の徽州では前・後期を通じて、訴訟の調査検証を命じられるのはもっぱら在地の里老・約保であり、また訴訟関係者の召喚も、「票を原告に給して賚《あた》え、保甲と兼《とも》に同拘せしめ、以って差役の騒擾を省く。犯・証は倶に限に依りて審に赴くを要し、如し抗拒する有らば、原告は票を繳《かえ》し、次に里保を差し、後に快役を差す[50]」などとあるように、明末にも原則的には原告が保甲などと協力して被告や証人を出頭させ、差役による拘引は極力避けるべきとされていた。総じて明代後期の段階では、訴訟に関連して差役が郷村に派遣される機会は、清代と比べてなお稀であったといえよう。ただし土地争いなどでは、典史庁（南庁）に事案の審理や検証が下げ渡される場合もあり、知県が自ら実地検証を行うこともあった。

訴状が受理され、訴訟当事者や関係者から反訴や各種の申し立てが行われる間も、郷村ではさまざまな調停活動が続けられた。前節でも見たように、親族や中人などの調停が功を奏したり、訴えを受けた側が仲介者を立てて謝罪することもあれば、里老や約保などの調査検証に伴って調停が行われる場合もあった。この段階で和解が成らなければ、両当事者や関係者・証人などが召喚されて法廷が開かれ、地方官による審理・訊問が行われることになる。

法廷での訊問が開かれると、その度に地方官により何らかの裁定や指示が下される。一回の法廷で決着が付く事案もあれば、何回となく法廷が開かれ審問が繰り返される場合もあった。また地方官が中人などに調停を命じる場合もあり、たとえば万暦十七（一五八九）年、祁門県の李新明と呉彦五が店屋の敷地の所有権を争って訴訟を起こした際には、知県が「中［人］に委ねて情を以って勧諭せしめ」、この結果新明の所有する店屋の敷地を、彦五の所有する田骨（田地の収租権）と交換することで和解を見ている(51)。

前節でも紹介した万暦年間の績渓知県陳嘉策は、知県の訴訟処理の心得として、「勾摂には則ち道里の遠近を量り、投文は即日に聴審し、審訖《おわ》らば就時《ただち》に発落す。和を願う者は聴《ゆる》し、情の軽き者は紙を免じ供を免じ、或いは不法にして当に懲すべき者は、情を量りて究擬す。惟だ両造の両願するを期し、各おの其の平を得て止まん」と述べている(52)。すなわち訴訟当事者らが県衙に召喚されれば当日に法廷を開き、審問が終われば直ちに裁定を下す。審断に当たっては、（a）当事者が和解を願い出ればこれを許し、（b）知県が裁定を下す場合も、事情・情状が軽い事案であれば紙費（一種の裁判費用）や供述書を取ることなく放免し、（c）懲罰を科すべき不法行為があれば、その情に応じて量刑する、というのである。

法廷での審問の前後を問わず、当事者が和解を願い出れば、地方官は（ａ）のように訴訟の取り下げを許した。たとえば万暦十四（一五八六）年、祁門県の程五十と程訪が墳山の境界を争って県に訴え出たケースでは、「親族は二家の一脉なるを思得し、勧諭して息訟せしめ」、中人と共に係争地を検証して境界を定めたうえ、「二家は復《ま》た中人に央《たの》み、官に当たりて告げて和息を准され、家に回りて約を議し埋石」している。[53] このように訴訟の和解に際しては、当事者間で文約や合同を立てて証とするとともに、地方官に対しては（必ずとは限らないが）和息願いを提出したようである。

またおそらく（ｂ）のような形で、地方官の裁定により訴訟が解決された事例も、幾つかの民間文書から確認される。ここでは万暦三十三（一六〇五）年の「休寧程良猷立還銀約[54]」を紹介しよう。

弟良猷、先年将自己現住土庫楼房一備、前後弐約、共当到兄良臣名下、本銀共拾弐両伍錢。至卅二年、良臣因猷無艮（銀）贖屋、訐告
本県。蒙断、猷将本利艮（銀）弐拾両、取回前契約参紙。猷因屋未売、無艮（銀）抵還。自願遵契、逓年議還租艮（銀）壱両正与臣、候猷将前判過銀弐拾両還臣、取贖前契約参紙、臣亦毋得執悪、此照。

照　　還

万暦卅三年四月初一日立約人程良猷（押）

中見兄程良彝（押）　　程良友（押）

この文書の左側には休寧県印が押され、「照還」の二字と傍点は知県が朱筆で記したものと思われる。程良猷は居住する楼屋を抵当として、兄の良臣に銀十二両五銭を借りたが、期限が来てもこれを返すことができず、良臣は休寧知

県に訴えて元利の返済を求めた。知県は良猷が元利ともに二十両を支払うべしとの裁定を下したが、良猷がこれを工面できなかったために、協議のうえ良猷は二十両を返し終わるまで家賃として毎年一両を良臣に支払うこととし、知県の認証を受けたのである。

同じように天啓二（一六二二）年、休寧県の姚世杰が汪国清に家屋を「典売」（買い戻し権を留保した低額の出売）し、のちに「找価」（売価の足し前）を求めて拒絶されたために訴訟となった際にも、「県主爺爺の天断を蒙り」、世杰が找価のうえ完全に売却することが認められ、価銀を「断に遵いて数に照らして収足」している。(55)

むろんこうした決着が、常に両当事者の自発的な合意に基づいていた訳ではない。興味深い例として、万暦十一（一五八三）年、休寧県の僕人朱法ら二十二名が、「主公の約束に服さず、衆を糾して倡乱」し、主家がこれを県に訴えた事件では、「県主の開恩を蒙り、深くは重究せず、押令して堂に当たりて連名の戒約を写立せしめ」とあるように、僕人らは法廷で戒約を立て、以後主家の約束に遵い、忠実に応役することを誓約している。(56)このように多分に強圧的な形で裁定の受諾を求めることも稀ではなかったであろう。

本章で扱った文約や合同には、山林の盗伐など可罰性を含む事件も含めて、（c）のように地方官が刑罰を執行したことを明示するものはない。ただし訴訟の決着後、当事者の申請を承けて地方官が発給した「執照」や「抄招給帖」などの訴訟文書には、訊問の結果、地方官が笞杖刑を言い渡している例が少なくない。本稿ではこうした事例を詳しく検討する余裕がないが、ただ笞杖への量刑が、個々の案件の内容に応じた擬律の結果ではなく、ほとんど『大明律』刑律雑犯の「不応為」条を根拠としていることは注意しておきたい。(57)

周知のように、滋賀秀三氏は清代の地方官の裁きが個々の案件に応じた「情理」に重きを置くとともに、その裁定には十分な確定力を欠き、両当事者の受諾があって初めて効力を持つことから、本質的に「教諭的調停」であると説く。[58]これに対し最近フィリップ・ホアン氏は、地方官の判決は律例の内容に裏付けられた「積極的原理」（positive principle）を根拠として、一方の当事者の主張をはっきりと認めるものであり、妥協を主眼とする民間調停とは全く性格を異にする裁判に他ならないと主張する。[59]

むろん本章で用いる史料からは、この問題を正面から論ずることはできない。ただホアン氏は清代の地方官が、たとえば土地建物の侵占や二重売買、族産の盗売、債務の不履行などを不当とする判定を下していることを、『大清律例』における盗売田宅・典売田宅・違禁取利などの条文の「積極的原理」を踏まえている例として挙げるのであるが、この種の紛争は本稿で論じる民間の紛争解決においても、おおむね常識的な見地から同じような判断が下されているのであり、氏の論法によって民間調停と地方官の裁判の性格を截然と分けることは難しいように思われる。こうした判断基準は、多分に「情理」の一部をなす一般的な「道理」に属するのではないだろうか。

第四節　明末徽州郷村社会の紛争処理の諸相

本節では明代後期の文約や合同などの文書に記された、計七十五例の紛争を一覧表として年代順に整理し、ある程度定量的な形で、当時の徽州郷村社会における紛争処理の全体像を論ずることにしたい。文書の収集に当たっては、現在までに刊行された徽州文書資料集に含まれた明代後期の散件・簿冊文書と、清代の簿冊文書に網羅的に目を通している。このほか族譜にも墳墓などの紛争処理に関する文書を収める場合があり、また南京大学歴史系資料室のほかにも、中国各地の諸機関にはなお多くの未公刊の文書が残されているが、いずれも本章では文書収集の範囲に含まれていない。

年代的には嘉靖元年から弘光元年に至る百二十三年間におよび、県籍別には、祁門県が三十例、休寧県が十五例、歙県が四例、県籍不詳が二十二例である。明代の徽州文書の大多数は祁門県と休寧県のものであり、歙県がこれに次ぐが、ここではやはり特に祁門県の割合が高い。また出典としては、『契約文書』から四十九例、『会編考釈』から十例、『資料叢編』から三例、南京大学歴史系資料室の所蔵文書が十三例となる。以上の文書の概要を年代順に整理したのが次の一覧表である。Ⅰには文書が立てられた年次と県籍を、Ⅱには両当事者の氏名と紛争の原因や内容を、Ⅲには紛争の解決に至るまでの経過を記し、Ⅳには文書末に署名を付す紛争処理関与者を記した。

Ⅰ	Ⅱ	Ⅲ	Ⅳ
①嘉靖元（一五二二）祁門県	十西都の謝思志らが、故祖が謝紛らの祖に売却した山地で祖墓を祀る。	謝紛らが里老に状投。老人李克紹の裁定により謝思志らが謝罪。	勧諭老人李克紹 見人謝紘・墳隣
②嘉靖元（一五二二）歙県	十三都の葉文広が、父が売却した汪深の山地を休寧の方理致に重売。	汪深が県に状告。里長康如貞が仲介し、葉文広が方理致より山地を取贖。	中見人葉春・里長戸丁康子忠等
③嘉靖一七（一五三八）祁門県	十五都の鄭紋らが、姪聖寿の故父に売却した山林を、鄭紋の兄が伐採。	親族が売山契を験査し、聖寿らの管業権を認める。	験契叔兄鄭方等 親眷汪勤等・里長
④嘉靖二〇（一五四一）祁門県	十三都の康泰と弟の康英が、同じ山地を二重に購入し、その管業を争う。	両者が官に告訴。親族が売山契を調べて調停し、山地を均分して和解。	親眷胡燿等・族人康玉等
⑤嘉靖二一（一五四二）祁門県	十三都の康萱と康大が、山林の管業権を争う。	両者が官に告訴。叔兄らが検証の上調停し境界を確定。	勧諭叔兄康果軒等

⑥嘉靖二一（一五四二）祁門県	十三都の康恪が、康介らに売却済みの田底権を、汪家に二重に出売。	中人の仲介により、康恪が田底権を買い戻し、康介らの管業を認める。	中見人康社等
⑦嘉靖二一（一五四二）休寧県	十二都の朱永志と汪安が、山地売買をめぐる売価や税粮負担について争う。	汪安が里老に投状。里老の検証を経て中人の調停により売価や税糧を清算。	中見人何班等
⑧嘉靖二五（一五四六）不詳	十五都の佃人江友保らが、山地を耕作中に山主汪蛟潭の茶苗を焼損。	中人の仲介により、佃人が謝罪の上茶苗価を賠償。	中見人許志
⑨嘉靖二六（一五四七）不詳	十三都の余堂保が、十五都の汪汝梁の山地を侵伐し杉苗を毀なう。	中人の仲介により境界を確定の上、余堂保が再び苗木の栽養を誓約。	なし
⑩嘉靖三五（一五五六）不詳	佃僕呉廷康が、妻の柩を無断で主家の墳山に埋葬。	主家の宗祠が県に告訴。呉廷康は中人に調停を頼み謝罪・賠償。	見人章貴
⑪嘉靖三六（一五五七）休寧県	十三都の程岩正らが看守する、在城の蘇忠義の墳山の松苗が侵損される。	蘇忠義が県に告訴。程岩正らは和解を求め、侵損された苗木の栽補を誓約	中見人汪受
⑫嘉靖三六（一五五七）祁門県	十西都の佃僕馮初保の次男馮徳児が、主家の謝氏に背いて逃亡。	謝氏が里長の謝香に状投。馮初保は謝氏の祠堂から贖身銀を工面し賠償。	中見堂叔馮貞保
⑬嘉靖三六（一五五七）祁門県	五都の洪氏の三大房が、共業する墳山での埋葬や墳林の伐採をめぐり争う。	里長らの調停により、各房の墳山の管業を調整し侵葬を禁ず。	勧諭里長陳廷震 中見人陳権
⑭嘉靖三八（一五五九）	在城の蘇氏の始祖の墳山に、異族たる蘇天昊が父の柩を盗葬。	蘇天昊が告訴を恐れ、柩を他地に移すことを誓約し和解。	なし

休寧県			
⑮嘉靖三八（一五五九）休寧県	在城の蘇天賢兄弟や庶母の李氏らが、山地・田地の売却をめぐり争う。	坊長への状投などを経て各々が県に告訴。坊長の検証や親隣の調停により和解。	なし
⑯嘉靖三九（一五六〇）祁門県	十西都の佃僕汪南らが、十六都の主家倪氏の葬儀に出頭して応役せず。	汪南らが主家の族長らの調停により謝罪し、以後忠実に応役することを誓約。	房東族長倪普□等
⑰嘉靖四一（一五六二）祁門県	十西都の李興戸から汪周付戸への出継者の子の黄冊上の帰属をめぐる争い。	汪家が県に告訴。里老の調査を経て、知県の教諭に遵い黄冊上の帰属を確定。	里長謝鈺等・中見人李満
⑱嘉靖四二（一五六二）祁門県	謝祖昌と同族の謝順が、山地の管業権をめぐり争う。	両家が府に告訴。親族の調停により、管業権を確定し和解。	中見人李子忠等
⑲隆慶二（一五六八）不詳	佃僕鮑仏祐が、主家たる呉宗祠の墳山の松木を盗伐。	呉満が里に投訴。鮑仏祐は責罰を受け、以後墳林を侵害せぬ旨を誓約。	なし
⑳隆慶二（一五六八）祁門県	李廷鳳が共業する山林の一部を無断で伐採し、店屋を造る。	親族の調停を受け、李廷鳳らが山林の保全と長養を誓約。	見立合同人李応濂等
㉑隆慶五（一五七一）不詳	佃僕汪乞付らが主家の杉木を買って伐採する際、隣接する主家の山林を誤伐。	汪乞付らが中人に調停を依頼し、杉木の価を賠償し和解。	中見人江寿
㉒隆慶六（一五七二）祁門県	五都の饒有寿が、洪家の山林の杉木を盗伐。	饒有寿が約正に調停を依頼し、木価を賠償することを誓約。	約正洪瑩
㉓万暦元	呉天護らが十八都の同族呉徳慶に売却した山地	親族・戸衆が各里の黄冊を調査し、錯誤を改正	親人謝廷周・族

（一五七三）歙県	の税負担をめぐる争い。	して和解せしむ。	戸長呉承泗等・見人・冊里
㉔万暦元（一五七三）祁門県	一都の佃僕金二らが、看守する在城の主家汪東海の墳林の松木を盗伐。	中人の仲介により、金二らが木価を賠償し、墳林の看守・栽養などを誓約。	中人王周保
㉕万暦二（一五七四）祁門県	十西都の謝承恩らの祖が、謝富潤の所有する山地を他人から誤買。	中人の仲介により、謝承恩らが謝富潤の子孫謝敦らに山地を退還。	中見人李満等
㉖万暦四（一五七六）祁門県	佃僕陳春保らの四大房が共有する三四都の祖墳に、陳香が盗葬を行う。	房東・里長の調停により、陳香が賠償し、四大房の族人が祖墳の保全を誓約。	房東汪□貢
㉗万暦四（一五七六）祁門県	十五都の康尚教が、隣接する親族の汪必禎・胡栄の墳林を誤伐。	告訴を受けた知県が典史に案件を委ね、里老の検証と調停により三家が和解。	老人方元等・里長汪孔孚等
㉘万暦七（一五七九）不詳	程諍らが、父が程応挙に売却済みの山地に墳墓を築く。	応挙が県に告訴。親族・里約の検証と調停により、管業権を確定し和解。	親眷李茂芝等・郷里程琚等
㉙万暦七（一五七九）祁門県	十六都の鄭月らが、鄭英才戸に売却済みの山地を侵占。	二家が官に告訴。親眷の調停により管業権を確定し和解。	中見人鄭天訊・親眷汪于祐
㉚万暦九（一五八一）不詳	五都の汪天護らが租佃する洪家の山地の苗木を、蒋応が盗伐。	蒋応が甲長に調停を依頼し、汪天護らと蒋応が折半して賠償することを誓約。	甲長畢隆保・中見人王貴等
㉛万暦一〇（一五八二）休寧県	一都の畢九礼と金晋が、屋地や山林の管業権を争い、訴訟を続ける。	丈量に際し都図正・里排が検証し、親人の調停を経て境界を確定し和息。	都正汪錫・図正汪璉・里長汪福・排年許沢生等・

			親人許錫等
㉜万暦一〇（一五八二）祁門県	五都の洪氏六房の佃僕朱福元らが、無断で外地で商売し応役を果たさず。	朱福元らが族人に仲介を依頼し、庄屋を離れず忠実に応役することを誓約。	なし
㉝万暦一一（一五八三）休寧県	僕人の朱法らが、主家の命に服さず、衆を糾合して反抗。	主家の告訴を受け、知県が法廷において僕人たちに戒約を立て謝罪させる。	なし
㉞万暦一三（一五八五）不詳	佃僕の胡安乞らが租佃する主家汪于祐の山林の杉木が、別人に盗伐される。	胡安乞らが中人に調停を依頼し、以後忠実に山林を看守栽養することを誓約。	附隣佃人林記龍等
㉟万暦一四（一五八六）祁門県	善和里の程五十と同族の程訪との、山林の境界争い。	両者が県に告訴。親族の検証と調停により、境界を確定し和息。	中人陳招保等
㊱万暦一五（一五八七）祁門県	十西都の謝桐らと謝鉄が、李氏より同一の山地を二重に買い管業権を争う。	中人が両者の売山契を調べ、先買者たる謝鉄の管業を認める。	勧諭中人謝文鳳等・里長謝承恩
㊲万暦一六（一五八八）休寧県	九都の許鳳らが看守する蘇家の墳山を金順らが石匠を率い侵損。	中人の調停により、許鳳らが金順らに墳地を復旧させることを誓約。	中見人金耀等
㊳万暦一六（一五八八）祁門県	十西都の佃僕洪三保らが、主家たる謝敦本堂の山林の杉木を盗伐。	洪三保らが中人の仲介により謝罪し、以後忠実に山林を看守することを誓約。	中見人汪三保
㊴万暦一七（一五八九）不詳	十六都の倪正沿の男子が、掃墓に際し鄭憲副公の墳林を誤伐。	鄭家が県に告訴。倪正沿は中人に調停を依頼し、謝罪の上賠償。	中見人倪宗保等
㊵万暦一七	汪継文が凌得隆らの墳地の一部を入手し、自家	両者が県に告訴。里長・中人の調停により、凌	中見里長汪天常

(一五八九)祁門県	の墳墓を造る。	得隆が墳地を買い戻して和息。	等・中見証汪継銭等
㊶万暦一七(一五八九)祁門県	十一都の李新明と姻戚の呉彦五が、渓潭等の店基の管業権を争う。	告訴を受けた知県が中人に調停を命じ、李氏の店基と呉氏の田骨を交換し和息。	中人余龍源等
㊷万暦二二(一五九四)休寧県	三都の呉有祈・呉旦らの共有する祖墳を、呉旦らが張桃に盗売。	知府の判決により、張桃が呉有祈らに墳地の代価を支払い管業を認められる。	憑族人呉玄橋・親人趙冕・主盟祖母孫氏
㊸万暦二三(一五九五)不詳	十二都の丘安の祖が十五都の鄭公祐に売却した山地に、丘勝が墳墓を築く。	中人の調停により、係争地に境界を確定して和解。	中見人胡進奎等
㊹万暦二八(一六〇〇)休寧県	許応源から三都の汪冨貴を経て張天蓋に転売された墳山の境界が不明確。	告訴を受けた知県が典史に実地検証を命じ、中人らが境界を確定して和解。	中見人程同仁等
㊺万暦三三(一六〇五)祁門県	十六都の胡瑪らが、汪尚美らと山地を交換する際、未所有地を契内に誤写。	中人の調停により、胡瑪が汪尚美と交換して得た山地の一部を返還。	中見人鄭応試等
㊻万暦三三(一六〇五)休寧県	程良猷が兄の程良臣に住居を出当して借りた銀を、期限までに返済せず。	知県の裁定により、程良猷が満額の返済まで兄に家賃を払うことを誓約。	中見兄程良彝等
㊼万暦三三(一六〇五)祁門県	洪氏の僕人胡勝保らが、主家の生員の入学に際し、出頭して応役せず。	僕人らが謝罪し、以後冠婚葬祭や入学に際し、忠実に応役することを誓約。	なし
㊽万暦三七(一六〇九)不詳	二十二都の葉興が、租佃する王惟寿らの山林の苗木を洪貴とともに伐採する。	王惟寿らが里長を経て県に告訴。葉興は里長の調停により看守・栽養を誓約。	里長陳本根等・中見人王惟交

㊾万暦三八（一六一〇）不詳	十三都の康学政らと十五都の汪必晟らが、共有する山林の管業を争う。	中人が両者の契書を調べ、改めて清白合同を立て管業権を確定。	中見代書康国瑞等
㊿万暦三八（一六一〇）祁門県	十西都の馮福生らが、住屋の修理の際謝氏の祖墳の柱を盗む。	中人の調停により、馮福生が賠償のうえ原状の回復を誓約。	勧諭中見人謝侍等
51万暦四〇（一六一二）祁門県	石潭の汪本根が、族兄が房叔に売却済みの山地を董六に盗売。	汪本根が兄本城の仲介により、董六から売契を取回することを誓約。	代書兄汪本城
52万暦四〇（一六一二）祁門県	呉氏の僕人汪新奎らが、主家の祭祀の際に飲酒して放恣にふるまう。	主家の各門主が投訴を受け、僕人らは謝罪のうえ忠実な応役を誓約。	中見家主呉応祖等
53万暦四八（一六二〇）祁門県	一都の凌応光と三四都の凌寄祥が、隣接する山地の境界を争う。	里長・保長が契書を調べ、実地検証のうえ境界を確定。	保長汪廷試・勧諭里長汪天奎等・中見・山隣証
54天啓元（一六二一）不詳	王国朗らの管業する山林を、隣山を租佃する畢大舜が侵伐。	里長・隣人の調停により、畢大舜らが謝罪のうえ侵伐した山林の栽養を誓約。	中見人陳恩建等里長王惟悌
55天啓二（一六二二）歙県	黄垂継らが墳墓を造る際、傍らの朱廷桂らの住屋が障害となり、両者が争う。	御史の命により知県が裁断を下し、朱氏が住屋を移転し屋地を黄氏に売却。	主盟汪石洲・中胡宗儒
56天啓二（一六二二）休寧県	二十二都の姚世杰が、汪国清に出典した房屋の找価を求め争う。	知県の判決により、姚世杰が找価を受けて絶売とすることが認められる。	憑中人姚世本等
57天啓四（一六二四）	十二都の章家の山林を租佃した戴明孫らが、苗木の栽養を怠る。	山主が府の推官に告訴。戴明孫らは郷約の仲介により再び山林の栽養を誓約。	なし

祁門県			
(58)天啓五（一六二五）祁門県	佃僕康具旺らが、無断で主家の山林を伐採し炭を焼いて売却。	佃僕らが中人に仲介を依頼し、謝罪のうえ伐採した山林の栽養を誓約。	なし
(59)天啓五（一六二五）祁門県	戴明孫が租佃する山林を章敦仁らが購買した際、租佃関係が明記されず。	章敦仁らが県に告訴。親族の調停により、戴明孫らが再び栽養文書を立てる。	中見人章世新等
(60)天啓六（一六二六）祁門県	僕人陳社魁らが、主家の洪氏の祖墳の傍らに祖母の棺の侵葬を図る。	僕人らが謝罪のうえ、保甲長らを中見として、棺を他所に移すことを誓約。	中見保長饒宗仁甲長畢天浩・義兄
(61)天啓六（一六二六）不詳	陳大保らが、租佃する汪家の山地で薪を採り、林木を盗む。	山主の告訴を恐れ、陳大保らが中人に仲介を依頼し謝罪。	中見人胡梓護等
(62)天啓七（一六二七）不詳	二十二都の陳武禎が、すでに金登らに売却済みの山林を侵伐。	中人の調停により、以後それぞれの山林・墳林を侵占しないことを誓約。	中見人王惟恭等
(63)崇禎三（一六三〇）休寧県	二十九都の呉栄徳らと親人の朱勝良が、屋地の売買や管業について争う。	親族の調停により、従前の合同に従い売買を清算し管業権を確定して和解。	中見人呉存明等
(64)崇禎四（一六三一）不詳	黄記秋の祖が謝氏から山地を誤買し、謝孟義が契業不明として倉院に訴う。	推官の指示で県が里排・保甲・地隣らに検証を命じ、その調停により和解。	中見里長李徳寿保長李君益・甲長社祖・地隣
(65)崇禎六（一六三三）不詳	佃僕汪分龍の子長寿らが、主家の山林の松木を盗伐。	汪分龍が告訴を恐れ、再び山地に松苗を栽養することを誓約。	見親胡付応等
(66)崇禎六	朱朋と朱寿らが、隣接するそれぞれの墳山の境	知県の命を承け典史が拘審。のち里約・親隣の	中見里約親隣陳

（一六三三）休寧県	界を争い、県に告訴。	調停により境界を確定し和息。	徳明等
(67)崇禎六（一六三三）休寧県	一都の夏源が、夏有恒に売却した江西鉛山県の店屋の找価などを求め争う。	鉛山県に告訴の後、親族が調停し夏有恒が找価などを支払い和息。	中人汪道元等・家族人夏尚耀等
(68)崇禎八（一六三五）不詳	僕人の胡四郎が、酒に酔って家主に非礼をはたらく。	胡四郎が里長・保長・親人らの仲介により戒約を立て謝罪。	憑里長汪文玘・保長汪尚仁・親人六十俚等
(69)崇禎一〇（一六三七）不詳	同族の程可造・程光宇らが、可造の祖が光宇の祖に売った墳地の管業を争う。	両者が県に告訴。族人の検証・調停により、境界を確定して和息。	見程陵等
(70)崇禎一三（一六四〇）不詳	佃僕の李法寿らが、主家の山林の杉松を盗伐。	佃僕らが謝罪し、山林を栽養・看守し侵害を行わないことを誓約。	なし
(71)崇禎一三（一六四〇）歙県	汪雲性が荘明善らと共に、汪・荘二社の社田を三十五都の汪玄相に盗売。	親族の調停により、汪雲性らが社田を汪・荘の二社に贖還することを誓約。	なし
(72)崇禎一四（一六四一）不詳	汪礼らの祖が売却した在城の周家の山地に、汪礼らが母の棺を停放する。	両者が県に告訴。親族が契書を験し、汪礼らが棺を移し周家の管業を認める。	親余興甫等・族中周汝憲等
(73)崇禎一四（一六四一）不詳	僕人の汪春陽が、主家に無断で弟の復陽を伯父の新志に出継させる。	親・友の調停により、汪春陽が謝罪し戒約を立て家規の遵守を誓約。	憑親友程継祖
(74)崇禎一五（一六四二）休寧県	王懋弟が、同族の共有する墳山の樹木を伐採して売却。	族衆が王懋弟に墳山や族産の侵害を禁じ、当座の生活費若干を給与。	憑中族衆王珍吾等・親人金本清

75⃝弘光元（一六四五）不詳	汪礼興らが、橋を架けるため倪宗椿らの山地の橋桁を盗伐。	倪宗椿が約保に状投。汪礼興らは謝罪して以後盗伐を行わないことを誓約。	郷約倪思愛等

【出典】①註（21）参照　②「歙県葉文広立還文約」（『資料叢編』五六三頁）③南京大学歴史系蔵『嘉靖鄭氏置産簿』（編号○○○○○二二）④註（41）参照　⑤註（42）参照　⑥註（43）参照　⑦註（23）参照　⑧南京大学歴史系蔵「民間佃約」（○○○○七九）⑨南京大学歴史系蔵「明成化―天啓断約」（○○○○七二）⑩註（47）参照　⑪⑭⑮㊲『万暦休寧蘇氏抄契簿』（『契約文書』六巻二二二頁・二二八頁・二三一―五頁・四二五頁）⑫註（8）参照　⑬「嘉靖三十六年祁門県洪旵等三房管理墳地合同」（『会編考釈』通し番号九〇三）⑯南京大学歴史系蔵「嘉靖三十九年僕立還応主文書」（○○○七六）⑰「嘉靖四十一年祁門李長互等確定李云寄等承継合同」（『契約文書』二巻三二〇頁）⑱「嘉靖四十二年謝祖昌等息訟合同」（『契約文書』二巻三四一頁）⑲註（9）参照　⑳「隆慶二年祁門県李廷錫等伙山戒約合同」（『会編考釈』八八二）㉑「隆慶五年汪乞付等甘罰文約」（『契約文書』二巻四七〇頁）㉒註（32）参照　㉓『崇禎歙県呉氏家志』（『契約文書』九巻一一六頁）㉔南京大学歴史系蔵「万暦僕応主文書」（○○○○八四）㉕「万暦二年祁門謝承恩等退還文約」（『契約文書』三巻九頁）㉖南京大学歴史系蔵合同文書（○○○○五八）㉗註（24）参照　㉘「万暦七年程応挙等立経公合同」（『契約文書』三巻五三頁）㉙「万暦七年鄭月等立抄繳契」（『契約文書』三巻五六頁）㉚「万暦九年汪天護等甘罰文約」（『契約文書』三巻七二頁）㉛註（13）参照　㉜「万暦十年朱福元等立還文書」（『契約文書』三巻八九頁）㉝註（56）参照　㉞54⃝65⃝南京大学歴史系蔵「明嘉靖―清宣統民間佃約」（○○○○八○）㉟註（53）参照　㊱「万暦十五年祁門謝桐等立合同」（『契約文書』三巻一八二頁）㊳「万暦十六年祁門洪三保等立還文約」（『契約文書』三巻二〇九頁）㊴「万暦十七年倪正沿立還文約」（『契約文書』三巻二二五頁）㊵53⃝『嘉慶祁門凌氏謄契簿』（『契約文書』二編十一巻四

五八・四八六頁）㊶註（51）参照　㊷「万暦二十二年休寧県呉有祈等売墳山紅契」（『会編考釈』七三二）㊸「万暦二十三年丘安等立合同文約」（『契約文書』三巻二七八頁）㊹「万暦二十八年許応元等立釘界清業合同」（『契約文書』三巻二九七頁）㊺51⃝『順治祁門汪氏抄契簿』（『契約文書』二編四巻九八・三五頁）㊻註（54）参照　㊼「万暦三十三年祁門県僕人胡勝保等四大房応役文書」（『会編考釈』八六三）㊽註（11）参照　㊾「万暦三十八年康学政等立清白合同」（『契約文書』三巻四一〇頁）㊿南京大学歴史系蔵「万暦因侵挖願醮謝文約」（〇〇〇〇八六）52⃝「万暦四十年祁門県僕人汪新奎等応役文書」（『会編考釈』八六五）55⃝「天啓二年歙県黄垂継等保墳移屋合同」（『会編考釈』八二六）56⃝註（55）参照　57⃝59⃝「天啓五年戴明孫等承佃合同」（『契約文書』四巻一七七頁）58⃝「祁門県庄人康具旺等立還約」（『資料叢編』四六〇頁）60⃝註（34）参照　61⃝「天啓六年陳大保因盗伐樹木立甘罰戒約」（『契約文書』四巻一九六頁）62⃝「天啓七年陳、金二家互不侵害墳塋合同」（『契約文書』四巻二三六頁）63⃝66⃝順治休寧朱氏『祖遺契録』（『契約文書』二編四巻二四八－九頁、二七八－八〇頁）64⃝註（36）参照　67⃝「崇禎六年休寧県夏源売店屋交業重復割根文書」（『会編考釈』七八七）68⃝「崇禎八年胡四郎戒約」（『契約文書』四巻三八二頁）69⃝「崇禎十年程可造等立保祖墳合同」（『契約文書』四巻四三一頁）70⃝「崇禎十三年李法等立還文約」（『契約文書』四巻四五六頁）71⃝註（40）参照　72⃝「崇禎十四年汪礼立清業合同文約」（『契約文書』四巻四六四頁）73⃝「崇禎十四年僕人汪春陽立甘罰文約」（『契約文書』四巻四六九頁）74⃝南京大学歴史系蔵「元至正二年至乾隆二十八年王氏文約契紙謄録簿」（〇〇〇〇一三）75⃝註（35）参照

まず紛争の内容について検討しよう。七十五例の紛争はいずれも民事性が強い「戸婚田土の案」に属するが、このうち九割近い六十六例（八八・〇％）が、境界争いや地権の侵害、取引上のトラブル、林木の伐採などの土地争いであり、その中でも山林と墳墓をめぐる紛争が大部分を占める。[60] 徽州の山間部では山林の資産価値はきわめて大きく、木

材や山林産品の収益は商業資本の重要な来源でもあった。山林の境界は不明確になりやすく、かつ均分相続によって細分化された地片が活発に売買されたため、山地の管業権や取引をめぐる争いが絶えず、山林の盗伐や誤伐なども頻発したのである。また墳墓は同族結合の中心としての意義をもち、条件のよい墳地は争占の対象になりがちであった。さらに墳墓や墓林は一般に山地の尾根から山腹にかけて設けられたため、隣接する山地との間にも境界争いが生じやすく、特に墓林の伐採は墓地風水を著しく傷つけたため、しばしば紛争の原因となったのである。

こうした土地争いは、大きく（a）土地の境界や所有権をめぐる紛争、（b）土地取引をめぐるトラブル、（c）墳墓などの侵占や盗葬、（d）山林や墓林の伐採、の四つに分類することができる。その中には土地取引時のトラブルを背景として境界争いが起こったり、山地の境界争いが山林の盗伐につながるなど、いくつかの要因が重なって生じたものもあるが、ここでは便宜的にもっとも主要と思われる要因のもとに分類することにしたい。

まず（a）主として土地の境界や管業権を争点とする紛争は、七十五例のうち十三例（一七・三％）を数える（⑤・⑱・㉛・㉟・㊶・㊸・㊹・㊾・53・55・64・66・69）。このうち㊶が店基の管業権争いであるのを除けば、他はいずれも山地や墳墓をめぐる争いである。この種の紛争では、里長・約保や親族・中人による検証や調停を経て、両当事者が合同を立て境界や管業権を確定することが一般的であるが、係争地を他の土地と交換したり（㊶）、当事者の一方が係争地を買収する（55）ことで決着した事例もある。

（b）主として土地取引をめぐるトラブルによる紛争は、全体の四分の一以上の二十例（二六・七％）にのぼる。山林や墳地、田地や屋地などの売買契約の正当性をめぐって争いが生じることもあれば（⑮・㊵・59・63）、売買にともなう課税名義の変更や（⑦・㉓）、土地の交換（㊺）などに際してもめ事が起こったり、売却済みの山地を侵占して訴訟となる（㉙）こともあった。また山地の二重売買や、他人名義の山地の誤買も多く（①・④・⑥・㉕・㊱）、宗族の成員が同族共有の墳墓や族産を勝手に売却したり（㊷・71・74）、他の族人の山地を盗売したケース（51）も見られる。さらに房屋を抵当とした借銀の返済要求や（㊻）、房屋や店屋の売価の足し前（找価）要求から訴訟となる場合もあり（56・67）、いずれも知県の裁定により、返済・找価要求が認められている。[61]

（c）墳墓などの侵占や盗葬は、計十例（一三・三％）である。他家の墳墓への盗葬（⑭）や損傷（㊿）のほか、売却済みの山地において埋葬や祖墓の祭祀を図って紛争となることもあり（①・㉘・72）、宗族の成員が同族共有の墳墓に盗葬を行った例もある（⑬・㉖）。また有力宗族の墳墓の付近には、しばしば佃僕などが居住して墳墓の看守や墳林の栽養に当たったが、こうした佃僕や奴僕が主家の墳墓に盗葬・侵葬を図ったり（⑩・60）、墳墓の看守者が職務を怠って墳山の侵害を招き（㊲）、紛争となったケースも計三例を数える。

（d）山林や墓林の盗伐・侵伐や誤伐は、土地紛争の中でももっとも多く、計二十三例（三〇・七％）にのぼる。他家の山林の盗伐・侵伐（⑨・㉒・54）や墓林の誤伐（㉗・㊴）のほか、売却済みの山林を誤伐・侵伐（③・62）したり、他家と共業する山林の一部を勝手に伐採した例（⑳）もある。また一般に山林地主は租佃者に山林の栽養や看守を委ね、林木の成長後はその収益を分け合ったが、この際租佃者が林木の栽養を怠ったり（57）、他人に山林を盗伐されたり（㉚）、租佃者自身が盗伐を行って（㊽・61）紛争が生じることもあった。佃僕が主家の山林を盗伐・誤伐（㉑・㊳・58・65・70）したり、看守する山林を盗伐された（㉞）ケースも多い。また墓林についても、看守や栽養に当たる佃僕が自ら盗伐を行ったり（⑲・㉔）、管理者が看守を怠る（⑪）などの紛争が起こっている。なお他家の山地にある茶苗の焼損（⑧）や橋脚の盗伐（75）も、便宜的にここに分類しておく。

　こうした土地争いの中には、単なる境界や所有権争いに止まらず、何らかの実力行使や不法行為を伴うものも多く、山林や墳林の盗伐・墳墓の盗葬・山地の盗売や重売・山地の侵占などは、『大明律』に笞杖刑などの刑罰が規定されている。[62] しかしこの一覧表に含まれる訴訟事例の中には、地方官によって笞杖刑が適用されたことを明記するものはない。地方官の判決によって決着した訴訟では、すでに述べたように「不応為」条が適用された例も多いが、一般に訴訟の過程で和解が成立した場合は、可罰性を含む不法行為があっても、林木の盗伐であれば賠償や栽養を、墳墓の盗葬では他所への移葬を、山地の盗売や重売であれば買い戻しを、山地の侵占では原状の回復を誓約するなどして決着を見たようである。

このほか土地争い以外の紛争としては、佃僕の主家に対する応役不履行や（⑯・㉜・㊼）、佃僕や奴僕の主人への反抗・非礼（㉝・52・68）や逃亡（⑫）、奴僕の承継問題（73）など、佃僕・奴僕身分や主僕関係をめぐる争いが八例（一〇・七％）にのぼり、これに佃僕による山林・墳林の盗伐や墓地への盗葬などを加えると、全体の四分の一に近い計十八例（二四・〇％）を占めている。佃僕や奴僕をめぐる紛争については、この表には含まれない訴訟文書なども利用して、次章で包括的に論じたい。

一方「田土」に対し「戸婚」、すなわち（f）承継や婚姻をめぐる紛争は少なく、上述の佃僕の承継問題のほかは、出継者の子の黄冊への登記に関する一例（⑰）があるに過ぎない。これは承継や婚姻に関する文書が、土地文書とくらべ残りにくいためであろう。[63] 実際には明代中期の休寧県の人程敏政が、徽州の訴訟は「産と墓・継の類に過ぎざるのみ。夫れ産は世業の守る所、墓は先体の蔵する所、継は家法の倚る所なればなり」[64] と述べ、明末の祁門県についても、「民の訟は山木・墳塋・嗣継多し」[65] とあるように、承継問題は土地・山林や墳墓と並んで主要な訴訟の原因であった。このほかさきに紹介した郷約・里長や族衆に投じた訴状からは、闘殴・犯姦などの刑事的な事件や水利争いの存在も知ることができる。

ついで紛争の両当事者の関係について整理してみよう。年代を嘉靖元—四十五（一五二二—六六）年、隆慶元—万暦

表A　紛争の両当事者の関係

	嘉靖元-45（1522-66）年	隆慶元-万暦15（1567-87）年	万暦16-48（1588-1620）年	天啓元-弘光元（1621-45）年	計（％）
同族	7	4	2	3	16（21.3％）
姻戚	1	1	2	1	5（6.7％）
同姓	2	4	3	2	10（13.3％）
異姓	3	2	6	7	18（24.0％）
主僕	3	6	3	6	18（24.0％）
主佃	2	1	2	3	8（10.7％）
計	18	18	18	21	75（100％）

十五（一五六七－八七）年、万暦十六－四八（一五八八－一六二〇）年、天啓元－弘光元（一六二一－四五）年の四期に分け、両当事者の関係を示したのが**表A**である。まず同族の間で起こった紛争は計十六例（全体の二一・三％）、姻戚の間では五例（六・七％）であり、同姓（同族関係の有無は不明、ないし同姓異族）間の紛争は十例（一三・三％）、異姓間（姻戚関係の有無は不明）は十八例（二四・〇％）となる。実際には同姓・異姓のなかにも、ある程度は同族や姻戚が含まれていると思われるので、親族間に起こった紛争の比率はより高かったであろう。このほかには佃僕・奴僕と主家（すべて異姓）の間に起こった紛争が十八例（二四・〇％）、山林租佃者と山主（すべて異姓）との紛争も八例（一〇・七％）を数え、両者を合わせると全体の三分の一以上の二十六例（三四・七％）にのぼる。なお通時的に見ると、同族・同姓間よりも異姓や主僕間の紛争がしだいに増加する傾向が認められ、地域内における同族どうしの競合や主僕間の対立が、しだいに激しさを増していたことをうかがわせる。

　さらに紛争処理のプロセスを概観してみよう。計七十五例の紛争のうち、官への提訴を要さず郷村レヴェルで解決されたのは計四十三例（全体の五七・三％）である。このうち郷村における各種の調停や仲裁により解決された事例が三十八例（五〇・六％）、当事者間の談判によって決着したと思われる事例が五例（六・七％）である。これに対し地方官のもとに提訴された訴訟は計三十二例（四二・七％）である。このうち提訴の後に在地での調停により和解を見た訴訟は二十七例（三六・〇％）で

表B　紛争処理に関与した人物

	嘉靖元-45 (1522-66)年	隆慶元-万暦15 (1567-87)年	万暦16-48 (1588-1620)年	天啓元-弘光元 (1621-45)年	計 (%)
里長	7	5	3	4	19(25.3%)
老人	3	1	0	0	4(5.3%)
郷約	0	2	0	3	5(6.7%)
保甲	0	1	1	4	6(8.0%)
同族	7	5	1	7	20(26.7%)
姻戚	4	6	0	8	18(24.0%)
中見人	5	5	11	3	24(32.0%)
隣人	1	0	0	3	4(5.3%)
房東	1	2	1	0	4(5.3%)
当事者間の談判	2	0	1	2	5(6.7%)
地方官の裁定	0	1	2	2	5(6.7%)

あり、法廷における地方官の裁定に従って解決を見たと思われる訴訟は五例（六・七％）である。

このような紛争・訴訟処理の過程で、紛争の調停や仲裁、訴訟の調査検証や調停など、何らかの形で解決に関わった人物を年代順に整理したものが**表B**である。この表ではまず文書の文面から、調停や仲裁・調査検証などに当たったことが認められる人物を、里老・約保・親族・中見人などに分けて数え上げた。また文書末にたとえば「勧諭里長」といった署名があれば、文面には現れなくとも調停者として数えている。ただし文書末に中見人などとして署名するが、文面からは紛争処理への関与が確認できない人物は、単なる文書作成時の立会人の可能性もあるので表には含めていない。

それぞれの紛争処理関与者の比率については、すでに第二節で説明したので繰り返さないが、通時的な全体傾向のみ概観しておこう。まず里長は万暦中期ごろからやや比率を低めながらも、崇禎年間まで一定数の紛争処理に関与しているが、老人は万暦初年を最後に姿を消す。老人と入れ替わるように隆慶年間から郷約や保甲が紛争処理に当たるようになり、天啓年間以降には両者の合計が里長を上回る。中見人はもっとも多く、全体の三分の一弱の紛争処理に関与しており、同族や姻戚も四分の

表C　紛争当事者の関係と紛争処理関与者

	同族	姻戚	同姓	異姓	主僕	主佃
里長	3	2	4	6	3	1
老人	0	2	1	1	0	0
郷約	0	0	2	2	0	1
保甲	0	0	1	2	2	1
同族	12	1	2	1	3	1
姻戚	9	1	4	2	3	1
中見人	0	3	2	9	6	4
隣人	1	0	1	2	0	0
房東	1	0	0	0	2	0
当事者間の談判	0	0	1	0	3	1
地方官の裁定	1	0	1	2	1	0

一前後の紛争に関わっている。ただし万暦中・後期には、中見人に比べて同族・姻戚による紛争処理の比率が著しく低く、天啓年間以降は逆に同族・姻戚の比率が中見人よりかなり高いが、明確な理由は見当たらず、偶然の結果ではないかと思われる。このほかには佃僕や奴僕をめぐる紛争に際して、主家（房東）が三例で調停に当たっており、係争地の近隣の住人（地隣）が土地争いの調停に関わった例も四例ある。

さらに紛争の両当事者の関係を縦軸にとり、紛争処理関与者を横軸にとって、紛争当事者の関係ごとに、紛争解決に関与した人物を整理したものが**表C**である。まず同族どうしの紛争では、やはり他の族人が解決に乗り出す場合が、全十六例のうち四分の三の十二例を占め、姻戚も九例に関与しており、大部分のケースで親族が関わっている。一方で姻戚間や同姓間の紛争の場合は、同族間のようなはっきりした傾向は認められない。これに対し異姓間で起こった紛争では、中見人が全十八例のうち半数の九例、里長が三分の一の六例で調停や検証に当たっており、親族よりもむしろ第三者的立場にある人物が調停者として望まれたようである。

また主家と佃僕・僕人との紛争では、十八例のうち中見人が六例、里長と同族・姻戚がそれぞれ三例で解決に当たり、主家（紛争当事者を除く）による調停も二例、主僕間の談判による決着も三例を数える。また山主と租佃者との争いでも、中見人による調停が十例のうち四例を占める。全体としては同族間の争いでは親族が、異姓や主僕・主佃間の争いでは中見人が解決に当たる比率が高く、里長はおおむね平均的に在地の紛争処理に関わっていたといえよう。

第三・四章で論じたように、明代前期（十五世紀前半）には、里甲制の下で老人が「理判」とも称される紛争の裁定を行い、「衆議」や同族による調停と相補いつつも、紛争処理の中心としての役割を果たしていた。明代中期（十五世紀後半～十六世紀初頭）には老人の役割は調停的性格を強めつつも、なお里長や老人は、紛争の調停や訴訟の調査検証などを通じて、紛争処理の枠組みの結節点としての役割を果たしており、第四章で検討した「値亭老人」のように、老人が地方官から訴訟の再審理を委ねられることもあった。

十六世紀以降、徽州においても地域開発の限界や商業活動の本格化などに伴い、完結性の強かった生活世界がしだいに拡大するとともに、在地における限られた資源をめぐる競争が深刻化し、郷村における社会関係や身分秩序も動揺を深めた。第五章で述べたように、こうした社会変動は同族間の激しい対立や、在地で生起する紛争の増加や複雑化にもつながってゆく。明代後期の郷村社会では、老人・里甲制のもとで在地の紛争を安定的に解決することはしだいに難しくなり、この結果一方では地方官への訴訟の増加、「健訟」の風潮が顕著になる。

こうした社会変動に応じて、あらためて紛争処理の枠組みを作り上げてゆく動きとしては、次の三つが考えられよう。一つには地方官治が裁判を通じて在地の紛争処理により直接的に関与すること、二つには里甲制に加えて郷約・保甲制を導入し、郷村組織による紛争処理や秩序維持のシステムを再構築すること、三つには宗族組織や親族・中見人、これと重なる在地の有力者や名望家などの、民間の諸主体が自生的に紛争を処理し、秩序を形成してゆくことである。現実にはこの三つの動きはお互いに対抗し、あるいはあい補いながら、全体として増加し続ける紛争の解決が図られていた。当時の徽州郷村社会では、個々の紛争の性格や当事者の人間関係に応じて、里長・老人のほか、郷約や保甲、親族や宗族組織、隣人や知友、在地の有力者や名望家など、さまざまな主体による紛争処理が模索されていったのである。

小　結

寺田浩明氏は、明末以降の郷村で結ばれた禁約・郷約・盟約などの各種の「約」に注目し、当時の郷村社会の秩序は、さまざまな郷村大の「約」のほか、個人間の私約や調停から、地方官の告示や裁判の場にまで及ぶ、多様な「約する力」の流動的な対抗と統合によって形づくられていたと論じている。(66) 明末の徽州郷村社会もまた、在地のさまざまな集団や人間関係、里甲や郷約・保甲などの郷村組織、地方官治の力などが、固定的な枠組みを作り得ぬままに混沌として競合する過渡期的な状態にあり、紛争処理をめぐる社会関係の多様性・流動性もこうした状況を反映していたのである。

ただしこうした明末期の混沌とした状況は、必ずしも清初以降もそのまま続いた訳ではない。康熙年間の徽州婺源県の一生員の日記に現れる紛争事例を検討した渋谷裕子氏によれば、村落内・村落間の紛争の多くは在地の郷約が、同族内の紛争の多くは宗族が調停に当たっており、族内・村内の生員が調停者として現れることも多いという。(67) 史料や地域の違いはあるとはいえ、徽州では清初にかけて、紛争処理の枠組みがしだいに郷約と宗族を中心とする形に整序されていったことが予想されよう。

徽州では明代後期以降の社会変動を経ても、各村落に居住する明初以来の有力宗族の勢力にはさほど変化がなく、宗族や村落を基盤として郷村秩序を再編してゆくことが可能であった。これに対し宗族結合が比較的緩やかで、多様性に富む人間関係が展開していた江南では、社会結合はより開放的であり、紛争処理の枠組みは清初にあってもきわめて流動的であった。[68] 明代後期以降の社会変動とその再編のプロセスは、各地域の社会構造に応じて一様ではなく、徽州の事例は宗族組織が発達し地縁的結合が比較的強固であった、華中南の盆地地域における一つの代表例と見なすことができよう

註

（1）代表的な研究として、Ch'u T'ung-tsu, *Local Government in China under the Ch'ing*, Harvard University Press, 1962. 那思陸『清代州県衙門審判制度』（文史哲出版社、一九八二年）、鄭秦『清代地方審判制度研究』（湖南教育出版社、一九八八年）など。

（2）滋賀秀三『清代中国の法と裁判』（創文社、一九八四年）。

（3）滋賀秀三「淡新檔案の基礎的知識——訴訟案件に現われる文書の類型——」（『島田正郎博士頌寿記念論集　東洋法史の探究』汲古書院、一九八七年）、同「清代州県衙門における訴訟をめぐる若干の所見——淡新檔案を史料として——」（『法制史研究』三七、一九八七年）、Mark A. Allee, *Law and Local Society in Late Imperial China: Northern Taiwan in the Nineteenth Century*, Stanford University Press, 1994. Philip C. C. Huang, *Civil Justice in China: Representation and Practice in the Qing*, Stanford University Press, 1996.

（4）Huang, *Civil Justice in China*, pp.4-5.

（5）徽州文書研究の沿革と現状については、序章において詳しく論じたが、このほか臼井佐知子「徽州文書と徽州研究」（『明清時代史の基本問題』汲古書院、一九九七年）が包括的である。

（6）明清徽州の訴訟文書の概要については、周紹泉「明清徽州訴訟案巻与明代地方裁判」（第七届明史国際学術討論会論文、一九九七年）を参照。卞利「明代徽州的民事糾紛与民事訴訟」（『歴史研究』二〇〇〇年一期）も、徽州文書により明代の訴訟

制度について論じる。また周紹泉「徽州文書所見明末清初的糧長、里長和老人」（『中国史研究』一九九八年一期）も、里長や老人などによる紛争処理に論及し、文献資料により明代後期以降の「健訟」風潮について論じた、卞利「明清徽州民俗健訟初探」（『江淮論壇』一九九三年五期）もある。

（7）周紹泉「明清徽州契約与合同異同研究」（『中国史学』三巻、一九九三年）。

（8）『契約文書』二巻二六〇頁。「嘉靖三十六年祁門謝鏜売僕文約」（『契約文書』二巻二六一頁）もこの紛争に関する文書である。

（9）「隆慶二年鮑仏祐因盗伐甘罰文約」（『契約文書』二巻四一〇頁）。

（10）南京大学歴史系資料室蔵「明嘉靖—清宣統民間佃約」（蔵号〇〇〇〇八〇）。

（11）南京大学歴史系資料室蔵「万暦四十六張」（蔵号〇〇〇〇七九）。

（12）万暦『休寧県志』巻七、芸文志、紀述、汪道昆「経野記」。

（13）「万暦十年休寧畢九礼等合同文書」（『契約文書』三巻八七頁）。なお『歙北江村済陽江氏族譜』（黄山市博物館蔵）巻三、世系、「明処士自明公伝」にも、江自明（嘉靖十八～万暦三十八［一五三九～一六一〇］年）の事績として、「自明公……天性孝友、才識超群。郡邑聞其名、檄為都保正、九都十五図皆属焉。給咨具、許便宜行事、郷里是非曲直、以公一言而定」とあり、都正が地方官より刑具を給され、丈量とともに都内の紛争処理に当たったことを伝える。

（14）「万暦十四年祁門王詮卿等立禁伐文約」（『契約文書』三巻一六二頁）。

（15）『契約文書』四巻三八七頁。

（16）万暦『績渓県志』巻三、食貨志、歳役、里甲之役、「知県陳嘉策為申明里甲禁約以甦小民事」。

（17）葉茂桂集刊『休寧県賦役官解条議全書』（天啓五年序刊本、黄山市博物館蔵）、撫院原呈、「一定里甲幇貼之規」。

（18）乾隆『橙陽散志』巻十四、芸文、序文、「仁里社序」（天啓元年）。江村の江氏については、鈴木博之「清代徽州府の宗族と村落——歙県の江村——」（『史学雑誌』一〇一編四号、一九九二年）を参照。

(19) 呉子玉『呉瑞穀集』巻四、「叙坊老賀邑大夫三奨」。
(20)『契約文書』六巻一三一〜三五頁。
(21)『契約文書』二巻五頁。
(22) 標掛（掛紙・標祀）とは、毎年三月の清明節に族人が祖墓に参拝する「掃墓」に際し、紙銭を祖墓に掛けてこれを祀る行事をいう（道光『祁門県志』巻五、輿地志五、風俗・『豊南志』輿地志、風土・乾隆『沙溪集略』巻二、歳時）。
(23) 南京大学歴史系資料室蔵『明万暦汪氏合同簿』（蔵号〇〇〇〇二七）。
(24)「万暦四年汪必禎等合同文約」（『契約文書』三巻二五頁）。
(25) たとえば『休寧范氏族譜』（東洋文庫所収の北京図書館蔵本の写真版による）巻八、譜伝、中支林塘族には、范岩周（景泰三〜嘉靖十五［一四五二〜一五三六］年）について、「里有仮死命誣人者、被誣人惶懼、夜懐二十金、求救于王父（岩周）。以王父三老、言出而人信之。王父叱其人于外、遙謂曰、用賄則実誰為若解者、帰聴公論、勿復爾。其人慚而退、誣者聞之亦懼、事遂得解」とあり、岩周が老人（三老）として、人命に関する誣告を受けた者の賄賂を断り、事件を解決に導いたことを伝える。また同書巻八、譜伝、中支閔口族にも、范添志（正徳九〜万暦五［一五一四〜七七］年）の事績として、「曾以賀節、赴油潭宗家。値有競者、欲訴于三老搆訟。公力為居間、其人不降心、公乃長跽以請事、遂解」とあり、彼が宗家に赴いた折、老人に訴えを起こそうとした族人に対し、ひざまずいて和解を勧め事を収めたことを記す。老人への訴え出が「搆訟」と称され、地方官への訴訟に類するものとして捉えられていることが注目されよう。
(26) この訴訟に関する文書として、中国社会科学院歴史研究所蔵『状稿供招』、および「万暦十年祁門謝栄生状文」・「万暦十年祁門県対謝世済等審議文書」・「万暦十年祁門県給謝敦、謝大義等帖」（『契約文書』三巻八二・八三・一一八頁）がある。『状稿供招』の複製は周紹泉氏から特に提供していただいた。また権仁溶「従祁門県〝謝氏紛争〟看明末徽州的土地丈量与里甲制」（『歴史研究』二〇〇〇年一期）は、この訴訟の経過と背景について詳細に検討している。なお万暦十四年、祁門県十四都の鄭鳳祥と鄭安勝の山林紛争をめぐる一連の訴訟文書（「万暦十四年祁門鄭鳳等状文」、『契約文書』三巻一六四〜七三頁）

によれば、提訴を受けた知県はやはり「在城の老人」に係争地の実地検証を命じたが、検証結果が不十分として、あらためて典史を派遣して検証させている。

（27）明代の徽州における郷約・保甲制については、鈴木博之「明代徽州府の郷約について」（『山根幸夫教授退休記念明代史論叢』下巻、汲古書院、一九九〇年）、陳柯雲「略論明清徽州的郷約」（『中国史研究』一九九〇年四期）を参照。

（28）休寧県の『茗洲呉氏家記』巻十、社会記、成化十九（一四八三）年五月の条に、「県定、毎保立約長、十家為甲、我保李斉雲約長」とある。田仲一成「十五・六世紀を中心とする江南地方劇の変質について」（一）（『東洋文化研究所紀要』六〇冊、一九七二年）一四七～四八頁参照。鈴木博之氏はこの記事によって「成化年間に郷約が行われたとするのは時期尚早の感がある」とするが（前掲「明代徽州府の郷約について」一〇五八頁）、程敏政『篁墩文集』巻十五、記、「遺愛亭記」にも、当時の休寧知県欧陽旦について、「其他若行郷約之礼、防回禄之変、禁息女之妝、規条戒飭、皆可為法」とあり、やはり初期の郷約の例と見るべきであろう。

（29）嘉靖『徽州府志』巻二、風俗志、「新安郷約」・巻十一、兵防志、「知府何東序兵防議」。

（30）『歙西稠野許氏宗譜』（黄山市博物館蔵）巻一、「聖諭家規」所収の歙知県の告示（隆慶元年八月）。

（31）万暦『休寧県志』巻一、建置志、郷約保甲。田仲前掲「十五・六世紀を中心とする江南地方劇の変質について」（一）、一四二～四五頁を参照。

（32）『会編考釈』通し番号九〇四。

（33）『嘉慶祁門凌氏謄契簿』所収の合同約（『契約文書』二編十一巻四八六頁）。

（34）「祁門県僕人陳社魁等立還約」（『資料叢編』四六〇頁）。

（35）『契約文書』二編一巻九頁。

（36）「崇禎四年黄記秋、謝孟義息訟清業合同」（『契約文書』四巻三〇六頁）。

（37）夫馬進「訟師秘本の世界」（小野和子編『明末清初の社会と文化』京都大学人文科学研究所、一九九六年）二〇四～一〇頁。

（38）『契約文書』四巻一三七頁。この文書は地方官に提出する訴状と同様の形式と文面で書かれているが、地方官の批文や官印に当たるものはない。呉留の花押も単に×とのみあり、郷約などに投じられた原訴状の写しではないかと思われるが、不明である。

（39）『大明律』刑律闘殴、「殴大功以下尊長」。

（40）『契約文書』十巻二五三頁。

（41）『嘉靖祁門康氏抄契簿』所収の合同（『契約文書』五巻二七〇頁）。

（42）『嘉靖祁門康氏抄契簿』所収の合同（『契約文書』五巻二六四頁）。

（43）『嘉靖祁門康氏抄契簿』所収の文約（『契約文書』五巻二六八頁）。

（44）『契約文書』四巻一三七頁。この文書も官への訴状と同様の形式・文面であるが、やはり批文や官印に当たるものはない。胡廷柯の花押も記されておらず、おそらく原訴状の写しと思われる。

（45）『大明律』刑律犯姦、「親属相姦」。

（46）徽州文書と族譜を対照することにより、土地契約における中人の身分や契約当事者との関係を考察した研究として、山本英史「明清黟県西遞胡氏契約文書の検討」（『史学』六五巻三号、一九九六年）がある。また『中国農村慣行調査』を史料として、中人の社会的性格や機能を論じた研究として、Prasenjit Duara, *Culture, Power, and the State: Rural North China 1900-1942*, Stanford University Press, 1988, pp. 181-91. などを参照。

（47）『契約文書』二巻二四六頁。

（48）許国『許文穆公集』巻十三、家状、「東泉公行状」。

（49）滋賀前掲「清代州県衙門における訴訟をめぐる若干の所感」四四～五〇頁、Mark Allee, *Law and Local Society in Late Imperial China*, Chapter 8, “Search and Arrest: The Warrant.” Philip Huang, *Civil Justice in China*, pp. 111-21.

（50）「天啓六年休寧県正堂牌」（『契約文書』四巻一九九頁）に版刻された察院（巡按御史）の通達。「万暦三十六年歙県拘票」（『契約文書』三巻三八七頁）、「天啓二年休寧県正堂伝喚赴審信牌」（『契約文書』四巻六六頁）にもこれに類似した版刻がある（周紹泉前掲「明清徽州訴訟案巻与明代地方裁判」二～三頁を参照）。これらの令状自体がいずれも原告や里長・約保に発給されたものである。

（51）「万暦十七年祁門県李新明等以房兌田紅契」（『会編考釈』通し番号八二五）。

（52）註（16）前掲「知県陳嘉策為申明里甲禁約以甦小民事」。

（53）万暦祁門『布政公謄契簿』所収の合同（『契約文書』七巻二〇五頁）。

（54）『契約文書』三巻三三九頁。

（55）「天啓二年休寧県姚世杰加価復売房屋紅契」（『会編考釈』通し番号七七一）。

（56）「万暦十一年朱法等連名戒約」（『契約文書』三巻一二一頁）。

（57）管見の限り「不応為」条の適用を示す明末徽州の訴訟文書（散件文書に限る）は次の通り。①「万暦九年祁門県給汪于祐帖文」（『契約文書』三巻七四～五頁）、②註（26）前掲「万暦十年祁門県対謝世済等審議文書」、③註（26）前掲「万暦十四年祁門鄭鳳等状文」、④「明嘉靖徽州府判批」（安徽省博物館蔵、編号二：一六六五六）、⑤「万暦程元龍供状」（同前、編号二：二三六〇〇）、⑥「明万暦徽州府判批」（同前、編号二：一六六五九）、⑦「謝順告謝祖昌盗栗地一案所形成之告状、訴状、招供、給帖之抄件」（中国第一歴史檔案館蔵、明檔二—八）。なお現時点では、「不応為」条以外の律条を適用して刑罰を科した明末徽州の訴訟文書は見い出せなかった。

（58）滋賀氏の見解は前掲『清代中国の法と裁判』に集成されており、また「中国法文化の考察——訴訟のあり方を通じて——」（『東西法文化』法哲学年報、一九八六年度）などにも簡潔にまとめられている。

（59）ホアン氏の主張は、Huang, *Civil Justice in China*, Chapter 1, "Introduction" および Chapter 4, "Formal Justice: Codified Law and Magisterial Adjudication in the Qing" に明確に示されている。なお滋賀・ホアン両氏の主張の比

較検討を通じて、清代の民事的裁判の性格を再検討した論考に、寺田浩明「清代民事司法論における『裁判』と『調停』――フィリップ・ホアン（Philip C.C. Huang）氏の近業に寄せて――」（『中国史学』五巻、一九九五年）があり、さらに『中国――社会と文化』一三号（一九九八年）には、「後期帝政中国における法・社会・文化」という小特集が組まれ、ホアン氏前掲書の Introduction が唐澤靖彦氏によって訳出されるとともに、滋賀秀三氏が「清代の民事裁判について」、寺田浩明氏が「清代聴訟に見える『逆説』的現象の理解について――ホアン氏の『表象と実務』論に寄せて――」として、ホアン氏の諸説を批判的に検討するとともに、自説を展開している。

(60) 明清期の徽州における山林・墳墓経営については、陳柯雲「明清徽州地区山林経営中的〝力分〟問題」（『中国史研究』一九八七年一期）、鄭振満「塋山、墓田与徽商宗族組織――《歙西溪南呉氏先塋志》管窺」（『安徽史学』一九八八年一期）、上田信「山林および宗族と郷約――華中山間部の事例から――」（地域の世界史10『人と人の地域史』山川出版社、一九九七年）などを参照。とくに上田論文は、山林や墳墓をめぐる社会関係を通時的に展望し、山林をめぐる紛争処理や郷約（郷村の禁約）にも説き及んでおり参考になる。

(61) 明清期における找価をめぐる訴訟の性格については、岸本美緒「明清時代における『找価回贖』問題」（『中国――社会と文化』一二号、一九九七年）に詳しい。

(62) 山林の盗伐・侵伐や器物・作物の毀損は、戸律田宅「棄毀器物稼穡等」条により窃盗に準じて処罰され、墳林の盗伐は刑律賊盗「盗園陵樹木」条により杖八十、他家の墳墓への盗葬も刑律賊盗「発塚」条により杖八十となる。また土地の盗売や侵占は、戸律田宅「盗売田宅」条により笞五十から杖八十徒二年とされ、土地の重売も戸律田宅「典買田宅」条により窃盗に準じて処罰される。

(63) 承継問題については、臼井佐知子「徽州文書からみた『承継』について」（『東洋史研究』五五巻三号、一九九六年）を参照。

(64) 程敏政『篁墩文集』巻三十五、序、「奉送張公之任徽州府序」。また同書巻二七、序、「贈推府李君之任徽州序」も参照。

（65）万暦『祁門志』巻四、風俗。
（66）寺田浩明「明清法秩序における『約』の性格」（溝口雄三等編、アジアから考える〔4〕『社会と国家』東京大学出版会、一九九四年）。
（67）渋谷裕子「清代徽州農村社会における生員のコミュニティについて」（『史学』六四巻三・四号、一九九五年）一〇七～〇九頁。
（68）岸本美緒「『歴年記』に見る清初地方社会の生活」（初出一九八六年、『明清交替と江南社会――17世紀中国の秩序問題――』東京大学出版会、一九九九年所収、二五七～六三頁）。

第七章　明末徽州の佃僕制と紛争

はじめに

明清時代の徽州府では、特定の家ないし同族に「主僕の分」をもって服属し、小作料のほかにさまざまな労役を負担する「佃僕制」がひろく行われていた。徽州の佃僕制は宋元時代にはすでに一般的であり、他の地域ではこの種の租佃形式が解消しつつあった明清時代にも存続し、さらには民国期まで根強く残存してゆく。

明清期の佃僕制については、主として豊富な文書史料により、早くから多くの研究が発表されている。第六章で検討した、明代後期の徽州郷村社会における紛争処理に関する計七十五例の民間文書の中でも、四分の一に近い十八例が、佃僕や奴僕と主家のあいだの紛争であった(1)。本稿では徽州文書資料集に収められた民間文書のほか、佃僕制に関する研究論文に引用された文書や、各種の訴訟文書をも利用して、明代後期の徽州郷村社会における主僕紛争の諸相を考察してゆきたい。

第一節　明清徽州の佃僕制

佃僕制は徽州文書研究のなかでも、もっとも早くから注目され、研究が積み重ねられてきた分野である。まず一九六〇年、傅衣凌氏は徽州文書を用いた最初の研究として、『文物参考資料』誌上で明代徽州の佃僕文書を紹介し検討を加えた[2]。文化大革命による中断を経て、七十年代後半からは葉顕恩氏[3]や章有義氏[4]が精力的に佃僕制研究を進め、その後も八十年代前半を中心に、劉重日[5]・魏金玉[6]・劉和恵[7]・彭超[8]などの各氏によって多くの専論が発表されてきた。さらに九十年代以降は、周紹泉氏や陳柯雲氏により、文書史料による佃僕の家系の復原や、佃僕身分をめぐる訴訟案件の詳細な分析など、社会史的な視角からの研究も行われている[9]。また日本でも仁井田陞氏や小山正明氏が、傅衣凌氏らの紹介した文書に検討を加え[10]、欧米でもC・M・ウィエン氏やH・ズレンドルファー氏による論考が発表されている[11]。ここでは主としてもっとも包括的な葉顕恩氏の研究にもとづき、他の論考や筆者自身の知見をまじえ、明清徽州の佃僕制について簡単にまとめてみたい。

佃僕は庄僕・地僕・庄佃・庄人・庄戸などとも称され[12]、明代には「火佃」の称がよく用いられる[13]。また佃僕はみずからの主家を、一般に「房東」と称する。佃僕制が徽州に定着したのはおおむね宋代と考えられ、急速に進む山村型の地域開発の過程で、有力な地主や宗族が、土地や財産を持たない外地からの流入者などを集め、土地や家屋を供与して開墾や農耕をおこなわせ、集約的な農業経営を進めるなかで形成されていったのであろう。

佃僕身分を構成する条件は、一般に「佃主田・住主屋・葬主山」と表現される。すなわち主家の田地や山林を耕作して生計を立て、主家の提供する住居に住み、死後は主家の所有する墳山に葬られる、ということである。明清時代、徽州の有力宗族はしばしば自家の所有する田地や山林の附近に、「庄」とよばれる居住地を設け、土地を持たない農民を召募して佃僕とし、田地の耕作や山林の栽養に当たらせた。また墳墓のそばに佃僕の住む庄屋を建て、墳墓の看守や墳林の管理をおこなわせたり、主家が居住する村落内に庄屋を設け、村内外の巡警や祠堂の管理などに当たらせることも多い。佃僕の死後は、主家が墳地を給付して埋葬させ、子孫が代々佃僕としてのつとめを続けることになる。また一般の農民が、佃僕の妻女との結婚や入贅を通じて佃僕身分を継承したり、家内奴僕が配偶者をあたえられ、田地や房屋を給付されて佃僕となることもあった。

佃僕は一般の佃戸とおなじように、主家の田地や山林を租佃して小作料を支払ったが、それとともに主家の婚姻や葬儀、祭祀や行事などの際にはさまざまな労役を負担する義務があった。一般の農民が佃僕となるときには、通常「応役文約」・「服役文約」などの文書を立て、佃僕となった事由や経過、応役の内容、違約時の罰則などを規定する。また佃僕が主家の土地を租佃するときには、これとは別にあらためて租田約や租山約を立てることが多い。さらに佃僕になんらかの過犯があった場合には、「還文約」や「還文書」を立て、謝罪や賠償、再犯時の処罰などを定めるとともに、「応役文約」の規定を再確認した。また佃僕身分の継承に際しても、あらためて応役文約や還文約を立てて応役義務を再確認した。

佃僕は家内奴僕とは異なり、みずから一家をなして生産手段や家産を私有し、独立した家計のもとで農業経営をいとなむのが普通であり、ある程度の土地を所有することも稀ではない。一方で佃僕の婚姻や承継には房東の認可が必要であり、房東が配偶者を手配することも多い。佃僕には個々の地主の家に服属する者と、祠堂や墳墓などの族産のもとで宗族やその支派に服属する者があったが、個々の家に服属する場合でも、佃僕の一族は、房東の一族に対して「主僕の分」があるとされた。また佃僕は無断で庄地をはなれて移住することができず、庄地が売買されると佃僕はあらたな所有者にたいして服役し、庄地が分割相続されると佃僕の応役義務も分割された。ただし一般的には、主家は佃僕の人身を全人格的に支配しているわけではなく、あくまでその使役権を所有しているとみなすべきであり、庄地の売買や均分相続にともない移転したり分割されるのも、原則的には佃僕の使役権であって佃僕の人身自体ではない。

徽州の佃僕制は明代を通じて強固に維持されたが、明代後期には主僕関係の緊張や佃僕の流動がしだいに顕著になってゆく。明清交代期には、佃僕・奴僕による大規模な叛乱が勃発し、その後はふたたび主僕関係が再構築されるものの、依然として主僕紛争は多発し、むしろ大規模化する傾向があった。しかし雍正年間のいわゆる「賤民解放令」によって、子々孫々にわたって離脱を許されなかった佃僕身分はしだいに緩和され、十九世紀初頭までには、明確な売身文契があり、現時点で主家に扶養され、服役するもの以外は佃僕身分からの離脱を認められた。この影響もあって清代後半期には個々の地主に属する佃僕は減少する傾向にあり、しだいに一般の租佃関係へと代わってゆく。とはいえとくに周辺の山間部では、祠堂などに属する佃僕制は、二十世紀の前半期まで根強く存続していたのである。

明清徽州の有力宗族や地主は、佃僕だけではなく多くの家内奴僕も保有していた。明代にはもともと庶民による奴婢保有が禁じられていたため、奴僕を擬制的な家族員として「義男」と称することも多い。奴僕は原則として独立した家計をもたず、主人に扶養されて耕作や家内労働、その他の雑役にしたがい、服役の内容も無制限であった。佃僕身分の根拠が各種の応役文書であるのに対し、奴僕身分の根拠は身売りの際に立てる売身文書である。売身文書には単なる「売子契」といった形式もあるが、むしろ「婚書」や「入贅文約」を立て、奴僕の妻女と結婚あるいは入贅して奴僕身分を継承するという形をとることが多い。主家は奴僕の使役権を有するのみならず、人身や生活全般にわたって広範な支配権を有していた。

とはいえ実際には、佃僕と奴僕との区別は、必ずしも絶対的なものではない。奴僕のなかには主人により家屋や耕作地を与えられ、独立した家庭をなしてしだいに佃僕に変わってゆくものもあり、一方で佃僕のなかにも、しだいに主家への隷属度を高め、奴僕化してゆくものもあったであろう。こうした中間的な形態も多いうえ、「僕」・「僕人」・「世僕」などの呼称は佃僕・奴僕の双方に用いられるため、文書や史料によってはいずれか判断がつきかねることもある。また佃僕が租佃文書などを立てる場合、しばしば佃僕身分を明示せず、単に「佃人」・「某都住人」などと自称することも多く、この場合一般の佃戸であるか佃僕なのか判断がつきにくい。ただ総じて、文書上で主家に対して「房東」・「房主」・「東主」などの呼称を用いている場合は、佃僕と判断しておおむね間違いはないであろう。

第二節　文書史料にあらわれた明代徽州の主僕紛争

ここでは各種の文書史料にあらわれた、明代徽州の佃僕・奴僕をめぐる紛争事例を、一覧表として提示することにしたい。すでに第六章では、公刊された文書資料集所収、および南京大学歴史系資料室所蔵の、紛争解決にあたって立てられた文約・合同などの民間文書によって、計十九例の主僕紛争を紹介している。本稿ではさらに各種の訴訟文書や宗族合同などにくわえ、佃僕制に関する研究論文に引用・紹介された文書にも調査の範囲をひろげ、計五十二例の紛争をリストアップすることができた。

はじめに文書の出典について整理しておこう。まず周紹泉・王鈺欣主編『徽州千年契約文書』第一編［宋・元・明編］（花山文芸出版社、一九九二年、以下『契約文書』と略称する）からは、散件文書から十一例、簿冊文書からも一例の紛争事例を収集した。同書第二編［清・民国編］（以下『契約文書』二編と略称する）所収の清代の簿冊文書からも、明代の紛争事例を二例集めている。これらの文書はすべて中国社会科学院歴史研究所（以下歴史研究所と略称する）の所蔵文書である。

ついで張伝璽主編『中国歴代契約会編考釈』下巻（北京大学出版社、一九九五年、以下『会編考釈』と略称する）からは、北京大学図書館所蔵の文書から二例を、安徽省博物館編『明清徽州社会経済資料叢編』第一集（中国社会科学出版社、一九八八年、以下『資料叢編』一集と略称する）からも、徽州地区博物館（現黄山市博物館）蔵の文書から一例を収録した。また筆者が南京大学歴史系資料室において調査した原件文書からは六例の、族譜や家規などに収録された文書からも三例の紛争を集めている。さらに佃僕制に関する先行研究からは、安徽省博物館をはじめとして、同図書館・歴史研究所・中国社会科学院経済研究所（以下経済研究所と略称する）・文化部文物局・北京師範大学などに所蔵される文書から、計二十五例を集めることができた。

なお同一の文書が複数の研究論文に引用されている場合は、発表年の早い論文を出典として示した。文書資料集に収録された文書が、他の研究論文に引用されていることもあるが、煩を避けていちいち注記しない。さらに一つの紛争事例について二件の関係する文書が残されている場合は、一方の文書をもってその事例を代表させ、もう一方を付記することとする。同一の文書が、原文書とその抄件の二つの形で伝わっているときは、原文書を優先して示した。

Ⅰ年代県籍	Ⅱ紛争の当事者と内容	Ⅲ紛争処理の経過	Ⅳ署名
①成化二三（一四八七）不詳	洪家の住基を租借する、饒姓の佃僕鄭周保が、洪家の同意なく垣墻を地界の外へ移す。	洪家は垣墻の移出を許さず、鄭周保は還文約を立て、原状の回復を誓約。	中見人程隆等
②弘治一一	譚渡黄氏の墳墓を看守する佃僕の呉福祖・隆興	隆興らは里長洪永貴・老人黄堂に調停を求め、	立文書呉福祖等

（一四九八） 歙県	らが、黄氏の標掛（墓参）に際し、出頭して所定の物品を供出せず。	還文書を立て、以後忠実に服役し物品を供出することを誓約。	十一名
③弘治一三 （一五〇〇） 不詳	黄宣の佃僕許社宗が、租佃する洪姓の山地において樹木を盗伐。	黄宣の仲介により、許社宗が還文約を立て、以後侵伐を行わないことを誓約。	見人黄宣等
④正徳一五 （一五二〇） 祁門県	六都善和里程氏の五大分が所有する青真塢の山林を、各族人が奴僕に乱伐させる。	青真塢の山林を五大分の衆業とし、合同文書を立て族人や奴僕の盗伐を禁約する。	立合同文書人程旺等三七名
⑤嘉靖五 （一五二六） 祁門県	李楝と房弟の李祥が共有する佃僕の庄基と使役権を、楝の不在中に祥が族人に盗売。	李楝の告訴を受け、祁門知県は李祥に価銀十六両の支払いを命じ、板責二十を加える。	（李楝の具告を承け知県が給した執照）
⑥嘉靖八 （一五二九） 祁門県	十一都の黄氏は李氏の佃僕から富裕となったが、黄珽が李三学に叱罵され訴訟となる。	官府は審理の結果、依然として李・黄両家の主僕の分を維持すべきことを命じる。	（田隣報数結状）
⑦嘉靖二四 （一五四五） 不詳	佃僕林昭が、看守する山林を他人に盗伐され、主家にこれを報知せず。	主家は林昭の放逐を図るが、林昭は人を介して還文約を立て、山林の忠実な看守を誓約。	なし
⑧嘉靖二六 （一五四七） 歙県	渓南呉氏の地僕葉積回らが、無断で河川に碣を設け、さらに水碓を造り訴訟となる。	呉氏の一族が合議し、族産である墓山を三百両で族人の有志に売却し、訴訟費用を調達。	衆立呉真錫等十九名
⑨嘉靖三五 （一五五六） 不詳	佃僕呉廷康が、妻の柩を無断で房東の山地に埋葬し、房東の宗祠が県に告訴。	呉廷康は中人を介して還文約を立て、代償として毎年一日宗祠で服役することを誓約。	立文書人呉廷康 見人章貴
⑩嘉靖三六 （一五五七） 祁門県	十西都謝氏の佃僕馮初保の次男で、房東謝社右の家僕となった徳児が、主人に背き妻子とともに逃亡。	房東が里長謝香に状投。堂叔の仲介により、初保は謝氏の宗祠から旧主への贖身銀を得て、宗祠の奴僕となる。	立還文約僕人馮初保・馮徳児・中見堂叔馮貞保

⑪嘉靖三九（一五六〇）祁門県	十六都倪氏の佃僕たる十西都の汪南らが、房東倪象の葬儀に際し出頭して服役せず。	汪南らは房東の族長に調停を依頼し、還文約を立て婚礼・葬儀・清明節の応役を誓約。	立還文約僕人汪南等・房東族長倪友乾等
⑫隆慶二（一五六八）不詳	呉氏の宗祠の佃僕鮑仏祐が、租佃する房東の墳山で、墓林の松木を盗伐。	呉満が里長に投じ、鮑仏祐は原立の禁約により責罰を受け、伏約を立て墳山から退佃。	伏約人鮑仏祐
⑬隆慶五（一五七一）祁門県	佃僕汪乞付らが、房東の山林を買って伐採する際、隣接する他の房東の山林を誤伐。	中人江寿らの仲介により、汪乞付らが還文約を立て、房東汪于祚に木価を賠償。	立還文約佃人汪乞付等・中見人江寿
⑭万暦元（一五七三）祁門県	県城の汪東海の佃僕たる一都華橋の金二らが、看守する房東の墳山で松木を盗伐。	金二らは中人王周保の仲介で還文約を立て、忠実に墳山を看守・栽養することを誓約。	立還文書人金二等・中人王周保
⑮万暦四（一五七六）祁門県	汪氏の佃僕たる陳春保ら一族の祖墳の傍に、族人の陳香が盗葬を行う。	里長たる房東の仲介により、陳香が族衆に銀一両を償い、族衆は合同文約を立て、祖墳の侵害を禁ずる。	立合同人陳春保等十名・房東汪□貢
⑯万暦五（一五七七）祁門県	十四都安山の佃僕朱細が、主家に背き妻子を連れて逃走するが、主家に捕捉される。	朱細は中見人を介して限約を立て、応役の年分までに帰還し、服役することを誓約。	立還限約朱細・中見保人謝鳳保
⑰万暦一〇（一五八二）祁門県	五都洪氏の佃僕胡勝保ら一族の祖墓に、族人の胡寄兄弟が母の柩を盗葬し、阻止する一族を県に訴え出る。	胡寄らはいったん敗訴するが再び訴えを起こし、胡氏一族は房東洪氏に投状し、裁判の主持を求める。	投状人胡勝（保）等
⑱万暦一〇（一五八二）祁門県	五都洪氏の佃僕朱福元らが、外地で商売に出て、主家の冠婚葬祭に出頭して服役せず。	朱福元は族人の仲介で還文書を立て、無断で他処に移らず忠実に服役することを誓約。	立還文書僕人朱福元等
⑲万暦一〇（一五八二）	環珠里の張椿らの「逆僕」徐長保らが、僕人身分からの離脱を図り巡按御史に訴える。	御史の指示で徽州府が審理。張氏一族は族産の田地を十八両で売却し、訴訟費用を調達。	立契人張椿等・中見人張子陵等

休寧県			
⑳万暦一一（一五八三）休寧県	十二都汪氏の僕人朱法らが、家主の命に服さず衆を糾合して反抗し、家主が県に告訴。	知県の命により、僕人らが法廷で連名の戒約を立て、忠実に家主に服役することを誓約	具連名戒約僕人朱法等二十二名
㉑万暦一一（一五八三）祁門県	五都洪氏の佃僕胡乞保らが、房東に通知せず、墳山に母の柩を盗葬する。	房東が県に状告。胡乞保らは老人・里長の調停により還文約を立て、柩を他処に移す。	立文人胡乞保等・老人謝福・里長洪堅・中見葉大千
㉒万暦一二（一五八四）祁門県	五都洪氏の佃僕許龍らが、房東への服役を拒み、洪氏が県に告訴。	許氏は里長に調停を求め、還文約を立て房東の婚姻・葬祭に際し忠実な服役を誓約。	不明
㉓万暦一三（一五八五）不詳	洪氏の佃僕で、冠婚葬祭時の奏楽に当たる楽僕の汪社らが、主家を離れて応役せず。	汪社らは里長の仲介により還文約を立て、主家にあって忠実に応役することを誓約。	立還文約人汪社等
㉔万暦一三（一五八五）不詳	佃僕胡安乞らが、租佃する房東汪于祐らの山林の杉木多数を、他人に盗伐される。	胡安乞らは中人の調停により還文約を立て、忠実に山林を栽養・看守することを誓約。	立還文約佃人胡安乞等・附隣佃人林記龍
㉕万暦一五（一五八七）祁門県	十五都奇峰の鄭氏の佃僕許文多らが、佃僕身分を認めず祁門県に告訴し、さらに南京の屯院へ上訴。	屯院の指示で祁門県が再審理。佃僕身分解消のためには、鄭氏の田地からの退佃・房屋からの退去が必要とする。	（祁門県の断語・屯院の批語・祁門県の審語）
㉖万暦一六（一五八八）祁門県	十西都の佃僕洪三保らが、租佃する房東謝敦本堂の山林で杉木を盗伐。	房東が洪三保らを捕らえ、三保らは中人を介して還文約を立て、山林の看守を誓約。	立還人洪三保等・中見人汪山保
㉗万暦一八（一五九〇）祁門県	五都洪氏の佃僕胡喜孫らが、看守する洪氏の墳山の樹木を盗伐。	胡喜孫らは洪氏に赦免を求め、還文約を立て木価を賠償し、忠実な墳林の看守を誓約。	立約僕胡喜孫等・中人牟世隆
㉘万暦一八	奇峰鄭氏の佃僕汪乞祖が、租佃する田地の佃権	鄭氏が里長・地隣等に状投。汪乞祖は里長の調	汪乞祖・承領長

（一五九〇）祁門県	を売却し、無断で他家の庄地に移住。	停により、売却した佃権を買い戻し、長男が租佃することを誓約。	男汪興・甲長鄭神等・里長倪振
㉙万暦二四（一五九六）祁門県	奇峰鄭氏の祖墓を看守する佃僕汪乞龍らが、房東による妄行に堪えず浮梁県に逃居。	鄭氏の四大房が合同文約を立て、族人が守墳の佃僕に対し妄行を働かないことを誓約。	不明
㉚万暦二六（一五九八）祁門県	奇峰鄭氏の佃僕である十六都の鄭秋保が、房東の宗祠の穀物を窃盗。	房東が十六都の里長に状投。鄭秋保は還文約を立て、穀価を賠償して庄屋に居住を許される。	立還文約人鄭秋保（他の署名者は不明）
㉛万暦三〇（一六〇二）祁門県	六都の佃僕方正保が、無断で墳山に母を埋葬し、隣接する房東程仙の山界を侵す。	房東が事情を知り、方正保は中人を介して還文書を立て、忠実な応役を誓約。	立還文書人方正保
㉜万暦三二（一六〇四）祁門県	五都洪氏の祖墳を看守する佃僕胡喜孫らが、墳山の松木を掘り動かして損傷。	房東は初犯として告訴せず、胡喜孫らは還文書を立て、罰銀を納めたうえ松木を保全。	立還文書僕人胡喜孫等
㉝万暦三二（一六〇四）休寧県	程氏三大房の祖墓周囲の墳林で、程氏の僕人らが守山人の栽養する柴や篠竹を盗伐。	程氏の三大房が禁約合同を立て、各房の僕婢や族人が柴篠を盗伐することを禁じる。	立禁約合同人程法等
㉞万暦三三（一六〇五）祁門県	五都洪氏の佃僕たる胡勝保ら四大房が、洪氏の族人が生員として入学する際、出頭して応役せず。	胡氏の四大房が宥しを乞い、還文書を立て、毎年清明節のほか、洪氏の入学・納監・科貢時の応役を誓約。	立還文書僕人胡勝保等十六人
㉟万暦三五（一六〇七）祁門県	奇峰鄭氏の墳山を看守する佃僕倪運保が、墳林を盗伐したうえ、抗議した房東に暴行し、鄭氏が祁門県に告訴。	知県は倪運保に杖罰を加え、運保は木価を賠償のうえ還文約を立て、忠実に墳墓を看守することを誓約。	立還文書人倪運保・中見人康京祥等
㊱万暦四〇（一六一二）祁門県	呉氏の僕人たる汪新奎らの族人が、呉氏の葬祭に際し酒を飲んで放恣無礼をはたらく。	呉氏の族人が呉氏各門の主公に訴え、汪新奎らは還文書を立て、忠実な応役を誓約。	立還文書僕人汪新奎等・中見家主呉応祖等

㊲天啓元（一六二一）祁門県	奇峰鄭氏の佃僕許尚富らが、自ら住屋を造って佃僕身分からの離脱を図り、鄭氏が祁門県に告訴。	祁門県は許尚富らが鄭氏の土地を離れ、田地から退佃しない限り、佃僕身分は解消されないと判決。	（署祁門県事休寧県主簿の審語）
㊳天啓四（一六二四）祁門県	汪尚党らの佃僕李新柯が、十五都の鄭九が李家の墳木を侵伐したと祁門県に告訴。	知県は房東汪氏らの供述により、李新柯の訴えを誣告と認め、杖懲を加える。	（祁門知県の審語）
㊴天啓五（一六二五）祁門県	十三都石渓康氏の佃僕黄時龍が、房東に背いて庄屋を離れ、他主の庄地に投じる。	黄時龍は中人の仲介により還文約を立て、庄屋に戻り忠実に服役することを誓約。	立還文約佃人黄時龍・中見一甲凌応文
㊵天啓五（一六二五）祁門県	佃僕康具旺らが、山林の柴木を買って炭を焼く際、誤って房東の林木を炭に焼き売却。	康具旺らは中人の仲介により文約を立て、木価を賠償して山林の栽養を誓約。	立約人康具旺等
㊶天啓五（一六二五）祁門県	五都洪氏の佃僕胡夢龍らが、原立の応役文書に遵わず房東洪氏に叛逆。	胡夢龍らは叔の胡法らの仲介により宥しを乞い、還服義文書を立て忠実な応役を誓約。	立還服義文書僕人胡夢龍等・叔胡法等
㊷天啓六（一六二六）祁門県	五都洪氏の佃僕陳社魁が、秘かに洪氏の祖墳近くに祖母の柩を仮埋葬し、侵葬を図る。	洪氏が保甲の饒宗仁らに投じ、陳社魁は保甲の調停により還文書を立て、柩の改葬と応役を誓約。	立還文書僕陳社魁等・中見保長饒宗仁・甲長畢天浩・義兄社龍
㊸天啓年間不詳	佃僕許興付が租佃する房東の田地で小麦の植え付けが遅れ、収穫量が租額に達せず。	房東が里長に訴え、許興付は文約を立て、毎年大麦を植え、耕作に務めることを誓約。	不明
㊹天啓四～崇禎二（一六二四～一六二九）休寧県	七都の余氏が潘氏から庄屋と佃僕を買うが、のち潘氏が佃僕の余氏への応役を阻み、余氏が県および徽州府に告訴。	一旦は訴訟が決着するが、のち再燃し、余氏は徽州府から南京の屯院へ上訴。最終的には佃僕が余氏に服役し決着。	（不平鳴稿序）
㊺崇禎六	佃僕汪分龍の男子が、房東の山地の松木を盗伐	房東が盗伐を責め、汪分龍は承佃約を立て、山	立承佃庄人汪分

（一六三三）不詳	し炭を焼く。	地を租佃し松木を栽養することを誓約。	龍・見親胡付応等
㊻崇禎八（一六三五）不詳	僕人胡四郎が、酒に酔って家主に対して非礼をはたらく。	胡四郎は親人六十俚らの調停で家主に謝罪し、戒約を立て以後放恣のないことを誓約。	立戒約僕人胡四郎等・憑里長汪文玘・保長汪尚仁・親六十俚等
㊼崇禎一三（一六四〇）不詳	佃僕李法寿らが、房東の山林で杉・松を盗伐。	李法寿らは還長養文約を立て、以後盗伐を行わず、山林を長養・看守することを誓約。	立還文約李法寿等
㊽崇禎一四（一六四一）休寧県	僕人汪春陽が、家主に無断で弟を伯父汪新志の養子とし、これを責めた家主と争論。	汪春陽は親族知友の調停により、甘罰戒約を立て謝罪し、家規の遵守を誓約。	立罰戒約人汪春陽・憑親友程継高等
㊾崇禎一六（一六四三）不詳	謝氏の八房の佃僕朱姓一族が応役負担の増加や主家の虐待により庄地から移住・逃亡。	謝氏の八房が合文を立て、朱姓一族の使役権を八等分し、佃僕の応役義務を確定。	立分析火佃合文謝良善等
㊿崇禎一七（一六四四）休寧県	程氏の「逆奴」一貫父子が、秋報の祭祀に当たり争い、一貫らが先に府県に訴え出る。	程氏一族が合議し、族産たる田地の収租権を族人に銀八両で売り、訴訟費用を調達。	売契程元生等十二名
(51)弘光元（一六四五）祁門県	程氏の佃僕葉毛乞が、母親を墳山に埋葬する際、境界を越え程氏の山地を侵占。	葉毛乞は中人を介して還文書を立て、柩を改葬するとともに忠実な応役を誓約。	立還文書人葉毛乞・見仕葉求富・見房東程和卿
(52)弘光元（一六四五）不詳	胡氏の五大房が所有する庄田で、族人の一部が庄基と佃僕の使役権を他姓に売却。	族衆は祀銀により庄基と使役権を買い戻し、禁約を立て他姓への売却を禁じる。	立禁約五大房応曙等七十人

【出典】①③⑦劉和恵「初探」、〈明代徽州農村社会契約内容簡表〉三一一頁所引の安徽省博物館所蔵文書　②註（24）

参照　④註（17）参照　⑤「嘉靖五年祁門李楳懇請執照以保家業呈文」（『契約文書』一巻三二頁）⑥葉顕恩『佃僕制』二七二頁に紹介する、安徽省図書館蔵『田隣報数結状』⑧註（74）参照　⑨「嘉靖三十五年呉廷康応役文約」（『契約文書』二巻二四六頁）⑩註（26）参照　⑪註（34）参照　⑫「隆慶二年鮑仏祐因盗伐甘罰文約」（『契約文書』二巻四一〇頁）⑬註（62）参照　⑭註（20）参照　⑮註（36）参照　⑯㉑魏金玉「皖南」一七三頁・一七一頁に引く経済研究所所蔵文書　⑰註（37）参照　⑱註（25）参照　⑲「万暦十年休寧県張椿等売族田紅契」（『会編考釈』七二三）⑳註（43）参照　㉒劉和恵「明代徽州佃僕制考察」五頁に引く『洪氏謄契簿』㉓註（75）参照　㉔南京大学歴史系蔵「明嘉靖―清宣統民間佃約」（〇〇〇〇八〇）㉕㊲註（51）を参照　㉖「万暦十六年祁門洪三保等立還文約」（『契約文書』三巻二〇九頁）㉗㉜魏金玉「皖南」一六七頁・一六七～六八頁に引く『洪氏謄契簿』㉘㉚劉和恵「補論」五五頁に引く『明天啓鄭氏謄契簿』㉙註（79）参照　㉛(51)章有義『明清及近代農業史論集』三六七・三六八頁に引く『祁門程姓置産簿』㉝註（21）参照　㉞傅衣凌「側面」二～三頁に引く文化部文物局所蔵文書　㉟註（48）参照　㊱註（35）参照　㊳『順治祁門汪氏抄契簿』（『契約文書』二編、四巻一一七頁）㊴劉重日・武新立「研究封建社会的宝貴資料――明清抄本《租底簿》両種」（『文献』一九八〇年三期）一五四～一五五頁に引く、祁門康氏『各祠各会文書租底』㊵註（64）参照　㊶魏金玉「皖南」一六九～七〇頁に引く中国歴史博物館所蔵文書　㊷傅衣凌「側面」一三～一四頁に引く文化部文物局所蔵文書、また「祁門県僕人陳社魁等立限約（『資料叢編』一集四六〇～六一頁）を参照　㊸韓恒煜・李斌城「中国封建社会的佃農有甚麼様的人身自由？」（『歴史研究』一九六五年六期）六〇頁に紹介する、北京師範大学歴史系所蔵文書　㊹註（84）参照　㊺註（65）参照　㊻「崇禎八年胡四郎戒約」（『契約文書』四巻三八二頁）㊼「崇禎十三年李法寿等立還文約」（『契約文書』四巻四五六頁）㊽註（27）参照　㊾註（82）参照　㊿『雍正休寧程氏置産簿』（『契約文書』二編六巻二二八頁）(52)劉重日・曹貴林「明代徽州庄僕制研究」八三頁に引く、歴史研究所所蔵文書

第三節　佃僕・奴僕をめぐる紛争の諸相

ここではまず、前節でリストアップした五十二例の紛争を概括的に整理しておこう。まず紛争事例を県別にまとめてみると、祁門県が二十九例と六割近くを占め、ついで休寧県が五例、歙県が二例、県名不詳が十六例となる。祁門県の事例が特に多いのは、紛争・訴訟関係の明代文書に共通する傾向であるが、くわえて祁門県の特定の宗族をめぐって、多くの事例が残されていることも大きい。すなわち五都櫸墅村の洪氏と、その佃僕をめぐる紛争は計十例にのぼり、特に佃僕胡氏一族にかかわる紛争は七例を数える。(14) また十五都奇峯村の鄭氏と、その佃僕とをめぐる紛争も六例にのぼっている。

また紛争当事者を佃僕・奴僕にわけると、大部分が佃僕にかかわる紛争と考えられ、あきらかに奴僕と主家との紛争と判断されるのは三例にすぎない（⑳・㊻・㊽）。他に奴僕がおそらく佃僕が栽養する山林を乱伐した紛争が二例（④・㉝）ある。このほか単に「逆僕」とのみあって佃僕か奴僕か定めがたいケースが二例あるが（⑲・㊿）、内容的にみておそらく佃僕ではないかと思われる。

ついで文書の種類について見ると、佃僕が立てた還文約や還文書がもっとも多く、計二十二件にのぼる（①・②・③・⑦・⑩・⑪・⑬・⑭・⑱・㉑・㉓・㉔・㉖・㉚・㉛・㉜・㉞・㊱・㊴・㊷・㊼・(51)）。また佃僕や奴僕が立てた、戒約・伏約・還限約などその他の文約や文書類が計十一件あり（⑨・⑫・⑯・⑳・㉒・㉗・㊵・㊶・㊸・㊻・㊽）、主家ないし佃僕の族人一同が合議して立てた合同や禁約・議約なども七件を数える（④・⑧・⑮・㉙・㉝・㊾・(52)）。さらに主家と佃僕との間の、または主家どうしの訴訟文書や訴訟案巻が七件（⑤・⑥・㉕・㉟・㊲・㊳・㊹）あり、その他には佃僕が立てた承佃文書が二件（㉘・㊺）、主家の族人一同による売田契が二件（⑲・㊿）、佃僕の主家への投状が一件（⑰）となる。

以下ここからは紛争の具体的内容について検討しよう。紛争事例によっては、いくつかの原因が重なって生じたり、いくつもの争点が輻輳して現れることも多いが、ここではもっとも主要と思われる事由にしたがって大きく七つに分類することにしたい。

（a）山林の盗伐・誤伐

徽州の地主・富民や有力宗族の多くは広大な山林を所有し、墳山やそれに連なる龍脈を除いた「山場」といわれる地帯で、杉木（広葉杉）を中心とする林業経営を展開していた[15]。山林経営に当たっては雇用労働や一般農民による租佃もおこなわれたが、特に山地の近くに庄地を建て、佃僕に山林の栽養や看守を委ねることが多かった。

佃僕などの山林租佃者は、まず杉や松などの苗木を植え（栽苗）、充分に成長するまで育てた（長養）。この間租佃者は山地に雑穀を植えたり柴を採って、その収益（花利）によって生活を支える。二、三十年して林木が成長すると、全体の三～五割程度を「力分」として得、のこりを「主分」として山主にわたした。一例として、南明の弘光元（一六四五）年、徽州某県の佃僕朱成龍が主家の山林を租佃した際には、初年度には杉の苗木を植えるとともに粟を栽培し、二年目はゴマを植えて収穫の三割を山主に納め、杉の成長後は三割を力分として得ることを約定している[16]。

さて山林をめぐる主家と佃僕との紛争としては、まず佃僕が租佃する主家の山林で杉や松などを盗伐したり（③・㉖・㊼）、主家の山地の杉を誤って伐採する（⑬）などのケースがあり、いずれも還文約を立てて、謝罪のうえ木価の賠償、山林の看守などを誓約している。また主家の山地でひそかに柴を採り紛争となることもあった（㊵・㊺）。くわえて山林を租佃する佃僕は、盗伐や火災のないように山地を看守する必要があったが、林木が盗伐されたときに、ただちに主家に報知しなかったとして、還文約を立て謝罪した事例もある（⑦・㉔）。

さらには主家の族人やその奴僕が盗伐をおこなう場合もあった。たとえば祁門県善和里の程氏は、青真塢の山地に庄地や田地をおいて、佃僕に山林を栽養・看守させていた。ところが族人が自らの奴僕に勝手に樹木の乱伐や柴刈りをさせ、山林が荒廃したため、正徳十五（一五二〇）年、程氏の各房は合同禁約を立て、山林を共有の族産とし、盗伐者には罰金を科し、無断で柴刈りや雑穀の栽培をした奴僕は処罰することを議定している[17]（④）。ところが実際には、その後も程氏の族人の奴僕のなかには、徒党を組んで盗伐をおこない、雑木は柴薪とし、大木は売り払って飲み代に変え、看守する佃僕が抗議すると殴りつける者があったという[18]。宗族組織に属する佃僕と、個々の族人に属する奴僕との関係の一端が窺われよう。

（b）墓林・蔭林の盗伐

徽州の宗族やその支派は、各地に始祖以下の墳墓を所有し、しばしばその近くに庄屋を設け、佃僕などを住まわせて、墓前での献灯や焼香・墳墓の看守や清掃・墓田の耕作・墳墓に附設された房屋の管理・主家の族人が墓参するときの供応などに当たらせていた。また墳墓のまわりの樹林（墓林）や、墳墓に連なり龍脈が走るとされる尾根の樹林（蔭林）は、杉や松の植林された「山場」とはことなり、風水を保護するためにかたく伐採を禁じられていたが、こうした墓林や蔭林の栽養・看守も佃僕らの任務であった[19]。

上表で示した主僕紛争のなかで、このような守墳の佃僕が、墓林や蔭林の樹木を盗伐し、還文約などを立てて謝罪・賠償したケースが五例にのぼる（⑫・⑭・㉗・㉜・㉟）。一例として、祁門県一都華橋の金二らは、県城に住む汪東海の佃僕となり墳墓を看守していた。ところが万暦元（一五七三）年、金二らはひそかに墳山で松木を盗伐して発覚し、中人の王周に託して還文約を立て、謝罪のうえ木価を賠償した。そして墳山の樹木を忠実に看守し、墳墓周辺の山場では、元来の租山約のとおりに林木を栽養することを誓約したのである[20]（⑭）。なおこのほか、主家から給与された墳墓の樹木が侵伐されたとして、佃僕が知県に訴え出た事件もある（㊳）。

墓林や蔭林であっても、雑木や小枝から柴を採ったり、篠竹を刈ることは認められていた。休寧県の程法らの一族が共有する墳山においても、守山人（おそらく佃僕であろう）に墓林を栽養させるとともに、柴や篠竹を採ることを許し、清明節にその租銀を納めさせ、族人の墓参の費用としていた。ところが族人の奴婢たちが、しばしば柴や篠竹、松葉などを盗み採ったため、守山人はその収益が得られなくなってしまった。このため程氏の三大房は禁約合同を立て、奴婢や族人による盗み刈りを厳禁し、佃僕がこれを発見すれば、鉈を奪って天秤棒や柴籠をたたき割ることまで許している[21]（㉝）。

（c）墳墓への盗葬

「葬主山」は、佃僕身分を構成する三条件の一つであり、土地を持たない農民の死後、子孫が地主から墳地を給付され、その代わりに応役義務を負い、しだいに佃僕身分に変じてゆくこともあった。また佃僕が死去すると、その子孫は主家に墳地の給与を願い、あらためて応役文書を立て、佃僕身分と応役義務を継承した。

佃僕の母や妻が死去した場合も、やはり主家に通知して墳地に埋葬する許しを求める必要があったが、この際ひそかに柩を主家の山地に盗葬したり（⑨）、主家の墳山で仮埋葬を図ったり[22]（㊷）、埋葬の際に主家の山地を侵占するなどして（㉛・㊿）、紛争が生じることがあった。このほかに主家から与えられた佃僕一族の祖墳に、一部の族人が盗葬を図ったとして、他の族衆が主家に訴えたり、地方官に告訴した事件も三例起こっている（⑮・⑰・㉑）。

（d）応役義務の不履行

「種主田・住主屋・葬主山」が佃僕身分を構成する基本要素とすれば、主家に対する応役義務は、佃僕を一般の佃戸から区別し、「主僕の分」の存在を示すもっとも明確な要件である。佃僕はふだんは庄地において田地や山林の耕作に当たっていたが、主家に冠婚葬祭や行事・祭祀などがあれば、出頭して服役する義務があった。たとえば婚礼や各種の行事・祭祀のときには、轎を担ぎ、荷物を運び、酒席を整え、祭壇や戯台を造り、葬儀の時には柩を運んで埋葬した。また族人の地方学への入学や科挙受験に随従し、主家の農業経営や商業活動にかかわるさまざまな役務にも従った。さらに守墳の佃僕は墳墓の管理・看守や、主家の墓参時の供応に、祠堂の佃僕は堂内の管理や清掃、焼香や献燈にあたり、楽器の吹奏を任とする「楽僕」など、もっぱら特定の職務にしたがう佃僕もあった[23]。

このような応役義務の不履行に関する紛争は、全部で七例を数え、いずれも佃僕が還文書などを立て、謝罪のうえ忠実な応役を誓約している。たとえば弘治十一（一四九八）年には、歙県の譚渡黄氏の墳墓を看守する佃僕呉福祖らが、清明節の墓参に出頭して服役せず、黄氏はこれを告訴しようとしたが、呉福祖らは里長・老人に調停を依頼し、ふたたび応役の不履行があれば、罰として米五石を祠堂に納め、責板八十を受ける旨を誓約している[24]（②）。

このほかにも佃僕が主家の葬儀や地方学への入学に際して服役しなかったり（⑪・㉞）、「楽僕」が応役を果たさなかったり（㉓）、秋報の祭祀に旧例どおり服さなかったり（㊿）、その他なんらかの応役義務を履行しなかったとして紛争が生じた例もあるが（㉒・㊶）、ここではこの種の還文書の具体例として、万暦十（一五八二）年の「（祁門）朱福元立還文書」[25]（⑱）を挙げておこう。

五都洪氏六房庄僕朱福元・同朱遅富・廷保等、原身等始祖朱美徳、係六房主買討、長大蒙与婚配。後因人衆、又蒙将地造屋与住、山与葬祖、歴代応付洪主、至今並不敢違抵拒。為因福元向擅往外買売、一応冠婚葬祭、倶未出身応付。今回不合不親応主、情虧、六房主人要行賚文理治背義。身托族人等、立還文書、懇　主免行告治。嗣後遵文、一応冠婚葬祭服侍、不敢有缺及背逆抵拒等情。如違、聴　六房主責罰、恃頑不服、即聴賚文告理、準背逆論。身等各房子孫、亦不敢擅離庄屋私搬他処住歇。或因求趁、搬帯家小、開店住歇、必須稟過　洪主準許、方敢携帯。如不準許、不敢致違。如違、亦准背逆逃走論、立還文書為照。

万暦十年二月二十一日立還文書僕人朱福元　　朱遅富　　朱廷保

依口代筆朱世隆

祁門五都洪氏の佃僕朱福元らは、始祖が洪氏に身売りして妻を与えられ、子孫が増えるにつれ庄屋や墳墓も給付されて、代々佃僕として洪氏に服役してきた。ところが朱福元は無断で外地に赴いて商売をし、主家の冠婚葬祭にまったく出頭せず、洪氏は応役不履行として彼を訴えようとした。このため朱福元らは族人に仲介を依頼してこの還文書を立て、今後冠婚葬祭の際には忠実に応役し、違反すれば「背逆」の罪に甘んじ、かつ朱氏の各房の子孫は無断で庄屋を離れず、商売のため妻子を連れて外地に赴くときは、かならず主家の許しを求め、従わなければ「背逆逃走」の罪を受けることを誓約したのである。佃僕の応役不履行が、往々にして生計のための外地への移住や商業活動を背景としていたことが認められよう。

（e）佃僕の逃亡・佃僕の使役権争い

上述のように、佃僕は無断で庄地を離れて移住することを禁じられ、庄地が売買ないし均分相続されると、その使役権も移転あるいは分割された。しかし十六世紀以降、社会移動や人口流動の全般的な活発化のなかで、佃僕の逃亡や移住もしだいに顕著になってゆく。

佃僕や奴僕の逃亡に関する紛争は計五例を数える。たとえば祁門県十西都の謝氏の佃僕馮初保は、次男の徳児を主家の謝社右に身売りして奴僕としたが、のち徳児は妻子を連れて逃亡し、嘉靖三十六（一五五七）年になって帰ってきた。謝社右は馮初保らを里長に訴え、身売りの際に支払った銀両の返還を求めたため、初保は謝氏の宗祠である敦本堂に泣きついて贖身銀を工面し、徳児が敦本堂に属する謝氏の三大房に子々孫々服役することを約定している[26](⑩)。

このほかにも佃僕が生活苦から一家をあげて逃走したり(⑯)、ひそかに庄屋を離れて他の庄地に投じた例(㊴)もあり、いずれも還文約などを立て、庄屋に戻って服役することを誓約している。また墓田を売り払って他の庄地に投じたり(㉘)、守墳の佃僕が逃亡したため、主家の一族が合同文約を立て、佃僕を虐待しないよう議定することもあった(㉙)。

また同族が共有する庄地や佃僕(の使役権)を、他姓に売却することは一般に禁止されており、族人の一部が同族共有の庄地や佃僕を、ひそかに他姓に売却したために紛争となったケースもある(⑤・52)。さらに二つの宗族が、さきに売買された佃僕の使役権をめぐって争った、大規模な訴訟案件も残されている(㊹)。明末には佃僕の使役権が均分相続によって細分化されたり、売買によって複雑化する傾向があったため、この種の紛争も生じがちだったのであろう。

(f)主家への非礼・反抗、佃僕身分からの離脱

周知のように、明末清初には華中南を中心とする各地で多くの「奴変」が頻発したが、明末段階の徽州では、なお大規模な奴僕叛乱は発生していない。しかしこの時期の文書史料からは、散発的な主家への非礼や反抗が三例確認される。うち二例は、酒に酔った奴僕や佃僕が主家に非礼をはたらいたという単純なケースであるが(㊱・㊻)、もう一例は二十二名の奴僕が集団で主家に反抗したという、かなり重大な訴訟案件であり(⑳)、主家と佃僕・奴僕との対立が、潜在的に深刻化していたことを暗示している。また紛争の過程で佃僕が主人を殴打したり罵倒したケースもいくつかある。

さらに佃僕が「主僕の分」からの離脱を求めて訴訟になったケースも四例を数え(⑥・⑲・㉕・㊲)、うち三例は府

県にとどまらず御史にまで上訴された大がかりなものであった。この種の訴訟は、佃僕身分の成立の根拠そのものを争点とするものとして興味深く、第五節であらためて詳しく検討することにしたい。

（g）その他の紛争事例

まず田地の租佃問題を主要な争点とする紛争は、山林関係の紛争にくらべ少なく、佃僕が租佃する主家の田地で、小麦の植え付けが遅れて規定の田租を払えなかったため、以後は大麦を時期どおりに植えて耕作に務めることを誓約した一例があるにすぎない(㊸)。ただしこのほかにも、田租の未払いが佃僕身分からの離脱をめぐる訴訟の契機となるなど(㊲)、いくつかの紛争で田地の租佃問題が争点のひとつとなっている。さらに佃僕が賃借する住地の垣根を勝手に取り払ったり(①)、主家の宗祠の穀物を窃盗した(㉚)といったケースもあり、水碓の設置などの水利問題をめぐる訴訟も起こっている(⑧)。

最後に佃僕の承継に関する一例の紛争を挙げておこう。崇禎三（一六三〇）年、某県汪氏の奴僕汪新志は、汪氏の佃僕の子である汪正陽を贅婿にとって継嗣としたが、崇禎十四（一六四一）年、主家に無断でさらに甥の福陽をも養子とした。これを知った主家は、主家に無断で承継を行ったとして、福陽の兄春陽を告訴しようとした。このため春陽は親戚知友に調停を求め、甘罰戒約を立てて謝罪し、また正陽もあらたに応主文約を立て、福陽と家産を均分し、両人が主家に忠実に服役することを誓約したのである(㊽)[27]。このように佃僕や奴僕の承継には主家の承認が必要であり、その際に佃僕はあらためて応役文書を立て、主僕関係と服役義務を確認した。かくして佃僕や奴僕が主家に投じたときに始まり、承継・婚姻・埋葬・租佃・庄屋への居住、および主家に対する過犯等々があるたびに、佃僕・奴僕は応役文書や還文約などを立て、それが主僕関係の存在を示す証拠として、主家のもとに代々蓄積されていったのである。

第四節　主家による佃僕の懲罰と紛争解決

第二節の表に掲げた、佃僕・奴僕をめぐる五十二例の紛争のうち、地方官に提訴されて訴訟となったのは計十五例（二八・八％）である。このうち八例は地方官が下した裁定によって一応の解決を見ているが、いったん裁定が下されたのち訴えが蒸し返されたケースもある。また三例では、知県への告訴ののち里長や中人などの調停で和解が成立している。他の三例は「逆僕」との訴訟費用調達のため主家が立てた合同であり、訴訟の結果は不明である。

これに対し官に提訴されることなく、郷村レヴェルで紛争処理が図られた事例は計三十七例（七一・一％）を数える。このうち二十一例では里長や中見人などの調停や仲介によって和解が成立しており、四例では主家自身が紛争の解決に当たっている。また七例では文書の文言上にはとくに調停・仲介者を記しておらず、その多くは主家と佃僕との談判によって決着したのではないかと思われる。このほかに佃僕や奴僕をめぐる紛争やもめ事を契機として、主家の族人一同が立てた禁約や合同が五例あるが、その結末はよく判らない。

以上の五十二例のうち、地方官の裁定で決着した八例、紛争の結果が判らない八例を除いた三十六例について、紛争処理に関与した人物を整理してみよう。まず特に多いのは中見人（中人・見人）の十二例（三三・三％）と、里長の十例（二七・八％）である。このほかには佃僕の同族、および主家がそれぞれ四例（一一・一％）、老人・保甲・佃僕の姻戚・地隣がそれぞれ二例（五・六％）となり、また調停・仲介者を記さないものが八例（二二・二％）を数える。[28]

里長や中見人の比率が高いのは、佃僕や奴僕をめぐる紛争に限らず、明代後期の紛争処理関係文書に共通する傾向であるが、これに対し当事者の同族や姻戚の比率はかなり低い。これに対し、調停・仲介者が明記されず、おおむね当事者間の談判によって決着したと思われる事例は少なくない。おそらく主僕間の紛争では、概して当事者どうしの力関係が明確なため、第三者の調停や仲介を要さず、しばしば両当事者の直談判によって決着に至ったのであろう。

さらに佃僕に何らかの過犯があった場合、主家によって「責板」（竹板による責打）などの懲罰が行われることもあった。文書史料にも佃僕が違約した場合の罰則として、「自ら責八十を受けることを願う」、「重責十板とす」などの処罰規定を記すものがあり(29)、いくつかの族譜に収める宗規・族約にも、佃僕・奴僕への懲罰規定が残されている。たとえば婺源県の『渓南江氏家譜』（万暦刊本）所収の「祠規」では、まず太祖の「六諭」を敷衍するなかで、「佃僕・傭債の人と雖も、亦た必ず一体にこれを待す、是を和睦郷里と謂う」と、佃僕や傭工をも「和睦郷里」の対象として認める。しかし後文では、佃僕が「或いは觸犯する有らば、これを祠正副に告げ、論ずるに名分の所在を以ってし、朴責して懲を示せ」として、佃僕に過犯があれば宗祠の祠正・祠副に訴え、主僕の名分を明らかにして「朴責」を加えて懲罰すべきことを定めるのである(30)。

また『休寧范氏族譜』（万暦二十七年序刊本）に収める林塘派の「宗規」にも、村内に居住する「衆僕」のうち、「或いは力を恃みて互争し、酗酒して事を生じ、同村里隣を凌虐し、経過せる商販を詐欺する」者があれば、「該門の房主に送りて、即《ただ》ちに責戒を行い、以ってその後を儆《いまし》めよ」と、身柄を所属する門（林塘派内の分支）に送り、処罰すべきことを規定する。そして「若しその事、主僕の体統に関繫すれば、則ち力を合わせて禁治し、效尤するを致す無からしめよ。蓋し主僕の分の厳なるは、徽に美俗と称すればなり」として、「主僕の分」にかかわる事件であれば、范氏の族人をあげて対処せよと強調するのである(31)。また同書の「統宗祠規」にも、義男のなかに悪行をはたらく者があれば、「即ちに諸《これ》を宗祠に鳴らし、会して官に呈送する」こととし、もし義男が罪を逃れがたいことを知って自殺すれば、「本主は実情一紙を備具して祠約に投じ、各房の長は証明して、即ちに畫知を為して存照とせよ」と、主人が実情を記した状紙を宗祠と郷約に報じ、各房の長が事実確認すべきことを規定している[32]。

この種の懲罰規定のなかでも特に詳細なものとして、清代前期の『清河張氏族譜』（乾隆十七年序刊本）に収める、休寧県などの張氏の「家規」がある。ここでもまず婢僕は「卑賤なると雖も、然るに皆な人の子女なり、既に吾が家に供役すれば、便当ず《かならず》恩養すべし」と述べるものの、それに続いて奴婢の非礼・反抗・妄言・窃盗・喧嘩・通姦・主命拒否・応役不履行・職務怠慢その他の過犯に対し、笞杖によるきわめて詳細な罰則を定めているのである[33]。

このように「主僕の分」が厳しいことを美徳とする徽州では、佃僕や奴僕に過犯があれば、祠堂や族内の分支（門・房）のもとで、厳正に懲罰すべきことが強調されていた。ただし責板などの処罰は、宗族規約に違反した主家の族人に対しても規定されることもあり、佃僕や奴僕に限ったものではない。またこうした懲罰規定が、どの程度まで施行されたのかはよく判らず、上掲の五十二例の主僕紛争のなかでも、実際に主家が懲罰を加えたことを明示するものはない。多くの紛争は謝罪や賠償によって決着したのであろうし、主家によりなんらかの懲罰が行われても、必ずしも文書上には明記しなかったのであろう。とはいえ佃僕が立てた応役文書や還文約には、佃僕が約定に違反した場合は、「不孝に准じて論ず」・「背逆に准じて論ず」・「叛逆を以って論ず」などと記すことも多く、奴僕のみならず佃僕も、主家の家父長的な秩序に組み込まれていたことを示している。

実際に佃僕による応役不履行や非礼などが、主家の宗族組織のもとで処断されたケースもある。たとえば祁門県十西都の汪南らの一族は、十六都の倪氏の佃僕であったが、嘉靖三十九（一五六〇）年、主家の葬儀に出頭して応役せず、倪氏は彼らを訴えようとした。このため汪南らは「房東の族長に托憑し」、その調停により還文約を立て、忠実な応役を誓約したのである[34]（⑪）。また万暦四十（一六一二）年には、祁門県の佃僕汪新奎らの族人が主家の祭儀のときに酒を飲み過ぎ、酔っぱらって狼藉をはたらいた。このため主家の族人が「各門の主公に理論」し、汪新奎らは

「主家に到りて罪を待たんことを愿《ねが》い」、旧規にしたがい忠実に応役することを誓約している[35]（㊱）。この場合は「主家に到りて罪を待つ」とあるように、主家においてなんらかの懲罰が加えられた可能性もあろう。

さらには主家が佃僕の一族内部で生じた紛争の解決に乗り出す場合もあった。たとえば祁門県の陳春保などの一族は、汪氏の佃僕であったが、万暦四（一五七六）年、族人の陳香が主家から与えられた一族の祖墳にひそかに柩を埋葬した。このため陳氏の四大房の族衆は、「房東・里長に憑りて、陳香をして謝墳銀壱両を出さしめ、衆に与えて公用とし」、さらに房東の代書により合同文約を立て、各房の子孫が祖墳を侵害せぬことを誓約している[36]（⑮）。

同じように祁門県五都の洪氏の佃僕であった胡氏についても、祖墳への盗葬をめぐって一族内部で訴訟が発生し、この過程で胡氏の族衆が主家に提出した、「投状」が残されている[37]（⑰）。

投状人胡勝・胡住等、投状為懇求作主事。乞到房東府上山頭、歴葬墳無異、立還文書為照。豈悪胡寄・乞保弟兄済助、恃伊財力、正月内魆将母柩伐葬祖冢、害及存亡。衆幸風聞、投隣急阻。悪毀捏棺攙（毀棺捏讒？）、県張爺准、送南庁呉老爺、審悪渉虚、給身印照存証。今復隠情、朦朧捏造。伏乞当官作主、保存祖冢、剪刁安良、生死感恩激切。具投房東山主衆老官人施行

万暦十年正月　　日　　投状人胡勝　胡住　胡初　胡九

万暦十（一五八二）年の正月、胡寄・胡乞保の兄弟が、胡氏一族が洪氏から与えられた祖墳に、無断で母親の棺を埋葬した。族衆はこれを地隣に訴え出たが、胡寄兄弟はかえって知県に訴えを起こす。知県の命を承けた典史の審理により、族衆の主張がみとめられたが、のち胡寄らはふたたび訴えを蒸し返した。このため族衆はこの「投状」を洪氏に提出し、主家の洪氏が官に祖墳の保全を申し立てることを懇願したのである。結果的に翌万暦十一（一五八三）年、洪氏によって知県に告訴された胡寄らは、やむなく里長・老人らに仲介を求めて還文約を立て、謝罪のうえ柩を

他処に移している[38]（㉑）。

このように佃僕の主家は、祠堂や門・房などの分支のもとで、族内の主僕紛争を解決し、あるいは佃僕どうしの争いを調停し、場合によっては佃僕の「投状」を受けて訴訟当事者ともなった。この種の「投状」のほか、明末の徽州文書には、宗族の一員が族衆に対して、あるいは郷村の住人が郷約や里長に提出した「投状」も残されている[39]。同様に明代前期の里甲制下において、里民が老人や里長へ訴え出るときにも、「状投」という表現が用いられた[40]。明代徽州の郷村社会における紛争処理の枠組みは、「国家の裁判」と「民間の調停」という二つの類型だけでは充分に理解し得ない。官の裁判と郷村の調停のあいだには、両者を仲介する老人・里長・郷約・宗族などが存在し、投状を受理して紛争解決や地方官の裁判への仲介に当たっていた。当時の紛争処理の枠組みは、地方官治と民間調停にくわえ、両者に介在する郷村組織や宗族などの相互作用や仲介機能を通じて形づくられていたといえよう。

第五節　主僕紛争と地方官の裁判

前述のように、五十二例の主僕紛争のうち、地方官に提訴された案件は計十五例（二九・四％）であり、うち八例が地方官の裁定によって一応の解決を見ている。本節ではこうした訴訟案件により、明清徽州の佃僕・奴僕制が、国法上の身分制度とどのように対応し、裁判の場でいかに扱われていたかを検討することにしたい。

まず高橋芳郎氏の研究により、明代における「奴婢」身分について整理しておこう[41]。『大明律』では、世襲の功臣の家を除き、庶民による「奴婢」の保有や奴婢の売買は禁じられていた[42]。ただし官僚層による「奴婢」保有の是非については明文がなく、明律注釈書でも解釈が分かれている。むろん実際には庶民の家においても、「義男」・「義子」

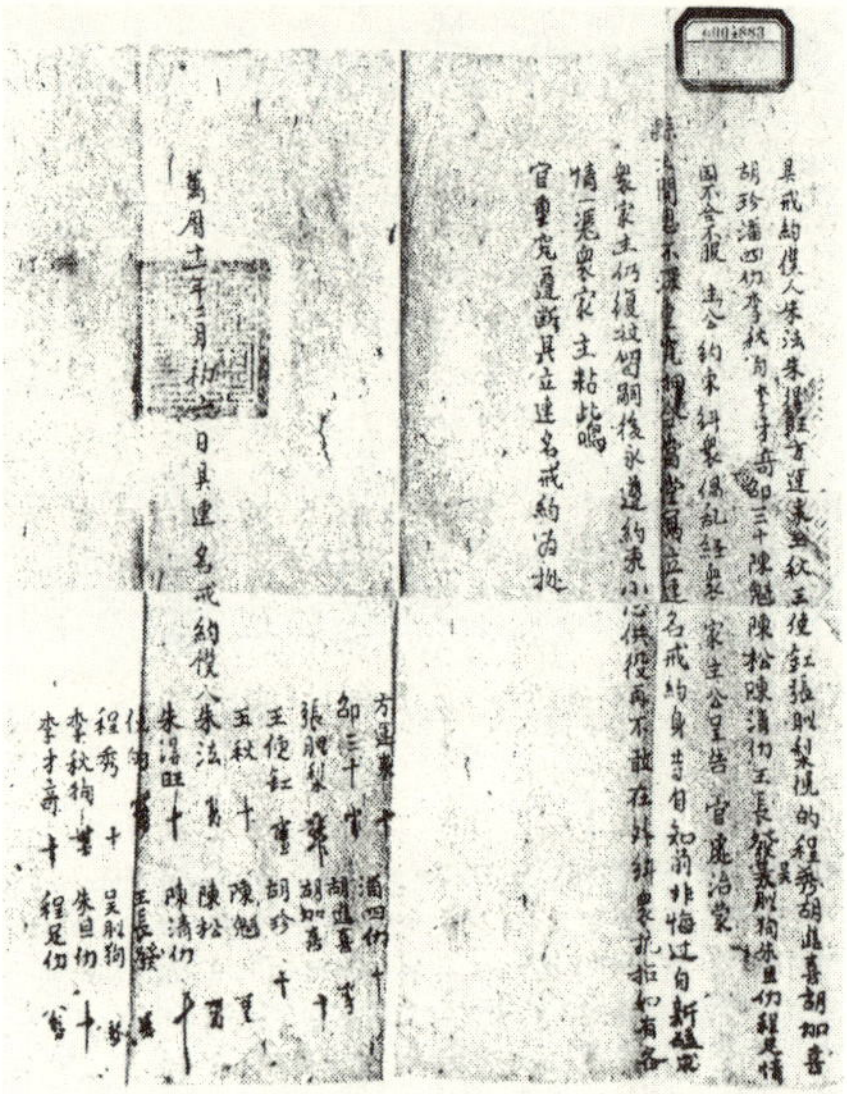

図版⑧

などの擬制的な家族員の形により、あるいは「雇工人」の名目で、事実上の奴婢がひろく使役されていた。こうした身分法上の混乱は、万暦十六（一五八八）年の新題例によってひとまず整理され、主家が長年扶養し配偶者を与えた「財買の義男」は、子孫と同じ扱いで量刑し、扶養期間が短く配偶者も与えられていない場合は、士人や庶民の家では「雇工人」として、縉紳（現任・退職官僚）の家では「奴婢」に準じて量刑することになった。ただしこの段階でも、民間での「奴婢」保有を禁じた『大明律』の原則は、形式的にせよ維持されており、国法上民間での奴婢保有が公認されるのは、清代の雍正五（一七二七）年のことであった。

こうした国法上の身分制度が、現実の裁判の場でいかに適用されていたのかは必ずしも明確ではないが、以下に紹介する明末徽州の奴僕をめぐる二例の訴訟案件からは、その一端を窺うことができる。まず官僚層による奴僕保有にかかわる案件として、万暦新題例制定のわずか五年前、万暦十一（一五八三）年の「（休寧）朱法等連名戒約[43]」（⑳・図版⑧）を挙げておこう。

具戒約僕人朱法・朱得旺・方運来・王秋・王使釭・張臘梨・倪的・程秀・胡進喜・胡加喜・胡珍・潘四仂・李秋狗・李才奇・邵三十・陳魁・陳松・陳清仂・王長発・呉臘狗・朱旦仂・程足［仂］、情因不合不服　主公約束、蒙糾衆倡乱。経衆　家主公呈告　官処治、蒙

県主開恩、不深重究、押令当堂写立連名戒約。身等自知前非、悔過自新、磕求衆家主仍復収留。嗣後永遵約束、
小心供役、再不敢在外糾衆抗拒。如有各情、一憑衆家主粘此鳴
官重究。遵断具立連名戒約為照。

万暦十一年二月初六日具連名戒約僕人朱法（押）（他二十一名略）

休寧県十二都の汪氏の奴僕である朱法ら二十二名は、「主公の約束に服さず、衆を糾《あつ》めて倡乱」し、汪氏は彼らを県に告訴した。知県は審問の結果、朱法らに「押令して堂に当たりて連名の戒約を写立」させ、奴僕たちは永遠に主家の約束に従って服役することを誓約したのである。さらに翌三月には、原任嘉定県訓導の汪尚嗣と、汪氏の貢監生や生員四名は、連名で後日の証拠となる執照（裁判の結果を記した証明書）の給付を願い出て、裁可されており[44]、汪氏は高官ではないものの、「縉紳の家」であった。ここで知県は汪氏の奴僕保有になんの疑義も挟まず、奴僕の反抗を禁圧し忠実な服役を命じており、万暦新題例の公布以前から、少なくとも官僚層による奴僕保有は、自明のこととして認められていたと考えられる。

さらに刑事的裁判において、民間で使役される奴婢がいかに量刑されたかを示す案件として、崇禎年間の歙知県であった傅巌は、次のような判例を残している。佃僕の汪三槐の妻である九弟は、小作料の欠少により地主の汪菊と争いになり、汪三槐の母の春蘭は、嫁を守ろうとして汪菊と殴り合い、突き落とされて負傷し、数日後に死亡した。この事件を審理した傅巌は、春蘭は汪菊の堂兄弟である汪野の婢であったことから、「汪菊は合に緦麻親の婢を殴りて死に至るの律[45]に依り、徒に減ずれば、主僕の分は明らかにして、情節は允協なるに庶からん」と擬律したのである[46]。傅巌は女婢に対する傷害致死を、はっきりと「奴婢」律によって量刑しており、明末には縉紳・士庶を問わず、民間で使役される奴僕や婢女は、しばしば「奴婢」律によって量刑されていたことが推測されよう。

一方、明末徽州の地方裁判で、特有の佃僕身分はどのように扱われたのであろうか。むろん明代の国法上、「佃僕」なる法身分は設定されておらず、ある意味で問題は奴婢以上に微妙である。(47)まず刑事的な性格を持つ案件として、万暦三十五（一六〇七）年、祁門県の鄭権秀と佃僕倪運保との訴訟(48)（㉟）を検討しよう。鄭氏の庄僕であった倪運保は、看守する鄭氏の墳墓の巨木三株を盗伐し、鄭権秀らが詰問すると、「反って凶を逞しくし主を殴るを行」った。鄭権秀らは彼を祁門知県に告訴し、知県は次のような判決を下した。

審得。倪運保、鄭権秀佃僕也。自供生住主基、父葬主山、則山中草木皆主所有、焉得盗砍主東冢木。據［運］保自供修補主屋、亦応稟主明白、豈得欺其不見而盗冢木乎。及秀等拝掃理説、反呈凶肆悪、殴罵百端、主僕之分蕩然矣。運保杖警、仍追銀四銭還主木価。

すなわち知県は倪運保が鄭氏の庄屋に住み、鄭氏に墳墓を与えられた佃僕であるにもかかわらず、主家の墳林を盗伐したうえ、詰問した鄭権秀に対し、「反って凶を逞しくし悪を肆まにし、殴罵すること百端」を加えたと認め、「主僕の分は蕩然たり」として、運保を「杖警」に処し、かつ木価として銀四銭の賠償を命じたのである。

ここでは倪運保が主家の鄭権秀らを殴打のうえ罵倒したとされているが、『大明律』によれば、「奴婢」が家長を殴った場合は斬刑、家長の近親を殴った場合は絞刑、「雇工人」が家長やその近親を殴った場合は杖一百徒三年に当たる。(49)しかし知県は倪運保と鄭氏とのあいだに明確に「主僕の分」を認めながらも、運保に対する処罰としては、「杖警」すなわち懲戒的な杖打を加えているに過ぎない。上述の汪菊による春蘭の傷害致死事件では、知県は「奴婢」律を適用して汪菊を徒刑に減刑しているのに対し、この判決では佃僕の倪運保は、「奴婢」はもちろん、「雇工人」としても量刑されていない。佃僕と主家のあいだに「主僕の分」の存在を認めることは、必ずしも佃僕の法身分を「奴婢」ないし「雇工人」として認定することには直結しなかったのである。(50)

ついで佃僕が「主僕の分」からの離脱を求めて争った事例として、祁門県奇峯村の鄭氏と、その佃僕とされた許氏との訴訟案件を検討しよう[51]（㉕・㊲）。許文多らの祖父は、正徳年間に家産の半分を他姓に売却したが、のちその家産は鄭相達の手に渡り、許文多らはかつては自家の家産であった田地を、相達から租佃することになった。隆慶三（一五六九）年にいたり、許文多らはみずから居住する家屋を含め、残り半分の家産を鄭相達に売与し、その家屋を賃借したため、この結果「屋に住し田を佃すれば即ち主僕の分有り」として、許文多らは鄭相達の庄僕とみなされることになった。しかし文多らは、田地も家屋ももともとは自家の家産であったために、庄僕として服役することに甘んじず、この問題は鄭・許両姓の訴訟へと発展してゆく。

最初にこの訴訟を審理した祁門県は、許文多が「主僕の分」を脱するためには、租佃する田地と居住する庄屋から退去すべしとの判決を下した。文多はこれを不服とし、万暦十五年（一五八七）年に南京の屯院[52]に上訴する。屯院は「田を売るも佃を売らず」、すなわち田地（田底権）は売っても、同時に耕作権（田面権）までは売らないというのが「俗例」であると指摘し、さらに「売業の人を以って庄僕と為すは、情理は順なるや。県に仰《おお》せて再詳せしめよ」と、許文多を庄僕とみなすことに疑問を呈し、祁門県に再審理を命じた。

しかし祁門県は再審理の後も、やはり許氏が佃僕身分を脱するためには、田地・庄屋からの退去が必要であると強調し、さらに「況んや徽俗には、房東に在りては則ち主人を以って自居し、佃人に在りては則ち庄僕を以って自認し、合郡皆な然り、相い沿うこと已に久しく、これを他郡に比べるに尤も截然として復《おな》じからず」と、徽州の佃僕制はすでに慣行として確立しており、他地域と同様には論じられないと結論したのである。許氏は田地や庄屋から退去しては生活の術もなく、やむなく佃僕身分に甘んじるほかなかった。

しかし三十年余りたって、この訴訟は再燃する。天啓元（一六二一）年、許文多の侄である許尚富は、庄僕身分を脱するため、鄭氏の荒地を賃借して、そこに新しく店房を造って移り住み、すでに鄭氏の房屋に住んでいない以上、鄭氏の庄僕ではないと主張したのである。鄭氏の告訴を受けた祁門県は、許尚富はみずから新たに店房を構えたとはいえ、その用地はやはり鄭氏から賃借し、耕作する田地も鄭氏の所有である以上、許氏は庄僕としての応役を免れないと認め、庄僕身分を脱するためには、やはり住地や田地から退去すべきとの判決を下した。結局は許氏が「主屋に住み、主田を佃する」かぎり、佃僕身分からの離脱は認められなかったのである。

むろん国法上は、地主の土地を耕しその家屋に住むからといって、「主僕の分」や応役義務を負う根拠があるわけもなく、一般的な情理からいっても、田地や家屋の売り主である許氏が、買い主の鄭氏に対し「主僕の分」を負うというのは不自然である。ゆえに南京の屯院は、許氏を佃僕とみなすことに疑問を呈したのであるが、実際問題としては、徽州の地方官が「徽俗」として定着した佃僕制と、その「主僕の分」を否定することは困難であった(53)。裁判官だけではなく行政官でもあった知県や知府は、現実に「徽俗」として徽州の農業生産や社会関係を支える佃僕制を認めずには施政が困難であり、祁門県の判決もそれをはっきりと示しているのである。

第六節　明末徽州社会と佃僕制

第二節で掲げた佃僕・奴僕をめぐる五十二例の紛争のうち、最初の二例を除いた五十例は、一五〇〇年以降に発生している。とりわけ万暦元（一五七三）年以降の明末の七十年余りに、全体の四分の三に当たる三十八例の紛争が集中しており、伝存する文書の数自体が時代を追って増えていることを考慮しても、佃僕や奴僕にかかわる紛争が十六世紀以後、明代後半期に急増していることは明らかであろう。明末歙県の人方弘静も、「嘉・隆以来、俗は漸く漓《うす》し……

是に於いてや主僕の獄有り……僕は主有らず、主は以ってその僕を有する無く、冰渙の勢にして、「紀綱は弛めり」と、嘉靖・隆慶年間（一五二二〜七二）以降、主僕関係の動揺と主僕紛争の増加が顕著になったことを指摘している。[54] こうした趨勢が十六世紀以降の全般的な社会変動を背景としているのはいうまでもない。

唐末から宋代にかけて、徽州では周辺からの移住民の流入とともに、山区型の地域開発が急速に進んでゆく。唐末五代の社会混乱が収束し、安定した地域秩序が形成される過程で、有力同族のもとで集団で農耕に従事する佃僕制が一般化していった。もともと有力同族に服属していた農民のほか、遅れて流入した移住民も、すでに田地・山林などの農業資源が占有されていたために、佃僕として先住の同族に服属したであろうし、また没落農民が佃僕化したり、奴僕が耕地や住居を与えられ、佃僕へと変ずることもあっただろう。

歙県の沢富王氏の族譜には、元明交代期における徽州の佃僕制の一端を示す、興味深い史料が残されている。沢富の王維清は富裕な地主であり、里民の劉氏の子を傭工としていた。元末に朱元璋が徽州を攻略すると、劉はその麾下に投じ、微功により軍職を得る。維清は彼のために祝宴を開いたが、劉は旧怨を含み、宴なかばで従者を率いて維清一家を皆殺しにし、ただ一人逃れた男子も杭州で軍に投じて、維清の戸は途絶えた。このため「火佃凌・項・程・胡の数家は、皆な散出して各おの戸を立て」たという。[55] おそらく王維清は傭工や奴僕を用いた直営地経営と、佃僕による租佃経営を併用していたのであろう。そしてこうした佃僕は、本来みずからの戸籍をもたず、奴僕と同じように主家の戸に繰り込まれていたのである。

明初以降、江南デルタ地域などでは、佃僕的な租佃形式はしだいに解消に向かうが、徽州では依然として、地主に対し「主僕の分」や応役義務を有する佃僕制が強固に維持されてゆく。もっとも大規模な事例として、休寧県率東の程維宗（至順三〜永楽十一［一三三二〜一四一三］年）は、元明交代期に商業活動によって富を得、休寧・歙の両県に四千余畝の田産を集積し、それを五つの庄に分け三百七十余家の佃僕を置いたという。彼はまた祠堂や族産の整備、寺廟の修築、市場の設置、水利開発などに貢献し、飢饉時には佃民（多くは佃僕であろう）に穀物を貸与した。のち朝廷が成丁が二名いる無産の人戸は、一方を南京に移住させ永く傜役に当てるという命を下すと、維宗は官司に「郡内の大戸の田地は、皆なその人佃種す。今若しこれを去らば、必ずや荒蕪を致さん」と訴え、命の撤回を得たという(56)。こうした無産の人戸の大部分は、やはり佃僕であっただろう。

こうした広範な佃僕制の存在は、徽州の自然条件や農業生産形態にも深くかかわっている。徽州では新安江に沿った中心部の平地を除き、山間部に分散する河谷平地や小盆地で農業が営まれ、耕地の多くは零細で収穫量も少なく、干魃や洪水の被害も受けやすかった。こうした不利な条件を克服するため、田地では「壮夫健牛、田は数畝に過ぎずして、糞壅耨櫛すること、他郡の農に視べて、力は倍を過ぐ」と、徹底した土地利用ときわめて労働集約的な耕作が行われ、山地では林業や雑穀栽培のために、農民は早朝から山内に入り、虎狼を防ぐため歌を唱和しながら集団で耕作に当たったという。耕地に対して人口が過剰な徽州では、一方では「中家より下は、皆な田の業とす可き無し」と、多数の無産農民が存在し、他方では集約的な農業経営のために多数の労働力の投下が必要であった(57)。

特に山間地に分散した田地や、広大な山林を所有する有力宗族や地主にとって、個別の農民に租佃を委ねるよりも、むしろ庄地を設けて佃僕を召募し、安定した労働力を確保することが合理的であった(58)。明代前期には農業以外の生活手段や、他地域への移住も限られており、土地を持たない農民にとって、主家から耕地のほか住居や墳墓も与えられ、そのかわりに佃僕として「主僕の分」や応役義務を負うことは、やむを得ない選択であっただろう。

総じて明代前期の徽州では、限られた農業資源に多量の労働力を投下するという形で、資源と人口との均衡が保たれ、耕地や生活基盤を必要とする佃僕と、固定した労働力を必要とする有力宗族や地主とのあいだには、おおむね安定した相互関係が維持されて、両者の紛争も比較的少なかったのである。(59)よく知られる万暦『歙志』の風土論には、弘治年間（一四八八～一五〇五）前後の社会状況として、「家は給し人は足り、居るには則ち室有り、佃《たがや》すには則ち田有り、薪とるには則ち山有り、藝《う》うるには則ち圃有り。催科は擾《みだ》さず、盗賊は生ぜず、婚嫁は時に依り、閭閻は安堵す。婦人は紡績し、男子は桑蓬し、臧獲は労に服し、比隣は敦睦せり……(60)」と述べる。これは多分に類型的な表現ながら、十六世紀初頭までは、生産資源と人口のバランスがとれ、主僕関係を含む郷村の社会関係や伝統秩序が、相対的に安定していたことを示すものであろう。

しかし『歙志』によれば、十六世紀以降「出賈は既に多く、土田は重からず、資を操りて交捷し、起落は常ならず。能ある者は方に成り、拙なる者は乃ち毀《やぶ》る」、さらには「末富は多きに居り、本富は尽く少なし、富者は愈よ富み、貧者は愈よ貧し、起つ者は独り雄にして、落る者は辟易す。……是に於いて詐偽には鬼域有り、訐争するには戈矛有り」と、商業化の進展とともに、競争の激化や階層分化、秩序の混乱が急激に進んでゆく。こうした全体状況は、佃僕制をめぐる社会関係にも鮮明に反映している。

十六世紀以降の商業化は、二つのルートを通じて佃僕の経済的な上昇を可能にした。一つは山林産品の商業化である。(61)佃僕は通常独立した農業経営を営み、しばしば主家の山林を租佃して杉や松などを栽養した。徽州の杉木は品質も良く、新安江を下って杭州へ、績渓県を経て南京方面へと、経済の活況にともない木材需要が高揚していた江南地方へ、水運により比較的容易に運ぶことができた。山林の成長には二・三十年の年月が必要であったが、材木となれば佃僕も「力坌」として得た林木を売って、まとまった現金を入手できたのである。たとえば隆慶五（一五七一）年、某県の佃僕汪乞付らは、主家が所有する山地の杉木を買って伐採する際、隣接する他の主家の山林を誤伐したため、還文約を立て賠償しており、(62)佃僕が主家から山林を購入し、伐採のうえ売却していたことがわかる。

くわえて茶・漆・製墨用の松・製紙用の楮・麻・竹などの山林産品もさかんに商品化され、山林で栽培する雑穀や、採集する柴や薪からも現金収入を得ることができた。特に祁門県の松木は松脂を多く含み不純物が少なく、窯業用の燃料として優れ、隣接する浮梁県の景徳鎮に大量に出荷されていた(63)。天啓五（一六二五）年、祁門県の佃僕康具旺らは、山林を買って伐採した際、誤って主家の所有する山地の樹木を採って「窯柴を据造して発売」し、文約を立てて賠償しており(64)、また崇禎六（一六三三）年には、佃僕汪分龍の男子が主家の山地の松木をひそかに伐採して窯柴を造り、やはり謝罪のうえ賠償している(65)。いずれも祁門などの佃僕が窯業用の柴薪を活発に商品化していたことを示すものであろう。

さらに徽州商人の全国的活動が本格化した十五世紀末ころから、少なからぬ佃僕が商業活動に関与するようになり、このことが佃僕の経済的上昇をもたらした第二の要因となった。歙県溪南の呉氏に関する次の文書は、十六世紀初頭における佃僕の商業への参入のプロセスをよく示している(66)。

十四都一啚住人呉別、係房東火佃、現承祖於永楽年間佃住、房東程孟賢・程希美等経業十四都楊干、土名新起段住基一業・瓦屋三間、男婦住歇。生長三男社寿・社孫・文貴、為守墳塋山場、作種生理。今有房東程　子孫、将火佃呉別父子并住基・房屋・山場、出売与十六都二啚房東　名下為業。長男社寿、先於弘治　年工雇去十六都房東呉　往外買売、除支二艮（銀）外、借艮（銀）娶媳　氏、約文未還。本身年老、長男社寿回家、同三男文貴承当門戸、永遠看守墳山。今為次男社孫因無妻小、自愿過房与房東　処、跟随往外買売、趁覓工銭、婚娶妻小終身之計。於内倘有艮(銀)銭・貨物付托、毋許侵用。如違聴従経　公受罰無詞。倘有命運安危、此天命也、即無異言。
今恐無憑、立此火佃文書為照。
正徳七年二月初八日立火佃文書人呉別　号　同男社寿　号

社孫 号　文貴 号　依口代書人呂岩周 号

歙県十四都の呉別は、程氏の墳山を看守し、田地を耕作する佃僕であったが、のち程氏は庄地や山林とともに、呉別らの使役権を十六都渓南の呉氏に売却した。呉別の長男社寿は、すでに渓南呉氏に雇用され、外地で商業に従っていたが、呉別が年老いたため社寿は家に帰り、三男の文貴とともに、佃僕として墳山の看守に当たることになった。かわりに次男の社孫が、主家に随行して外地で商業に従い、その賃金で妻をめとって終身の計とする、というのである。このほか第三節で紹介した、祁門県五都洪氏の佃僕であった朱福元のように、みずから外地に赴き、小店舗を開いて商売をする者もあった。

十六世紀以降、東南沿岸部からは大量の外国銀が中国に流入するが、徽州商人は海商として日本などからの銀輸入にも関与したであろうし、銀の対貨となる生糸や絹・綿織物、陶磁器などの生産・流通にも深く関わり、沿海部から流入した銀が全国に拡散し、さらに税として徴収され北辺に投下された銀が内地に還流する過程での、全国的商品流通に果たす役割も大きかった[67]。徽州人は明末の銀流通のいわば「龍脈」を押さえていたのであり、佃僕もまた商業活動に直接間接に関わり、経済的上昇の機会を得ることができたのである[68]。

さらに佃僕が商品生産や商業活動などによって得た収入は、土地の購入に向けられることもあった。当時の徽州文書のなかには、佃僕が立てた土地売買契がいくつも残されており[69]、佃僕の土地保有は稀ではなかったことがわかる。また明末までに佃戸・佃僕が耕作する土地に対する田面権（田皮）が一般化したことも、佃僕の経済的独立を高める一要因となった[70]。ある程度の土地を所有する佃僕は、みずからの戸籍を持ち里甲制下で甲首役にも当たった[71]。また佃僕が立てた文書のなかには、佃僕がみずから筆をとったものもあり、彼らの一部が多少であれ識字能力を有していたことをうかがわせる[72]。こうした識字能力は商業活動にも必要であろうし、さまざまな社会的上昇の機会も提供したであろう。

さらに明代後期には、主家に匹敵するような富を蓄積した、「豪奴」的な佃僕も現れる。たとえば渓南呉氏の地僕である葉積回は、勝手に碣（用水路）を引き、河川に水碓（精米や灌漑に用いる水車）(73)を建造し、「一郷を挟制」したとして主家と紛争が生じた。このため嘉靖二十六(一五四七)年、呉氏一族は合議のうえ、族産たる墳山を族人の有志に三百両という大金で売却し、それを葉積回との訴訟などの費用とすることを議定している(74)。高額な訴訟費用からみても、葉積回が相当の資産を蓄積していたことは疑いない。

また胥吏や衙役として官府に入りこむ佃僕もあり、たとえば祁門五都洪氏の佃僕汪社ら八人は、冠婚葬祭に楽器を吹奏する「楽僕」であったが、万暦十三（一五八五）年、汪社が県衙門において皀隷となり、楽僕としての応役を逃れようとしたため、洪氏の追究をうけ、結局は「県に在りて皀に充たるを願わず、旧に仍りて家に在りて不時に応役」することを誓約した(75)。さらに胥吏を経て任官した佃僕さえあり、婺源県江湾の江氏の祖墓を看守していたある佃僕は、承差（胥吏の一種）を経て駅丞や巡検の官を得ている。しかし彼は「帰れば則ち匍伏して厮役を執りて弐無し、要は清流に非ざるの故なり。主翁も亦たこれを錮《はば》まず」と、雑職とはいえ官員でありながら、故郷では従順に佃僕としての役務を果たし、主家も彼の任官を阻みはしなかったという(76)。また明末の祁門県においても、「婚姻は門第を論じ、上中下等を辨別すること甚だ厳なり。役属する所の佃僕は犯すを得ず、犯せば則ちこれを公庭に正し、即《も》しその人盛貲積行して吏となるも、上流に列するを得ず」という(77)。商業での成功や官吏の地位を得た佃僕といえども、「主僕の分」が解消することはなかったのである。

このように十六世紀以降の商品経済の展開は、たしかに佃僕の経済的独立性を高め、社会的上昇の機会も提供したが、それは必ずしも佃僕身分と「主僕の分」からの離脱にはつながらず、このことが主家と佃僕の関係を緊張させる重要な要因となってゆく。さらに都市や商業の繁栄と表裏する、穀物価格の低迷や賦役負担の増大による全般的な農業不況は、商業化の波に乗りそこね、農業生産を底辺で支えていた佃僕の生活を直撃した。特に明代前期までに地域開発がほぼ限界に達していた徽州では、十六世紀以降の急激な人口増は、耕地や農業資源をめぐる競争を激化させ、佃僕層は社会的・経済的な弱者として、こうしたひずみを正面から受けることになった。

嘉靖年間ごろ、祁門県善和里の程氏に属する佃僕も、次のような状況にあったという。「往時は各佃、率ね業を楽しみ生に安んずるも、今は飢寒多く、流亡多く、自ら寧居せざるは、それ必ず故有り。……前人の庄佃を置立するは、惟だ田地を耕種するのみならず、且つは以って役使に備預す。故にこれを駛《つか》うこと寛にして、これを取ること恕たり。今時の弊、役使は繁苦にして、且つ徴収・科取は昔に比べて加重する無からず、況んや又た分外の徴有り。……斂は愈よ繁にして佃は愈よ困し、その遷徙・流亡に至らざる者は幾んど希なり。……衆佃僕を計るに、昔は繁庶を称すも、今は漸く落落たり、殊に慨《なげ》く可きなり。……主は衆く僕は稀にして、徴役は日に繁く、彼は何を以ってか堪えん」(78)。かつては庄地に安住していた佃僕が、田租や応役負担の加重によって移住・逃亡し、かつ主家の人口増が負担をいっそう増大させていった。善和里程氏にかぎらず、主家の人数の増加に加え、庄地や佃僕の使役権は、くり返される均分相続や売買の結果しだいに細分化・複雑化する傾向にあり、佃僕の応役義務をいっそう煩雑にしたのである。

明末には徽州の各地で、佃僕の庄地からの移住や逃走・流亡が顕著になる。たとえば祁門県奇峯鄭氏の共有する祖墓を看守する佃僕は、鄭氏の族人がしだいに増加し、佃僕を虐待する者もあったため、万暦二十四（一五九六）年には、「汪乞龍・汪保の二房の人口は安んぜず、浮梁に逃居す」と、二つの房をあげて隣接する浮梁県に逃亡してしまった(79)。同じように歙県渓南の呉氏のある祖墓を看守する佃僕も、三つの房はすでに死絶し、男女二人だけが残ったが、彼らも崇禎元（一六二八）年には、「貧にして分を守らず、復た逃竄」してしまう(80)。また某県の謝良善らの佃僕であった汪有寿も、両親はすでに亡く、次弟は逃亡し、三弟は他の村に身売りされ、みずからは生活のすべもなく「飄流して倚る無く、向《さ》きには外境に在りて傭工して餬口す」るしかなかったという。[81]

とくに明朝滅亡の前年、崇禎十六（一六四三）年に、謝良善などの謝氏一族の八房が立てた「分析火佃合文」は、こうした状況をきわめて如実に示している。謝氏の八房は祖先以来多くの庄地と佃僕を擁し、かつては「人丁は頗る旺《さか》ん、農業は頗る豊かにして、主僕は各おの安んじ」ていた。しかし近年、佃僕たちは「或いは家貧しくして飄流し、或いは娶り艱《がた》くして出贅し、或いは債夥《おお》くして催迫され、夫婦ともに身を鬻《ひさ》ぎ、星散して一ならず」と、貧困による流亡、他家への出贅、債務による奴僕化などが進んでゆく。かつ「主衆は繁衍し、叫喚は均しからず……更に農忙の時月を問わず、苛叫して休まず、東に呼べば即ち東し、西に呼べば即ち西し、工を給すること分文も見ず。……これに順えば視て常故と為し、順わざれば則ち詈罵して已まず、これに継ぎて笞撻す」と、主家の族人の増加は応役負担を増加させ、農繁期にも随時使役されて手当も給されず、従わなければ罵倒され笞打たれる。この結果「老いて貧なる者は、遠行して食に就くを思欲し、即ち壮にして稍や贍《た》りる者も、亦た煩を悪みて竄躲せんを欲し」、老人や貧者は生活の糧を求めて移住し、やや財力があれば佃僕身分からの離脱を計ったという。[82]

明末期における商業化と秩序変動は、それまで集約的農業のための労働力として庄地にしばられていた徽州の佃僕にも、社会移動と階層分化の激化をもたらした。商品生産や商業活動を通じて社会的上昇をめざし、あるいは胥吏や衙役として官府に入ろうとする佃僕は、「主僕の分」や庄地への束縛からの離脱を求め、高い人口圧や重い負担のもとで生活に困窮した佃僕もまた、他に生計のすべを求めて庄地から移住・逃亡をはかり、あるいは身売りしたり流民化していった。一方で徽州の有力宗族や地主は、経済的にも社会的にもコストのかかる佃僕制を決して放棄しようとはしなかった。冠婚葬祭やその他の祭祀・行事に際して佃僕の応役を受けることは、目に見える形で尊卑・主僕の分を具現することにより、「名族」としてのステイタスを地方社会に示すために不可欠だったのである。

佃僕の応役義務自体は、一般に農業生産を阻害するほど加重ではなく、たとえ貨幣納としても構わないようにみえる。しかし実際にはすべての応役義務が貨幣納化された事例は確認できない。佃僕の応役はすぐれて社会的・文化的な意義を持ち、雇用労働では意味がなく、あくまで「種主田・住主屋・葬主山」という恩義をうけた佃僕が、具体的な服役によって従属性を示すことが必要であった。[83] 経済的にはむしろ、佃僕の応役をあくまで義務づけることによって、佃僕が勝手に外地に移住して生計を立てることを阻み、佃僕を庄地に縛りつけ、安定した農業労働力を確保する意味が重要であろう。

十六世紀以降、佃僕が庄地への束縛や応役義務を脱しようとする動きは増してゆくが、第四・五節で挙げた明末の宗族規約や裁判事例にも示されるように、これによって佃僕と主家との「主僕の分」が必ずしも弛緩に向かったわけではない。むしろいわば反作用として、主家もまた佃僕制を再編成し、「主僕の分」を強化する傾向もみられたのである。その典型的な例として、休寧県七都の余氏一族は、潘氏一族と佃僕の使役権を争奪し、天啓四（一六二四）年から前後六年にわたって大規模な訴訟をくり広げたが、この訴訟の決着後、余氏は「昔年、各僕の拝節にその跪拝の儀を免ずるは、太《はなは》だ簡なるに似たり」として、崇禎三（一六三〇）年から新たに規則を定め、元旦などの節日に佃僕らが余氏に赴けば「皆な跪忌して四拝し、以って主僕の分を明らかに」することにしたという。[84]

明代後期における宗族組織の整備と拡大は、「名族」としての地位を具現化する佃僕制の必要性を高めてゆくが、一方では経済力をつけ主家からの独立性を強めるにせよ、貧窮して流亡するにせよ、佃僕制自体の動揺と流動化も進んでいった。身分的束縛を逃れようとする佃僕と、「主僕の分」を維持しようとする主家との関係は緊張を深め、紛争や訴訟の全般的な増大のなかでも、佃僕をめぐる紛争はきわだって増加し、複雑化してゆく。明末の徽州では、佃僕をめぐる紛争はほとんど恒常化するが、なお大規模な「奴変」の発生には至っていない。しかし個々の紛争の背後にある主僕関係の緊張は、契機があれば暴発する可能性をも孕みつつあったのである。

小結

崇禎十七（順治元、一六四四）年、北京陥落の報が南方に伝わると、江南デルタなどでは各地で大規模な奴僕叛乱が勃発した[85]。翌弘光元（順治二、一六四五）年五月、清軍が南京を攻略し南明の弘光政権が崩壊すると、徽州一帯もほとんど無政府状態となる。黟県蔡村の奴僕であった宋乞はこの機をとらえ、全県の奴僕や佃僕を糾合して蜂起し、県内に三十六の山寨を造って彼らを統率した。奴僕・佃僕たちは、「皇帝は已に換われり、家主も亦た応に僕と作りて我が輩に事うべし」と号し、宋乞を「宋王」と称して、「その先世及びその本身の投主・売身文契を挟取」した。敵対する有力宗族があれば、宋乞らは「諸寨の兵を率いて攻破」して「一村を焚殺」し、「邑人は敢えて自ら衣冠の族たるを言わ」なかったという。

奴僕・佃僕の蜂起はやがて黟県から休寧・祁門・歙県にも波及してゆくが、九月には宋乞が殺され、このころから一部の奴僕・佃僕は主家に帰服する。とはいえ蜂起の勢いはなお盛んで、十月に清軍が徽州に入ると、清朝の黟知県は宋乞の後を継いだ朱太に都司の職を授け、朱太の父らを郷飲酒礼に招くなどして懐柔に務めた。しかし翌年三月には蜂起軍は県城を包囲して砲撃し、知県は清軍に救援を求める。清軍は蜂起軍を撃破し、千人を捕らえ百余人を処刑した。こうして徽州の奴変は終結し、蜂起に加わった奴僕や佃僕も、もとどおり「僕舎に就いて役を執」ったという[86]。

清初の徽州文書には、実際にこの奴変（乙酉の乱）に加わった奴僕や佃僕が、蜂起が鎮圧される過程で、主家に謝

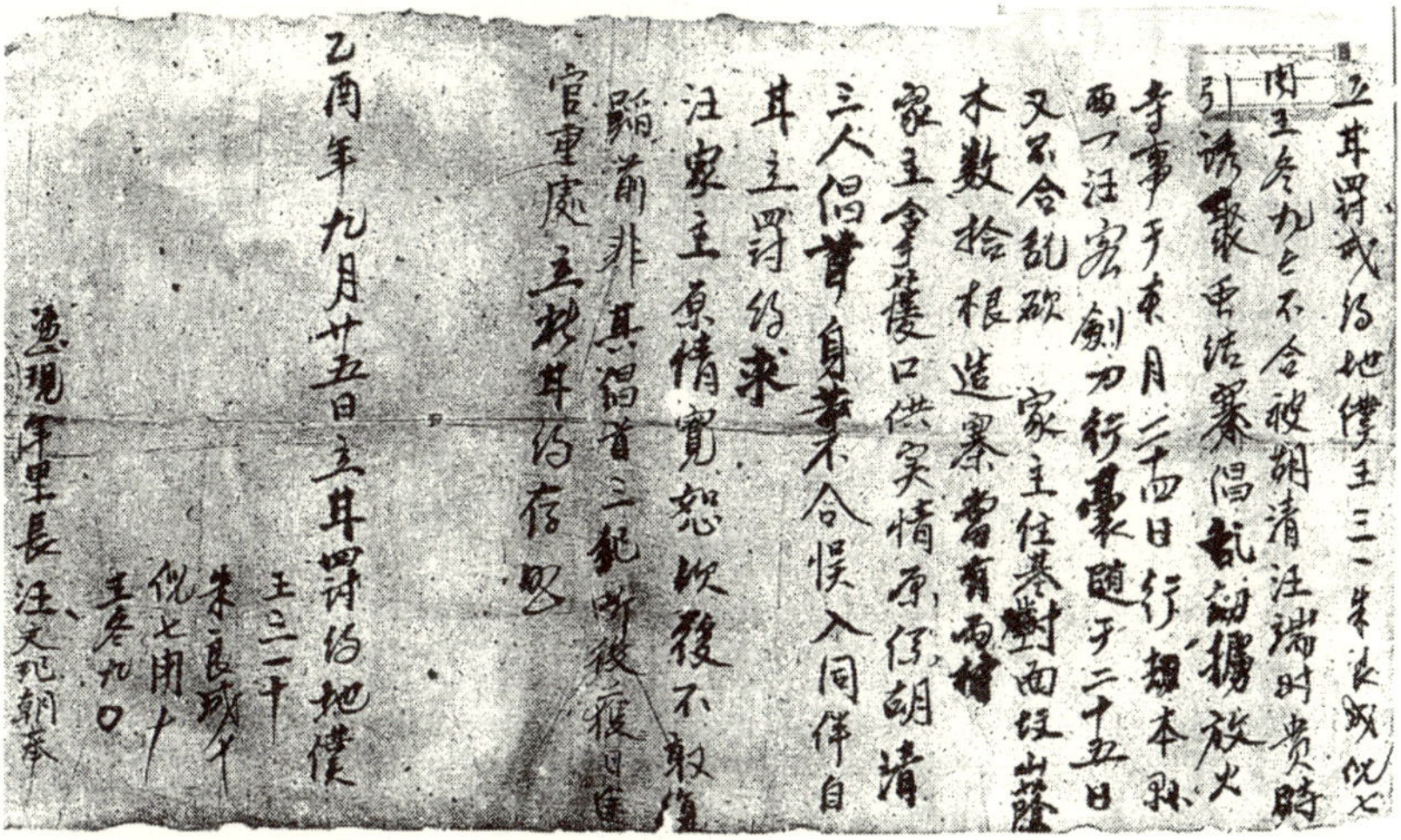

図版⑨

罪した文書が残されている。ここでは宋乞が殺された直後、順治二(乙酉)年九月二十五日に、祁門県の「地僕」王三一らが立てた甘罰約を挙げておこう[87](図版⑨)。

立甘罰戒約地僕王三一・朱良成・倪七用・王冬九、今不合被
胡清・汪端時・貴時引誘、聚衆結寨倡乱、劫擄放火等事、于
本月二十四日、行劫本県西都汪客剣刀行嚢。随于二十五日、
又不合乱砍　家主住基対面墳山蔭木数拾根造寨。当有両村
家主拿獲、口供実情、原係胡清三人倡首、身等不合悞入同伴。
自甘立罰約、求
汪家主原情寛恕。以後不敢復蹈前非、其倡首三犯、听後獲日
送官重処。立此甘約存照。
乙酉年九月廿五日立甘罰約地僕　王三一＋　朱良成＋
倪七用＋　王冬九〇
憑現年里長汪文玘朝奉

黟県の奴変が祁門県にも波及するなか、王三一らは奴僕・佃僕たちを集めて寨を造って蜂起し、掠奪や放火を行い、さらに主家の墳山の樹木数十根を盗伐して寨の建材とした。しかしまもなく王三一らは主家によって捕えられ、この甘罰約を立て、謝罪のう

え主家に許しを乞うたのである。このほかにも現存する徽州文書には、順治二年末から翌年三月にかけて、奴変に呼応した佃僕らが立てた戒約などが残されている。彼らは「機に乗じ衆を擁して、主に向かい原売の文書を挟去」し、あるいは「主に叛して寨を立て、挟讐して木を伐」ったのであるが、結局は「今清朝の国法森厳なるに値り、上司は明示して概ね梟斬を行うも、……再三哀懇して殺身を免れんことを求め、戒約を還せんことを願《ねが》い、東主の婚姻葬祭・新正拜節には、旧に照らして服役」することを誓約せざるを得なかった。(88)

こうして清朝支配の確立とともに、奴変の参加者たちも順次主家のもとに帰服していったが、むろん佃僕や奴僕をめぐる社会関係の緊張はなんら解消されたわけではない。清代前期の徽州文書にも、佃僕をめぐる紛争は依然として多く、むしろ複雑化する傾向がある。雍正五（一七二七）年、雍正帝の諭旨によって徽州府などの佃僕に対する身分的解放（開豁）が命じられたのちも、実際には開豁のために厳しい条件が要求され、佃僕身分からの離脱を求める佃僕と、「主僕の分」を維持しようとする主家とのあいだの紛争は、時として主家の一族と佃僕の一族との、宗族を挙げての大規模で複雑な訴訟にも発展した。清代後期に至るまで、佃僕制をめぐる争いは、徽州における訴訟のもっとも深刻な問題であり続けたのである。

註

（1）これに対し、第三章で検討した計四十三例の紛争処理関係文書のうち、主僕紛争はわずか一例に過ぎない。

（2）傅衣凌「明代徽州庄僕制度之側面的研究――明代徽州庄僕文約輯存――」（初出一九六〇年、『明清農村社会経済』（生活・読書・新知三聯書店、一九六一年所収、以下「側面」と略称する）。

（3）一九七八年以降に発表された氏の一連の佃僕制研究は、『明清徽州農村社会与佃僕制』（安徽人民出版社、一九八三年、以下『佃僕制』と略称)、第六章「徽州的佃僕制度」に集成されている。

(4) 章有義『明清徽州土地関係研究』(中国社会科学出版社、一九八四年)、「関於明清時代徽州火佃性質問題贅言」(初出一九八七年、『明清及近代農業史論集』中国農業出版社、一九九七年所収)。

(5) 劉重日「従部分徽檔看明代的徽州奴僕及其闘争」(『中国農民戦争史論叢』第三輯、一九八一年)、劉重日・曹貴林「明代徽州庄僕制研究」(『明史研究論叢』第一輯、一九八二年)、劉重日「火佃新探」(『歴史研究』一九八二年二期)、「再論〝火佃〟的淵源及其性質」(『明史研究』第五輯、黄山書社、一九九七年)。

(6) 魏金玉「明代皖南的佃僕」(『中国社会科学院経済研究所集刊』第三集、一九八一年、以下「皖南」と略称)。

(7) 劉和恵「明代徽州佃僕制考察」(『安徽史学』一九八四年一期)、「明代徽州胡氏佃僕文約」(『安徽史学』一九八四年二期)、「明代徽州佃僕制補論」(『安徽史学』一九八五年六期、以下「補論」と略称)。

(8) 彭超「試探庄僕、佃僕和火佃的区別」(『中国史研究』一九八四年一期)、「再談火佃」(『明史研究』第一輯、黄山書社、一九九一年)。このほかに清代の佃僕制度に関する専論として、傅同欽・馬子庄「清代安徽地区庄僕文約簡介」(『南開学報』一九八〇年一期)、韓恒煜「略論清代前期的佃僕制」(『清史論叢』第二輯、一九八〇年)がある。なお八十年代半ばまでの中国における佃僕制の研究史とその論争点については、陳柯雲「徽州文書契約研究概観」(『中国史研究動態』一九八七年五期)一一～四頁を参照。

(9) 周紹泉「明後期祁門胡姓農民家族生活状況剖析」(『東方学報』六七冊、一九九五年)、「清康煕休寧〝胡一案〟中的農村社会与農民」(『'95国際徽学学術討論会論文集』安徽大学出版社、一九九七年)、陳柯雲「雍正五年開豁世僕諭旨在徽州的実施――以《乾隆三十年休寧汪、胡互控案》為中心――」(『一九九五　清史論叢』遼寧古籍出版社、一九九五年)。

(10) 仁井田陞「明末徽州の庄僕制――とくにその労役婚について――」(初出一九六一年、『中国法制史研究　奴隷農奴法・家族村落法』東京大学出版会、一九六二年所収)。小山正明「明代の大土地所有と奴僕」(初出一九七四年、『明清社会経済史研究』東京大学出版会、一九九二年所収)、「文書史料からみた明・清時代徽州府下の奴婢・庄僕制」(初出一九八四年、前掲書所収)。また臼井佐知子「徽州文書からみた『承継』について」(『東洋史研究』五五巻三号、一九九六年)も、承継文書の形をとった入贅・売身・応役文書に関連して、徽州の佃僕・奴僕制度に論及する。

(11) Harriet T.Zurndorfer, *Change and Continuity in Chinese Local History: The Development of Hui-chou Prefecture 800 to 1800*, E.J.Brill, 1989. Mi Chu Wien, "Kinship Extended: The Tenant / Servants of Hui-chou," in Kwang-ching Liu ed., *Orthodoxy in Late Imperial China*, University of California Press, 1990.

(12) 葉顕恩前掲『佃僕制』二三三~三九頁。

(13) 「火佃」は「伙佃」とも書かれ、宋元時代の史料にも頻出し、もともとは「夥佃」、すなわち農地を集団で耕す佃戸の意である。葉顕恩氏などが述べるように(『佃僕制』二三四~三八頁)、明代にはおおむね火佃は佃僕・庄僕と通じて用いられていたようである。

(14) 洪氏の佃僕胡氏に関する文書は、周紹泉前掲「明後期祁門胡姓農民家族生活状況剖析」に彙輯されており、周氏はそれに基づいて胡氏一族の系譜を復原している。

(15) 明清徽州の山林経営については、張雪慧「徽州歴史上的林木経営初探」(『中国史研究』一九八七年一期)、陳柯雲「明清徽州地区山林経営中的〝力分〟問題」(『中国史研究』一九八七年一期)、同「明清山林苗木経済初探」(『平准学刊』四輯上冊、一九八九年)、上田信「山林および宗族と郷約——華中山間部の事例から——」(地域の世界史10『人と人の地域史』山川出版社、一九九七年)、同『森と緑の中国史——エコロジカル・ヒストリーの試み』(岩波書店、一九九九年)、Ⅲ「東南山地」などを参照。

(16) 「弘光元年徽州火佃朱成龍等承山約」(『会編考釈』通し番号八五五)。

(17) 周紹泉・趙亜光『竇山公家議校注』(黄山書社、一九九三年)、巻五、山場議、八四~八五頁、「青真塢禁約」。

(18) 前掲書巻五、山場議、七四頁。より詳しくは同書八五~九五頁所収の、青真塢をめぐる明末清初期の一連の合同文書を参照。

（19）上田信前掲「山林および宗族と郷約」九九～一〇五頁。

（20）南京大学歴史系資料室蔵「万暦僕立還応主文書」（蔵号〇〇〇〇八四）。

一都華橋住人金二・金乞等、上年投到在城汪東海裏業庄屋住歇、佃僕使喚、看守墳塋。其歳蓄庇木、是身等不合、私黙入山、盗砍松木。是主等尋獲要行告治、身各知虧、托中王周、愿賠木□還文、今後再不敢故違。……祖墳□右山場、東降西田南田北石嘴、栽養各色木植、遵照先当文契看守、承財（成材?）主力相分。……子子孫孫、冠婚葬祭・阡（遷）墳造宅等事、听自調用使喚。今恐無憑、立此文約為照。

万暦元年十二月初七日立還文書人　金二〇　金乞●　金富●　方天〇

代筆中人王周保（押）

（21）崇禎十五年休寧程氏立『置産簿』所収の禁約合同（『契約文書』十巻三八八頁）。

立禁約合同人程法・程璐・程玘三大房衆等、原承　祖簽業、土名大充口墳山一号、於上安葬高祖妣安人呉氏、向召守山人辛付・進童等、長養松木篠柴、蔭護墳塋。其篠柴、守山人逓年納銀弐銭柴價、清明交納。……邇来各房子孫手下僕、妄侵盗松毛、併砍柴篠、不知松毛柴篠、乃守山人納過山租、出力看守。今毎盗害、則守山人出租無辜、且不服人心。今衆議、三房子孫合議、立禁約四張、三房各執一張、与守山人一張。以後各房僕婢、或不肖子孫・盗賊之流上山竊偸、許令守山人狠打奪刀、砍断柴擔、砍碎柴籃、仍償銀一錢。如有縦其僕妾侵盗、衆当面叱家主、仍行送　官、以故害祖宗不孝之罪。立此合同禁約、永遠存照。

万暦三十二年四月二十六日立禁約合同人　程法（他七人略）

（22）徽州では条件のよい墳地が見つかるまで、柩を小屋がけしたり茅茨や煉瓦などでおおって仮埋葬（停柩・殯厝）する習慣があった。葉顕恩『佃僕制』二一六～一七頁参照。

（23）葉顕恩『佃僕制』二六二～六七頁など。

（24）『譚渡孝里黄氏族譜』巻五、祖墓、「七里湾大塚火佃呉福祖等服辨文書」。詳しくは第三章第三節を参照。

(25)『契約文書』三巻八九頁。

(26)「嘉靖三十六年祁門馮初保立還文約」(『契約文書』二巻二六〇頁)、「嘉靖三十六年祁門謝鎧売僕文約」(『契約文書』二巻二六一頁)。詳しくは第六章第二節を参照。

(27)「崇禎十四年僕人汪春陽立甘罰戒約」(『契約文書』四巻四六九頁)。

立甘罰戒約僕人汪春陽、原父汪添志向蒙家主恩養、供[共]生兄弟二人、向今無異。因伯父新志無嗣、先年以贅正陽成継、今又将弟復陽過継、不合未通家主。得知私自行事、家主責身欺藐之罪、不合出言、冒犯抵觸、致家主欲以聞　官理論。自知情虧、懇求親友勧息、恕身重罪、愿自甘立戒約。以後謹守家規、再不得忤逆等情、如違、听従　家主執此経　官理治無辞。今恐無憑、立此甘罰戒約存照。

崇禎十四年七月　　日　　立罰戒約人汪春陽+

憑親友程継祖　　朱継高　　汪正陽(押)

また「崇禎十四年汪正陽応主文書」(『契約文書』四巻四六七頁)も参照。

(28)なお第六章で検討した、明代後期の文約・合同などにあらわれた七十五例の紛争事例のうち、佃僕や奴僕を当事者とする十九例、および地方官の裁定で決着した四例を除く五十二例について同じように整理すると、中見人が十八例(三四・六%)、里長が十六例(三〇・八%)、当事者の同族と姻戚がそれぞれ十七例(三四・〇%)、郷約が五例(九・六%)、老人・保甲・地隣がそれぞれ四例(七・七%)、調停・仲介者を記さないのが二例(三・八%)となる。中見人や里長の比率は主僕紛争の場合とあまり変わらないが、当事者の族人や姻戚が紛争処理にかかわる比率は、主僕紛争の場合に比べかなり高い。これは族人や姻戚による調停や仲介は、同族の族人どうしの紛争に際して行われることが多いためであろう。

(29)前掲『譚渡孝里黄氏族譜』所収「七里湾大塚火佃呉福祖等服辨文書」、傅衣凌前掲「明代徽州庄僕制度之側面的研究」一六頁所引の、歴史研究所所蔵『明代休寧徐氏年会簿』など。

(30)『渓南江氏家譜』第六冊、「祠規」(都察院右都御史江一麟撰)。

何謂和睦郷里。無分異姓・同姓、与我同処、田土相連、守望相依、各宜謙和敬譲、喜慶相賀、患難相救、疾病相扶持、彼此協和、略無顧忌。不可因着小忿閑気、宿怨挾謀、交相啓釁、亡身破家。雖佃僕傭債之人、亦必一体待之、是謂和睦郷里。……一　御群下。祖宗所遺佃僕、服労執役、須大家憐恤、毋恣凌虐。或有觸犯、告之祠正副、論以名分所在、朴責示懲。所買奴婢及来投工役、亦宜愛惜。

(31)『休寧范氏族譜』譜祠、宗規、「林塘宗規」。

村中住屋衆僕、雖各房多寡不同、収養久近不一、其主僕之分均也、均当待以恩義。即有小犯、原情寛貸、不必分爾僕我僕、多生計較、回視祖宗時、気象便可見矣。但僕等或有恃力互争、酗酒生事、凌虐同村里隣、詐欺経過商販者、送該門房主、即行責戒、以儆其後。不得偏護自遺伊慼。若其事関繫主僕体統、則合力禁治、無致效尤。蓋主僕分厳、徽称美俗。……

(32)『休寧范氏族譜』、譜祠、宗規、統宗祠規、「守望当厳」。

……若約中有義男、不遵防範、蹤跡可疑者、即時察之、若果有実跡可據、即鳴諸宗祠、会呈送官。若其人自知所犯難掩、畏罪自盡者、本主備具実情一紙、投祠約、各房長証明、即為画知存照。……

(33)『清河張氏宗譜』巻十三、家規、「婢僕役使第十二」。

一、毋失字婢僕。雖云卑賤、然皆人之子女也。既供役吾家、便当恩養、方得人力。長大便当婚配、勿令怨曠。且教之各執一事、庶日後免役、各得其所、不致飢寒。……一、僕無呼喚、不許入中堂、婢無命令、不容出外間。犯者責三十、男臀女臂。一、竊偸者笞、以物軽重為差革役。一、謀逆侵主陵墓、殴害家主、送官処死。一、私交主仇以為内患、杖一百革出。一、拒命杖六十、抗命杖八十、辱命杖四十。一、謬妄言者、笞三十。訴語及唆同。一、殴族人、主尊行杖六十、主同列杖四十、主卑行杖三十。一、与主抗言、笞二十。一、逃役杖五十、謀役壊事或作奸、杖五十。一、出不稟命、擅出者杖三十。帰必稟面、不面者杖三十。一、僕男娶女嫁、必叩主。生男女、必告知求命名。死必告知、丐地掩埋。不至者並杖二十。一、受主委寄、玩事不忠、按事重軽擬杖。一、守主墳被他人侵者、杖六十。併不報者、加三等。如失去蔭木砌石者、杖二十。併不報者、杖三十。監守自盗者、加一等。一、奸詐侮主、杖八十。饈饌不潔、杖二十。因致主疾、杖八十。一、賓至慢賓、

杖二十。一、賓筵餙之、性味相犯、笞四十革役。一、懶惰笞二十。一、喧嘩笞二十。一、奴婢相奸、各杖三十革出。一、
奴婢有外奸者、杖三十、不改過革出。

(34) 南京大学歴史系資料室蔵「明嘉靖三十九年僕立還応主文約」（蔵号〇〇〇〇七六）。

拾西都汪南等・汪淵等、原祖汪天貴投至十六都　房東倪節隆公為僕、自祖以来屡奉応主不缺。今因房東倪象身故、未得出県《?》報訃。有房東倪護兄弟要行呈治、今汪南等自知理虧、托憑房東族長、勧諭姪倪護兄弟、免行□治、情願立還文約。日後婚姻死葬・清明拝掃、即刻赴《?》県主、不敢有違。如違不遵文約、听自房東理治不恕。今恐無憑、立此為照。

嘉靖三十九年七月初一日　立還文約僕人　汪南等＋　汪淵等（押）　汪初等〇　汪勝等（押）　汪龍等、

房東族長　倪普□（押）　倪友乾（押）　倪応龍（押）　倪天佑（押）　倪玉法（押）

依口代書房東　曹再盛（押）　王光大（押）

(35)「万暦四十年祁門県僕人汪新奎等応役文書」（『会編考釈』通し番号八六五）。

(36) 南京大学歴史系蔵合同文書（蔵号〇〇〇五八）。

(37) 魏金玉「皖南」一七九頁に引用する『洪氏謄契簿』。

(38) 魏金玉「皖南」一七一頁に引用する、経済研究所所蔵文書。

(39) 詳しくは第六章第二節・第八章第一節。また夫馬進「訟師秘本の世界」（小野和子編『明末清初の社会と文化』京都大学人文科学研究所、一九九六年）二〇四～一〇頁を参照。

(40) 詳しくは第三章第一節・第八章第一節を参照。

(41) 高橋芳郎『宋―清身分法の研究』（北海道大学図書刊行会、二〇〇一年）第七章「明代の奴婢・義子孫・雇工人」、第八章「明末清初期、奴婢・雇工人身分の再編と特質」

(42)『大明律』戸律戸役、「立嫡子違法」・同「収留迷失子女」・刑律賊盗、「略人略売人」。

(43)『契約文書』三巻一二一頁。

(44)「万暦十一年休寧汪尚嗣等告立執照」(『契約文書』三巻一二八頁)。

(45)『大明律』刑律闘殴、「良賤相殴」条に、「若殴緦麻小功親奴婢、……至死者、杖一百・徒三年」とある。

(46)傅巌『歙紀』巻九、紀讞語、「汪菊致死春蘭一案」。

(47)高橋芳郎氏によれば、宋代の佃戸は、地主に対して「主僕の分」を認められ、法的には「雇傭人」身分として扱われるという。明代には宋代のような「主佃専法」は存在しないが、「主僕の分」ある佃僕がいかなる法身分として扱われたのかはよく判らない。高橋前掲『宋―清身分法の研究』第一章「宋元代の奴婢・雇傭人・佃僕の身分」、第二章「宋代佃戸の身分問題」。なお宋代の佃戸・佃僕をめぐる膨大な研究史は、宮沢知之「宋代農村社会史研究の展開」(谷川道雄編『戦後日本の中国史論争』河合文化教育研究所、一九九三年)に詳しく整理されている。

(48)劉和恵「補論」五四頁に引用する、安徽省博物館蔵『明天啓鄭氏謄契簿』。

(49)『大明律』刑律闘殴、「奴婢殴家長」。なお奴婢が家長を罵った場合の刑罰は絞、雇工人の場合は杖八十徒二年である(刑律罵言、「奴婢罵家長」)。

(50)ただし汪菊の事案と倪運保の事案を比べると、傷害致死と殴打という案情の違いも大きく、おそらく後者では、知県がこの訴訟案件自体を「州県自理の案」たる「細事」とみなし、厳密に擬律をせず懲戒的な体罰ですませてしまったのであろう。また墳林の盗伐に対する刑罰として杖八十を(『大明律』刑律賊盗、「盗園陵樹木」)、あるいは不応為の事理の重き者として杖八十(刑律雑犯、「不応為」)を適用したとも考えられるが、その場合は審語にその旨を明記するのが普通であり、やはり懲戒的な杖打とみなすべきであろう。

(51)彭超前掲「試探庄僕、佃僕和火佃的区別」七九～八〇頁に引用・紹介する、安徽省博物館蔵『英才公謄契笏公祠辦』。

(52)「屯院」とは、南京に駐劄し、南直隷の衛所の屯田を巡視した巡屯御史を指す(万暦『大明会典』巻十八、戸部五、屯田)。巡屯御史がこの訴訟を審理しているのは、鄭氏が軍戸であり、問題の田地が鄭氏の軍荘だったためであろう。

(53) 汪道昆『太函副墨』巻十、「姚令君生祠碑記」(傅衣凌「側面」一九頁参照)には、「歙俗故以家世相役僕、而逆節漸萌。令君謂、閭右借是以庇其家、長民者借是以保其土、分定故也。漸誅跋扈、以正名」と、明末の歙知県姚学閔が、「歙俗」に基づいて主僕の名分を正したことを賞賛する。また康熙『徽州府志』巻二、輿地志下、風俗にも、主僕の分をきわめて重んじる徽州の風俗を特記したうえで、「民牧者、当随郷入俗、力持風化、万不可以他郡寛政施之新安。否則政如龔黄魯卓、而輿議沸騰、余無可観矣」と、地方官は徽州の「俗」にしたがい主僕の分を維持すべきであり、他地方のような寛容な主僕関係を認めれば、輿論を挙げての非難を免れないと述べる。

(54) 傅衣凌「側面」一九頁に引用する、方弘静『素園存稿』巻十七、「郡語」下。

(55) 『澤富王氏宗譜』(万暦元年刊本)巻二、十九世石橋下房
維清……家素裕饒、里之敬興劉氏子、傭工其家。国朝未定之初、劉投戍、後以微功得授兵馬。道過澤富、喜宴之、彼懐先憤、飲半麾従悉殺之。子大都僅以身逃、訴于鄧院判、得伸其冤。亦以孤力、投戍銭塘無後。火佃凌・項・程・胡数家、皆散出而各立戸。

なお維清の族弟の王天佑の伝にも、「娶馮村張氏、止。火佃胡顕・□祖、賄求立戸另住」とあり、主家の絶戸の後、佃僕が賄賂により主家の戸籍を脱し、自らの戸を立てたことを記す。

(56) 張海鵬主編『明清徽商資料選編』(黄山書社、一九八五年)八〇～八三頁に引く、『休寧率東程氏家譜』。

(57) 嘉靖『徽州府志』巻二、風俗志・巻八、食貨志。

(58) 労働力確保のため、佃僕の移住は禁止ないし制限された。たとえば「永楽十四年祁門県謝俊杰等売火佃住基文契」(『会編考釈』通し番号五八〇)には、「其火佃汪祖家、一聴振安使用・倩喚、本家即無阻当、即不移居他処。如有移居他処、一聴振安報聞・追理」と、住基の売買にともなう佃僕の使役権の移転とともに、佃僕の他所への移住禁止が明記されている。

(59) 十五世紀前半の徽州における主佃関係の一面を示す例として、『休寧県市呉氏本宗譜』(嘉靖七年序刊本)巻七、文翰外集、潜徳、「処士呉公士懸墓碣銘」には、呉士懸(洪武十五～宣徳四[一三八二～一四二九]年)の事績として、「歳時告歉、毎

損所積以済之。凡佃傭輸田租、必飲食之、至於脚力之労。皆辞而弗受、徐曰、公之恵多矣、願世世以此報公也。……佃農間有宴安者、即踵門扣之、以警其堕、俗変於勤」とある。彼は「佃傭」に酒食や脚力（運搬賃）を与えてねぎらったが、佃傭らは「公の恵みを受くること多し、願わくば世よ此を以って報いん」と述べて辞退したという。「佃傭」はおそらく佃僕を指すのであろう。また「佃農の間に宴安する者有らば、即ちに門に踵りてこれを扣き、以ってその堕を警め、俗は勤に変ず」ともいわれ、当時の経営地主が佃戸の農耕や生活に比較的深く関わっていたことをうかがわせる。

(60) 万暦『歙志』考、巻二、風土。

(61) 張雪慧前掲「徽州歴史上的林木経営初探」、陳柯雲前掲「明清山林苗木経済初探」、葉顕恩『佃僕制』第三章第二節などを参照。

(62) 「隆慶五年汪乞付等甘罰文約」（『契約文書』二巻四七〇頁）

佃人汪乞付・江光[保]・林記龍等、今因買受房東汪徳瑞叔?□土名迎牛坑裏截杉木砍斫、与房東汪于祚・于□弟姪等同号外截山界相連。是身等不知、混斫過界。今房東汪于祚等要行告理、身自知理虧、不願紊繁、托中江寿等、懇凂納價足?訖。立還文約為照。

隆慶伍年三月十五日立還文約佃人　汪乞付（押）　江光保○　林記龍×

中見人江寿（押）

(63) 陳柯雲「従《李氏山林置産簿》看明清徽州山林経営」（『江淮論壇』一九九二年一期）七六頁。

(64) 「祁門県庄人康具旺等立還約」（『資料叢編』一輯四六〇頁）。

(65) 南京大学歴史系資料室蔵「明嘉靖－清宣統民間租約」（蔵号〇〇〇〇八〇）。

庄人汪分龍、今因男長寿・長貴、自不合将房東山桃塢松木私□窰柴、房東得知、要行理治、自情愿佃去本山密児培、前去砍撥鋤種、遍山密撒松子、毋問険峻、不得抛荒尺土。三年之内、接山主踏看、如無苗木、听自追還花利、日後成材、主⿱力土三殳相分、主得二殳、種人得一殳。其⿱力土坌不敢変売他人、如違、听自理治。存照。

崇禎六年七月初十日立承佃庄人汪分龍○　見親胡付応（押）　胡□付○。

(66)『呉氏墳山佃経理総簿』、楊干山の項

(67) 徽州商人の活動をめぐる近年のもっとも包括的な論著として、張海鵬・王廷元主編『徽商研究』（安徽人民出版社、一九九五年）がある。また明末の銀流入とその社会経済的影響を広範に論じた最近の研究として、William A. Atwell, "Ming China and the Emerging World Economy, c.1470-1650," in Twitchett and Mote eds., *The Cambridge History of China, Vol.8*, Cambridge U.P., 1998. を参照。

(68)『醒世恒言』第三十五巻、「徐老僕義憤成家」や、『明史』巻二百五十二、孝義伝二に収められて有名な、「義僕」阿寄の物語は、徽州に隣接する新安江に沿った山間地の淳安県を舞台とするが、阿寄が主人から預かったわずかな元手で漆を買い付け、それを蘇州や福建で売りさばき、大きな利益を上げたというストーリーは、小説とはいえまったく荒唐無稽なものではなく、当時の佃僕や奴僕が、商業活動によって富を得る可能性があったことを示すものであろう。

(69) たとえば『明清徽州社会経済資料叢編』第二輯（中国社会科学出版社、一九九〇年）には、佃僕が房東に対し田・地・山などを売却した明代の文書が、計八件収められている（同書の「文契総表」を参照）。また傅衣凌「側面」一四頁、および章有義前掲『明清及近代農業史論集』三九〇～九一頁には、万暦年間に佃僕や義男が主家から山地や屋地を購入したことを示す文書が紹介されている。

(70) 楊国楨『明清土地契約文書研究』（人民出版社、一九八八年）二一八～二三頁。

(71) 佃僕による甲首役の負担を示す文書として、「嘉靖十六年祁門章進付等売山赤契」（『明清徽州社会経済資料叢編』第二輯、四九四～九五頁）には、「十一都章進付・進才・進保、今因甲首無銭応当、将承祖父原買得汪志保山一備、坐落六保、土名朝山塢、系経理坐字七百九十一号、計山三畝……尽行立契出売与房東汪再陽名下為業」とあり、佃僕の章進付らが甲首役の費用を捻出するため、房東の汪再陽に所有する山地を売却したことがわかる。

(72) 佃僕が立てた文書のなかには、多くは稚拙な字ながら、佃僕自身が筆を執ったと思われるものも稀ではない。また「隆慶

四年王連順売子婚書」（『契約文書』二巻四五八頁）は、僕人の王連順が家主の汪鎮東に、十七歳の男子王得金を売った売身契であるが、末尾の署名には「奉書男王得金」とあって、身売りされる本人が筆を執ったことがわかる。文書は整った楷書で書かれており、彼が一定の識字教育を受けていたことは疑いない。

（73）水碓は精米や灌漑に用いる大型の水車であるが、道光『祁門県志』巻五、風俗に引く康熙県志に、「土瘠民貧、歳入無幾、多取給於水碓・磁土。旧志謂、水碓隘河身、磁土傷龍骨、皆利害攸関……」とあるように、河流を狭隘にするとして紛争の原因ともなった。

（74）『歙西渓南呉氏先塋志』、唐始祖光公、壟塘山の項所収の議約

衆立議約人渓南呉真錫・道宗・汝弼・呉銑等、為因始祖呉光公安葬壟塘山、子孫繁庶、年遠失于経理、以致屡被外人侵占盗葬等情。又有本村地僕極悪葉積回父子、私造水碓害人無厭、背義窃附。先年与本族告碣臨河、仇家挾制一郷、衆心共忿、意欲経公告理祖墳、及去碓以除民害。奈缺盤纏、衆議将壟塘山除祖墳二穴外、其余地山衆議価銀参伯両立契、盡行憑派下子孫有仗義者収買、聴従両旁扦葬風水、付出価銀、以備告理之費。或告墳山、或治悪僕、倶将此銀使用。……

嘉靖二十六年三月初七日衆立呉真錫（他十八名略）　代書呉承誥

（75）傅衣凌「側面」一七～一八頁に引用する文化部文物局所蔵文書

（76）『渓南江氏家譜』、第十六世諱公遠墓

公之祭掃之僕、従主姓、世居婺源七都江湾前渓南滸、土名宋村坦。……諸僕中有由承差授駅巡秩者、帰則匍伏執厮役無弐、要非清流之故。主翁亦不錮之。……

承差は布政司・按察司に属する一種の胥吏。考満後は中央での辦事を経て駅丞を授けられた（万暦『大明会典』巻五、吏部四、選官）。

（77）万暦『祁門志』巻四、風俗。また謝肇淛『五雑組』巻十四にも、「今世流品、可謂混淆之極。……有起自奴隷、驟得富貴、無不結姻高門、締眷華冑者。……余邑長楽此禁甚励、為人奴者、子孫不許読書応試、違者必群撃之。余謂此亦太過。……及

之新安、見其俗不禁出仕、而禁婚姻、此制最為得之」とあり、『祁門県志』の記述と一致する。

(78)『竇山公家議校注』巻四、庄佃議。

(79)劉和恵「補論」五三～五四頁に引用する『明天啓鄭氏謄契簿』。

(80)『歙西渓南呉氏先塋志』二十世祖墓、「重修金充庄屋紀事」。

(81)傅衣凌「側面」六頁に引用する、文化部文物局の所蔵文書。

(82)劉重日「火佃新探」一二三～一二四頁に引用する、北京師範大学蔵「分析火佃合文」。

(83)伝統中国の身分秩序における「恩義」の意義や、「賤」観念の基底をなす服役性・従属性などを構造的・歴史的に論じた最近の研究として、高橋芳郎「中国史における恩と身分――宋代以降の主佃関係とも関連させて――」(『史朋』二六号、一九九三年。『法制史研究』四五、一九九五年の岸本美緒氏の書評を参照)、岸本美緒「明清時代における『賤』の観念」(一九九九年七月、明清史研究合宿における報告)がある。

(84)余顕功輯『不平鳴稿』(南京大学歴史系資料室蔵、蔵号〇〇〇一四八)、「不平鳴稿序」。『不平鳴稿』(全四巻)は、余氏と潘氏との一連の訴訟に関する一件文書を彙集した稿本であり、明末の佃僕制をめぐる紛争・訴訟についてのきわめて重要な史料である。なお Mi Chu Wien, "Kinship Extended: The Tenant / Servant of Hui-chou," pp. 250-52. にも、『不平鳴稿』の概要を紹介し「佃僕の保有が時にはエリート宗族のプライドをかけた問題」であり、いかなる経済的負担があっても佃僕を保持しようとしたことを指摘する。

(85)明末清初の奴変全般については膨大な研究があるが、森正夫「奴変」(谷川道雄・森正夫編『中国民衆叛乱史4　明末～清Ⅱ』平凡社［東洋文庫］、一九八三年)がもっとも包括的である。

(86)清初徽州の奴変については、森正夫前掲「奴変」、四「安徽南部」のほか、Zurndorfer, *Change and Continuity in Chinese Local History*, Chapter Five, "Bondservants, Social Conflict, and the Ming-Ch'ing Transition in Hui-chou Prefecture 1644-1646," 葉顕恩『佃僕制』二八四～八七頁などを参照。

（87）「順治二年王三一等立甘罰約」（『契約文書』第二編一巻一二頁）。同じ日付の「乙酉年朱老寿立甘罰約」（同書一巻一一頁）も、立約者が異なる以外はほぼ同内容である。

（88）「祁門県江観大重立売身契」（『資料叢編』一輯、五五四～五五頁）。および傅衣凌「明季奴変史料拾補」（初出一九四七年、『明清社会経済史論文集』人民出版社、一九八二年所収）三八六～八七頁に引用する、歴史研究所蔵『五和義堂置産合同簿』所収の僕人項紛等の戒約（順治三年三月初九日）・僕人程起らの戒約（順治三年三月初十日）。

第八章　結　語

本書では徽州文書を主たる史料とし、族譜・地方志・文集その他の文献史料をも用いて、明代徽州郷村社会における紛争処理を中心とし、あわせてその背景をなす宋元以来の在地の有力者による紛争解決や秩序維持、明代中期以降の宗族結合の展開、徽州特有の佃僕制をめぐる社会関係と紛争などについて論述してきた。そこで明らかにされた明代徽州郷村社会における紛争処理や秩序維持のあり方と、その時代的変遷は、従来の通説的なイメージとはかなり異なるものであった。一般に従来の研究では、明初の十四世紀末に『教民榜文』によって規定された、老人制を中心とする紛争処理・秩序維持・教化・勧農などの郷村統治システムは、半世紀足らずして十五世紀前半には早くも廃弛へと向かい、明代中期、十五世紀後半までには法制上も空文化していったとみなされていた。そして十六世紀以降は、里甲制自体がしだいに解体に向かい、里甲制に代わる郷村統治制度としての郷約・保甲制が普及していったとされていた。

しかし本書における考察によれば、十五世紀前半には実際に老人が紛争当事者の「状投」を受け、地方官への提訴以前に紛争の処断を行っていたし、十五世紀後半にも、老人や里長は「状投」を受けての紛争処理のほか、訴訟の調停や実地検証、訴訟案件を下げ渡されての再審理などを通じて、紛争処理の枠組みの結節点としての役割を担っていた。そして十六世紀以降も、里長は郷約・保甲、および親族や中見人などの調停機能と併存しつつ、紛争処理にかなり重要な作用を果たしていたのである。それではこうした紛争処理形態の変遷は、明代を中心とした長期的な社会変動のなかに、どのように位置づけられるであろうか。結語ではこの問題を、郷村レヴェルでの訴状提出、すなわち老人や里長などへの「郷里の状」の「状投」、およびそれと表裏する豪民・郷紳などの「私受詞状」を通して考えてみたい。

第一節　徽州文書にみえる「状投」

一般に明清期の郷村レヴェルにおける民間調停は、もっぱら口頭によって行われたと考えられ、明代の徽州でも親族や中見人などの調停は口頭によるのが普通である。しかし徽州文書によれば、老人や里長などへの訴えは、多くは「状投」（状告・投状・具詞投告などとも称される）、つまり口頭ではなく訴状によって行われたのである。本書で検討した明代の徽州文書や『茗洲呉氏家記』などに現れた「状投」の事例を、あらためて整理したのが次表である。Ⅰには年代、Ⅱには訴状の提出者、Ⅲには訴状の受領者、Ⅳには「状投」の内容とその後の経過を略記している。

Ⅰ年代	Ⅱ提出者	Ⅲ受理者	Ⅳ「状投」の内容と過程
①建文三（一四〇一）	祁門県 謝淮安	在城里長 方子清	県城の住人らが謝淮安（能静）の山地を誤売。淮安が在城の里長に「状投」し、里長の「諭判」により誤売を解消。
②永楽一〇（一四一二）	歙県 程任師等	里老	程仏保が程任師の山地に父母らを埋葬。任師らが里老に「状投」し、埋葬地を仏保の柴山と交換し和解。
③宣徳二（一四二七）	祁門県 謝振安	理判老人 謝尹奮	謝応祥らが山地を二重売買。謝振安が老人に「具詞投告」し、老人が二家の文契を拘出して重売を解消。

④宣徳六（一四三一）	祁門県 李景祥	老人 謝尹奮	謝能静が李景祥の山林を伐採して貸売。老人に「状告」するも、決着せず。
⑤正統五（一四四〇）	祁門県 汪冨潤	里老	黄延寿らが汪冨潤らの山林を盗伐。里老に「状投」し、延寿らは討伐を認め賠償。
⑥正統八（一四四三）	祁門県 謝能静	老人 謝志道	方寿原が謝能静らに山地を二重売買。能静が老人に「状告」し、二家の文契を参看して重売を解消。
⑦成化五（一四六九）	祁門県 謝玉清	里老	程付云らが謝玉清らの山林を強伐。玉清が里老に「状投」するも付云は出頭せず、玉清は県に告訴。
⑧成化一一（一四七五）	祁門県 汪思和	里老	汪思和と汪寿馨が山地を争い、思和が里老に「状投」。寿馨も県に告訴するが、里老の判理で和解。
⑨正徳六（一五一一）	休寧県 茗洲呉氏	里長	謝春が無頼を率い呉氏の松木を伐採。呉氏が「牒を以って」里長に訴え、さらに県・府に告訴の後和解。
⑩正徳一〇（一五一五）	休寧県 茗洲呉氏	里佐	李美が衆を率い呉氏の松木を強伐。呉氏は「牒」により里佐に訴え、李美は木価を賠償し和解。
⑪嘉靖元（一五二二）	祁門県 謝紛	里老 李克紹	謝思志が謝紛の山地で清明節に掃墓。謝紛が里老に「状投」、「勧諭老人」李克紹の裁定で謝思志が謝罪。
⑫嘉靖二一（一五四二）	休寧県 汪安	里老	朱永志が汪安から買った山の代価が未払い。汪安が里老に「投状」、中人の調停により売価を精算し和解。
⑬嘉靖三六（一五五七）	祁門県 謝右	里長 謝香	謝右の家僕馮徳児が逃亡。謝右が里長に「状投」して売身価の返還を求め、徳児の父が贖身銀を支払う。
⑭嘉靖三八（一五五九）	休寧県 庶母李氏	坊長	蘇天賢らの庶母李氏が、養老田を売却されたと坊長に「状投」。知県に「転呈」後、親隣の調停で和解。
⑮万暦一〇（一五八二）	祁門県 胡勝等	房東 洪氏	洪氏の佃僕胡氏一族の祖墳に、族人胡寄らが無断で埋葬。胡勝らは洪氏に「投状」し祖墳の保全を願う。
⑯万暦一八（一五九〇）	祁門県 房東鄭氏	隣里 倪振等	鄭氏の佃僕汪乞祖が勝手に耕作権を売り移住。鄭氏が隣里に「状投」し、乞祖の長男が耕作と服役を誓約。

⑰万暦二六（一五九八）	祁門県 房東鄭氏	里長	鄭氏の佃僕鄭秋保が房東の祀穀を窃盗。房東が里長に「状投」し、秋保が謝罪し賠償。
⑱天啓元（一六二一）	県名不詳 王国朗	里隣？	畢大舜が王国朗らの山林を伐採し、国朗らが「状投」。里隣の調停により大舜が伐採地の栽養を誓約。
⑲天啓四（一六二四）	県名不詳 呉留	約里排年	呉寿が水利を壟断し叔祖の呉留を殴打。呉留は約里・排年に訴状を提出し官への「転呈」を求める。
⑳崇禎八（一六三五）	県名不詳 閔良海	里保族長 胡学周等	閔良海の耕牛が失踪し他村で発見。里保・族長が確認し良海に返還。良海は領状を提出し謝意を示す。
㉑崇禎一六（一六四三）	県名不詳 胡廷柯	族衆	胡廷柯の嫁の李氏が胡元佑と通姦し妊娠。廷柯は族衆に訴状を提出し官への「転呈」を求める。
㉒弘光元（一六四五）	県名不詳 倪宗椿	約保 倪思受等	汪礼興らが倪宗椿らの山林を伐採して橋を架ける。宗椿らは約保に「状投」し、礼興らが謝罪。

【出典】（資料集所収の文書は、巻・頁数や通し番号のみ示し表題は省略）
①『会編考釈』通し番号五六四　②上海図書館蔵『売買田地契約』③『契約文書』一巻一一一頁　④『中国明朝檔案総匯』一冊三六～三七頁　⑤南京大学歴史系資料室蔵『明洪武－崇禎契』⑥『契約文書』一巻一三九頁　⑦『契約文書』一巻一八六頁　⑧⑫南京大学歴史系資料室蔵『明万暦汪氏合同簿』⑨⑩『茗洲呉氏家記』巻十、社会記　⑪『契約文書』二巻五頁　⑬『契約文書』二巻二六〇～六一頁　⑭『契約文書』六巻一三一～三五頁　⑮魏金玉「明代皖南的佃僕」（『中国社会科学院経済研究所集刊』第三集）一七九頁　⑯⑰劉和恵「明代徽州佃僕制補論」（『安徽史学』一九八五年六期）五五頁　⑱南京大学歴史系資料室蔵『明嘉靖－清宣統民間佃約』⑲『契約文書』四巻一三七頁　⑳『契約文書』四巻三八七頁　㉑『契約文書』四巻四九一頁　㉒『契約文書』二編一巻九頁

計二十二の事例のうち、建文～嘉靖年間（十五世紀初頭～十六世紀中期）の十四例（①～⑭）は、すべて老人や里長（「里佐」や坊長を含む）への「状投」である。これに対し親族や中見人などの民間の調停者に対して「状投」が行われたことを示す文書は一件もない。特に十五世紀の八例（①～⑧）では、老人が三例（③・④・⑥）、里老（里長と老人）が四例（②・⑤・⑦・⑧）、里長が一例（①）で「状投」を受けており、老人が八例中七例、里長が八例中五例で「状投」の対象となっている。これに対し正徳・嘉靖年間（十六世紀初～中期）の六例では、里老が二例（⑪・⑫）、里長が二例（⑨・⑬）、「里佐」（⑩）と坊長（⑭）が各一例となる。「里佐」の語義は十分に明確でないが、他の五例については、老人が二例で、里長（ないし坊長）が五例すべてで「状投」を受けていることになり、十五世紀と比べ老人と里長の比重は逆転している。

さらに万暦～弘光年間（十六世紀末～十七世紀前半）には、第六章で検討したように、老人や里長だけではなく、郷約や保甲・宗族組織・佃僕の主家などに対しても「状投」が行われたことが確認され、さらにそうした訴状自体（の写し）までもが残っているのである。この時期の八例（⑮～㉒）では、里長が一例（⑰）、「里隣」（里長と近隣）が二例（⑯・⑱）、佃僕の主家（⑮）・「約里排年」（郷約・里長・排年里長）（⑲）・「里保族長」（里長・保甲・族長）（⑳）・「族衆」（㉑）・「約保」（郷約と保甲）（㉒）がそれぞれ一例「状投」を受けており、「状投」の対象がかなり多様化している。このうち里長は八例中五例で、郷約と保甲はそれぞれ二例で、族長や族衆も二例で「状投」を受けていることになり、郷約・保甲・同族組織などが登場した後も、依然として里長が訴状を受け付けることがもっとも多かったのである。

この時期にも、個々の親族や中見人が「状投」を受けた事例はまったくない。「状投」された訴状自体である⑮・⑲・㉑については、第六章（⑲・㉑）と第七章（⑮）で原文を紹介しているので参照されたい。いずれも内容・形式ともに地方官への訴状と同一のスタイルをとっており、清代後期の地方檔案に含まれる訴状と共通するプロットやクリーシェ（決まり文句）も多用されている。(1) また⑲・㉑では、被害者が「約里排年」や「族衆」に対し、地方官に訴えを「転呈」することを求めている。これらは尊属への殴打や同族内での通姦などの重大事件に関する訴えであり、このため初めから官への「転呈」が求められたのであろう。

第二節　「郷里の状」の世界

明代の制度史的史料には、郷村レヴェルでの「状投」に関する記述は乏しい。老人・里長による訴訟処理を定めた『教民榜文』にも、「老人・里長は……即《ただ》ちに須く会議し、公に従りて剖断し、竹篦・荊条を用って、情を量りて決打するを許す」（第二条）、「凡そ老人・里甲の民訟を剖決するには、各里の申明亭で議決するを許す」（第三条）などとあるのみで、老人・里長への訴えに訴状を用いるとの規定はない。ただし張楷『律条疏義』（天順五［一四六一］年初刻）の、刑律雑犯「拆毀申明亭」条の注釈には、「凡そ民間の応有《あらゆ》る詞訟は、耆老・里長が准受し、申明亭内に於いて剖理するを許す」と、老人・里長による訴状受理を示唆しており、応檟『大明律釈義』（嘉靖二十九［一五五〇］年重刊）の同条の注釈にはより明確に、「各州県には申明亭を設立し、凡そ民間の応有る詞状は、耆老・里長が准受し、本亭に於いて剖理するを許す」と、老人・里長が「詞状を准受」することを認められたと記す。また蘇州府呉江県の庇村では、明初の老人は地方官の法廷と同様の「公座・桌囲・硃筆・刑杖」を備え、里内の紛争を「准理」し、「人を差《つかわ》して拘執し、理に據りて審問・杖責し、情の重き者の若きは、審明して文を備え申解す」と、老人による「郷村裁判」が、地方官の裁判と同じような形態で、文書処理をともなって行われていたことを伝えている。(2)

徽州に限らず、明代の老人・里長がしばしば訴状を受理していたことは、夫馬進氏が紹介する明末期の「訟師秘本」（訴状文例集）からも確認できる。最初期の訟師秘本の一つである上海図書館蔵『蕭曹遺筆』（万暦二十年代刊）によれば、この種の訴状は「郷里之状」と称されていた。同書は「郷里の状」の作成法を次のように説いている。「郷里の状」は地方官への訴状と同様の構成で作成すべきであるが、案件が郷里から県・府に上ったとき融通が利くよう、訴えの主旨を総括した「截語」は省くべきである。また「郷里の状」の内容が県や府への訴状と矛盾し、地方官の疑念を招いてはならない。「郷里の状」は藤づるの根に、県や府は藤の中ほどに、上司は藤の新芽に当たる。根がしっかりと張れば藤が生い茂るように、「郷里の状」が確実であれば、県・府や上司への訴訟も成功するのだという。(3)

さらに同書に収録する訴状文例には、土豪に暴行を受けた被害者が、都の里長・老人に訴え出て、「状詞は山畳するにいたったが、「里老は豪の勢焰なるを畏れて、投詞を視ること虚文の若」くなので、あえて官に提訴するという内容のものもある。(4) 夫馬氏によれば、訟師秘本は先行する文例を引き写しにすることも多く、またその後の訟師秘本では「郷里の状」に関わる文例は削除ないし節略されているので、こうした「郷里の状」に関する記述は、明末期よりもむしろ嘉靖年間ごろまでの状況を反映しているのではないかという。(5) 上述のように徽州では明の最末期まで郷村レヴェルでの「状投」が行われていたが、「訟師秘本」の実用的な性格から見て、徽州以外の地方でも、十六世紀中葉ごろまでは「郷里の状」の提出が行われていたことは確かであろう。以下ここでも、郷村レヴェルの訴状を「郷里の状」と称することにしたい。

管見のかぎり徽州以外の地方では、郷村での紛争処理の実態を示す文書史料は紹介されておらず、編纂史料にも具体的な「状投」の事例は乏しい。しかし幸いにも、嘉靖九（一五三〇）年から南直隷で重罪案件の再審理に当たった刑部郎中の応檟が、その審理記録を集成した『讞獄稿』には、十六世紀前半の江南デルタにおいて、郷村レヴェルで訴状が提出されていたことを示す次のような案例が含まれている。

①無錫県の金瑞は妾を偏愛して正妻とその子を追い出し、父母の訓戒にも反抗した。怒った父親は金瑞の行為を総甲に「具投」し、総甲がこれを「県に呈して捉拿」した(6)。

②武進県の周桂は談琛の衣服や米酒を盗んだ。周桂の従兄が「緝知して老人蒋珈に具首し」、ついで「談琛等が転呈して県に到り」、周桂は逮捕された(7)。

③華亭県の製塩場の総催（現場責任者）の張悌が、義男の父の益仁を殴り、益仁はのちに病死した。甲首の謝諫は、張悌が益仁を殴殺したとして総甲に「口投」した(8)。

①・②ではまず総甲や老人に「具投」（具首）された案件が県に「転呈」されており、総甲や老人への訴えは文書でなされた可能性が強い。ただし③のように、口頭による訴えがなされることもあった。

　さらに次の案件は、郷村における訴状提出の実態をより具体的に示している。

④丹徒県の丁政が、息子の丁暹に対し継母の卜氏に孝養を尽くすように説教したところ、丁暹はかえって部屋の門を壊し、衣服を盗んだうえ、棍棒で卜氏を打ちつけた。このため丁政は、里長・老人の王璽らに「情を将《も》って具告」する。里長・老人はこの案件を鎮江府に「転呈」し、知府は子が父母を殴った罪（『大明律』刑律闘殴、殴祖父母父母）により、丁暹は斬罪が相当との判決原案を下した。ところが応櫝らが案件を再審理したところ、丁政は次のように丁暹の赦免を請願した。

　丁暹は平昔より孝順なるも、近ごろ夏税の緊急にして措く無きに因り、後妻の卜氏に向かいて麻布を討要し、変易して完糧せんとす。（卜氏は）従わず、自ら箱籠を攅毀し、男《むすこ》は酒を有《お》びたるに因り、一時に觝觸せり。妻は悩怒せるに因り、偶《たまた》ま名を知らざる人に遇い、状詞を代写せしめて啚に告《うった》う。本府に転呈せらるや、分豁を容さず、

重罪に問われるを致せり。……(9)

丁暹は夏税を納入するため、卜氏に麻布を売り払うことを頼んだが拒絶された。酒が入っていた丁暹が反抗すると、卜氏は頭に血がのぼり、名を知らぬ人に訴状を書いてもらい、図（里）の里長・老人に訴え出た。それが鎮江府に「転呈」されて、丁暹は重罪に問われたのだという。卜氏は字が書けなかったと思われ、口頭ではなくわざわざ他人に訴状を代作してもらい、里長・老人に訴え出たのである。一般にこの種の訴えを受けた老人・里長・総甲などは、おそらくまず事実調査や実地検証を行うとともに調停を試み、それでも決着がつかなければ、調査・検証の結果とともに案件を地方官に「転呈」したのではないかと思われる。その際『蕭曹遺筆』も説くように、内容の整った「郷里の状」が存在すれば、地方官の審理においても有利だったのであろう。このように十六世紀前半の江南デルタでも、郷村レヴェルで訴状が投じられることは稀ではなかったのである。

総じて明代には、徽州では十七世紀半ばまで、老人・里長・郷約・保甲・宗族組織・佃僕の主家などに対する「状投」が一般的に行われており、その他の地方でも、十六世紀半ばごろまでは、老人や里長などへの「郷里の状」の「状投」がひろく行われていたと考えられる。「状投」を受けた老人・里長などは、まず紛争の調査検証や調停に当たり、この段階で決着しなかった案件は地方官に「転呈」された。ただし重大案件の場合、「郷里の状」の段階で官への「転呈」を求めることもあり、その場合「状投」を受けた者がまず調査検証を行ったうえで、官に「転呈」したのであろう。

第三節　「私受詞状」の世界

老人や里長による「郷里の状」の受理は、法典に明文化された規定こそないものの、十六世紀半ばまでは、訴訟処理の過程でなかば制度的に認められた慣行となっていたようである。ところがこれと表裏して、明代の法制史料などには、さまざまな主体による非制度的で私的な訴状の受理がしばしば記録されている。こうした私的な訴状受理は、「私准詞状」・「擅准詞状」・「擅受民詞」・「濫接投詞」などさまざまな語で表現されるが、ここでは一括して「私受詞状」と称することにしよう。

「私受詞状」は、実力によって「郷里に武断」する勢力の不法行為の一環として現れることが多い。代表的な史料として、『皇明条法事類纂』所収の、成化十五（一四七九）年の題奏を挙げてみよう。

> 各地の上馬・納粟もて冠帯栄身せる散官（軍需品納入により名目的な官品を得た者）は、多く法度を知らず、姿（恣）意に妄為をなし、式に違いて庁堂を起蓋し、器物を僭用す。その粮長に謀充するに至れるや、出入には騎馬し、貧民を役使して四轎を扛擡せしめ、腰には銀帯を束ね、涼傘を張打し、前には銅鑼・叉鎗・藤棍を擺《なら》ぶ。郷に下りて催糧するや、私債を逼取し、田産・屋室を准折し、婦女を姦宿し、擅《ほしいま》まに詞状を准《う》け、為さざる所無し。稍も従わざる有らば、尋風して陥害す。及び無廉無恥の武職の官員あらば、酒食もて飽酔せしめ、財賄もて往来するを図り、結びて親戚・契愛（友?）と為る。……遇《も》し闘殴・争占産業・報仇等の項あらば、輒便《ただち》に軍を差《つかわ》わして前来し、要強《むりやり》に取勝す。その違法を論ずれば、尽くは数う能わず。……[10]

この上奏が指弾する、①官員と同様の庁堂・器物・日傘の使用、騎馬や四人担ぎの轎《かご》など、官員の身分的特権やシンボルの僭用、②武器を手にした奴僕・私兵らの暴力行為、③小民の財産の侵害・身体の損傷、④私的な訴状受理（と懲罰の執行）、⑤地方官員・胥吏との結託（この場合は武官）などは、土豪的な在地勢力の典型的なイメージを構成する要素である。この史料は明代中期における糧長層ないし有力在地地主層の土豪的側面を示す記述としてしばしば引かれてきたが(11)、これと表裏して、文集などの伝記史料には、糧長による勧農・開墾・水利整備・文人的教養、そして紛争調停（排難解紛）など、名望家的側面を伝える記事も多いのである(12)。

糧長層に限らず、こうした土豪的側面と名望家的側面を示す定型的表現は、それぞれ法制史料と伝記史料において常套的に用いられた。前者の典型的な例として、明末の日用類書『五車抜錦』所収の訴状文例集から、「地方積年類」の一節を挙げておこう。

> 無役の人員、私家に放告し、民詞を攬受し、銭多ければ勝ちを得、銭少なければ害に遭う……
>
> 地方の豪強は、猛狼なること虎に似、四轎を扛擡せしめ、郷村を漁猟す。家に来たりて虎坐し、一を聞きて十を科し、良民に灑派す。民財を詐騙し、衆を害して家を成し、民を欺《あなど》りて厭く無く、財物を沈没す。官長に托嘱し、説事《くちきき》して過銭《まいない》し、典吏と計嘱して、通同して弊を作す。財本を恐嚇《おどしと》り、贓を受けて己に入る。狼僕を帯領し、身は高馬に騎し、虎伴を従容し、各おの棍棒・竹棹・荊条を持ち、杖鎖は斉全として、在地《そのば》に紐縛し、私に非法に置き、逼拷拶打す。酒食を需索し、民財を詐騙し、良善を欺圧し、銭有れば放生し、銭無くば殴打す。苦痛は当り難く、刑を受けて過《や》まず。良民を酷害し、妄りに事端を生じ、細民を排陥し、屈有るも伸《はら》す無し(13)。

豪強が騎馬や四人担ぎの轎で、武器を携えた奴僕を従え、郷村に下って過酷に徴税し、私的に懲罰を行使し、農民の家産を侵奪するといった内容は、上述の糧長を指弾した上奏文ともほぼ共通し、同じような四字の定型句によって構成されている。明代の伝記史料がしばしば名望家による「排難解紛」を顕彰するのと表裏して、法制史料にはこうした豪民による「武断郷里」が頻出し、私的な訴状受理や懲罰の行使もその一環として現れるのである。

一方、里長は老人とともに訴訟処理に当たることが認められていたが、里長が単独で訴状を受理した場合は、「私受詞状」と見なされることもあった。やはり『皇明条法事類纂』所収の上言によれば、各地の里長のなかには十年に一回現年里長に就役するごとに、「弟男子姪を率領し、群を成して県に到り、及び郷村を遍歴し、私に詞状を受け、清（情）の虚実を問わず、専一に財物を挟要し、……これを以って十年に一次の生理と為す」者がいる。税糧徴収に当たっては、「寺観・廟宇に尊坐し、人戸を拘喚し、……稍も従わざる有らば、良（粮）?遅を以って由と為し、便ち捶楚を加え」、被害を受けた農民が訴えようにも、「里長の管轄・挟勢するを以って、敢えて誰何する莫く」泣き寝入りするのみだという。(14)

また第六章でも紹介した、万暦初年に徽州府績渓県知県であった陳嘉策の禁約によれば、当地の里長はしばしば「勾摂に因りて詞を受け嚇騙」しており、なかには市井の棍徒に職務を代行させ、自らは「郷に居りて高坐し、……濫りに投詞を接《う》け、紙価を嚇取」する者もあるという。このため陳嘉策は、「詞訟は事情の大小を論ぜず、各おの（里長が）投訴を接受し、武断して転呈し、及び賄を受けて私和する等の弊を許さず」と、里長の訴状受理を禁じているが、(15)現実には明末の徽州では里長がしばしば訴状を受理し、それを地方官に「転呈」しており、こうした禁約に実効性があったとは思えない。

さらに郷約についても、「濫りに詞状を受け、以って武断の門を開くを許さず」と述べる史料があり、(16)保甲についても、「私に民詞を受け、官に当たりて曲稟し、機に乗じて嚇詐し、民の病と為ること多し」(17)といった記述があるが、明末の徽州では郷約や保甲もまた「状投」を受けていた。このように里長単独や郷約・保甲による訴状受理は、「私受詞状」と見なされる場合があったが、その場合「郷里の状」の受理と「私受詞状」との境界は多分に曖昧である。

史料叙述者が里長などの訴状受理を、訴訟制度の基底における制度的な慣行と見なせば、それは「郷里の状」であるが、豪民による「武断郷里」の延長上の文脈でとらえれば、「私受詞状」となりうるのである。

さらに十六世紀半ばごろから、江南など中国東・南部を中心に、現任・一時帰休・退職官僚たる「郷紳」（郷官）の地方社会における威信と勢力がクローズアップされる。ここでは「郷紳の横」を指摘した最初期の同時代史料の一つとして、嘉靖二十一（一五四二）年の、右都御史毛伯温の題奏を紹介しよう。

　今夫れその郷に生まれ、一命以上を沾《う》くる者を、皆な郷官と曰う。見任・致仕・罷閑の同じからざると雖も、その勢は皆な以って小民を凌厲すべし。その間には固より清修苦節し、動《ふるまい》は礼度に閑《やす》らぎ、子弟を戒飭して、分を守り法を畏れ、厳しく童僕を縄《いまし》め、咸な約束に循い、過《あやまち》は自ら裁抑し、徳義もて訓を成し、以って郷評に玷《きず》なきを求むる者あり、御史は固より礼重してこれを表揚すべし。但しその間、亦た倚憑して恣睢《ほしいまま》にし、郷曲に武断するあり。休致して罷閑せる者は、則ち計は窮まり望は絶え、顧惜する所なし。事故もて里居せる者は、則ち薫勢猶お存し、呼吸もて威を成す。或いは広く投献を受け、或いは多く無頼を収め、或いは禁に違いて朘削し、或いは価を減じて物を買い、或いは税糧を納めず、或いは私に詞状を准け、凡そ利を規《はか》りて家を肥やす者は、臂を攘《かか》げてこれを為さざる無し。誠に郷里の巨蠹、衣冠の黠寇なり。上司は同類の念に溺れて、民の訴を受けず、畸戸は忌器の戒を懐いて、敢えて冤を鳴らすなく、俯首下心して、甘んじて侵漁を受く。弊の由って来たる所、一日に非ざるなり。……[18]

「郷官」（郷紳）という語自体は明代中期以前にも使われることがあるが[19]、それが地方社会に支配的な影響力を持つ社会層として注目されるのは、嘉靖年間半ば、一五四〇年前後からであろう。ここで挙げられた「郷官」による「武断郷里」のうち、投献の受領や、「上司は同類の念に溺れて、民の訴を受けず」といった状況は、従来の糧長や豪民とは異質の要素である。一方で無頼の収容・高利貸・物資の買い叩き・税糧の未納、そして私的な訴状受理などは、明代中期以前の豪民・糧長の「武断郷里」とも共通する。当然ながらこれ以前にも官僚経験者による同様の行為は存在したが、それが一つの社会現象として認識されるようになったのが、この時期であった。

毛伯温の題奏の五年後、嘉靖二十六（一五四七）年には、浙江巡撫の朱紈が、沿海密貿易の黒幕とされた福建同安県の郷紳、林希元を弾劾する著名な上奏を行っている。

考察閒住僉事の林希元は、才を負《たの》み放誕、事を見ては風を生ず。上官の行部するに遇う毎に、則ち平素撰する所の前官を詆毀する伝記等の文一・二冊を寄覧す。自らは独り清論を持すと謂うも、実は則ち明らかに挟制を示すなり。守土の官は畏れてこれを悪むも、如何ともする無し。これを以って威を樹て、門には「林府」の二字を掲げ、或いは擅まに民詞を受け、私に拷訊を行い、或いは擅まに告示を出し、有司を侵奪す。専ら違式の大船を造り、仮るに渡船を以って名と為し、専ら賊贓并びに違禁の貨物を運ぶ。……此等の郷官は乃ち一方の蠹、多賢の玷《きず》なり。……蓋し罷官にして閑住し、名検を惜しまず、亡を招き叛を納め、広く爪牙を布《ひろ》げ、郷曲に武断し、官府を把持す。下海通番の人は、その貲本を借り、その人船を藉《か》りて、動もすれば某府と称し、出入して忌む無し。……蓋し一年に止まらず、亦た一家に止まらず。惟《た》だ林希元は甚だしき為るのみ。……[20]

かつて重田徳氏はこの上奏を印象的に紹介し、「官府に擬して『林府』を称し、裁判権－刑罰権を行使し、あるいは告示を出し、更にはその実力的背景として亡命叛徒を収容して私兵化し、郷曲に武断して官府を凌駕する」林希元の勢力は、「さながら独立王国としてほとんどその支配を完結させて」いるとして、これを明末期における「下からの封建化」による「郷紳支配」体制の形成を示す典型例として論じた。[21]「郷紳支配」という理論を離れても、十六世紀半ばの東南沿海部において、郷紳層を中心に海上密貿易に関わる多くの独立的勢力が出現したことは、明末期の社会経済変動を先鋭的に示す現象である。同時代人によって郷紳勢力の台頭が明確に認識されはじめた時期が、東南沿岸への銀流入が急増した一五三〇～四〇年代であるのも、偶然ではないであろう。また地方官の伝記文を利用して御史の政績評価を左右することも、著名な朱子学者でもある林希元にしてはじめて可能であった[22]。

ただし一方で、「裁判権－刑罰権を行使し、……更にはその実力的背景として亡命叛徒を収容して私兵化し、郷曲に武断して官府を凌駕する」といった行為は、前述のように、明代中期の豪民や糧長などについてもしばしば指摘されており、老人や里長が御史による政績評定に乗じて、地方官を毀誉褒貶して官府を把持することも稀ではなかった[23]。密貿易はともあれ、これらの現象からだけでは、必ずしも十六世紀半ばに「下からの封建化」、より一般的にいえば、官治に対して自律的な勢力の台頭が顕在化したと論じることはできないのではないか。むろん明末の「郷紳の横」をめぐる言説に、明代中期の豪民に対する史料と同じような定型的表現が現れるということが、十六世紀以降「武断郷里」の主体が豪民から郷紳に交替したという単純な図式を示すわけではない。ただし「郷紳支配」体制を特徴づけるとされる、暴力的な土地集積・遊手無頼の収容・奴僕や私兵による実力行使・官府の把持・私的な訴訟処理や懲罰・監禁などの諸現象は、必ずしも十六世紀以降の郷紳特有ではなく、明代前・中期の豪民層との連続性という観点からも再検討する必要があることも確かである。

そして明代の「郷紳の横」や豪民による「武断郷里」に類する定型的な言説は、すでに南宋期の十二～十三世紀前半には明確に出現していた。南宋の判語集『名公書判清明集』は、特に江南東・西路（明代の江西省のほか徽州なども含む）を中心に、地方行政を把持し、郷里に武断する「豪強」・「豪横」に対する多くの判決文を収録するが、ここでは典型的な例として、江南東路信州弋陽県の「豪強」方閻羅らの事例を挙げておこう。

当職境に入るや、即ちに道を遮りて羣泣し、豪強方閻羅・震霆・百六官の虐害を訴うる者あり。既にして道途に累累として、これを訴えて絶えず。横逆武断・打縛騙乞・違法呑併・殺人害人の事に有らざるは無し。……酒坊を承幹し、儼として官司の如し。白状を接受し、私に牢坊を置き、杖直・枷鎖、色色なる有り。庁に坐して判を書し、人を捉えて吊打し、罷吏を収受して、以って庁幹に充つ。兇悪を嘯聚し、以って僕厮と為し、出ずるには騎して徒を従え、便ち是れ時官たり。私酤を以って脅取の地と為し、騙脅を以って致富の原と為し、卑幼の産業を呑併し、平民の墳林を斫伐し、刑死の公事を兜攬し、以って擾害柄欛を為す。……[24]

ここで指弾されている豪強の横暴、特に私的に訴状を受理し、罷免された胥吏を幹部とし、無頼の徒を爪牙として、牢獄を設け刑罰を行使し、庁堂を設けて判決を下すといった姿は、まさに明末の「郷紳の横」における、「官府に擬して裁判権－刑罰権を行使し、……亡命叛徒を収容して私兵化し、郷曲に武断して官府を凌駕する」姿そのものである。こうした状況は極端であるとしても、一連の言説は必ずしも単なる定型的表現の羅列としては片づけられないであろう。南宋から明末にいたるまで、特に国家や地方官治が十分に基層社会を統制し秩序化できない局面では、多くの従属者を収容し、実力によって地方社会に勢力を広げ、私的な訴状受理や、監禁・懲罰などを行う在地勢力が生じがちであった。同時にこうした諸勢力による「私受詞状」の背景には、身近な権威・権力の所在に、状況に応じて訴状を持ち込もうとする紛争当事者の戦略もあったといえよう。

明末期の江南や東南沿海部における郷紳勢力の拡大には、地方社会を「武断」（ないしこれと表裏する秩序化）し、人々が保護や利権を求めて結集する「核」[25]が、従来の豪民・糧長などから、郷紳へと交替しつつあったという側面があることは確かであろう。むろん郷紳は傜役の優免特権を有し、官僚経験者としての威信と地方政治への発言力を持ち、州県を超える影響力を行使しうるなど、従来の豪民よりはるかに大きな権威と勢力を有していた。ただし地方社会における「郷紳の横」は、南宋以来の在地勢力による「武断郷里」と断絶した現象ではなかった。特に社会経済の変動期や、国家の統制が及びにくい地域ではこうした状況が現れやすく、林希元の事例も、国境を超えて諸民族と銀・商品が自由に移動する海域世界において、地方有力者の勢力が突出して拡大した例と見ることができよう。それは明末の地方社会における郷紳の威信と実力の拡大を、先駆的かつ先鋭に示す事象であるとともに、十五世紀までの豪民の肥大化した姿でもあり、その意味で過渡期的な性格も認められるのである。

第四節　「排難解紛」と「武断郷里」のあいだ

上述のように、南宋期には特に「健訟」の地として知られた長江中・下流域の山間盆地地帯を中心に、私的に訴状を受理し、懲罰を行使し、郷里に武断する豪民（豪強・豪横）の勢力が顕在化した。と同時に、この東南山間部は福建山間部から浙東・徽州にかけて、朱子学が生成し普及していった地域であり、第二章で論じたように、徳望ある「長者」・「処士」や、郷村の「耆老」層による紛争調停（排難解紛）という理念も発達していた。こうした名望家による「排難解紛」と、豪民による「武断郷里」や「私受詞状」を示す史料が、同時期に、同地域において多数生み出されていったことを、どのように整合的に論じることができるだろうか。

多くは故人を顕彰するために書かれた伝記史料では名望家的な紛争調停が、豪民の糾弾を目的とする法制史料では暴力的な紛争への介入が、それぞれ強調されるのは当然、といえばそれまでである。ただし同時代人にとっても、「排難解紛」と「武断郷里」との境界が、時として主観的で曖昧であることが意識されていた。たとえば第二章第二節でも紹介したように、休寧県茗洲呉氏の祖先であった小伍公は、南宋初期に金軍の南下に対して率先して軍糧を供出した富民であった。しかし彼はその後、「威武を以って里人の詞牒を断じ、友を借《たす》け仇に報う。怨家はその邑大夫の権を奪い、無辜を殺すを訴え、里人は共に排擠す」と、その実力を背景に私的に訴状を受理し、知県の権限を奪うものとして郷里の人々に排撃され、やむなく他の土地に移住した。移住地では多くの住民が正業につかず不法を行っていたが、彼は「始めは理を以ってこれを諭し、悛《あらた》めざる者は銍権してこれを服さしむ」と、まず理をもって教諭し、なお改めない者には懲罰を加え服従させたという。(26) 族譜の伝記史料としては稀なことに、ここには資産を国事に供する名望家的側面と、私的に訴状を受理し地方官の権を侵す豪強的側面が、また「理を以って」する戒諭と私的な懲罰が表裏する関係にあったことがかなり率直に示されている。

同じく南宋初期、当時の代表的な道学派官僚であった胡寅が、荊湖南路湘潭県の新興階層であった黎氏に送った書簡には、こうした「武断郷里」と「排難解紛」との曖昧性が、より具体的に論じられている。(27) 黎氏は新興商人の出身で、財物納入によって軍籍に入り官位を得た人物であったが、「天性悪を疾《にく》み、故に凡そ耳目の接する所、必ずこれが為に区処を為し」ていた。その意図は「使《も》し有司に犯《ふれ》れば、或いはその曲直を顚倒し、賕賂する所有り、曷《な》んぞ善言もてこれを暁析し、両《それぞれ》をして解きて去らしむるに若《し》かんや」というにあり、主観的には典型的な「排難解紛」であった。しかし胡寅はこれに対し、「争を分かち訟を辨ずるは、小人の免る能わざる所なるも、その詞訴を聴《おさ》め、是非を決するは、これ乃ち州県の権にして、布衣・韋帯の職に非ず」と、民間の役割は紛争の調停に限られ、訴訟の処断はあくまで州県官の権限であると忠告する。そして特に、「或いは笞杖を用いてこれを懲らすは、これ顕らかに州県の権を用い、事の最も得ざる者なり」と、黎氏が笞杖を用いて懲罰をも行使していることは、明らかに州県官の権力を侵すものであると非難するのである。

胡寅はさらに、「今貧窶に由りて富を致し、白身を以って官を得、郷人に信じられ、争訟は有司に決せず、決を一言に取る。世俗自りこれを観れば、豈に美事に非ざらん。然るにこれを聖人の教に稽《かんが》みれば、則ち悖《もと》れるなり」と述べ、郷里の信任を得た地方有力者による、「争訟は有司に決せず、決を一言に取る」という、主観的にも、また「世俗」から見ても名望家的な「排難解紛」も、「聖人の教」には違背するものであると論じる。胡寅の論調は、名望家の「排難解紛」を概して楽観的に肯定する後世の定型的論調とはかなりニュアンスを異にしており、地方有力者による紛争処理が、私的な訴状受理や懲罰の行使などをともなった場合、地方官の権力を侵害する「武断郷里」に転化しうることを示しているのである。

小伍公や黎氏の事例は、いずれも南宋初の混乱期に、北方から南下した移住民が長江中・下流域に流入するなか、官治による秩序維持や訴訟処理が未確立であった混沌たる状況にあって、地方有力者による実力的な紛争処理が展開されたことを伝えるものであろう。しかし南宋の支配体制が一応安定してからも、豪民による「武断郷里」は、「健訟」とならんで依然としてこの地域の悪風として知られていた。胡寅が居住していた荊湖南路の衡州においても、十三世紀初頭において「私に獄具を置き、郷落を縦横し、惟だ民戸の白詞を接受するのみならず、抑且《かつまた》自ら白状を撰し、以って渓壑の欲を飽かす」とか、「公吏は惟だ号召する所、州郡はそれに控持さる」[28]といった、胥吏と結託し官府を把持する在地勢力による、私的な訴状受理や監禁・拷問が指摘されている。

十二世紀後半、浙東山間部の婺州永康県の人呂皓も、士人層による「排難解紛」に関して次のように述べる[29]。「士は既に窮居し、高飛遠挙する能わざれば、固より当に郷曲に上下を周旋せん。昔、後漢の陳実の郷に居るや、郷人に不平有らば、有司に訟《うった》えず、争いてその門に訴う。時人は盡くその美を称し、青史も又た誇りてこれを言えり」。郷居の士人層が郷里の紛争を調停し、人々が「有司に訴えず、争いてその門に訴」えるというのは、古来から称揚された美俗であった。しかし現実はどうか。「無奈《いかんせん》、風俗は古先と別《こと》なり、間ま一・二をば公を奉じて行い、略《や》や薄俗を警めんとすれば、便ち輒《たやす》く謗を造り、指して郷曲に雄断すと為す」のである。婺州（金華）は、十三世紀以降正統派朱子学の拠点となり、郷村の「耆老」層が礼的秩序に基づき紛争を調停するという金華学派の理念が、明代老人制の思想的基盤を提供したと論じられている。[30] しかしこの地域においても、南宋期の同時代人にとって、郷居の士人による主観的な「排難解紛」と、「武断郷里」との境界は曖昧であった。とはいえ全体としては、このように「排難解紛」と「武断郷里」の連続性を意識した史料は少数であり、その後も南宋から元明期を通じて、名望家の「排難解紛」と、豪民の「武断郷里」を定型的に叙述する史料が延々と再生産されることになる。こうした定型的表現は、近代における「耆老紳士」と「土豪劣紳」はもとより、「郷紳支配」論と「地域エリート」論のあいだにも、なにほどかの影を落としているのではないか。

南宋以来の史料叙述者の認識としては、「排難解紛」と「武断郷里」を区別する基準は、やはり「礼」の秩序に基づいているか否かであろう。宗族の尊長が卑幼を、郷村の耆老が村民を、地方社会の士人が庶民を教導し戒諭するという文脈の延長上で行われる紛争処理は、「排難解紛」であり、「礼」の秩序を離れた、弱肉強食的な実力による紛争への介入は、「武断郷里」である。南宋以降の朱子学系士大夫にとって、「礼」の実践は、反秩序的な現実の地方社会を前提として、あるべき社会秩序を提示するという意味を持っていたといわれ、[31] 特に浙東・徽州・福建などでは、彼らによって名望家的な紛争調停を記す多くの伝記史料が残された。むろん「礼」的な教諭によって解決されない紛争、とりわけ「強が弱を凌ぐ」局面においては、官治が監禁や刑罰などの権力を行使して「法」に基づいて裁くことが要請された。これに対し民間の諸主体が訴状を受理し、監禁や刑罰を行使し、「法」による紛争処理を行えば、主観的な動機が「礼」に基づく調停であっても、「武断郷里」と見なされうる。しかし現実には、南宋～元代の東南山間部では、官治が十分に浸透しない不安定な秩序状況のなか、地方有力者はしばしば実力によって自己の権益財産を守る必要があり、現実の紛争調停の背景には、名望だけでなくこうした実力的要素が存在することも多かったのではないかと思われる。

明初政権は、南宋~元代以来の「郷里に武断」する豪民勢力の弾圧を図るとともに、『教民榜文』において名望家的な「排難解紛」を、国法上に制度化した。すなわち郷村の「耆老」層による紛争調停や秩序維持を、里甲制のもとで各里の老人を中心とする形に編成し、これに「六諭」に代表される「礼」的な教化だけでなく、民事的訴訟の排他的な管轄権・「竹篦・荊条」による懲罰の執行・訴状の受理(『教民榜文』には規定なし)など、「法」的な権限も賦与したのである。したがって理念的には、土豪的在地勢力による「武断郷里」は排除され、名望家による「排難解紛」は、老人制のもとに統合されることになる。

むろん実際には、明初以降も文集・族譜などの伝記的史料には、在野の名望家による「排難解紛」の事績は多く、法制史料はしばしば豪民・糧長その他の「武断郷里」や「私受詞状」を指弾する。同様に老人に関する伝記史料では徳望に基づく紛争処理や教化が、法制史料では職権を乱用した不正行為がしばしば叙述された。この結果、郷村社会の紛争処理をめぐる明代史料の言説は、次の四つのパターンに截然と区分されることになった。

①老人(ないし老人と里長)が「郷里の状」を受理し、公正に「民訟を剖決」

②老人(ないし老人と里長)が職権を乱用して、「是非を顛倒」し「官府を把持」

③郷村の名望家・有力者(糧長・郷紳などを含む)による、公正な「排難解紛」

④豪民・糧長・里長(単独)・郷紳などの「武断郷里」や「私受詞状」

このうち①と②は国法上の制度的な紛争処理に、③と④は民間の慣行的な紛争処理に関わる。また①と③は規範的であり、おおむね伝記的史料に現れ、②と④は反規範的であり、おおむね制度的史料に現れることが多い。

そして実際には名望家の「排難解紛」と豪民の「武断郷里」の境界、あるいは里長などの「郷里の状」の受理と

「私受詞状」の境界が曖昧なように、老人による公正な「剖決民訟」と不正な「顛倒是非」の境界もしばしば主観的であり、同一人物をめぐっても、立脚点の相違により、相反する叙述が残される場合もあった。たとえば洪熙元（一四二五）年、四川監察御史の何文淵は、各地の老人制の現状について上言し、「比年用いる所は、多くその人に非ず、或いは僕隷自り出で、或いは差科を規避す。県官は年徳の如何を究めずして、輒《たやす》く充応せしめ、官府に憑藉して閭閻を肆虐するを得さしむ。或いは民訟に因りて大いに貪饕を肆《ほしいまま》にし、或いは公文を求めて、横《よこしま》に騒擾を加え、妄りに威福を張《ほこ》り、是非を顚倒す。或いは上司官の按臨に遇わば、巧みに讒言を進め、賢愚を易置し、白黒を変乱し、官府を挾制す」と、その弊害を強調した。従来この史料は、十五世紀前半には老人制が動揺に向かったとする通説の一つの根拠とされてきた。(32)

ところがこの何文淵はその後温州知府に転出するが、知府としての彼の業績については、当地の老人（耆老）を信任したことを示す史料が多いのである。たとえば申明亭長（申明亭に詰める老人）であった石安民なる人物については、「郡守何文淵は甚だ器重を加え、凡そ興革有れば、必ず就きて計議」したと伝えられる。(33)また兄弟間の財産分与をめぐる訴訟に際し、知府の何文淵は「その情は皆な婦言に惑えるを訊知し、乃ちその郷の耆老に属《ゆだ》ねて、両人を庭下に立たしめ、大義を以ってこれを開諭せしめ」、和解に導いたという。(34)何文淵自身も、「往年吾は監察御史自り、出でて温州府に知たり。歴官すること六年、朔望ごとに耆民を会集し、郷民の善否、官府の行事の得失を問えり」と述べている。(35)この「耆民」は主として各里の老人を指すに違いなく、「寄永嘉諸葛善耆老」と題する彼の詩には、「往年東甌（温州）に知たり。才薄く政は疎拙。誰人か同心を肯ぜん。相い助くるに諸葛有り。遺骸には葬地を与え、民訟は代わりて分豁す」云々とあり、「耆老」の諸葛善が彼を助けて訴訟を裁定したことを謝しているのである。(36)同じく何文淵をめぐる史料によって立論しても、実録所収の上言を根拠とすれば、老人制は『教民榜文』の頒行から三十年たらずで廃弛に向かったと論じることができ、事実そのように論じられてきた。いっぽう温州知府としての事績を根拠とすれば、老人が地方官と協力して地方政治に参与し紛争を裁定するという理想的なイメージを描きうるのである。

明代郷村の紛争処理をめぐる上述の四つの類型的言説は、明代を通じて再生産されつづけるが、現実に郷村社会で展開された紛争処理は、むしろおおむね四つの類型の中間的な領域において展開していたといえるだろう。本書の第三章では十五世紀の郷村において、老人や里長が同族や「衆議」などの調停とも重なりつつ、地方官の裁判とも補完的に、日常的に紛争を解決していたことを、徽州文書により明らかにしたが、こうした日常的な紛争処理の実態は編纂史料には現れることが稀である。[37]現実の十五世紀徽州の郷村社会に存在したのは、徳望ある老人や名望家が「礼」的規範により紛争を解決するという理想的状態でもなく、老人が職権を乱用して是非を顛倒し、豪民が暴力的に郷里に武断するというまったくの弱肉強食的世界でもない。そこでは老人・里長やその他の調停者が、地縁・血縁のしがらみにもしばられ、時に不公正や弊害も伴いつつも、当事者の「状投」を受けて、日常的な土地争いなどをともかくも解決に導いていた。むろん秩序の混乱期には、こうした日常性そのものが動揺する場合もあり、第七章で検討した佃僕をめぐる紛争には、文書史料にも主僕関係の無秩序化が反映されている。

ただしいうまでもなく、名望家の「排難解紛」や豪民の「武断郷里」も、現実に存在した歴史状況の一面を伝えていることは確かである。こうした史料を常套的で空疎な定型的表現の再生産として、その虚構性を指摘するだけでは不十分であろう。むしろ南宋から明清期にかけて、この種の叙述が生み出され続けたことの意味を、歴史的な全体状況のなかに位置づけてゆくことが有効なのではないだろうか。

第五節　通時的展望

本書を終えるに当たり、徽州文書による郷村社会における紛争処理をめぐる考察の結果を、宋元時代以降の歴史的展開のなかに、試論としてごく大まかに位置付けてみたい。

唐末から元代中期（八世紀末～十四世紀初）の中国東・南部の社会経済は、持続的な人口増・移民の流入・商業化によって特徴づけられる。[38]青木敦氏によれば、とりわけ江南西・東路を中心とする長江中・下流域の山間地域では、特に移民の流入による人口圧の増加にともない、土地取引の増加や競争の活発化、人口に対する行政規模の不足が顕著になり、移民社会特有の不安定な秩序とあいまって「健訟」の風潮をもたらしたという。[39]上述のような土豪的有力者による「武断郷里」が特に顕著だったのもこの一帯であったが、同時に浙東や徽州を中心とする東南山間地域では、「長者」や「処士」などと称される郷村の名望家による、自生的な紛争調停（排難解紛）や郷村秩序の維持という理念もひろく共有されてゆく。

このように特に人口増と社会変動が顕著であった長江中・下流域の周辺部で、宋代から明初にかけて、「健訟」や「武断郷里」などの顕在化と、「長者」や「処士」による紛争処理・秩序維持という理念の展開が同時に進んだのはなぜだろうか。宋元から明清期にいたる「後期帝政中国」（late imperial China）を通じて、行政システムによる基層社会の統制がしだいに弱体化していったとする、ウィリアム・スキナー氏の議論は、この問題に関しても重要な手がかりを提供する。唐末（九世紀後半）から清中期（十九世紀前半）にかけて、総人口は約八〇〇〇万から四億二五〇〇万にまで増加し、商業化・商品生産や手工業の発達、全国的流通網や地域市場圏の成熟などによって経済規模が拡大し、社会システムも大規模化・複雑化していった。これに対し、中国内地に設置された県レヴェルの行政治所の総数は、唐代の一二三五から清代の一三六〇に増加するにとどまった。人口の五倍増・領域の拡大・商業化の進展などにもかかわらず、基層行政単位の数の増加はわずかであり、この結果唐代中期から十九世紀までの間に、基層レヴェルの行政機能はほぼ一貫して低下し続けたと考えられる。(40)

経済的な面については、宋代から叢生した市鎮が、唐代まではもっぱら州県城が果たしていた商業機能を担っていった。一方で州県が果たしていた行政・裁判機能の動向はどうだろうか。スキナー氏は唐末から明清期にかけての長期的なトレンドとして、「地方の諸事業に対する官治の関与は、市場や商業に限らず、たとえば紛争処理などの社会的規制や、行政自体についても、つねに低下し続けた」と論ずる。この結果出現したのは、商業を主とする都市的機能のあらたな中心としての市鎮だけではない。「真に重要な変化は、経済的だけではなく、行政的・社会的な面においても、官僚政府が果たす役割が確実に縮小していった」ことであるという。(41)

それでは県城＝地方官治によっては十分に果たしきれなくなった行政的・社会的機能、特に本書の関心からいえば紛争・訴訟処理機能は、宋元から明清にかけて、どのような形で担われていったのであろうか。ロバート・ハイムズ氏は宋代史を起点に、この問題を二つの政治・社会思想史的な潮流の対抗関係という観点から整理している。(42)すなわち固定的な行政機構と膨張を続ける経済・社会との乖離に対し、北宋期には主として中央政府のリーダーシップを強化し、国家の行政・官僚機構を通じて中央から地方、在地社会へとする、上からの（top down）秩序化が図られた。こうしたステイト・アクティヴィズム（state activism）を代表するのが、十一世紀末の王安石による新法改革であり、具体的な施策としては農業政策・救荒策としての青苗法、郷村統治・治安維持策としての保甲法、および科挙改革や州県学の整備などが挙げられる。こうした方向は、北宋末の蔡京政権の財政策・学校政策のもとで一層押し進められた。

　これに対し南宋期には、むしろ士大夫層を中心とする、地方社会のリーダーたる「地方エリート」(local elite) 層の、社会の側からする下からの (bottom up) 秩序化という方向が影響力を強めてゆく。こうしたエリート・アクティヴィズム (elite activism) を代表するのが、朱熹とその門下生を中心とする道学派であり、具体的な施策として、青苗法に対しては社倉法、保甲法に対しては郷約、州県学に対しては私立の書院が挙げられる。こうした諸活動は、清末期の「地方エリート」によって、国家と民間社会の中間的な領域で展開されたさまざまな公共活動にも通じるという。ハイムズ氏は清末期の地方エリートによる諸活動に、「官」と「私」のあいだに出現した「公」的領域 (public sphere) の成長を論じるメアリー・ランキン氏の研究[43]を参照し、南宋期の elite activism は、「官」と「民」との中間的な領域としての、「社」や「郷」などのコミュニティーにおいて展開され、その中心をなす理念は「義」であったと論じるのである。

　国家と民間社会との対抗的な関係のなかから、地方エリート層の主導する public sphere が成長を認める議論に対しては、中国的な「公」や public sphere をめぐる概念規定や、国家と民間社会を二項対立的に論じる枠組みに対する批判も提示されており[44]、近年の日本の明清史研究では、むしろ国家と社会の機能的同型性に着目した議論がなされている[45]。むろん国家と社会に同型性を認める観点からしても、宋代から明清期にかけて、固定された行政システムと、大規模化・複雑化する社会経済とのギャップが拡大するなかで、「国家の介入と民間秩序維持という両方向の間の最適点[46]」を求めた、多様な社会編成や秩序化の試みが、宋代以降の「国家と社会」問題の基調をなしていたことは確かであろう。本書で検討した明代郷村社会の紛争処理や秩序形成も、こうした長期的な全体状況のなかに位置づけることが有効であろうが、もとより現時点ではこうしたマクロな課題について実証的なレヴェルでの検討を加えることは難しく、ここではごく大まかな概括により今後への展望を示すに止めたい。

宋元期の地方裁判機構は、明代と比較すれば相対的に充実していたといえよう。宋代には特に州レヴェルでは巡捕（容疑者の捕縛）・推鞫（取り調べ）・検断（法律の適用）のそれぞれを担当するスタッフが設けられ、民事的法源も明清期に比べより豊富であった。(47) 元代には推鞫と検断の分担は見られないものの、胥吏層の地位と職権が拡大し、胥吏の学である「吏学」が発達した。(48) それにもかかわらず、特に江南東・西路を中心とする東南山間地域では、移民の流入による人口圧の増加や、移民社会特有の不安定な社会秩序を背景として、「健訟」風潮が顕著となってゆく。地方官治の裁判機能が不十分な以上、地方社会に生起する紛争のかなりの部分は、民間諸主体による解決に委ねられざるを得ない。その一方の極には、「長者」・「処士」などの名望家による「排難解紛」や秩序維持があり、他方の極には豪民による暴力的な「私受詞状」や「武断郷里」がある。現実の紛争処理の多くは、両者の中間的な領域で展開されたのであろうが、こうした定型的な言説が生産され続けたこと自体が、地方官治によって十分に訴訟処理・秩序維持がなされない状況下で、多様な主体による自生的な紛争処理が展開していたことを反映しているといえよう。

それでは明初に朱元璋によって制定された、里甲制と老人制を中心とする郷村統治制度は、こうした宋元以来の状況にどのように位置づけられるのだろうか。一見すると明初の統治体制は、南宋以来の潮流に逆行する国家権力の強化期として映る。それは郷村社会の末端までも、皇帝を頂点とする国家の支配機構の中に組み込んでゆくという性格を持っており、この意味では王安石の保甲法などにも通じる、国家の主導による「上からする」（top down）、state activism による社会編成という性格を帯びている。(49)

しかし反面、明初の郷村統治体制の理念を提供したのは、正統朱子学の中心地であり、士人層らによる地方行政改革や社会秩序維持などの elite activity が活発に展開された浙東を中心とする地域の儒者官僚であったといわれる。(50)

こうした社会的・思想的環境は隣接する徽州にも共通していた。南宋以降の中国東・南部では、基層社会における地縁的・血縁的な共同性のもとでの、地方官治の直接的な関与を要さない、自生的な農業生産の維持や秩序形成がしだいに進展しつつあった。くわえて元代に社制が施行され、郷村の徳望ある高年者に、農法指導・秩序維持・教化・義倉管理・紛争処理などを委ねたことも、こうした趨勢をより基層社会に定着させたであろう。[51]さらに明初的な郷村制度のもとでは、里内の紛争処理・治安・秩序維持・教化・勧農などは、老人と里甲に委ねられ、税糧の科派・徴集・運送、賦役黄冊の攢造なども、里甲の職責とされた。老人・里甲制は郷村社会における地方衙門の「刑名・銭穀」行政の「縮小版」としての性格を帯びていたのである。[52]

総じて明代の郷村統治制度は、浙東などの朱子学派士人層の理念を受けつぎ、民間の有力者・名望家に徴税・秩序維持・紛争処理などを委ねた点では、郷約など南宋以来の elite activism の流れを引く。しかし一方で、国家の強権的な統制のもとで画一的に施行された点においては、王安石の保甲法以来の state activism に連なっている。それは南宋から元代にかけて高まりつつあった、士人層や在地の有力者・名望家による elite activism による、下からの（bottom up）社会秩序形成を基盤として、これを state activism による、上からの（top down）郷村統治体制に再編したものといえよう。明初政権が基層社会を比較的限られた生活圏を中心として固定的・完結的に編成し、人口移動や社会流動を政策的に抑制したうえで、賦役黄冊と魚鱗図冊を通じて人口と土地を確実に把握したことが、こうしたシステムを導入する社会経済的な基盤を提供した。

檀上寛氏は明初政権の郷村統治理念として、「権力志向型」・「私利追求型」の富民を弾圧する一方、浙東山間部の「義門」鄭氏に代表される「秩序維持型」富民の主導による秩序形成を構想していたことを指摘している。[53]これを紛争処理の問題に即して言えば、土豪的在地勢力（豪民・豪強）による「私受詞状」や「武断郷里」的現象を排除し、郷村の名望家層（長者・処士・耆老）による「排難解紛」や教化を通じて、基層社会を秩序化することが理念されていたといえよう。むろんこうした秩序構想は、宋元期から広義の「勧農」政策の基調でもあったが、明代の老人制においては、長者・処士・耆老層などによる「排難解紛」や教化・秩序維持が、単なる奨励にとどまらず、老人や里長の権限および義務として、国家の裁判機構や郷村統治制度の基層に制度化されたのである。

したがって理想的なモデルとしては、宋元期の史料に頻出する豪強の「武断郷里」と名望家の「排難解紛」という両極の定型的現象のうち、前者は弾圧・排除され、後者は制度的に老人制に吸収されて、郷村の紛争処理は老人制の下に一元化することになる。むろん現実の郷村社会では、明代前期にも豪民の「武断郷里」や名望家の「排難解紛」を指摘する史料は多く、また老人・里長による紛争解決や秩序維持を伝える史料とともに、彼らが職権を乱用し是非を顚倒することを指弾する記述も少なくない。こうして明代の史料には、前節で提示した四つの類型的言説がくり返し現れることになった。

これに対し明代前・中期の徽州文書に現れた実態面によれば、明代前期（十五世紀前半）には、「理判老人」が紛争当事者の「具詞投告」を承けて紛争を裁定していたし、明代中期（十五世紀後半〜十六世紀初頭）にも、老人や里長は、当事者の「状投」を承けて里内の紛争を処理し、官に提訴された訴訟についても、実地検証や調停、さらにはその再審理などを通じて、その解決に大きな役割を果たしていた。もちろん同時に、非制度的な民間の紛争処理も併存し、史料叙述者の立場やレトリックによって、あるいは名望家の「排難解紛」として、あるいは豪民などの「武断郷里」や「私受詞状」として現れた。しかし全体としては、同族や村落、姻戚や知友、さらには「衆議」などによる調停を含めた紛争・訴訟処理の全体的な枠組みの中で、老人や里長は疑いなく中心的な、結節点としての役割を果たしていたのである。

十六世紀以降、海外からの膨大な銀流入と商品経済の拡大、それと表裏する辺境の軍事支出による農民負担の増大のなかで、相対的に安定し完結的であった社会関係は流動化し、里甲・老人制の基盤であった郷村社会の共同性と秩序構造自体が動揺してゆく。紛争や訴訟が増加・激化する一方で、老人・里甲制を中心とする紛争処理の枠組みは動揺し、特に老人制は十六世紀後半には元来の機能を失っていった。この結果、郷村社会における紛争処理・秩序維持の主体は多極化し、里長・郷約・保甲・親族・宗族組織・各種の中見人・郷紳などの多様な主体が、訴状の受理を含め、紛争・訴訟処理を担っていった。しかし明末の段階では、従来の老人・里甲制に代わるあらたな紛争処理の枠組みはなお確立せず、多様な紛争処理主体が併存し、それぞれが対抗しあるいは補完するなか、人々は個々の紛争をめぐる状況や社会関係に応じて、しかるべき解決手段を模索していったのである。

総じて明代中期までは、郷村における税糧の徴収や運搬、水利などの農業生産維持・紛争処理・秩序維持などは、主として糧長・里甲・老人制によって担われ、地方官の関与はおおむね間接的なものであった。十六世紀以降、州県行政が徴税・裁判・水利などの局面において、里甲・老人制を通さず、より直接的に郷村社会に作用するようになり、州県官の職権と責任は大きく増大したにもかかわらず、州県レヴェルの行政・裁判機能がこれに対応して拡充されることはなかった。上田信氏も論じるように、このことが州県を範囲とする宗族組織の統合や、官僚経験者として地方行政に影響力を及ぼしうる郷紳の勢力拡大につながったのであろう(54)。ただし地域的な差異は大きく、概して徽州など東南山間部では宗族組織の拡大が、江南デルタでは郷紳の台頭がより顕著であった。

明代後期には、明初的な郷村統治システムの動揺とともに、人口増・経済規模の拡大・社会構造の複雑化に、固定された府州県レヴェルの行政機構が対応し得ないという、行政システムと社会経済とのギャップがふたたび深刻化してゆく。完結的・安定的な郷村秩序に基づいた、明初的な「固い」タイプの社会編成の動揺にもかかわらず、秩序構造の流動化に対応した「柔らかい」社会編成も未確立であり、こうした過渡期的な混沌たる動態のなかで、郷紳や豪民などの地方有力者・宗族組織、社や会などの民間結社・宗教結社、さらには無頼集団・農民叛乱軍・辺境の軍事集団にいたるさまざまな社会集団や地方勢力が成長し、人々が結集していったのである。[55]

同時に明末には、明代前・中期には比較的低調であった、南宋期の state activism や elite activism に連なる議論も、溝口雄三氏が論じるように、張居正に代表される「皇帝へゲモニー」と、東林党に代表される「郷村へゲモニー」との対抗という形でふたたび活発化する。[56] 具体的には、張居正政権下の全国的な土地丈量と一条鞭法の施行、考成法の導入などによる財政基盤の確保や地方行政の監督強化などによって、国家主導による統治体制の再編が進められるとともに、東林派系をはじめとする郷紳・士人や地方官の主導により、郷約などによる郷村秩序の再編や、書院や学校を中心とした「地方公議」などを通じて、elite activism による地方社会の秩序形成が図られてゆく。なお「礼」による宗族や郷村の秩序形成という理念は、明末の陽明学派・朱子学派・東林派を問わず共有されていたが、[57] 南宋期の elite activism が、官僚・士人層を地方社会の秩序化の担い手としていたのに対し、明末期の特に陽明学派は、民衆をも郷村秩序の担い手とする志向を特徴としていたという。[58]

江西吉安府安福県出身の陽明学者である羅大紘（万暦十四［一五八六］年進士）は、陽明学の基本思想の一つである「万物一体の仁」を敷衍して、次のように述べている。

仁は本と万物と同体なるも、只だ人と為るや自ずから分別を生じ、所以《ゆえ》に小たり。古人は天下を一家、中国を一人とするも、これを意《ねが》うには非ずして、その心量の原自《もとよ》りかくの如きなり。今中国に処《お》りて、只だ箇《ひとつ》の江西を争い、江西は又た箇の吉安を争い、吉安は又た箇の安福を争い、安福は又た箇の某房を争い、某房は又た箇の某祖父の位下を争い、某祖父の位下は又た只だ我一人を争う。終生営営として、一身一家の内を出でず、これ豈に自ら小とするならずや。故に善く学ぶ者は愈よこれを充たして愈《いよい》よ大きく、善く学ばざる者は愈よ分かれて愈よ小さし。[59]

理想的な「礼」の秩序のもとでは、「〈私〉同士が角つきあわせる空間は、常により外側の円における〈公〉に包摂され、……家内部の身同士の衝突は〈公〉としての家の代表者である家長・族長が解決し、家同士はその外側での〈公〉がおさえ、というように、〈私〉ははじめから〈公〉によって解決される」はずである。[60]「宗人に紛難あらば、公の一言を得て解かる。里人に言わば、里人もその宗の如し。郡人に言わば、郡人もその里の如し」[61]といった、宗族―郷村―府県へと連なる、名望家層による紛争調停の規範像も、このような〈公〉の構造の連続性を反映している。

しかし現実に明末の人々が直面したのは、中国では各省人が、各省では各府が、各府では各県が、各県では各宗族が、各宗族では各分支が、各分支では各家が、各家では各個人が、それぞれの利害を主張して争いあうという、「修身―斉家―治国―平天下」という秩序構造を裏返した、重層的な紛争の構造であった。明初的な社会編成のポイントであった郷村の共同性が動揺し、尊卑・長幼などの関係性が変動するなか、安定的・完結的な郷村社会を前提とする明初体制に代わる、あらたな秩序化のあり方が必要とされ、模索されていった。岸本美緒氏が論じるように、「万物一体の仁」とは、個々の個人や集団が絶え間なく対立と紛争を繰り返す混沌とした社会において、社会全体を包括する秩序の可能性、根元的な共同性が希求される中で生み出された理念だったのである。[62]

総じて宋代以降の政治・社会体制をめぐる議論の基調には、固定的な行政システムと、人口増や社会経済の拡大・流動化とのギャップが拡大しつづけるなか、家―（房）―宗族―郷村―（市鎮）―州県―府―省―国家と連なる、重層的な秩序（と紛争）の構造において、どのようなイニシアティヴによって、どのレヴェルを中心に社会を編成し秩序化するか、という課題があったといえよう。王安石以来の state activism は、国家の主導による官僚機構を通じた社会統制を意図したのに対し、南宋期の elite activism は、地域の士大夫層の主導による、郷約・義倉・宗法・家礼などの整備を通じた、郷村や宗族の側からの社会の秩序化を志向した。実際の郷村社会の秩序（と紛争）は、両方向からの社会編成への試みの中間的な領域で、国家や官治からの動きと郷村や宗族からの動きの、混沌とした相互作用を通じて推移していたのではないかと思われる。

明初の郷村統治体制においては、国家の主導と強権によりながらも、地方行政システムよりも、むしろ郷村レヴェルの老人・里甲・糧長制を社会編成の中心として、徴税・紛争処理・秩序維持を担わせたのである。明初政権が社会経済の拡大と流動化を意図的に抑制し、完結的・固定的な基層社会を基盤に、土地と人民を確実に把握したことがそれを可能にした。実際に明代前・中期の徽州郷村社会では、比較的安定した地縁的・血縁的な共同性のなかで、老人・里長が同族や「衆議」などと併存し、地方官治との相互作用も通じて、紛争処理・秩序維持の枠組みの結節点としての役割を果たしていた。むろん豪民による「武断郷里」や老人・里長・糧長らの不正や弊害は存在したが、それらは総じて明初的システムの下での郷村秩序と共同性の存在自体を脅かすものではなかったといえよう。

十六世紀以降、明初的な社会編成と共同性の動揺にともない、人々はあらたな社会的結合の場を求めて、状況に応じてさまざまな主体のもとに集散した。徽州では宗族組織が里甲や郷約・保甲とも重なりつつ秩序形成の中心となっていったのに対し、江南や東南沿海部では、不安定で多様な人的結合の中で、郷紳の影響力が突出して伸張した。明末期の「郷紳の横」は、新たな社会体制としての「郷紳支配」の成立を示すというよりも、従来の秩序が崩壊した混乱期に出現した、多分に過渡期的な現象という側面もあるのではないか。

こうした不安定な状況がしだいに落ち着き、ある程度安定した秩序構造が形づくられていったのは、やはり清代前期のことであろう。清代の基層社会における紛争処理・秩序維持の実態については、今後の実証的な研究を待たなければいけないが、概して康熙年間ごろには、基層社会における紛争処理の枠組みは、徽州では宗族組織と、それを基盤とする郷約・保甲を中心とする形に、江南では血縁・地縁・職縁などの多様な社会結合を通じたより柔軟な形に、しだいに整理されていったようである。(63) 全体として、十六世紀以降の老人・里甲制の動揺にともなう郷村の紛争処理・秩序維持システムの動揺は、おおむね十八世紀初頭までには、ひとまず社会全般の流動化に対応しうる、比較的安定的な枠組みに落ち着いていったと思われるのである。

総じて清朝政府は、家や宗族から国家に至る重層的な秩序（紛争）構造の中で、明初政権のように特定のレヴェル、具体的には郷村＝老人・里甲・糧長を、中心的な社会編成と秩序化の場として位置づけるという政策をとらなかった。清代にはむしろ、具体的な政治課題や社会経済状況に応じて、あるいは清朝政府の政策として、あるいは民間社会の自生的な動きにより、各レヴェルの機能がしだいに拡充されていったように思われる。国制上の対応としては、国家レヴェルでは奏摺制度の形成や耗羨提解の実施により、朝廷による地方行政や財政に対する統制が強化され、省レヴェルでは長官としての総督・巡撫の裁判や行財政上の機能が確立し、省と府に介在する道台の職掌も整備された。府州県レヴェルでは、裁判・徴税実務を担う刑名・銭穀幕友の定着が重要である。市鎮・郷村レヴェルにも、治安組織としての汛防が設置され、郷村には郷約・保甲制が定着した。こうした一連の政策は、十六世紀後半の張居正改革に起源し、十八世紀前半の雍正時代にほぼ完成する。

民間社会からの動きとしては、明末期の地方官治を凌駕するような「郷紳の横」はしだいに退潮し、清代にはむしろ、県などの地域内で、郷紳を中心として士人層を包括する「紳士」層が、集団的に地域的・階層的利害の代表者、官治との仲介者として登場することが多くなる。県や大市鎮には会館・公所などがいっそう普及し、善会・善堂などの慈善団体の活動も本格化した。市鎮は経済的機能だけではなく、寺廟や有力宗族の祠堂などの所在地として、社会的・文化的な機能も高めてゆく。宗族形成は中心地域から周辺地域へ、有力同族から中小同族へと普及していった。こうした一連の動きも、おおむね十六世紀に始まり、十八世紀までにはほぼ定着したといえよう。

清代前期における国家と社会の双方からする秩序の再編を可能とした背景には、十七世紀後半を除き拡大を続けた海外貿易による銀の流入と好況、および北辺の軍事支出の軽減による過重な農民負担の軽減による、国家と民間の経済的基盤の安定があろう。清代に進められた社会編成や秩序化については、雍正期の一連の改革が宋代以来の state activism の流れを代表し、清初の「経世致用派」などが elite activism の流れを継承するとみてよいであろう。しかし現実に清代前期に進められた施策には、明初体制のような画一的な社会統合への強固な意志はそれほど顕著ではない。それは各時期の政治的・社会経済的な動態に応じて、適宜選択された国家の政策や社会の動向の集積として形成されていった体制のように思われる（むろん多民族国家としての清朝支配全体の統合にはより明確な理念と構想が存在したであろう）。そして「明末以降の社会の流動化を容認し、それに沿って中央集権的支配の再編をはかろうとした」[64]清朝の統治体制は、それが現実的で柔軟なシステムであっただけに、府州県の正規の行政機構がほとんど拡充されなかったにも関わらず、人口が倍増し大規模化・複雑化する社会経済に対し、一定の対応が可能だったのである。

註

（1）たとえば唐澤靖彦氏は、清代後期の訴状には被告に不法行為を受けたあげく、殴られて重傷を負うなどの暴行を受けたが、幸いにも周囲の者に救出され、訴状を出して公正な裁きを嘆願する、というプロットが頻出すると指摘するが（「清代における訴状とその作成者」『中国――社会と文化』一三号、一九九八年）、⑲の訴状はほぼ完全にこうしたプロットに沿って書かれている。

（2）順治『庵村志』風俗。これは十七世紀に明初を回顧した記事であり、こうした整然たる老人裁判が、当時の江南地方でどこまで一般的であったかは疑問である。ただし『庵村志』風俗の明初の糧長に関する記述は、同時代史料と対照しておおむね当時の実態を伝えていることが確認されており（小山正明「明代の粮長――とくに前半期の江南デルタ地帯を中心にして――」初出一九六九年、『明清社会経済史研究』東京大学出版会、一九九二年所収）、老人制に関する記事にも一定の信頼性を置くことができるだろう。

（3）上海図書館本『蕭曹遺筆』巻一、法家管見。夫馬進「訟師秘本の世界」（小野和子編『明末清初の社会と文化』京都大学人文科学研究所、一九九六年）二三六頁より転引。同書の書誌と内容については、夫馬進「訟師秘本『蕭曹遺筆』の出現」（『史林』七七巻二号、一九九四年）を参照。

（4）上海図書館本『蕭曹遺筆』巻二、稟帖類、截打帖。夫馬前掲論文二三六頁より転引。

（5）夫馬前掲論文二〇四～一〇頁。

（6）応檟『讞獄稿』巻三、常鎮等処会審疏。

（7）註（6）に同じ。

（8）『讞獄稿』巻二、蘇松等処会審疏。

（9）註（6）に同じ。「名を知らざる」訴状代筆者とは、実際には卜氏の知り合いや専門的な訟師であったとも考えられるが、明代の江南などでは、流れ者や占い師など「境外無名の人」が訴状を代筆していたともいわれ（余自強『治譜』巻四、詞訟門「告状投到状之殊」）、この種の代書人であった可能性もあろう。郷村部の訟師・代書人については、夫馬進「明清時代の訟師と訴訟制度」（梅原郁編『中国近世の法制と社会』京都大学人文科学研究所、一九九三年）四六九～七〇頁を参照。

（10）『皇明条法事類纂』巻一、職官有犯、「禁約散官違法」。

（11）小山正明「明末清初の大土地所有――とくに江南デルタ地帯を中心にして――」（初出一九五七・五八年、前掲『明清社会経済史研究』所収）二八一頁など。

(12) 小山正明前掲「明代の粮長」二一二～三六頁。
(13) 『新鍥全補天下四民利用便観五車抜錦』(万暦二十五［一五九七］年序)体式門、項筆文鋒、地方積年類。
(14) 『皇明条法事類纂』巻四十一、因公科斂、刑科辦事吏張林の上言(表題なし)。
(15) 万暦『績渓県志』巻三、食貨志、歳役、里甲之役。
(16) 万暦『漳州府志』巻六、漳州府、礼楽志、礼儀、郷約。
(17) 呉遵『初仕録』(嘉靖三十三［一五五四］年序)立治篇、兵属、「設保甲」
(18) 『条例備考』巻一、都通大例、「懲勢豪」。
(19) 『皇明条法事類纂』などの明代中期の法制史料にも、「郷官」の語が稀に現れるが、むしろ「官豪勢要」や「勢豪」という語が多く用いられる。「官豪勢要」や「勢豪」は、一般の「豪民」に対して、官僚経験者に限らず、皇族・王府・功臣・宦官やその関係者などを含めた、なんらかの形で国家との関わりを持つ有力者層を指すように思われる。上記の『条例備考』の題奏が「懲勢豪」と題されているのも、郷紳(郷官)が当初は「勢豪」の延長上に捉えられていたことを示すものであろう。
(20) 朱紈『甓餘雑集』巻二、章疏、「閲視海防事」。片山誠二郎「明代海上密貿易と沿海地方郷紳層――朱紈の海禁政策強化とその挫折の過程を通しての一考察――」(『歴史学研究』一六四号、一九五三年)二七～二八頁参照。
(21) 重田徳「郷紳支配の成立と構造」(初出一九七一年、『清代社会経済史研究』岩波書店、一九七五年)一九〇頁。
(22) 朱子学者としての林希元について、小島毅『中国近世における礼の言説』(東京大学出版会、一九九六年)、第八章「林希元の陽明学批判」を参照。小島氏は林希元と密貿易の関わりについて、彼が「(主観的には)地元民衆の立場から行動していた」とする。(一四八頁)。
(23) 和田正広「明代官評の出現過程」(『九州大学東洋史論集』八号、一九八〇年)八〇～八四頁。
(24) 『名公書判清明集』巻十二、懲悪門、豪横、「豪横」(蔡久軒)。『清明集』における豪民像については、陳智超「南宋二十戸豪横的分析」(『宋史研究論文集』浙江人民出版社、一九八七年)、梅原郁「宋代の形勢と官戸」(『東方学報』六〇冊、一九八八年）、大澤正昭『主張する〈愚民〉たち――伝統中国の紛争と解決法――』角川書店、一九九六年、三「檻のなかの乱痴気騒ぎ」などを参照。

(25) 岸本美緒「明清時代の郷紳」（初出一九九〇年、『明清交替と江南社会――17世紀中国の秩序問題――』東京大学出版会、一九九九年）四七～五三頁。

(26)『茗洲呉氏家記』巻六、家伝記、小伍公の条。

(27) 胡寅『斐然集』巻十七、「致黎生書」。この書簡の内容については、渡辺紘良「宋代潭州湘潭県の黎氏をめぐって――外邑における新興階層の聴訟――」（『東洋学報』六五巻一・二号、一九八四年）において、黎氏の経済活動や訴訟への関与をめぐる詳細な検討がなされている。

(28)『名公書判清明集』巻十四、懲悪門、姦悪、「把持公事欺騙良民過悪山積」（宋自牧）。

(29) 呂皓『雲溪稿』、「白郷人」。渡辺前掲「宋代潭州湘潭県の黎氏をめぐって」二五頁註（54）参照。

(30) 濱島敦俊『明代江南農村社会の研究』（東京大学出版会、一九八二年）、二五～三七頁。

(31) 近藤一成「宋代の士大夫と社会――黄幹における礼の世界と判語の世界――」（『宋元時代史の基本問題』汲古書院、一九九六年）。

(32)『宣宗実録』洪熙元年七月丙申の条。小畑龍雄「明代郷村の教化と裁判――申明亭を中心として――」（『東洋史研究』十一巻五・六号、一九五二年）三八頁など参照。

(33) 万暦『温州府志』巻十二、人物志二、義行。

(34) 祁承爜『牧津』巻十二、化導、「何文淵」。

(35) 何文淵『東園遺稿』巻二、序、「送王義民還郷序」。

(36) 同書巻四、五言古詩、「寄永嘉諸葛善耆老」。

(37) 基層社会における日常性を必ずしも反映しない判語史料によって、当時の紛争解決の性格全体を論じる危険性を指摘した論考として、川村康「宋代『法共同体』初考」（『宋代社会のネットワーク』汲古書院、一九九八年）を参照。

（38）唐代後半から明代中期にいたる長期的な人口・社会変動の全体的概況については、Robert Hartwell, "Demographic, Political, and Social Transformation of China, 750-1550," *Harvard Journal of Asiatic Studies* 42, 1982. を参照。

（39）青木敦「健訟の地域的イメージ——11~13世紀江西社会の法文化と人口移動をめぐって——」（『社会経済史学』六五巻三号、一九九九年）。

（40）G. William Skinner ed., *The City in Late Imperial China*, Stanford University Press, 1977, "Introduction," pp.17-26.

（41）ibid., pp.25-26.

（42）Robert P.Hymes and Conrad Schirokauer eds., *Ordering the World: Approaches to State and Society in Sung Dynasty China*, University of California Press, 1993, "Introduction." また斯波義信「南宋における『中間領域』社会の登場」（前掲『宋元時代史の基本問題』）も、スキナー・ハイムズ両氏の議論に基づいて、南宋期における「官」と「私」の中間的領域の成長を論じる。

（43）Mary B.Rankin, *Elite Activism and Political Transformation in China: Zhejiang Province, 1865-1911*, Stanford University Press, 1986.

（44）R. Bin Wong, "Great Expectations: 'The Public Sphere' and the Search for Modern Times in Chinese History"（『中国史学』三号、一九九三年）、岡元司「宋代地域社会における人的結合——Public Sphere の再検討を手がかりとして——」（『アジア遊学』七号、一九九九年）など。

（45）岸本美緒前掲「明清時代の郷紳」、同「比較国制史研究と中国社会像」（『人民の歴史学』一一六、一九九三年）、小島毅「中国近世の公議」（『思想』八八九号、一九九八年）など。

（46）岸本前掲「明清時代の郷紳」四四~四五頁。

（47）宮崎市定「宋元時代の法制と裁判機構――元典章成立の時代的・社会的背景――」（初出一九五四年、『宮崎市定全集』第一一巻、宋元、岩波書店、一九九二年所収）、二「宋代の裁判機構」、佐立治人「『清明集』の『法意』と『人情』――訴訟当事者による法律解釈の痕跡――」（梅原郁編『中国近世の法制と社会』京都大学人文科学研究所、一九九三年）。

（48）宮崎前掲「宋元時代の法制と裁判機構」、三「元代の裁判機構」、四「宋元の法学・吏学・訟学」。

（49）里甲制下の紛争処理についてみれば、老人・里甲による戸婚・田土・闘殴などの紛争の「理断」は、紛争当事者が任意に選択する単なる調停ではなく、軽微な訴訟を排他的に管轄する権利と義務を有していた。そして老人・里甲の「理断」に服さない人民や、公正な「理断」を行わない老人や里甲、老人・里甲の「理断」を妨害する官吏などには、国家により重罰が与えられた。こうした形態の紛争処理は、もとより在地社会の諸主体によって自生的に行われた調停活動とは性質を異にしている。

（50）John W.Dardess, *Confusianism and Autocracy: Professional Elites in the Founding of the Ming Dynasty*, University of California Press, 1982.

（51）拙稿「元代社制の成立と展開」（『九州大学東洋史論集』二九号、二〇〇一年）。

（52）岩井茂樹「徭役と財政のあいだ――中国税・役制度の歴史的理解にむけて――」（三）（『経営経済論叢』〔京都産業大学〕二九巻二号、一九九四年）三三～四〇頁。

（53）檀上寛『明朝専制支配の史的構造』（汲古書院、一九九五年）、第二部「元・明革命と江南地主の動向」。

（54）上田信「地域と宗族――浙江省山間部――」（『東洋文化研究所紀要』九四号、一九八四年）、「明清期、浙東における州県行政と地域エリート」（『東洋史研究』四六巻三号、一九八七年）。

（55）岸本美緒「明末清初の地方社会と『世論』」（初出一九八七年、前掲『明清交替と江南社会』所収）、「東アジア・東南アジア伝統社会の形成」（岩波講座世界歴史一三『東アジア・東南アジア伝統社会の形成』岩波書店、一九九八年）。

（56）溝口雄三「いわゆる東林派人士の思想――前近代期における中国思想の展開（上）」（『東洋文化研究所紀要』七五冊、一九七八年）。

(57) 小島毅前掲『中国近世における礼の言説』第七章～終章。

(58) 溝口雄三「中国近世の思想世界」（『中国という視座』平凡社、一九九五年）。

(59) 黄宗羲『明儒学案』巻二十三、江右王門学案八、給諫羅匡湖先生大紘、「蘭舟雑述」。

(60) 小島毅前掲「中国近世の公議」一二九頁。

(61) 許国『許文穆公集』巻十三、家状、「東泉公行状」。

(62) 岸本美緒「明末社会と陽明学」（初出一九九三年、前掲『明清交替と江南社会』所収）七六～八六頁。

(63) 渋谷裕子「清代徽州農村社会における生員のコミュニティについて」（『史学』六四巻三・四号、一九九五年）一〇七～〇九頁、岸本美緒「『歴年記』に見る清初地方社会の生活」（初出一九八六年、前掲『明清交替と江南社会』所収）二五七～六三頁。

(64) 岸本前掲「明清時代の郷紳」五五頁。

あとがき

私が徽州文書の研究を始めたのは多分に偶然であった。早稲田大学文学部の東洋史専修に進学したのは一九八四年。新進の助教授であった近藤一成先生の自主ゼミに参加して、いきなり『続資治通鑑長編拾補』という北宋末の政治史料を白文で読むことになり、その後も修士課程にかけて、近藤先生のもとで『名公書判清明集』など南宋の判語の講読を続けた。これが法制史料による社会史に関心を持つきっかけである。同時に大学院では山根幸夫先生にも明清史のご指導を受け、また明代史研究会に参加して、多くの先生方のご教示をいただくこともできた。修士論文のテーマは浙江省紹興府出身の幕友についての社会史的研究であったが、一九八九年に博士課程に進んでからは、明代における幕友制度の形成過程を調べようと、明代の法制史料に片端から目を通していた。その過程で『皇明条法事類纂』に明代老人制に関する多くの未紹介史料が含まれていることに気付き、ひとまず明代中期の老人制について研究をまとめることにしたのである。

一九九三年の春、そのなかで偶然目にした牧野巽氏の論文により、本書第六章で紹介した『茗洲呉氏家記』社会記の存在を知った。郷村・宗族レヴェルの社会生活や紛争の実態を生き生きと伝えるこの史料と出会ったのが、徽州学との関わりの始めである。幸運にも、ちょうどそのころ東洋文化研究所の契約文書研究会で、前年に出版された『徽州千年契約文書』の講読が始まり、川村康氏のご紹介で私も参加させていただくことになった。まもなく私が報告を担当することになり、『徽州千年契約文書』を調べてゆくうち、本書の第三章で紹介した宣徳二年「祁門謝応祥等為重復売山具結」の末尾に、「理判老人　謝尹奮」という署名を目にしたときの驚きは忘れることができない。この研究会で岸本美緒先生をはじめとする諸先生方とともに文書を講読するという機会に恵まれて、本書第二～五章の原型となる一連の論文を発表することができた。とりわけ臼井佐知子先生には、現在にいたるまで徽州学全般についてきわめて多くのご教示をいただいている。

さらに幸いなことに、このころ徽州文書の代表的な研究者の一人である欒成顕先生が来日し、契約文書研究会にも参加されていた。一九九六年に日本学術振興会特別研究員に採用されると、欒先生の紹介により中国社会科学院歴史研究所に留学し、徽学研究中心主任の周紹泉先生のもとで修習するという得がたい機会を与えられた。わずか半年という短い期間ながら、徽州文書研究の第一人者である周・欒両先生のご指導をいただき、実際に各地の機関で原文書を調査する経験を得たことにより、日本では研究が始まったばかりの徽州文書を史料として、ともかくも本書をまとめることができたのである。とはいえ文字の読解・内容の理解などすべての面において、徽州文書に関する私の知識と経験はなお不十分であり、これからもたえず諸先生方のご教示を仰いでゆかなければならない。徽州文書に限らず、明清・近代史「史料革命」の進展とともに、中国史研究者にも日本史や西洋史と同じような、一次史料の操作やくずし字の読解などの能力がしだいに要請されてゆくのではないか。きわめて初歩的な段階ではあるが、本書がその礎石の一つとなれば幸いである。

このほかにも本書を完成するまでにお世話になった方々はあまりにも多い。本書の原型となる論文に対し、書簡や書評などで懇切なアドバイスと、時には厳しい批判を下さった多くの先生方。ややもすれば完結的な事例分析に終始しがちな文書研究に、新しい視点と柔軟な発想を示していただいた、大家から新進気鋭の若手にいたる多くの明清史、あるいは宋元・近代史研究者の方々。中国での文書調査に際して得がたいご協力を賜った各地の大学・図書館などの職員の皆様。また貧乏院生であった私が研究を続けるうえで、早稲田大学図書館の充実した蔵書と行き届いたサーヴィスも不可欠であった。さらに本書の出版に際しては、山根幸夫先生に多大なご助力を賜り、日本学術振興会からは二〇〇一年度の科学研究費補助金（研究成果公開促進費）の交付をいただくことができた。また汲古書院編集部の小林淳氏は、原稿提出が遅れてたいへんご迷惑をお掛けしたにもかかわらず、私を督励して本書を最終的に仕上げて下さった。以上の皆様方にあらためて心からの感謝を申し上げたい。

最後に二〇〇〇年から現在の職場で研究・教育ともにご教導をいただいている、川本芳昭先生をはじめとする九州大学文学部の諸先生、長い長い院生生活を支えていただいた、金子泰晴氏をはじめとする早稲田大学東洋史専修の同学の方々、そして故郷信州の両親にもあらためて深く謝意を示したい。

二〇〇二年一月

中島楽章

汲古叢書

1	秦漢財政収入の研究	山田勝芳著	16505円
2	宋代税政史研究	島居一康著	12621円
3	中国近代製糸業史の研究	曾田三郎著	12621円
4	明清華北定期市の研究	山根幸夫著	7282円
5	明清史論集	中山八郎著	12621円
6	明朝専制支配の史的構造	檀上　寛著	13592円
7	唐代両税法研究	船越泰次著	12621円
8	中国小説史研究－水滸伝を中心として－	中鉢雅量著	8252円
9	唐宋変革期農業社会史研究	大澤正昭著	8500円
10	中国古代の家と集落	堀　敏一著	14000円
11	元代江南政治社会史研究	植松　正著	13000円
12	明代建文朝史の研究	川越泰博著	13000円
13	司馬遷の研究	佐藤武敏著	12000円
14	唐の北方問題と国際秩序	石見清裕著	14000円
15	宋代兵制史の研究	小岩井弘光著	10000円
16	魏晋南北朝時代の民族問題	川本芳昭著	14000円
17	秦漢税役体系の研究	重近啓樹著	8000円
18	清代農業商業化の研究	田尻　利著	9000円
19	明代異国情報の研究	川越泰博著	5000円
20	明清江南市鎮社会史研究	川勝　守著	15000円
21	漢魏晋史の研究	多田狷介著	9000円
22	春秋戦国秦漢時代出土文字資料の研究	江村治樹著	22000円
23	明王朝中央統治機構の研究	阪倉篤秀著	7000円
24	漢帝国の成立と劉邦集団	李　開元著	9000円
25	宋元仏教文化史研究	竺沙雅章著	15000円
26	アヘン貿易論争－イギリスと中国－	新村容子著	8500円
27	明末の流賊反乱と地域社会	吉尾　寛著	10000円
28	宋代の皇帝権力と士大夫政治	王　瑞来著	12000円
29	明代北辺防衛体制の研究	松本隆晴著	6500円
30	中国工業合作運動史の研究	菊池一隆著	15000円
31	漢代都市機構の研究	佐原康夫著	13000円
32	中国近代江南の地主制研究	夏井春喜著	20000円
33	中国古代の聚落と地方行政	池田雄一著	(予)15000円
34	周代国制の研究	松井嘉徳著	9000円
35	清代財政史研究	山本　進著	7000円
36	明代郷村の紛争と秩序	中島楽章著	10000円
37	明清時代華南地域史研究	松田吉郎著	15000円
38	明清官僚制の研究	和田正広著	(予)22000円

著者略歴

中島楽章（なかじま　がくしょう）
1964年、長野県に生まれる。1995年、早稲田大学文学研究科博士課程（単位取得）退学。
日本学術振興会特別研究員、早稲田大学文学部非常勤講師を経て、2000年より九州大学大学院人文科学研究院助教授。博士（文学／早稲田大学）。

論文：「明末清初の紹興の幕友」（『山根幸夫教授退休記念明代史論叢』汲古書院、1990年）、「明代中期の老人制と郷村裁判」（『史滴』15号、1994年）、「明末徽州の里甲制関係文書」（『東洋学報』80巻2号、1998年）、「明代の訴訟制度と老人制——越訴問題と懲罰権をめぐって——」（『中国——社会と文化』15号、2000年）、「元代社制の成立と展開」（『九州大学東洋史論集』29号、2001年）。
翻訳：ジョセフ・P・マクデモット「明末における友情観と帝権批判」（『史滴』18号、1996年）。

汲古叢書36

明代郷村の紛争と秩序
——徽州文書を史料として——

二〇〇二年二月二十五日　発行
本体　一〇、〇〇〇円＋税

著　者　中　島　楽　章
発行者　石　坂　叡　志
整版印刷　富　士　リ　プ　ロ

発行所　汲　古　書　院
〒102-0072 東京都千代田区飯田橋二-五-四
電　話　〇三（三二六五）九七六四
ＦＡＸ　〇三（三二二二）一八四五

ISBN4 - 7629 - 2535 - 7　C3322

Disputes and Order in Rural Society during the Ming Period: An Analysis Based on Huizhou Documents

NAKAJIMA Gakushō

Chapter 1. The Development of Research on Huizhou Documents

Huizhou 徽州 prefecture is located in the mountainous area of southern Anhui province, lying in between the lower Yangtze and middle Yangtze macroregion, and it is well-known for the Huizhou merchants, who dominated commercial distribution in the Ming-Qing period, and for its well-developed lineage organization.

From the early Ming or even earlier, major lineages and landowners in Huizhou were preserving many documents relating to their land and property, such as land contracts, rent books, fish-scale registers, judicial and administrative documents, account books, and so on. Compared with documents preserved in other localities, most of which are land contracts from the Qing period, the Huizhou documents are far greater in quantity, far more diverse in content, and cover a far longer period, extending from the fourteenth to the twentieth century.

In the early 1950s, during the Land Reform campaign, many documents were burned throughout China, including Huizhou, but from the mid-1950s, under instructions from local authorities, many documents owned by lineages and landowners in Huizhou began to be collected. It is said that the Tunxi 屯渓 branch of the Guji Shudian 古籍書店 in particular bought an estimated 100,000 documents chiefly in Qimen 祁門 and Xiuning 休寧 counties and sold

them separately to various research institutes, universities, libraries, and museums in Beijing, Nanjing, Tianjin, etc. In addition, the archives in Anhui province and Huangshan 黄山 city (which had jurisdiction over the main area of former Huizhou prefecture) independently collected tens of thousants of Huizhou documents, and the total number of Huizhou documents owned by various institutions is estimated to be more than 200,000.

During the Cultural Revolution, of course, the study of Huizhou documents came to a complete halt, but from the late 1970s, the collecting, cataloguing and study of Huizhou documents was recommenced. Since the late 1980s there have been published several selections of Huizhou documents, such as the *Huizhou qiannian qiyue wenshu* 徽州千年契約文書 (compiled by the Institute of History, Academy of Social Sciences, and published in 1992), and some itemized catalogues, such as the *Huizhou wenshu leimu* 徽州文書類目 (also compiled by the Institute of History and published in 2000).

From the late 1970s to the mid-1980s Chinese scholars who examined the Huizhou documents concentrated on subjects such as landownership, land tenure relations, and the *dianpu* 佃僕 (tenant/servant) system. But since the late 1980s the fields encompassed by the study of Huizhou documents have expanded to a remarkable degree, and many scholars, including Japanese, Korean, and Western scholars as well as Chinese scholars, have published noteworthy works on lineage development, rural administration systems, dispute resolution, commercial activities, popular culture, folk religion, daily life in rural communities, and so on.

The Study of Huizhou documents, combined with the study of Huizhou merchants and Huizhou culture, has come to constitute a new specialized field of research, namely "Huizhou studies" (*Huizhouxue* 徽州学). Huizhou

studies provides a wealth of diverse historical sources for researching the daily life of rural communities, which had been difficult to comprehend by means of traditional sources written by literati or compiled by officials, and it also has the potential to play a key role in broadening the horizons of research on the social, economic, legal, and cultural history of late imperial China on the basis of primary sources.

Chapter 2. Rural Society in Huizhou during the Song, Yuan, and Early Ming Periods: With Reference to the Formation of the *Laoren* 老人 (Community Elder) System

From the Northern Song period onward, in the rural society of Huizhou locally virtuous persons such as *zhangzhe* 長者 (virtuous wealthy person) or *chushi* 処士 (literate out of office) had been expected to lead the lineage organization and to maintain rural public order. During the Northern Song period, such locally reputed persons had appeared in historical sources as heads of *yimen* 義門 (communal family). From the Southern Song to the Yuan period when ideal communal families had generally declined, *zhangzhe* and *chushi* also played leading roles in mutual aids teams, organizations of irrigation, and local militias, on behalf of their own lineage and rural community. Also, dispute resolutions were generally regarded as one of their main roles.

On the other hand, especially from the Southern Song period, in the Huizhou rural society, *haomin* 豪民 (local magnate) who were connected with the local government clerks, frequently put pressure on rural commoners.

Against such circumstances, the local scholars of Huizhou and Zhedong 浙東 regions who had espoused Neo-Confucianism, positively advocated that local virtuous persons should take the leadership to maintain public order, according to the standard of *li* 礼 (rite). Their ideologies, through the Zhedong scholars who joined the early Ming government, had been succeeded by the rural organization of the Ming dynasty, namely, the *lijia* 里甲 (basic rural administrative unit) and *laoren* 老人 (community elder) system.

During the early half of the Ming period, community elders in the Huizhou rural society were mainly local landlords, and some of them had acquired culture as literati. Cooperating through various types of private mediation, and functioning in complementarity with the local magistrate's justice, they had played important roles in dispute resolution and in the maintenance of public order.

Chapter 3. Dispute Resolution under the *Lijia* 里甲 System during the First Half of the Ming Period

During the Ming period, according to the provisions of the "Jiaomin bangwen" 教民榜文 (Placard of Instructions to the People), it was decreed that minor judicial matters such as lawsuits concerning households, marriage, adoption, land, property, theft and assault should be adjudicated under the *lijia* system by the *laoren* and *lizhang* 里長 (head of *lijia*).

Hitherto, most scholars have considered that the dispute resolution system centred on the *laoren* was in a state of gradual decline by the first half of the fifteenth century and had almost become a mere name by the end of the

fifteenth century. However, an examination of the Huizhou documents reveals that many of the disputes that arose in the rural society of Huizhou prefecture were actually resolved by *laoren* and *lizhang* under the *lijia* system up to the early sixteenth century.

In this chapter I discuss the actual state of dispute resolution in rural society in Huizhou prefecture, especially Qimen county, during the first half of the Ming period by examining private documents, such as *wenyue* 文約 and *hetong* 合同 exchanged between the persons concerned. Many of the documents examined here are included in collections of materials such as the *Huizhou qiannian qiyue wenshu*, but a not insignificant number of documents are those which I discoverd in the collections of various institutions in the People's Republic of China.

Here, I examine a total of 43 documents from a period spanning more than one hundred years, from 1401 to 1518. As regards dispute resolution during the first half of the fifteenth century, documents relating to the Xie 謝 lineage in Shixitu 十西都 in Qimen county provide much valuable historical material. From these documents it is evident that at this time *laoren* in Shixitu, assisted by *lizhang* and some lineage members, acutually resolved disputes involving, for instance, the double sale of mountains. It is also worth noting that some influential lineage members who were involved in dispute resolution as mediators or observers later took up the post of *laoren* and engaged in dispute resolution.

According to documents from the second half of the fifteenth century and early sixteenth century, on the other hand, in some cases the *laoren* and *lizhang* did resolve disputes before the persons concerned filed suits with the magistrate's court. But more frequently the *laoren* and *lizhang* engaged

in the investigation and mediation of lawsuits presented to the magistrate's court.

Generally speaking, in Huizhou rural society in the early half of the Ming period the *laoren* and *lizhang* played important roles in the settlement of disputes in their own communities, assisted by private mediators such as lineage members, villagers, and local influential persons, and they also complemented the local courts through their investigation and mediation of lawsuits. The *laoren* system may be considered to have fulfilled a sort of nodal role within the whole flamework of dispute resolution, in which the mediation of disputes arising in rural society was advanced and the settlement of suits once filed with the local court was also promoted through interation between the local court and rural society.

Chapter 4. Interaction between the *Laoren* System and Local Administration of Justice in Huizhou during the Mid-Ming Period: An analysis Based on Judicial Documents

In this chapter,I discuss the interaction between the *laoren* system and local court procedure during the late fifteenth and early sixteenth century by examining various judicial documents from Huizhou prefecture which were delivered to litigants by local officials or submitted to local courts by litigants.

According to a complaint submitted to the magistrate of Qimen county and an investigatory report presented to the magistrate by the *lizhang* of Shixitu in Qimen county, concerning a dispute over mountain boundaries,

the plaintiff first laid a complaint before the *laoren* and *lizhang* of his own locality and later filed a suit with the magistrate's court. After the magistrate received this complaint, he issued an order for the *lizhang* and *laoren* to investigate the disputed site, and finally, on the basis of the *lizhang*'s report on the result of his investigations, he gave instructions for them to define the boundary and settle the suit.

Meanwhile, according to a document certifying the settlement of a lawsuit concerning the ownership of a graveyard issued by the prefect of Huizhou to both of the litigants, who resided in Qimen and Xiuning counties, the prefect who received the complaint first orderd the *laoren* of both counties to carry out an on-site investigation of the disputed site, and later he entrusted the reexamination of this case to the *zhiting laoren* 値亭老人, who served by rotation at the *shenmingting* 申明亭 (Pavilion for Extending Illumination), located beside county and prefectural offices and in every *tu* 都 (rural district between *lijia* and county).

It can be ascertained that during the mid-Ming period magistrates and prefects in Huizhou and many other localities not only ordered the *laoren* and *lizhang* to investigate disputed sites and report the results, but often also entrusted the reexamination of civil and minor criminal cases to the *zhiting laoren* or other trustworthy *laoren*. At the time in question, local officials, clerks, and runners rarely visited the rural communities themselves, and instead the local government indirectly supervised judicial proceedings mainly through the exchange of various documents with the *laoren* and *lizhang*. Generally, it can be assumed that the proceedings of local adjudication were carried out through interaction between local courts and *laoren* and *lizhang*, who played an important nodal role in the framework of dis-

pute and lawsuit resolution in local society.

Chapter 5. Disputes and the Development of Lineage Organization: A Case Study of the Wu Lineage in Mingzhou 茗洲 Village,Xiuning 休寧 County

In this chapter, I discuss aspects of dispute resolution in Huizhou rural society and its effect on the integration of local descent groups by analyzing the genealogy of the Wu 呉 lineage of Mingzhou village of Xiuning county (the *Mingzhou Wushi jiaji* 茗洲呉氏家記).

Chapter 10 of this genealogy (*shehuiji* 社会記), records a series of disputes and lawsuits in which the lineage was involved. They concerned issues such as the ownership of forested mountains, ancestral tombs, rural rites, marriages, tenent peasants, and *dianpu*. Many of the disputes occured repeatedly between the Wu lineage and other neighbouring descent groups; moreover, it was not unusual for civil disputes to escalate into rapacities or acts of violence, which might cause injuries. Some of the disputes were mediated at the local level; others went to the magistrate's court. But even lawsuits which went to court were frequently resolved by local mediators and settled without recourse to the magistrate's final judgement.

In 1523, the Zhu 朱 lineage of Zhangfeng 長豊 village forcefully encroached the tomb where an ancester of the Wu surname group had been buried. In order to recover the tomb, the Mingzhou Wu cooperated with other Wu branches to bring a joint charge against the Zhu lineage. They eventually won the lawsuits and were able to recover the tomb. After the lawsuits, all the branches came together to rebuild the their common first ancestor's

ritual hall. They also compiled the genealogy covering all the branches, and the Mingzhou Wu newly formulated rules of their own localized lineage. In general, it can be concluded that intensified disputes and lawsuits involving different descent groups promoted the integration of common descent groups and the formation of higher-ordered lineages, as well as the development of localized lineages.

Chapter 6. Dispute Resolution in Huizhou Rural Society during the Later Half of the Ming Period

In this chapter, I discuss the problem of dispute resolution in Huizhou rural society and it's relationship to formal adjudication at the magistrate' s court during the later half of the Ming period, by analysing private documents such as *wenyue* and *hetong*.

From the mid-sixteenth century onward, *lizhang* still often resolved disputes which took place in the community. In Huizhou, the *lijia* system was generally closely related to localized lineage organization; therefore, *lizhang* was able to assume an important role in the settlement of rural disputes, as well as mediation and investigation of lawsuits even in the late Ming. On the other hand, *laoren*, who originally bore the responsibility of dispute resolution in rural society, far less flequently appeared as mediators in the documents. In place of *laoren*, from about late sixteenth century onward, *xiangyue* 鄉約 (community compact) and *baojia* 保甲 (community mutual security unit) began to be concerned with dispute resolution and maintenance of rural public order. Moreover, mediation by relatives, lineage organiza-

tions, various middlemen, and local influential persons also played important roles in the settlement of disputes occured in the community.

When complaints were filed with the local court, magistrates ordinally first delegated *lizhang*, *xiangyue*, etc. to investigate disputed sites. Unlike the Qing period, local government runners seldom went into community to deal with lawsuits. Not a few lawsuits were settled by various unofficial mediators before the court session or magistrate's final judgement.

Further, I take a general view of dispute resolution in rural society during the later half of the Ming, by analyzing a total of 75 disputes described in the Huizhou documents. The greater part of these disputes were land cases, especially regarding mountains, forests, and graveyards. In addition, not a few disputes over landlord-tenant or landlord-*dianpu* relations revealed in the documents, and there were also a few disputes over inheritance and injury cases. Of the 75 cases, disputes between members of the same kin group were mainly settled by mediators among the kin group or relatives. On the other hand, disputes between different surname groups and between landlords and *dianpu* were often mediated by other middlemen in the community. While, *lizhang* were generally concerned with settlement of disputes that occured in the community regardless of relation between the parties concerned.

From the 16th century onward, as local control based on the *lijia* system established during the early Ming was gradually unstabled, more and more diversified persons and groups began to take part in rural dispute resolution, while mediation by relatives, lineages, and various middlemen in the community grew more and more important. Generally speaking, the framework of dispute resolution in Huizhou rural society were far more fluid and

unstable than under the first half of the Ming, and such circumstance reflects an overall disturbance of rural public order, diversified social relations, and increasing social fluidity during the late Ming period.

Chapter 7. Disputes over the *Dianpu* 佃僕 (tenant/servant) System in Huizhou during the late Ming Period

In this chapter, I discuss the aspects of disputes and lawsuits over the *dianpu* system in Huizhou during the late Ming period. *Dianpu* were bound to paticular landlords for generations, not only cultivating the land as tenants, but also performing various kinds of labour services, while landlords had to provide them with cultivated land, housing, and graveyard. Dianpu's freedom of movement were restricted, and their social status were regarded as inferior to landlords. The main principle regulating the landlord-*dianpu* reletion was what the Chinese called *zhupu zhi fen* 主僕之分 (the distinction between master and servant).

I collected a total of 52 disputes cases concerning the *dianpu* system, covering the years from 1487 to 1645, from various kinds of the Huizhou documents. Many of these disputes were caused by troubles over forested mountains and graveyard. Problems concerning the *dianpu*'s labour obligations and their hereditary status also caused diverse conflicts. Of the 52 dispute cases, 15 cases were brought before the magistrate's court. Many of other 37 cases were settled in rural community by various mediators. In a few cases, landlords took part in the resolution of disputes which occured among the *dianpu*.

According to the Ming legal codes, commoner's families were prohibited to posses and use hereditary bond servants. But some lawsuits cases showed that local magistrates in Huizhou approved of the possession of bond servant not only by gentry families, but also by commoner's families. Judging from some legal cases, it is appeared that local magistrates in Huizhou generally made judicial judgement in accordance with the local custom of Huizhou, which emphasized the hereditary inferior social status of *dianpu* based on the distinction between master and servant.

By the early Ming, highly labour intensive agriculture was developed in Huizhou rural society. Powerful lineages who occupied much of agricultural resources, often recruited the immigrants or landless peasants to cultivate paddy land and forested mountains, and even asked them to perform various labour services. From the 16th century, however, the development of commercial agriculture enabled a proportion of *dianpu* to accumulate capital by planting all sorts of commercial products. Furthermore, many *dianpu* accompanied their masters to trading area as managers or clerks, and sometimes succeeded to make some fortune.

On the other hand, under the competitive and overpopulated circumstances of the Huizhou society in the late Ming, much more *dianpu* who could not gain from the commercialization, were further reduced to poverty. A proportion of *dianpu* who hoped to seize new economic opportunities and accomplish upward social mobility, often tried to break away from their hereditary status. On the other side, many impoverished *dianpu* often attempted to escape from landlord's supervision. However, landlords generally did not approve their release from hereditary status. As a result, the stratification of *dianpu* class further strained the landlord-*dianpu* relations, and

disputes among them more and more increased. This threatening situations finally brought about a large scale rebellion of militarized *dianpu* and bond servants throughout Huizhou prefecture in the Ming-Qing transitional period.

Chapter 8. Conclusion

In this study, I have examined aspects of dispute resolution in Huizhou rural society and changes that it underwent with socioeconomic development during the Ming period. In this concluding chapter, I attempt to situate the actual state of the dispute resolution system in the Ming dynasty and its changes as examined in this study within the context of the development of relations between state and society during late imperial China, using the plaints prepared and submitted in rural society as a lead.

According to a group of Huizhou documents from the Ming, it would appear that in rural communities written complaints were often submitted to various persons, including *laoren, lizhang, xiangyue, baojia,* lineage organizations, masters of *dianpu,* and so on. I have ascertained a total of 22 documents which would indicate that written complaints were submitted at the rural community level. From the fifteenth century to the mid-sixteenth century, *laoren* and *lizhang* received complaints of this kind, but from the late sixteenth century onwards, the recipients of such conplaints had diversified to a remarkable degree. Some records pertaining to the reexamination of criminal cases in the lower Yangtze delta in the early sixteenth century also indicate that complaints were submitted to *laoren*, *lizhang*, etc., in this area.

On the other hand, in local society during the Ming various local dominant figures such as rural magnates, *liangzhang* 糧長 (tax captains), *xiangshen* 郷紳 (local gentry who had experience in official positions), etc., are also reported to have received complaints privately and adjudicated unofficially on disputes. Similarly, we can readily discover in historical sources from the Song through to the Qing two kinds of stereotyped discourse, namely, praise for the mediation performed by local virtuous persons on the one hand, and censure of the violent intervention in disputes by local magnates on the other. But in reality the boundaries between virtuous mediation and condemnable intervention seem to have been rather vague, and in actual fact much dispute resolution would appear to have taken place in an intermediate area between the two kinds of stereotyped discourse.

As G.W.Skinner has pointed out, from the late eighth century through to the early nineteenth century both the number of local administrative units and the size of the bureaucracy grew little in spite of the fact that the population increased more than fivefold and the commercial economy expanded remarkably. Consequently, local government's role in administration and social regulation steadily declined. As for dispute resolution, the limited capabilities of the local administration of justice could hardly be expected to deal adequately with disputes arising in local society, and therefore the resolution of many disputes had to be placed in the hands of various private mediators.

The dispute resolution system centred on the *laoren* and established by the early Ming government was based on the relatively stable and closed rural community organized under the *lijia* system, and it was implemented with the intention of institutionalizing the practice of private mediation

which had developed spontaneously in local society since the Song and incorporating it as a basic part of the official judicial structure. It may be regarded as one option selected by the Ming dynasty to cope with the increasing difficulties that the limited capabilities of the local administration system had not in adequately regulating rural communities and maintaining social order in the face of population growth and economic expansion. Moreover, this type of dispute resolution continued to fulfill its functions to a certain extent up until the late Ming, when the stable and closed rural community on which the *laoren* and *lijia* system was based began to become unsettled and fluid.

索　　　引

事 項 索 引

す

せ

そ

は行

は

ひ

ふ

へ

れ

ろ

わ

研究者名索引

A　日本人名

あ行

か行

さ行

た行

な行

は行

ま行

や・わ行

B　中国人名

A・B・C

F・G・H

J・K・L

N・P・T

W

X・Y

Z

56, 57, 59, 60, 62, 64, 144, 146, 174, 211, 217, 258～260, 267, 270, 309, 310
周暁光　30, 60

欧米人名

Allee, Mark A.(アリー、マーク・A.)　214, 258, 262
Atwell, William A.(アトウェル、ウィリアム・A.)　318
Cartier, Michel(カルチエ、ミシェル)　35, 63
Chang, George Jer-lang(チャン、ジョージ・J.)　70, 103
Chao, Kang(趙岡)　35, 63
Ch'u T'ung-tsu(瞿同祖)　258
Dardess, John W.(ダーデス、ジョン・W.)　72, 104, 107, 361
Duara, Prasenjit(ドゥアラ、プラセンジット)　262
Ebrey, Patricia Buckley(イーブリー、パトリシア・B.)　207, 208
Farmer, Edward L.(ファーマー、エドワード・L.)　70, 71, 103, 110
Freedman, Maurice(フリードマン、モーリス)　203, 207, 213
Hansen, Valerie(ハンセン、ヴァレリー)　63
Hartwell, Robert(ハートウェル、ロバート)　360
Hazelton, Keith(ヘーゼルトン、キース)　206, 210
Huang, Philip C.C.(ホアン、フィリップ・C. C.／黄宗智)　5, 49, 50, 54, 65, 209, 211, 214, 238, 258, 263
Hymes, Robert P.(ハイムズ、ロバート・P.)　346, 347, 360
Langlois, John W.(ラングロア、ジョン・W.)　72, 104
McDermott, Joseph P.(マクデモット、ジョセフ・P.)　35, 56, 63
Rankin, Mary B.(ランキン、メアリー・B.)　347, 360
Skinner, G. William(スキナー、G. ウィリアム)　345, 346, 360
Wickberg, Edger(ウィックバーグ、エドガー)　35, 63
Wien, Mi Chu(ウィエン、M. C. ／居蜜)　35, 63, 267, 310, 320
Wilkinson, Endymion(ウィルキンソン、エンデュミオン)　42, 64
Wong, R. Bin(ウォン、R. ビン)　360
Zurndorfer, Harriet T.(ズレンドルファー、ハリエット・T.)　35, 55, 63, 104, 112, 206, 213, 267, 310, 320

史料書名索引

A　徽州簿冊文書

B　徽州族譜

C　地方志

D　文集・筆記等

E　法制史料等